U0742846

高职高专“十三五”建筑及工程管理类专业系列规划教材

建筑设备（第二版）

Construction Project

主　编　王锡琴

西安交通大学出版社
XI'AN JIAOTONG UNIVERSITY PRESS

内容提要

本书包括建筑给排水、建筑采暖、通风与空气调节、建筑供配电及照明、防雷及安全用电、建筑弱电及智能化等内容，主要介绍建筑给水、排水、热水、消防、供暖、通风、空调、供配电、照明、防雷与接地等系统的基础理论、应用技术、简要计算方法、常用材料设备等基本知识。书中还介绍了建筑给排水、采暖、空调、建筑电气工程施工图的组成、表示方法、识读技巧及相关规范，并附实例予以具体说明。

本书可作为土木工程、工程造价、建筑装饰、工程监理、工程管理、物业管理等相关专业的教学用书，也可作为施工员、计价员、监理员等岗位的培训教材，还可作为建设类施工管理人员的参考用书。

第二版前言

《建筑设备》教材体系完整，内容深入浅出、简明扼要、图文并茂、通俗易懂。主要内容包括：建筑给排水、建筑采暖、通风与空气调节、建筑供配电、建筑电气照明、建筑防雷与安全用电、建筑弱电等。教材中详细阐述了建筑设备的基本理论知识、系统组成及原理、简要计算方法。本书实用性强，注重对学生工程实践能力的培养，每章均有学习要点、小结，便于不同层次的人员自学与参考。

《建筑设备》第1版自2011年出版以来，受到了广大教师、学生及工程技术人员的厚爱，与此同时，广大读者也给我们提出了许多宝贵意见。为了适应应用型人才培养的需要，我们广泛地征求了各相关专业、各兄弟院校对该门课程的要求，在反复研讨的基础上，对第1版的内容进行了修订，增加了本教材的适用性。

本书在修订过程中注重根据新规范，结合近年来出现的新材料、新技术、新工艺、新设备，详细地介绍了各系统的基本组成、主要材料、设备、一般的施工要求和各系统的施工图识读。书中还附有大量工程实图、材料设备详图，便于广大读者理解和掌握有关内容。

本书可作为土木工程、工程造价、建筑装饰、工程监理、工程管理、物业管理等相关专业的教学用书，也可作为施工员、计价员、监理员等岗位的培训教材，还可作为建设类施工管理人员的参考用书。

本书共12章，参加编写的主要人员包括王锡琴（成都大学）、高向前（四川水利职业技术学院）、霍海娥（四川师范大学）、李宁（苏州大学）、董宇毅（咸阳职业技术学院）、史丽敏（四川水利职业技术学院）、杜涛（成都航空职业技术学院）。此次修订中，由周洋（成都大学）负责编写修改第1章；王晓青（成都大学）负责编写修改第2、5、6、7章；霍海娥负责编写修改第4章；汤燕飞（成都航空职业技术学院）负责编写修改第11、12章。本书由王锡琴担任主编并负责全书修订工作，杜涛担任副主编。

在本书的编写和修订过程中，参考了大量的书籍、文献，各院校任课教师和同行提供了很多宝贵意见，在此一并深表谢意。由于编者的经验和水平有限，不当之处在所难免，望广大读者予以批评指正。

编 者

2016年7月

目录

第 11 章　建筑弱电系统

第 12 章　建筑智能化系统

绪 论

建筑物是由建筑、结构、建筑设备三部分组成，建筑设备是建筑物重要的组成部分。建筑设备工程，是对建筑物的使用者提供生活和工作服务，满足人们安全、舒适、健康以及提高工作效率的各种设施和系统的总称，是房屋建筑不可缺少的重要组成部分。

随着现代建筑、高层建筑的迅猛发展，人们物质生活水平日益提高，对建筑的使用功能和质量提出了越来越高的要求，建筑设备投资在建筑总投资中的比重日益增大。建筑设备是现代化建筑的重要组成部分，是由给排水、暖通、电气、通信等有关工程所构成的综合体，其设置的完善程度和技术水平，已成为社会生产、房屋建筑和物质生活水平的重要标志。

0.1 课程的目的与作用

通过本课程的系统学习，能掌握建筑设备设计、施工及管理方面的基本知识，掌握各类建筑设备基本原理并了解其与建筑工程的基本关系；了解建筑设备工程领域的新技术、新材料，使读者在工作实践中能协调建筑、结构及建筑设备等方面的相互关系，更好地服务于实际工程。

建筑设备技术的发展促进了建筑的发展，新材料、新技术的应用以及建筑的发展也促进了建筑设备中许多技术改革。例如：卫生器具的材质，最早使用最多的是陶瓷、陶瓷生铁、陶瓷钢板，还有水磨石等。随着建材技术的发展，国内外已相继推出玻璃钢、人造大理石、人造玛瑙、不锈钢等新材料。室内给水管的材质，目前推荐使用较多的是铝塑复合管、交联聚乙烯塑料给水管、衬塑铝合金管、UPVC 塑料给水管等新型供水管，禁止使用并淘汰冷镀锌钢管。新型设备的不断出现，如热泵技术的大量应用使建筑设备工程向着更加节约和高效发展。

建筑设备的合理选择和安装布置直接影响建筑物的功能与使用效果，直接决定建筑物档次的高低。建筑设备的建设，在建筑总投资中，占有举足轻重的地位，因此建筑设备不仅关系到建筑物的使用功能，而且更影响到建筑物的经济性。

0.2 课程的性质与任务

本课程是建筑技术类专业的主要选修课程之一。它的任务是：使从事建筑工程施工与管理工作的人员具有建筑设备工程的的系统组成、工作原理、常用设备等专业基本知识，掌握一般建筑设备工程施工图的识读方法，以及掌握这些基本知识和技术所必备的基本理论，了解各种建筑设备的工作原理、各种设备系统的特点和工程简要设计计算的有关知识，以解决建筑施工、管理及监理工作中与建筑设备专业很好协调配合的问题。

这要求各专业工程技术人员之间要做到紧密配合，协调一致。在相互配合中做到既使自己本专业设计、施工合理，又能为其他专业提供便利，避免设计、施工中出现不尽合理的问题。例如建筑、土建专业需与水暖电各专业相配合，应考虑设备用房（设备间、水箱间）平面、高度上的要求；在土建基础中需预留孔洞，供各种设备的支吊架、预埋件的设置等。一幢建筑只有各专业各工种都充分发挥其功能，紧密配合，协调一致，才能最大限度地发挥该建筑的使用功能。

0.3 课程的特点及主要内容

建筑设备是一门应用科学，涉及的知识面广。本课程在专业课程体系中起着承上启下的作用，它所需的前续课程基础是建筑识图能力、建筑构造基础知识以及对建筑功能的理解。本课程的后续服务范围，其一是建筑、装饰和电气工程专业在设计中各专业的协调功能；其二是为建筑施工、装饰施工、电气施工和监理施工的现场管理提供各工种配合的基本知识和能力；其三是为建筑造价专业提供工程量计算时，设备安装专业识图能力的训练。

全书共十二章，包括：建筑给水工程、建筑排水工程、热水与燃气供应系统、室内采暖工程、通风工程、空气调节工程、热源与冷源、建筑供配电系统、建筑电气照明系统、建筑防雷与安全用电、建筑弱电系统、建筑智能化系统。

0.4 学习本课程的意义

建筑设备是房屋建筑不可缺少的重要组成部分，要求建筑设备与建筑、结构及生产设备等相互协调。一个建筑从规划设计到施工，必须综合地、协调地进行，以求使建筑物达到适用、经济、卫生、舒适、安全和环保的要求，使其功能完善和协调一致。

一个现代化建筑涉及多个专业，要求各专业之间相互协调、高度统一，使之成为功能齐全、技术先进、经济合理的一个整体。因此，要求建筑技术类各个专业要了解建筑设备的基本要求，充分研究考虑工作间最容易产生的问题，有个初步估计，使以后的工作事半功倍，居于主动，这就要求对建筑设备的基本原理和专业技术知识有一定的了解，并具有处理解决相互间问题的能力，知此知彼，才能在工作中主动全面地研究解决问题，不留隐患，多快好省地完成建设任务，为国家社会作出贡献。从事建筑类各专业工作的工程技术人员，只有对现代建筑物中的给排水、供暖、通风、空调、燃气供应、消防、供配电、智能建筑等系统和设备的工作原理和功能以及在建筑中的设置应用情况有所了解，才能在建筑和结构设计、建筑施工、室内装饰、建筑管理等工作中合理地配置及使用能源和资源，真正做到既能完美体现建筑的设计和使用功能，又能尽量减少能量的损耗和资源的浪费。

第1章 建筑给水工程

本章学习要点

1. 建筑给水系统的基本概念
2. 建筑给水系统分类及组成
3. 建筑给水系统工作原理和特点
4. 建筑给水系统中主要管道材料、设备
5. 建筑消防系统的基本概念及组成
6. 建筑消防系统的工作原理和特点
7. 建筑给水系统管道的布置和敷设原则

1.1 建筑给水系统

建筑给水系统的任务就是经济合理地将室外给水管网或建筑小区给水管网的水输送到建筑物内部的各种用水龙头、生产装置和消防设备等用水点，并满足各用水点对水质、水量、水压的要求。

1.1.1 建筑给水系统的分类

给水系统按照其用途可分为三类：

1. 生活给水系统(见图1-1)

(1)生活饮用水系统。生活饮用水系统是为民用、公共建筑和工业企业建筑内的烹饪、饮用、盥洗、洗涤、沐浴等用水所设的给水系统。其水质必须达到国家规定的饮用水标准。

(2)杂用水系统：冲洗便器、浇地面、冲洗汽车等。其水质属于非饮用水标准。

目前国内通常为节省管道，便于管理，将饮用水与杂用水系统合二为一。其水质应符合国家《生活饮用水卫生标准》；水压、水量应满足用户需求。该系统要求管线要简短，使用要方便。

2. 生产给水系统

生产给水系统是为了满足生产工艺要求设置的给水系统。生产给水系统包括供给生产设备冷却、原料、产品洗涤和锅炉等用水，以及各类产品制造过程中所需的生产用水。由于各种生产工艺不同，系统的种类繁多，生产给水系统也可以再划分为：循环给水系统、复用水给水系统、软化水给水系统、纯水给水系统等。

生产给水系统对水量、水质、水压及安全供水的要求因工艺不同而不同，需要详尽了解生产工艺对水质的要求。该系统的特点是用水量均匀，水质要求差异大。水质须符合生产工艺

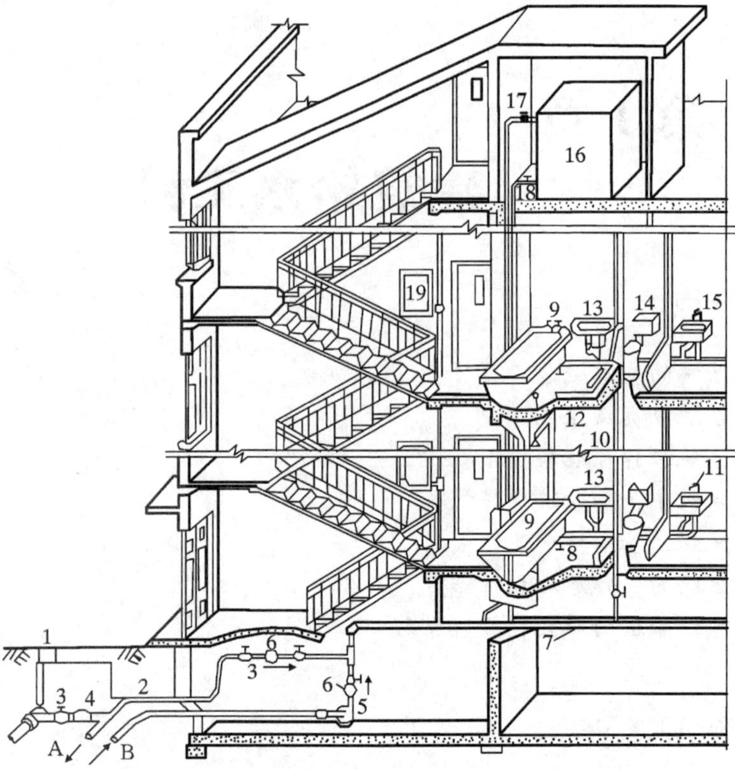

图 1-1　生活给水系统

1—阀门井；2—引入管；3—闸阀；4—水表；5—水泵；6—止回阀；7—干管；8—支管；9—浴盆；10—立管；11—水龙头；12—淋浴器；13—洗脸盆；14—大便器；15—洗涤盆；16—水箱；17—进水管；18—出水管；19—消火栓；A—进入贮水池；B—来自贮水池

的要求，因生产工艺不同，生产用水对水压、水量、水质以及其他方面的要求各不相同。当与生活用水的水质要求不同时，可设分质给水系统。

3. 消防给水系统

消防给水系统是供民用建筑、公共建筑以及工业企业建筑中的各种消防设备灭火的给水系统。一般高层住宅、大型公共建筑、车间都需要设置消防给水系统。消防给水系统可以划分为：

(1)消火栓给水系统。其设置于各种需要设置消防给水系统的地方。

(2)自动喷水灭火系统。其设置于火灾危险性大，一旦发生火灾损失严重的建筑物内，如商场、大型超市等。

(3)水喷雾灭火系统。

消防给水系统的特点是用水量大；压力要求高；对水质无特殊要求；水压、水量必须满足设计标准。

4. 共用水系统

以上三种给水系统，可以单独设置，也可以联合共用。根据建筑内部用水所需要的水质、水压、水量等，以及室外供水系统情况，考虑技术上可行、经济上合理、安全可靠等因素，将其中两种或三种系统合并，可以组成不同的共用系统。例如：生活和生产共用给水系统；生活和消防共用给水系统;生产和消防共用给水系统;生活、生产和消防共用给水系统。

1.1.2　建筑给水系统的组成

1. 引入管

引入管是指建筑物的总进水管,是室外给水管网(配水管网)与室内给水管网之间的联络管段,也称进户管。

2. 水表节点

(1)水表节点:引入管上装设的水表及其前后设置的阀门、泄水装置的总称,见图1-2。

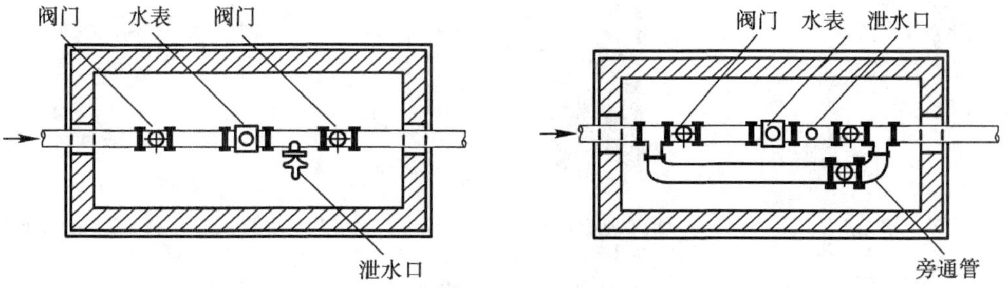

(a)无旁通管的水表节点　　(b)有旁通管的水表节点

图 1-2　水表节点

(2)水表:计量用水量,在各用户的用水设备上,还要设置分户水表。水表应安装在便于检修和读数,不受曝晒、不结冻、不受污染及机械损伤的地方,见图 1-3。

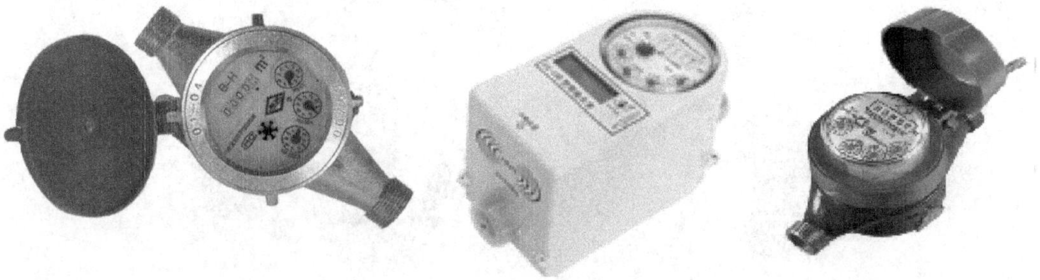

(a)普通水表　　(b)非接触式 IC 卡智能水表　　(c)远传水表

图 1-3　水表

(3)阀门:关闭管网,以便修理和拆换水表,水表前阀为闸阀,保证表前水流直线流动。

(4)泄水装置:检修时改变管网,检测水表精度以及测进户点压力的装置。

(5)旁通管:指绕水表旁另设的一根给水管。设有消火栓的建筑物,以及因断水可能影响生产的建筑物和不允许断水的建筑物,如只有一条引入管时,应绕水表装旁通管。

3. 管道系统

管道系统是指建筑内部给水水平干管、立管、横支管等组成的给水管网系统。

(1)给水干管:连接引入管和各个立管的水平管道。

(2)给水立管:向各楼层供水的垂直管道。

(3)给水横支管:连接立管与各楼层的水平横管及家庭立支管,直接向各用水点供水的用水管道。

4. 给水附件

给水附件是指给水管道上的调节水量、水压、控制水流方向以及断流后便于管道、仪器和设备检修用的各种阀门。其具体包括:

(1)配水附件,指给水管道上的配水龙头,见图 1-4。

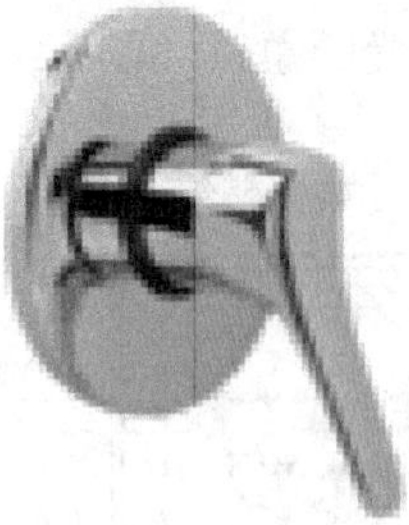
(a)淋浴龙头

(b)双把铜面盆龙头

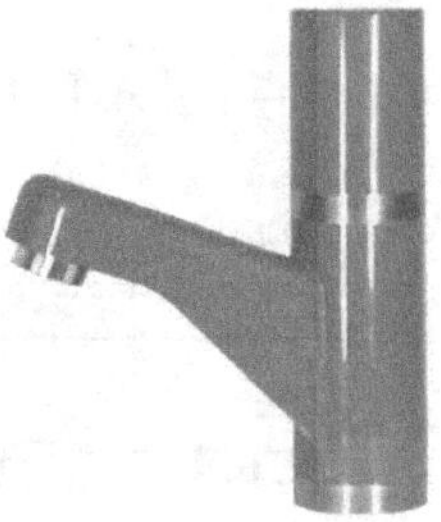
(c)一体感应单把水龙头

图 1-4 配水附件

(2)控制附件,指调节水量、水压、控制水流方向、水位和保证设备仪表检修用的各种阀门。如:截止阀、止回阀、闸阀、球阀、安全阀、浮球阀、水锤消除器、过滤器、减压孔板等。各控制附件详见图 1-5,分类如下:

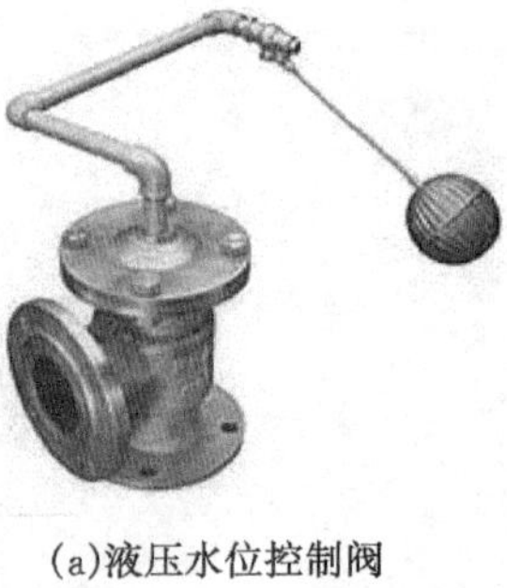
(a)液压水位控制阀

(b)泄压阀

(c)可调式减压阀

(d)比例减压阀

(e)消声止回阀

图 1-5 各种控制附件

①调节水量:截止阀、碟阀、闸阀、球阀;
②控制水流方向:止回阀、底阀;
③控制压力:安全阀、减压阀、减压孔板;
④控制水位:浮球阀、液压水位控制阀;
⑤保障系统运行:水锤消除器、过滤器。

5. 升压和贮水设备

当室外给水管网的水压或流量经常或间断不足,不能满足室内或建筑小区内给水要求时,或为了保证建筑物内部供水的稳定性、安全性,应根据要求设加压和流量调节装置,就需要设置各种附属设备如水泵、水箱、气压给水设备等升压和贮水装置,见图 1－6。

(a)离心清水管道泵

(b)气压给水设备

图 1－6　各种升压设备

6. 用水设备

用水设备是指卫生器具、消防设备和生产生活用水设备等。

1.1.3　建筑给水系统的供水压力

室内给水系统所需压力,应该能将所需的流量输送至建筑物内最不利点(最高最远点)的配水龙头或用水设备处,并保证有足够的流出水头。

1. 计算公式

(1)供水压力 H:为满足各用水设备的正常出水(水压、水量),建筑给水系统所需提供的水压,如图 1－7 所示。

(2)给水额定流量:卫生器具配水出口在单位时间内流出的规定的水量。

(3)最不利点:一般是指最高、最远或流出水头

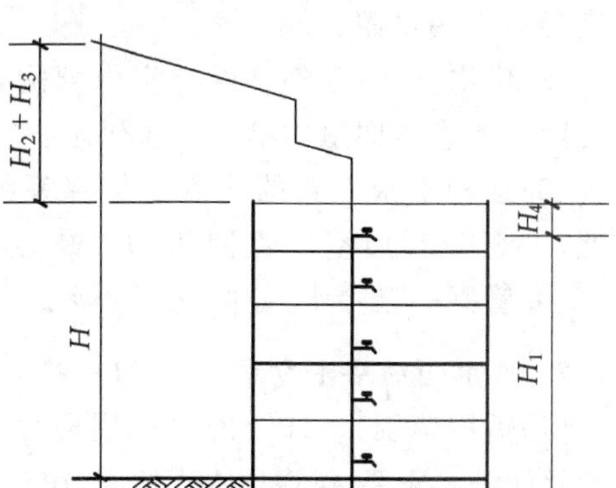

图 1－7　给水系统所需压力

最大的配水点。

(4)流出水头:各种配水龙头或用水设备为获得规定的出水量(额定流量)而必须的最小压力(H_3)。

给水系统所需水压 H 的计算公式如下:

$$H=H_1+H_2+H_3+H_4$$

式中:H——室内给水系统所需的总水压,kPa 或 mH_2O;

H_1——引入管起点至管网最不利配水点位置高度所要求的静水压,kPa 或 mH_2O;

H_2——计算管道的水头损失,kPa 或 mH_2O;

H_3——水流通过水表的水头损失,kPa 或 mH_2O;

H_4——计算管路最高最远配水点的流出水头,kPa 或 mH_2O。

(5)服务水头 H_0:室外配水管网的供水压力。

$H_0 \geqslant H$,满足供水压力要求;

$H_0 < H$,需增加管径,或设升压装置。

例:北京市城市自来水压力 H_0 为 2~3 公斤/平方厘米,即 0.2~0.3 MPa,一般情况下可供六层楼生活用水,但夏季高峰季节有的只能供三层。

2. 估算方法

在设计初,为选择给水方式,判断是否需要设置给水升压及贮水设备,常常要对建筑内给水系统所需压力按建筑层数进行估算:

估计:一层为 10 m 水柱(0.1 MPa);

二层为 12 m 水柱(0.12 MPa);

三层及三层以上每增加一层增加 4 m 水柱(0.04 MPa)。

$$H=4(n+1) \qquad n \geqslant 2 \text{ 层}$$

1.1.4 建筑给水系统的给水方式

1. 直接给水方式(见图 1-8)

(1)适用范围:室外管网压力、水量在一天的时间内均能满足室内用水需要。

(2)供水方式:室外管网与室内管网直接相连,利用室外管网水压直接向室内给水系统供水。

(3)这种给水方式的优点是给水系统简单,安装维护方便,可充分利用室外管网压力。缺点是内部无贮水设备,室外管网一旦停水,室内立即断水。

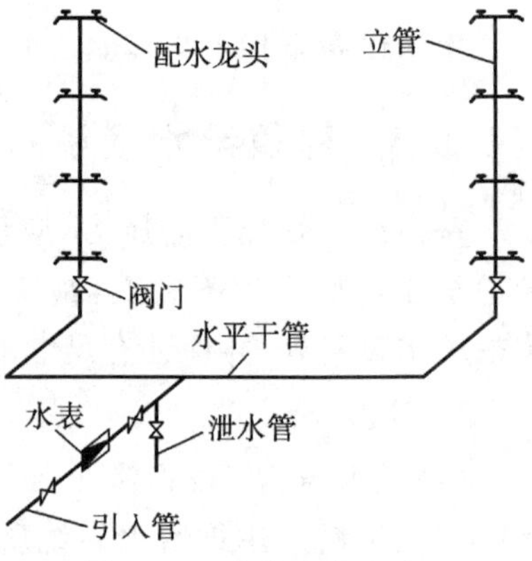

图 1-8 直接给水方式

2. 设水箱的给水方式(见图 1-9)

(1)适用范围:室外管网水压周期性不足,一天内大部分时间能满足需要,仅在用水高峰时,由于用水量的增加,而使市政管网压力降低,不能保证建筑上层的用水时采用。

(2)供水方式:室内外管道直接相连,屋顶加设水箱,室外管网压力充足时则由室外管网直接向室内管网供水;当室外管网压力不足,不能满足室内管网所需压力时,则由水箱向室内系

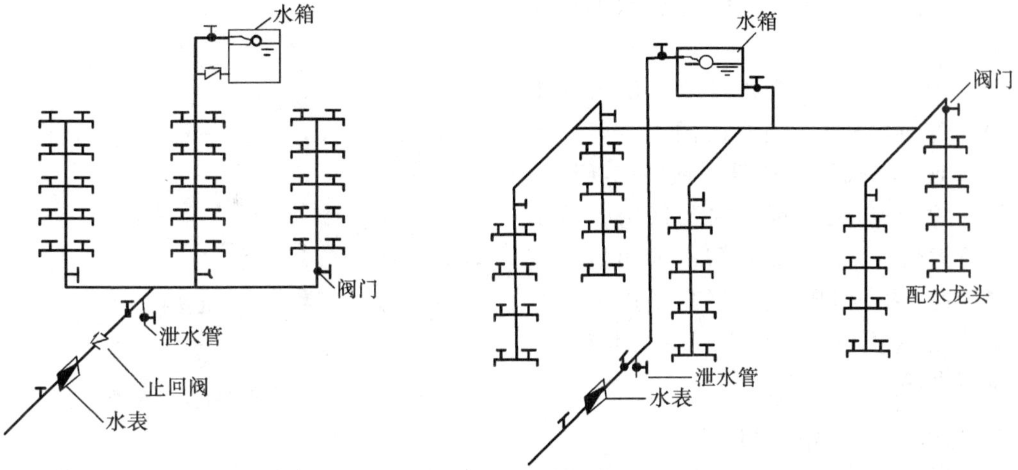

图 1-9 设水箱的给水方式

统补充供水。

(3)这种给水方式的优点是水箱进水管和出水管共用一根立管,供水可靠,系统简单,投资省,可充分利用室外管网的压力供水。缺点是系统设置了高位水箱,增加了建筑物的结构荷载,并给建筑设计的立面处理带来一定难度,水箱水质易污染,水箱水用尽后,用水器具水压会受室外管网的压力影响。

(4)注意:

①采用该给水方式,应掌握室外供水的流量及压力变化情况,以及室内建筑物内用水情况,以保证水箱容积满足供水压力时,建筑物内用水的需要。

②这种给水方式仅适用于用水量不大、水压力不足、时间不很长的建筑。

3. 设水池、水泵和水箱的给水方式(见图 1-10)

(1)适用范围:室外给水管网水压低于或经常不能满足建筑内部给水管网所需水压,且室内用水不均匀时采用。

(2)供水方式:利用水泵从储水池吸水,经加压后送到高位水箱或直接送给系统用户使用。

(3)这种给水方式的优点是供水可靠,水泵能及时向水箱供水,可缩小水箱的容积,还可在水箱上设置液体继电器,使水泵启闭自动化。缺点是系统投资较大,安装和维修都比较复杂。

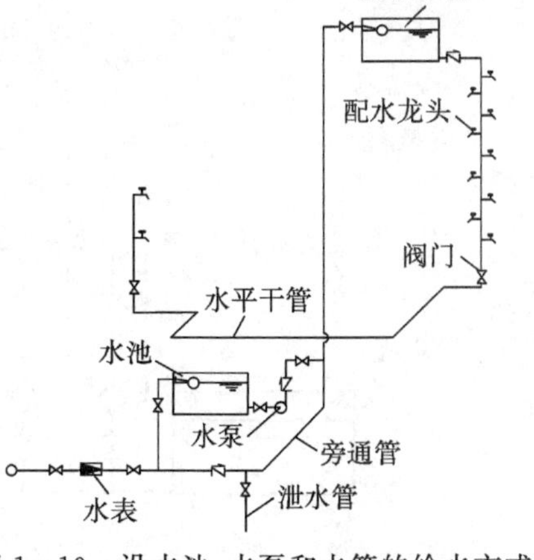

图 1-10 设水池、水泵和水箱的给水方式

4. 水泵给水方式

(1)恒速泵给水。

①适用范围:室外管网压力经常不满足要求,室内用水量大且均匀,多用于生产给水。

②特点:系统简单,供水可靠,无高位水箱,但耗能多。

(2)变频调速泵给水(见图 1－11)。

①适用范围:水压经常不足,用水不均匀时采用。

②供水方式:当建筑物内用水量大且用水不均匀时,可采用变频调速供水方式。系统由贮水池、变频器、控制器、调速泵等组成。用电机变频调速,通过恒压控制器接收给水系统内压力信号,经分析运算后,输出信号控制水泵转速,达到恒压变流量的目的。

③特点:变负荷运行,减少能量浪费,不需设调节水箱。

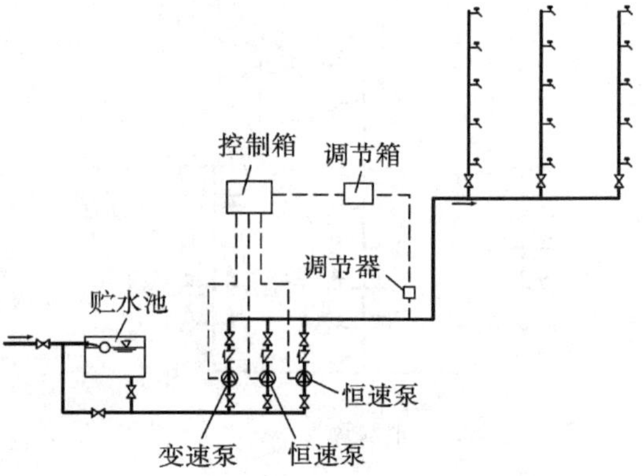

图 1－11　变频调速恒压给水方式

5. 气压给水方式(见图 1－12)

(1)适用范围:室外管网水压经常不能满足所需水压,用水不均匀,且不宜设水箱时,但对于压力要求稳定的用户。

(2)供水方式:水泵从储水池吸水,经加压后送至给水系统和气压水罐内;停泵时,再由气压水罐向室内给水系统供水,由气压水罐调节储存水量及控制水泵运行。

(3)特点:供水可靠,无高位水箱,但水泵效率低、耗能多。

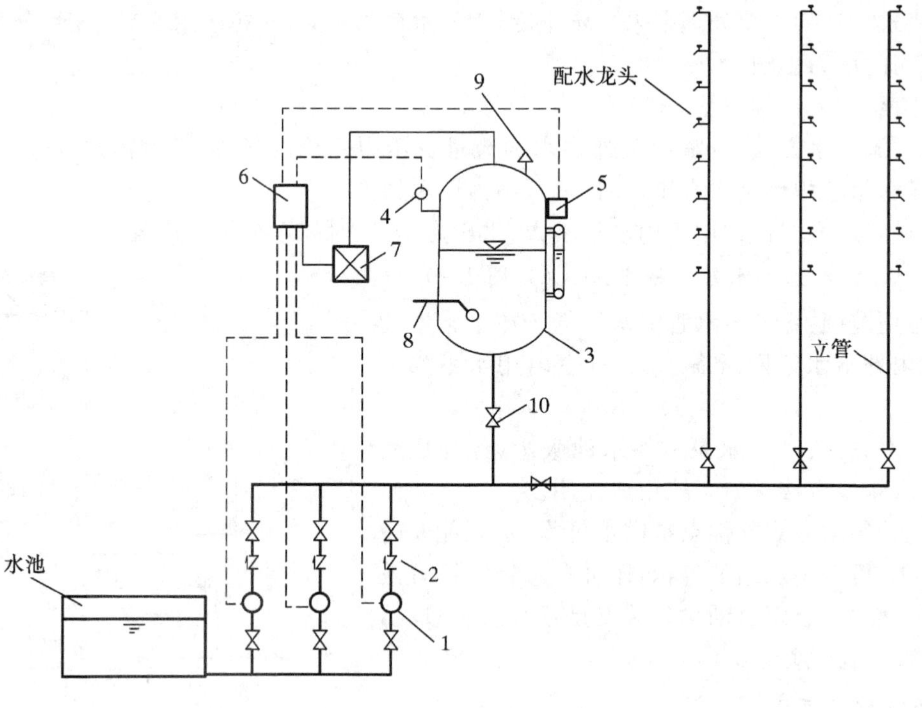

图 1－12　气压给水方式

1—水泵;2—止回阀;3—气压水罐;4—压力信号器;5—液位信号器;

6—控制器;7—补气装置;8—排气阀;9—安全阀;10—阀门

6. 分区给水方式(见图1-13)

(1)适用范围:建筑物层数较多或高度较高时,若室外管网的水压只能满足较低楼层的用水要求,而不能满足较高楼层用水要求时采用。

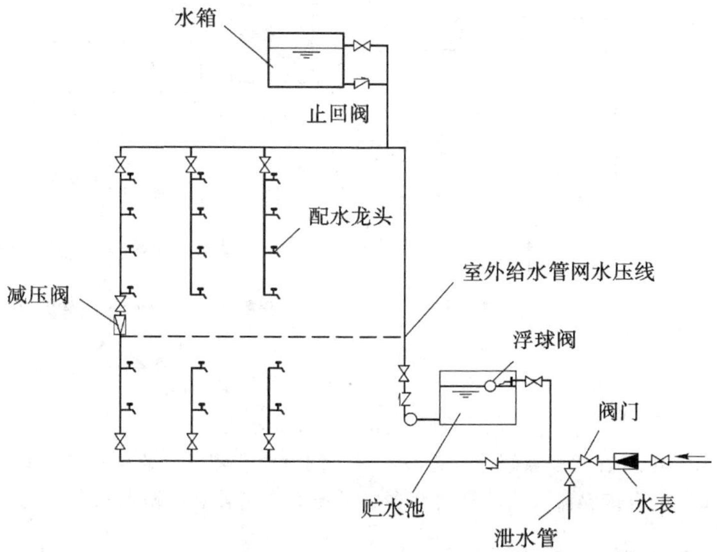

图1-13 分区给水方式

(2)供水方式:下区由市政管网压力直接供水,上区由水泵水箱联合供水,两区间设连通管,并设阀门,必要时,室内整个管网用水均可由水泵、水箱联合供水或由室外管网供水。

(3)特点:可以充分利用室外管网压力,供水安全,但投资较大,维护复杂。

7. 无负压供水方式(见图1-14)

无负压供水方式是指以市政管网为水源,充分利用了市政管网原有的压力,形成密闭的连续接力增压供水方式。它是在变频恒压供水上发展起来的新型供水公式。

(1)适用范围:一般有市政自来水的高层供水都可以采用无负压供水方式,不宜设水池或水箱时可采用。

(2)供水方式:当来水压力低于用户所需压力时,由变频装置根据用水量大小自动控制水泵转速,通过稳流补偿器平衡水量,维持恒压供水。当来水压力满足用户所需压力时,系统自动停泵改由外管网直接供水。

(3)特点:可直接从室外给水管网抽水,避免了使用水箱、水池带来的二次污染问题,还可以有效利用市政水原有的压力,使生活给水更加安全、卫生、节能。目前已经广泛应用在新建工程及改造工程中,并有相应的技术规程出台,在许多地方已成为民用建筑供水系统的首选方案。

该系统由变频调速水泵机组、稳流补偿器、真空抑制、压力和流量传感器、过滤器、倒流防止控制柜等组成。

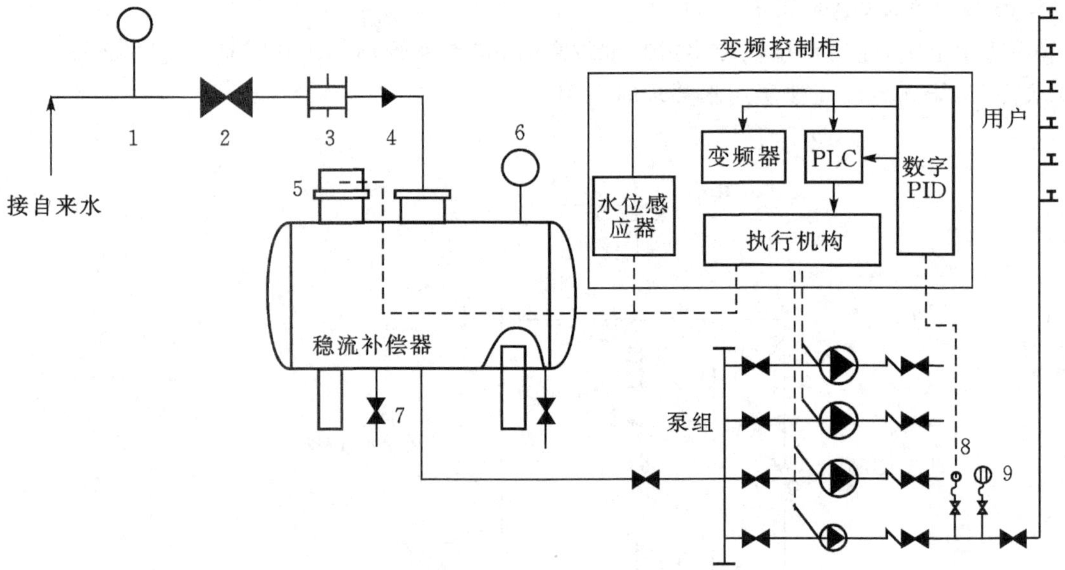

图 1-14　无负压给水方式

1—负压表;2—蝶阀;3—过滤器;4—倒流防止器;5—真空抑制器;
6—压力传感器;7—清洗排污器;8—压力变送器;9—隔膜式气压罐

1.1.5　供水方式的选择原则

给水系统的供水方式必须依据用水户对水质、水压和水量的要求,室外管网所能提供的水质、水压、水量情况,卫生器具及消防设备在建筑物内的分布,以及用水户对供水可靠性的要求等条件来确定。室内给水方式,一般应根据下列原则选择:

(1)在满足用水户要求的前提下,应使给水系统简单,管道输送距离最短,以降低工程费用及运行管理费用。

(2)应充分利用城市管网水压直接供水。当室外给水管网不能满足整个建筑物供水要求时,可考虑建筑物下面和上面分区供水。

(3)供水安全、可靠、管理维护方便。

(4)当两种或两种以上用水的水质接近时,应尽量采用共用给水系统。

生活给水系统中,卫生器具给水配件承受的最大工作压力不得大于 0.6 Mpa,超过此数值时,宜采用竖向分区供水,以防使用不便及配件破裂漏水。生产系统的最大供水压力,应根据工艺要求及各种设备的工作压力和管道、阀门、仪表等的工作压力来确定。

1.2　建筑给水管材、管件及附件

1.2.1　金属管(见图 1-15)

1. 无缝钢管

无缝钢管由优质碳素钢或合金钢制成,有热、冷轧(拔)之分。管径超过 75 mm 用热轧管,管径小于75 mm用冷拔(轧)管。无缝钢管同一外径有多种壁厚,承受的压力范围较大。

(a)无缝钢管　　(b)焊接钢管　　(c)铸铁管

图 1－15　金属管

2. 焊接钢管

焊接钢管由卷成管形的钢板以对缝或螺旋缝焊接而成。焊接钢管又可分为镀锌管和非镀锌管。它还可按壁厚不同分为薄壁管、普通管和加厚管。

钢管的连接方法有以下三种：

(1)螺纹连接。螺纹连接是利用配件连接，连接配件的形式及其应用如图 1－16 所示。配

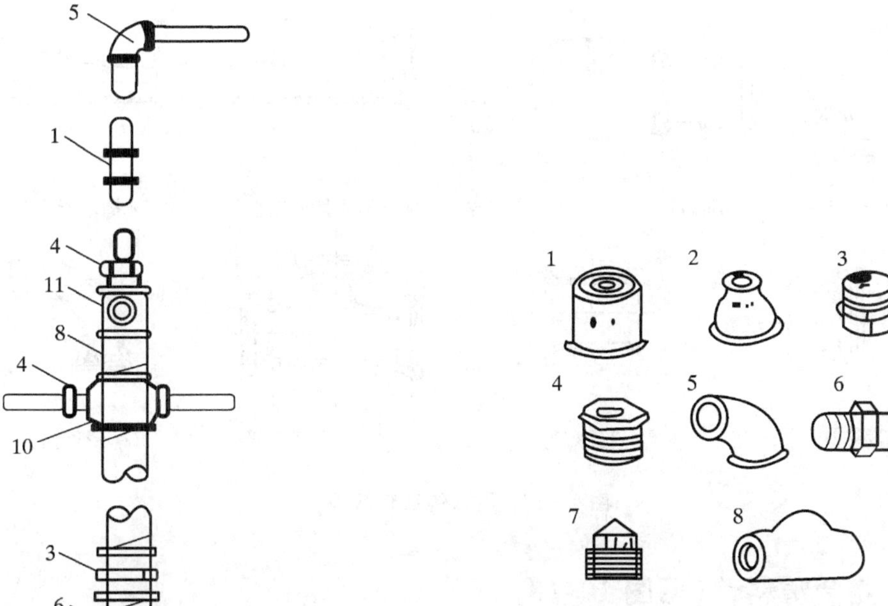

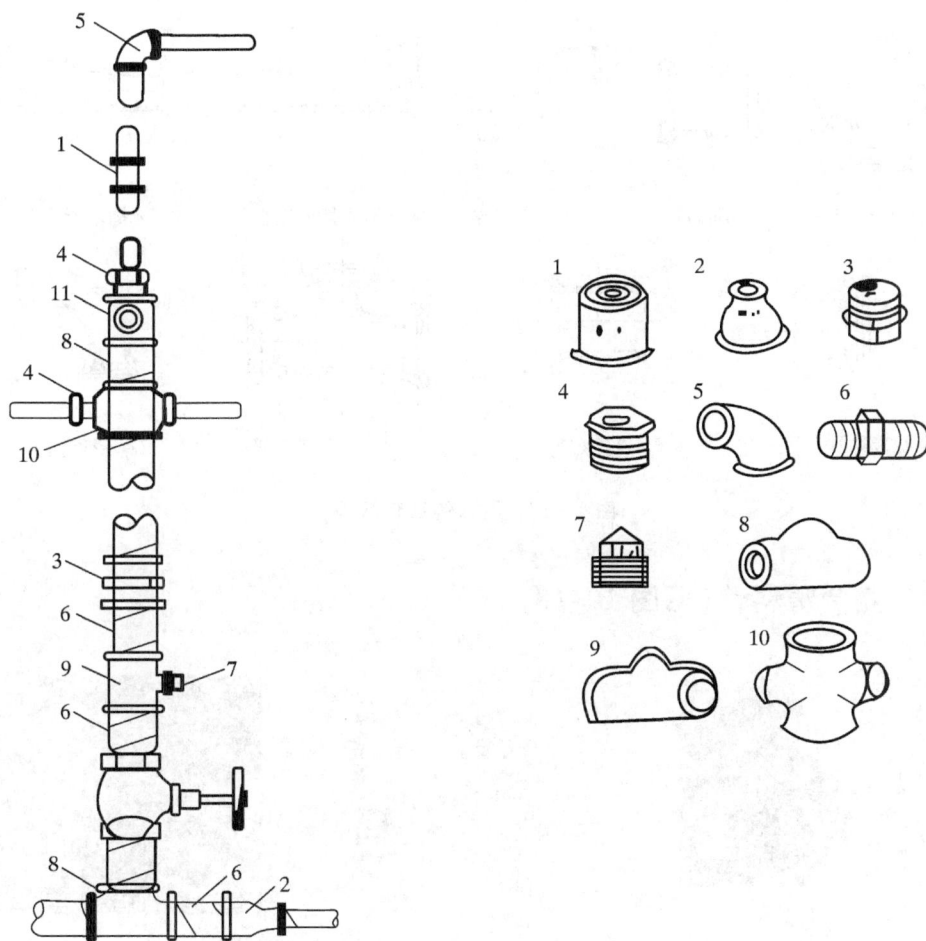

图 1－16　螺纹连接配件

1—管箍；2—异径管箍；3—活接头；4—补心；5—90°弯头；

6—内管箍；7—管塞；8—等径三通；9—异径三通；10—异径四通

件用可锻铸铁制成，它的抗蚀性及机械强度均较大，也分镀锌和非镀锌两种，钢制配件较少。室内生活给水管道应用镀锌配件，镀锌钢管须用螺纹连接。螺纹连接多用于明装管道。

(2)焊接。焊接连接的方法有电弧焊和气焊两种。一般管径 $DN>32$ mm 采用电弧焊连接，管径 $DN\leqslant 32$ mm 采用气焊。焊接的优点是接头紧密、不漏水、施工迅速、不需要配件；缺点是不能拆卸。焊接只能用于非镀锌钢管，因为镀锌钢管焊接时锌层被破坏，反而加速钢管的锈蚀。焊接连接多用于暗装管道。

(3)法兰连接。管径 $DN\geqslant 50$ mm 的管道上，常将法兰盘焊接或用螺纹连接在管端，再以螺栓连接它。法兰连接一般用在连接闸阀、止回阀、水泵、水表等处，以及需要经常拆卸、检修的管段上。建筑给水工程多采用钢制圆形平焊法兰。

3. 铸铁管(见图 1-17)

铸铁管是由生铁制成。铸铁管按材质分为：灰口铸铁管、球墨铸铁管及高硅铸铁管。铸铁管多用于给水管道埋地敷设的工程。

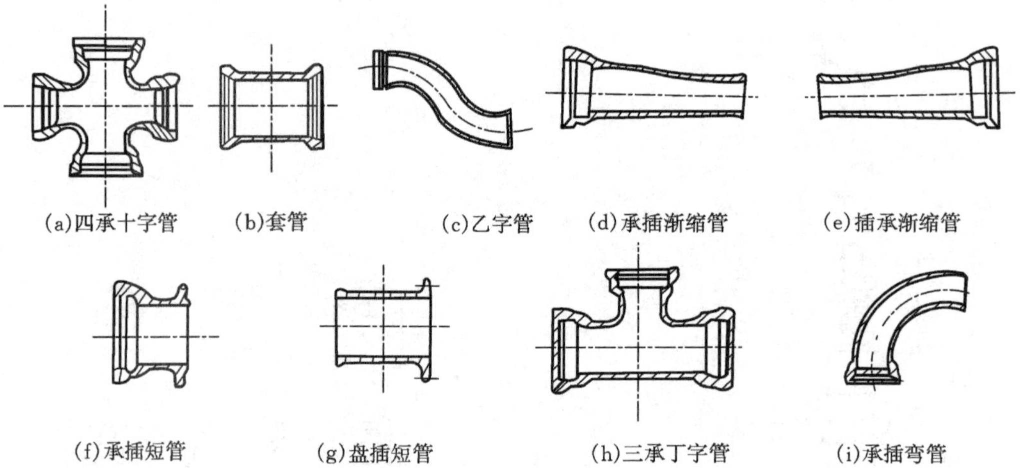

(a)四承十字管　(b)套管　(c)乙字管　(d)承插渐缩管　(e)插承渐缩管

(f)承插短管　(g)盘插短管　(h)三承丁字管　(i)承插弯管

图 1-17　给水铸铁管管件

1.2.2　复合塑料管(见图 1-18)

(a)热水型钢塑复合管　(b)涂塑管　(c)衬塑管

图 1-18　复合塑料管

1. 钢塑复合管

钢塑复合管由普通镀锌钢管和管件以及 ABS、PVC、PE 等工程塑料管道复合而成，兼镀锌钢管和普通塑料管的优点，如图 1－18(a)所示。

2. 塑覆铜管(见图 1－19)

齿型环塑覆铜管内置凹型槽，可截留空气而形成绝热层，并增大了塑料的径向伸缩能力。

平形环塑覆铜管具有耐磨紧密特点，能有效防潮及抗腐蚀，适用于埋地、埋墙和腐蚀环境中。

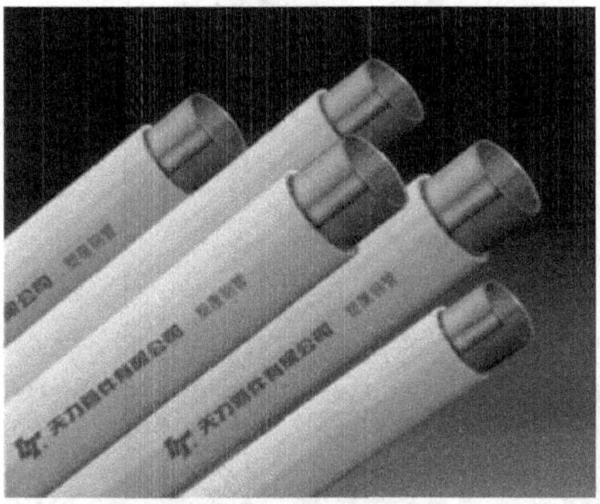

(a) 齿型环塑覆铜管

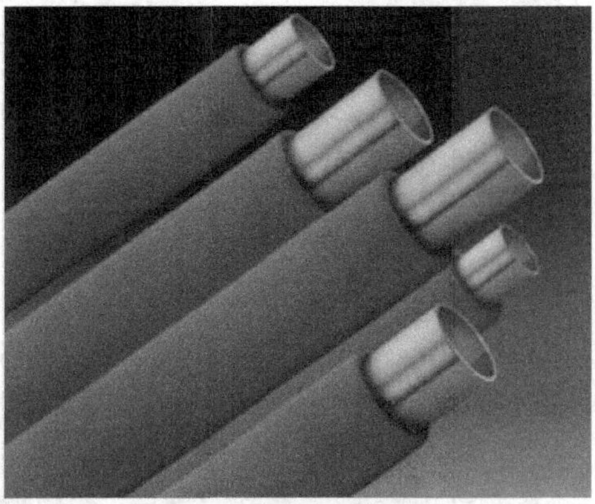

(b) 平形环塑覆铜管

图 1－19　塑覆铜管

3. 铝塑复合管(PAP)(见图 1－20)

铝塑复合管具有膨胀系数小，强度大，韧性好，耐冲击，耐腐蚀，不结垢，耐 95℃ 高温、高压，导热系数小，质量轻，外形美观等特点。其内外壁光滑，可以埋地；安装方便，采用热熔连接，使用寿命长，可达 50 年以上。

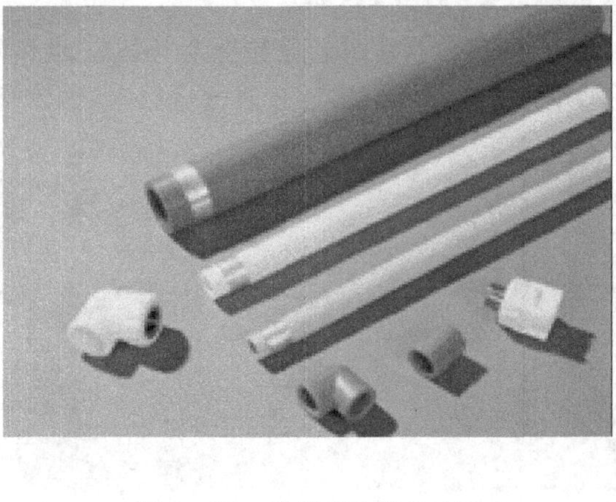

图 1－20　铝塑复合管(PAP)

1.2.3 塑料管

1. 改性聚丙烯(PP－R)管(见图1－21)

图1－21 PP－R管及管件

PP－R管耐腐蚀、不结垢；耐高温(95℃)、高压；质量轻、安装方便、导热系数小；外形美观、内外壁光滑；使用寿命长，可达50年以上。

2. 聚乙烯(PE)管(见图1－22)

PE管耐腐蚀、不结垢；质量轻；外形美观、内外壁光滑；螺纹连接；使用寿命长，可达50年以上。

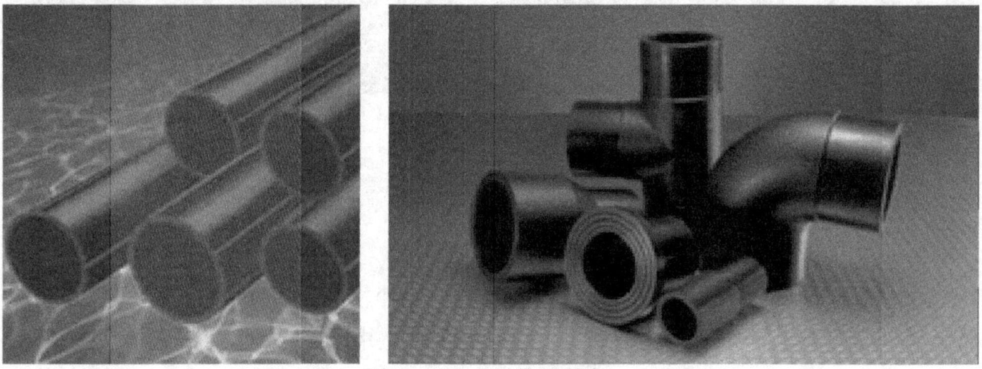

图1－22 PE管及管件

3. 氯化聚氯乙烯(PVC－C)管(见图1－23)

PVC－C管道最高耐温可达95℃。其耐老化和抗紫外线性能和耐化学腐蚀性能好；有较高的冲击性强度和韧性；适用于化工、高温、腐蚀介质输送热水、温水等场合。

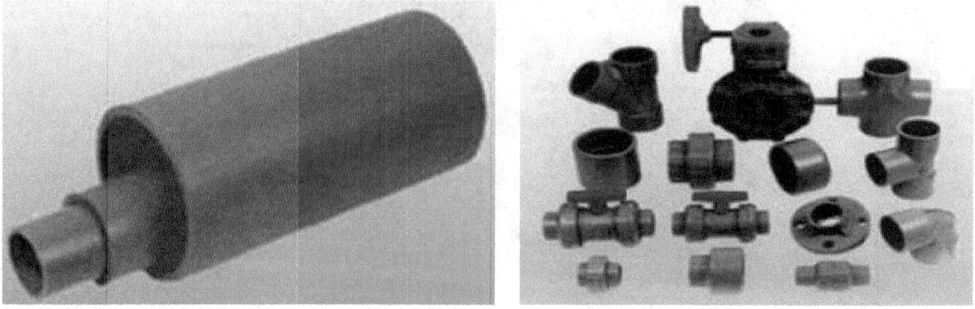

图1－23 PVC－C管及管件

4. **聚丁烯(PB)管(见图 1-24)**

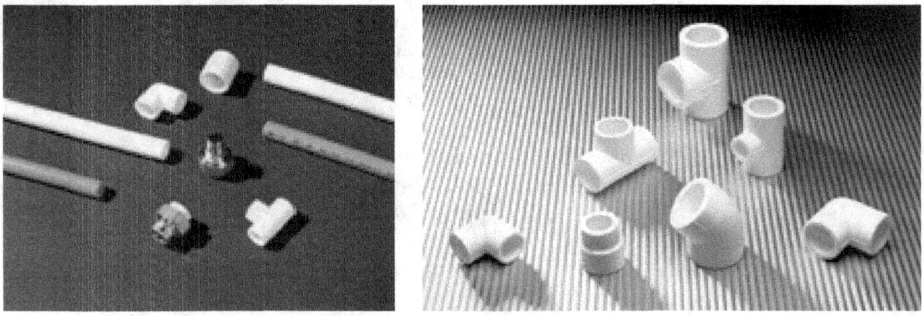

图 1-24　PB 管及管件

PB 管在 95℃下可以长期使用，最高使用温度可达 110℃，耐环境应力开裂性，材质轻、柔韧、抗冲击性好，可以用于冷热水系统。

综上几种塑料管，其水管性能比较见表 1-1。

表 1-1　常见塑料给水管性能比较表

管材种类	PP-R 管	PE 管	铝塑复合管	PB 管
工作温度(℃)	$-20\leqslant t\geqslant 95$	$-50\leqslant t\geqslant 65$	$-40\leqslant t\geqslant 95$	$-30\leqslant t\geqslant 110$
最大使用年限(年)	50	50	50	70
主要连接方式	热熔、电熔(挤压)	热熔、电熔	挤压	挤压(热熔、电熔)
接头可靠性	较好	较好	好	好
产生二次污染	无	无	无	无
最大管径(mm)	125	400	110	50
综合费用(约占镀锌管)	高出 50%左右	高出 20%左右	高出 1 倍以上	高出 2 倍以上

1.3　升压与储水设备

1.3.1　水泵

水泵是给水系统中的主要升压设备。在建筑给水系统中，一般采用离心式水泵(见图 1-25)，它具有结构简单、体积小、效率高且流量和扬程在一定范围内可以调整等优点。

(1)离心式水泵构造(见图 1-26)。离心式水泵由泵体(叶轮、泵壳、泵轴等)、电机、管路(吸水管、压水管)、附件(压力表、阀门等)等组成。

(2)离心式水泵工作原理。离心式水泵工作原理是：启动前泵壳及吸水管内充满水，驱动电机，使叶轮和水高速旋转，水受到离心力的作用被甩出，由泵壳汇入压水管，叶轮中心形成真空，吸水池的水在大气压作用下被吸入泵壳，又被甩出，如此形成连续的水流输送。

(3)离心泵主要性能参数。

①流量：L/s、立方米/小时；

②扬程：MPa、kPa 或 mH_2O；

③轴功率：kW、W；

④效率：$\eta<1$；

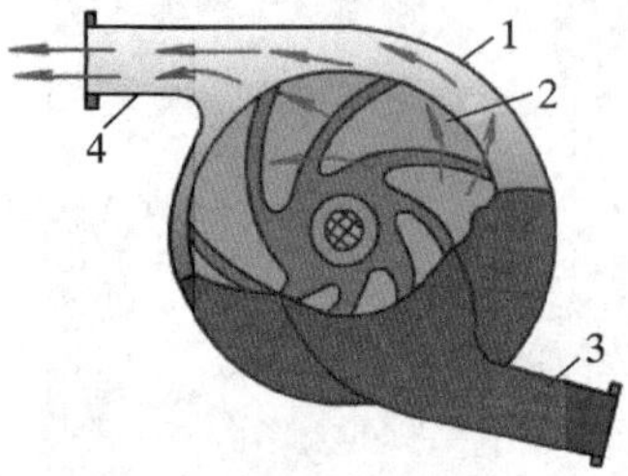

图 1-25　离心式水泵示意图

1—水泵壳体;2—叶轮;3—进水管;4—出水管

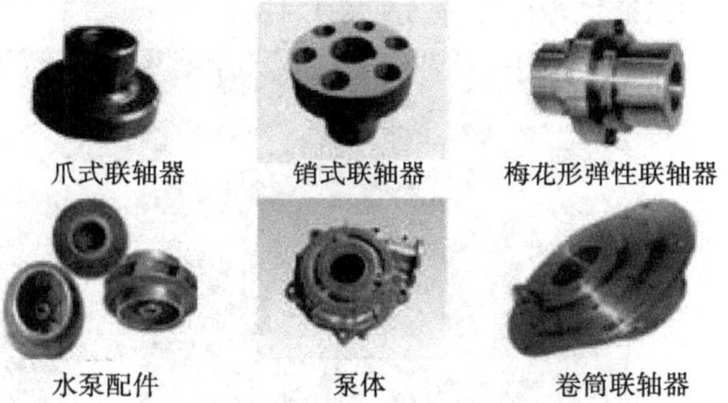

图 1-26　水泵的配件

⑤转速:r/min。

(4)水泵的选择。根据所需的流量和相应于该流量下所需的扬程来选择水泵。

①水泵流量的确定。

单设水泵的给水系统:按设计秒流量取。

水泵、水箱联合供水的给水系统:由于水箱的调节作用及水泵可以自动启闭,水泵流量可以选小些,一般按最大小时用水量或平均小时用水量来计算。

②水泵扬程的确定。

水泵直接从管网抽水:

$$H_p = H_1 + H_2 - H_0$$

式中:H_p——水泵扬程;

H_1——建筑物所需压力;

H_2——泵站内管道阻力损失;

H_0——资用水头,即引入管连接点处室外管网的最小水压。

水泵从贮水池中抽水(见图 1-27):

$$H_p = H_S + H_D + H_L + H_F$$

式中:H_p——水泵扬程;

H_S——水泵轴到贮水池最低水面的距离;

H_D——泵轴到最不利出水点的垂直距离(引入管到最不利出水点的高差);

H_L——管道的总水头损失;

H_F——最不利出水点的出水压力。

实际工作中,选泵时应考虑水泵在转动过程中的磨损和效率降低因素,一般所选水泵的额定流量和扬程稍大于计算的流量和扬程 10%左右;选择水泵应以节能为原则,使水泵在给水系统中大部分时间保持高效运行。

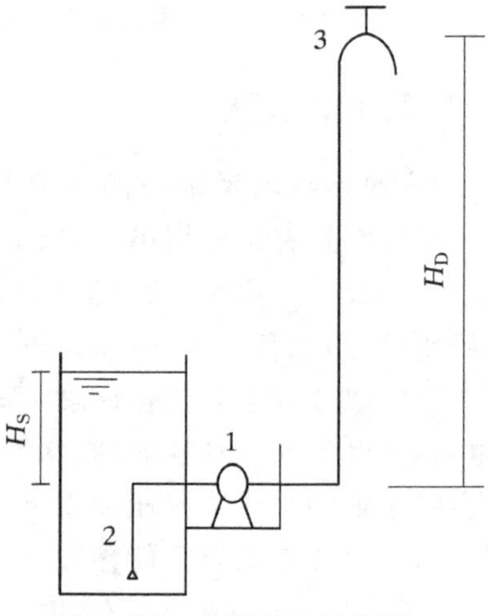

图 1-27　水泵抽水示意图

1—水泵;2—水池;3—不利点

(5)泵房布置。

①泵房建筑应为一、二级耐火等级。

②泵房净高,采用固定吊钩或移动支架时,不小于3.0 m;采用固定吊车时,应保证吊起物

底部与吊运的越过物体顶部之间有 0.5 m 以上的净距。

③泵房采暖温度一般为 16℃，无人值班时采用 5℃，每小时换气 3～4 次。

④地面应有排水措施，地面坡向排水沟，排水沟坡向集水坑。

⑤泵房不得设在有防震和安静要求的房间上下和相邻。

⑥水泵基础应设隔振装置，吸水管和出水管上应设隔振减噪音装置，管道支架、管道穿墙及穿楼板处应采取防固体传声措施，必要时可在泵房建筑上采取隔声吸音措施。

(6)水泵机组布置。

①电机容量＞55 kW，水泵基础间净距≥1.2 m。

②20 kW≤电机容量≤55 kW，水泵基础间净距≥0.8 m。

③电机容量＜20 kW，吸水管直径＜100 mm，泵组一侧与墙可不留通道，两台相同机组可共用基础，水泵基础间净距≥0.7 m，泵房的人行通道≥1.2 m，配电盘前应有 1.5～2.0 m 的通道。水泵机组的布置间距如图 1－28 所示。

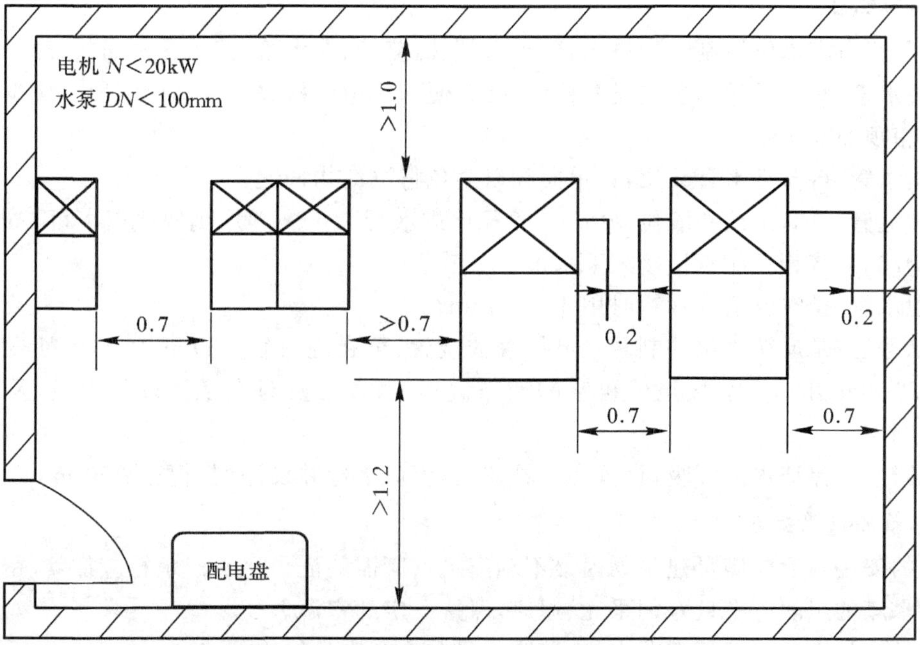

图 1－28　水泵机组的布置间距(m)

(7)水泵防震。水泵防震以隔振为主、吸声为辅，在建筑上采取隔声、吸音措施，如双层门窗、墙面，顶棚设多孔吸音板。水泵防震的措施有：

①对噪声源：选低噪音水泵；

②基础：是固体传振的主要通道，采用橡胶隔振垫；

③管道：是固体传振的第二通道，吸、压水管设可曲挠接头；

④支吊架：是固体传振的第三通道，采用弹性支吊架。

1.3.2　水箱(见图 1－29)

水箱主要起调节水量、增压、稳压、减压、贮水的作用。水箱一般采用钢板、钢筋砼、玻璃钢制作。若采用钢板水箱，内外均应进行防腐处理。

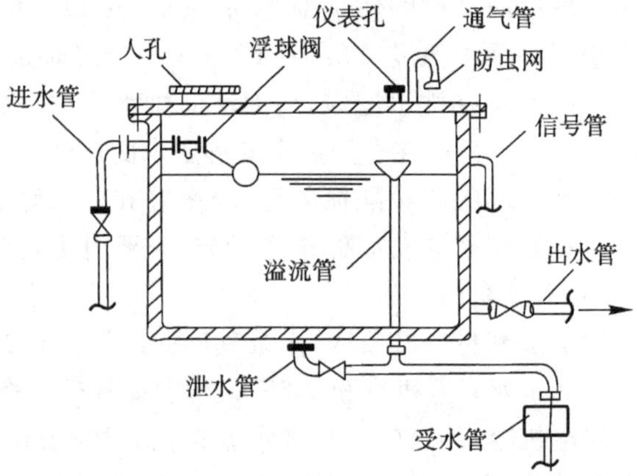

图 1-29　水箱外形、配管及附件示意图

1. 水箱配管

水箱配管由带水位控制阀的进水管、出水管、溢流管、泄水管、信号管及通气管组成。

(1)进水管：每个浮球阀前应设置检修阀门，便于浮球阀检修。浮球阀一般不应少于 2 个，进水管距箱顶 200 mm。

(2)出水管：可与进水管共用，设单向阀以避免将沉淀物冲起。

(3)溢流管：管高于最高液位 50 mm，管径比进水管大 1～2 号，到箱底以下可与进水管同径，不设阀门，溢流管不能直接接入下水道。

(4)泄水管：排空及清洗水箱时用 40～50 mm。

(5)信号管：是反映水位控制阀失灵报警的装置，可在溢流管口以下 10 mm 处设置；其管径为 *DN*20 mm，出口一般接至值班室的洗涤盆等上，以便及时发现浮球阀失灵，及时修理。管上不设阀门。

(6)通气管：保证水的呼吸，设置在水箱盖上，管口下弯并设滤网，管径≥50 mm。

2. 水箱的设置要求

水箱的安装高度应满足建筑物内最不利配水点所需的流出水头。水箱应加盖，留气孔、检修孔。放水箱的房间应有良好的采光、通风，保持一定的室温。

水箱的有效容积应根据调节水量、消防水量和生产事故储水量确定。

1.3.3　贮水池

贮水池是建筑给水常用调节和贮存水的构筑物，采用钢筋混凝土、砖石等材料制作，形状多为圆形和矩形。

1. 贮水池的设置要求

贮水池宜布置在地下室或室外泵房附近，并应有严格的防渗漏、防冻和抗倾覆措施。贮水池一般应分为两格，并能独立工作，分别泄空，以便清洗和维修。

2. 贮水池容积的确定

贮水池的有效容积应根据调节水量、消防贮备水量和生产事故备用水量计算确定，当资料不足时，贮水池的调节水量可按最高日用水量的 10%～20%估算。

1.4 室内消防给水系统

建筑消防系统根据使用灭火剂的种类可分为：建筑消火栓消防给水系统、自动喷水灭火系统。低层建筑消防系统主要用于扑救初期火灾，高层建筑消防系统主要用于满足自救需要。建筑消防系统执行国家《建筑设计防火规范》(GB 50016—2014)。

室内消防给水系统设置范围：

(1)24 m 以下的厂房、仓库、科研楼；

(2)大型影剧院、体育馆；

(3)建筑体积大于 5 000 m^3 的各种公共场所，如车站、机场、商店、医院等；

(4)7 层以上的住宅，底层设有商店的单元式住宅；

(5)超过 5 层或者体积超过 10 000 m^3 等建筑物；

(6)国家文物保护单位的砖木或木结构建筑；

(7)高层民用建筑。

1.4.1 建筑消火栓消防给水系统(见图 1－30)

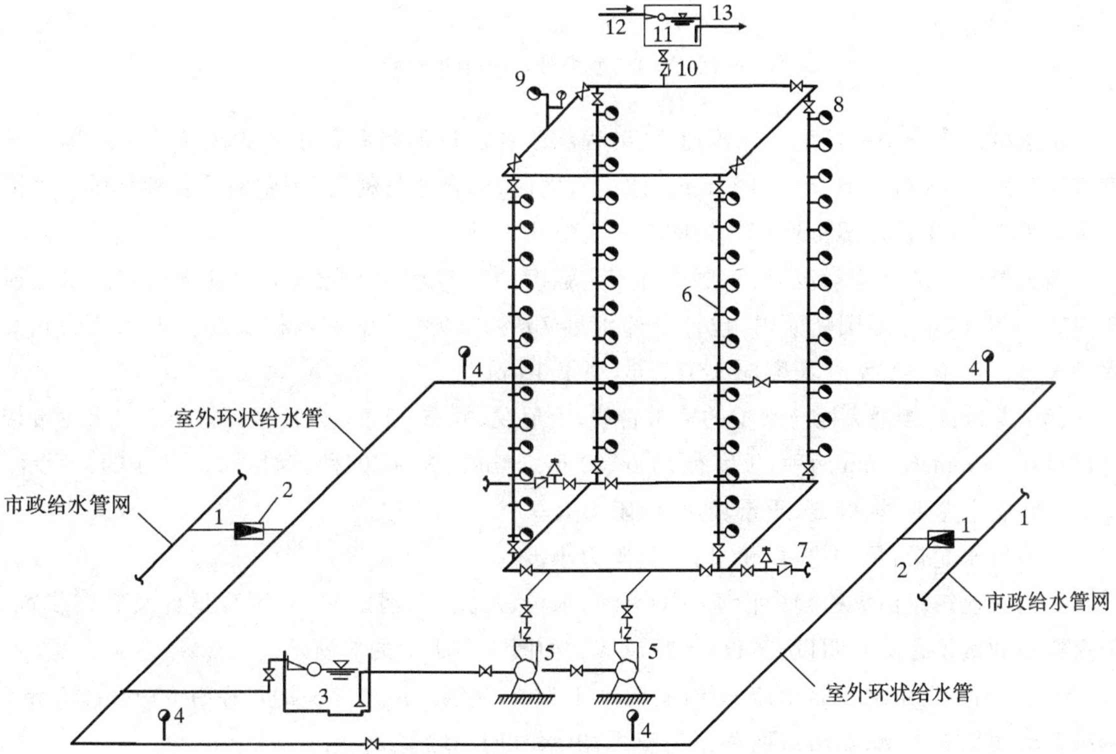

图 1－30 建筑消火栓系统组成示意图

1—引入管；2—水表井；3—消防贮水池；4—室外消火栓；5—消防泵；6—消防管网；7—水泵接合器；8—室内消火栓；9—屋顶消火栓；10—止回阀；11—消防水箱；12—水箱进水管；13—生活用水出水管

室内消防给水系统由消火栓设备、消防水泵接合器、消防管道、消防水泵、消防水池、消防水箱、消防通道和水源等组成。

1. 消火栓设备

(1)消火栓设备的组成。

消火栓设备由水枪、水龙带和消火栓组成，均安装于消火栓箱内，如图1－31所示。一个建筑的消防器材必须用同样的规格，以备替换。

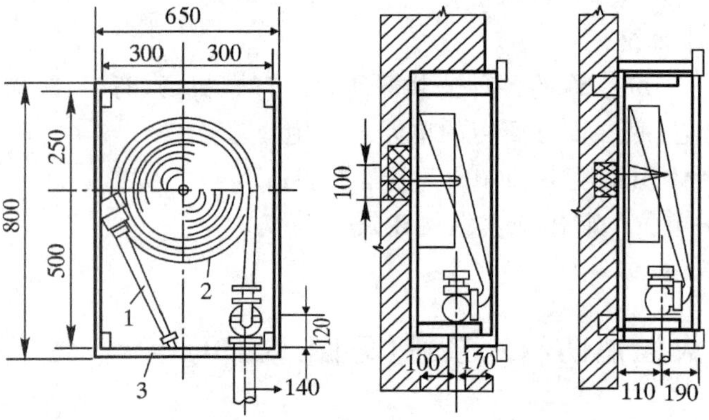

图1－31　室内消火栓

1—水枪；2—水龙带；3—消火栓箱

①水枪。水枪是一种增加水流速度、射程和改变水流形状和射水的灭火工具。水枪的喷嘴直径分别为13 mm、16 mm、19 mm。水枪有铜制、铝合金材料、工程塑料等各种材质。水枪与水龙带接口，用快速螺母连接。如图1－31中的1所示。

消火栓设备的水枪射流灭火，要求有一定强度的密实水流才能有效地扑灭火灾。水枪射流在26～38 mm直径圆断面内，包含全部水量75%～90%的密实水柱长度称为水枪的充实水柱长度。水枪充实水柱长度应大于7 m，小于15 m。

②水龙带：连接消火栓与水枪的输水管线，由尼龙、帆布、麻质、橡胶等材料制成。水龙带接口口径有50 mm、65 mm两种，长度有15 m、20 m、25 m或30 m四种。如图1－31中的2所示。

a. 麻质水龙带：抗折叠，质量轻，水流阻力大；

b. 橡胶水龙带：易老化，质量重，水流阻力小。

③消火栓箱。消火栓箱内设置有消火栓、水枪、水龙带、消防水喉、消防报警及启泵装置。消火栓箱的敷设方式有明设、暗设、半暗设等。如图1－31中的3所示。

④消防龙头：用来控制水流的阀门，离地1.1 m，铜制。消防龙头的口径有50 mm、65 mm两种。消防龙头有单、双出口两种龙头型式，出水方向与墙呈90°角。

(2)消火栓的设置。

①消火栓的设置应符合如下规定：

a. 建筑高≤24 m，体积≤5000 m^3的库房，应保证有一支水枪的充实水柱到达同层内任何部位；

b. 其他民用建筑应保证有 2 支水枪的充实水柱达到同层内任何部位；

c. 消火栓口距地面安装高度为 1.1 m，栓口宜向下或与墙面垂直安装；

d. 为保证及时灭火，每个消火栓处应设置直接启动消防水泵按钮或报警信号装置；

e. 设在明显、易于取用的地点（走廊、楼梯间、大厅入口处）；

f. 消防电梯前室应设消火栓；

g. 同一建筑物内设相同规格的消火栓、水带、水枪；

h. 在建筑物顶应设一个消火栓，以利于消防人员经常检查消防给水系统是否能正常运行，同时还能起到保护本建筑物免受邻近建筑火灾的波及。

②消火栓的保护半径。消火栓的保护半径是以消火栓为圆心，消火栓系统能充分发挥作用的水平距离。计算公式如下：

$$R=0.8L_d+L_s$$

式中：R——消火栓保护半径（m）；

L_d——水带的长度（m）；

0.8——考虑水龙带转弯曲折的折减系数；

L_s——水枪的充实水柱在水平面的投影长度（m）。

③消火栓的布置。

a. 如图 1－32(a)所示，当室内宽度较小只有一排消火栓，并且只要求一股水柱到达室内任何部位，消火栓的间距按下式计算：

$$S_1=2\sqrt{R^2-b^2}$$

式中：S_1——一股水柱时消火栓间距（m）；

R——消火栓的保护半径（m）；

b——消火栓的最大保护宽度（m），对于内廊式建筑，b 为走道两侧中最大一边宽度。

b. 如图 1－32(b)所示，当室内只有一排消火栓，且要求有两股水柱同时到达室内任何部位时，消火栓的间距按下式计算：

$$S_2=\sqrt{R^2-b^2}$$

式中：S_2——两股水柱时消火栓间距（m）。

c. 如图 1－32(c)所示，当建筑物较宽，需要布置多排消火栓，且要求有一股水柱到达室内任何部位，消火栓的间距按下式计算：

$$S_n=\sqrt{2}R$$

d. 如图 1－32(d)所示，当建筑物较宽，需要布置多排消火栓，且要求有两股水柱到达室内任何部位时，消火栓间距按 $S_n=\sqrt{2}R$ 计算值缩短一半。

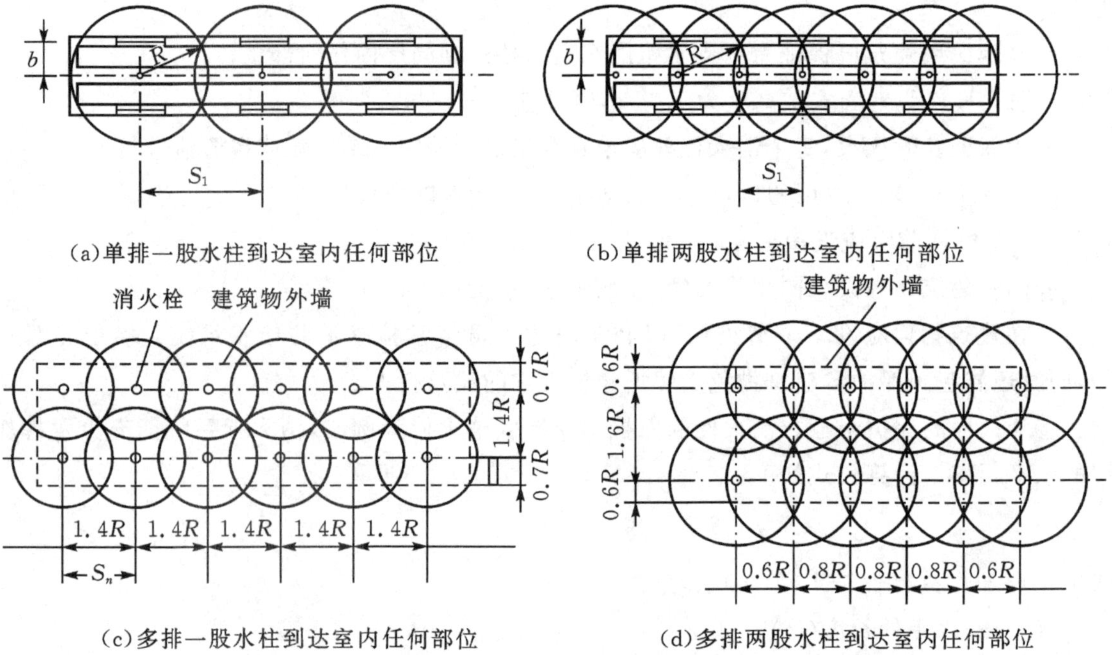

图 1-32　消防水泵接合器外型图

2. 消防水泵接合器(见图 1-33)

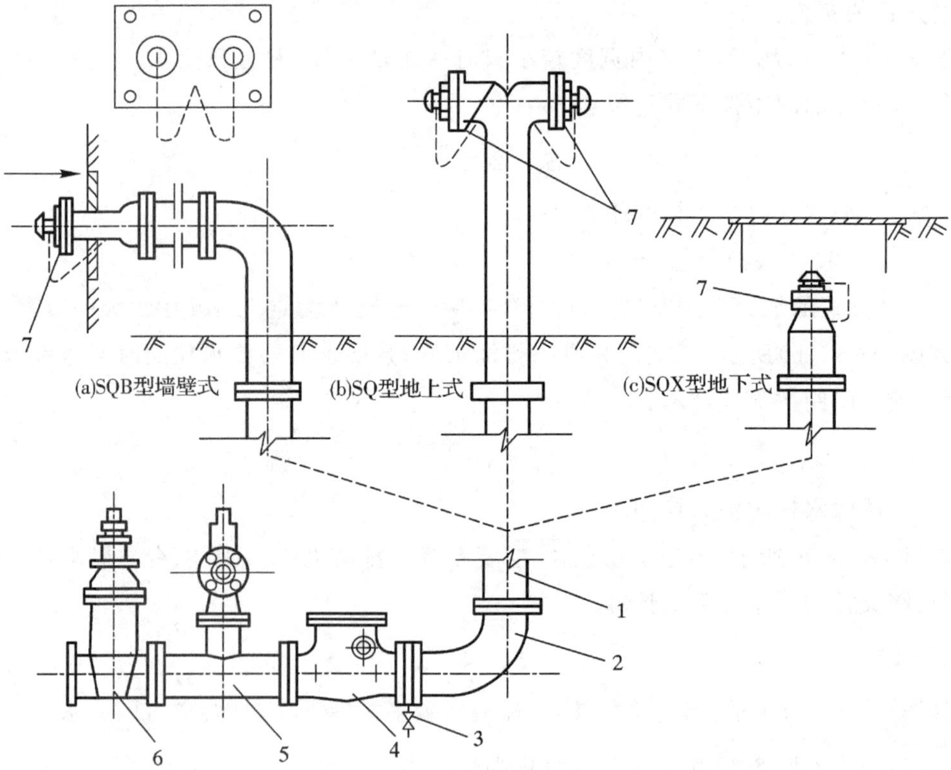

图 1-33　消火栓布置间距

1—法兰接管；2—弯管；3—放水阀；3—升降式止回阀；5—安全阀；6—楔式闸阀；7—进水用消防接口

水泵接合器是连接消防车向室内消防给水系统加压供水的装置，一端由消防给水管网水平干管引出，另一端设于消防车易于接近的地方。水泵接合器应设有阀门、安全阀、单向阀等。水泵接合器有地上式、地下式和墙壁式三种。

水泵接合器的设置：便于消防车接管供水地点，同时考虑周围15～40 m内有室外消火栓或消防贮水池；数量按室内消防水量及每个接合器流量经计算定，每个接合器流量为10～15 L/s。

3. 消防管道

建筑物内消防管道是否与其他给水系统结合或独立设置，应根据建筑物的性质和使用要求经技术经济比较后确定。

消防给水管网：应构成水平或垂直管网，至少设置两条进水管(需要时配水泵、水箱等设备)。

室内消火栓给水管道的布置：室内消火栓个数大于10个，且室外消防水量大于15 L/s，市内给水管道应为环状，进水管应为两条，一条事故时，另一条供应全部水量；阀门设置便于检修又不过多影响供水；室内消火栓管网与喷淋管网宜分开设，如有困难在报警阀前分开。

4. 消防水池

消防水池适用于无室外消防水源情况下，其容量应满足在火灾延续时间内，室内外消防用水总量的要求。消防水池可设于室外地下或地面上，也可设在室内地下室，或与室内游泳池、水景水池兼用。

消防水池的要求：消防水池应设有水位控制阀的进水管和溢水管、通气管、泄水管、出水管及水位指示器等附属装置。根据各种用水系统的供水水质要求是否一致，可将消防水池与生活或生产贮水池合用，也可单独设置。

5. 消防水箱

消防水箱的设置对火灾扑救初期起着重要作用。消防水箱的设置要求：

(1)为确保其自动供水的可靠性，应采用重力自流供水方式。

(2)消防水箱宜与生活(或生产)高位水箱分开设置，当二者合用时应保持箱内贮水经常流动，防止水质变坏。

(3)水箱的安装高度应满足室内最不利点消火栓所需的水压要求，且应贮存室内10 min的消防水量。一类高层(住宅除外)，可设增压设备、气压罐、稳压泵；二类公共建筑、一类住宅的水箱高度为：最高处消火栓静水压力$\not<$7 mH_2O。

6. 消防泵及泵房

消防泵吸水管应有独立的吸水管；消防泵自灌吸水；消防泵压水管两条与环管接备用泵：不小于一台主泵的能力；泵房有直通室外出口，在楼层内应靠近安全出口。

1.4.2 自动喷水灭火系统

1. 自动喷水灭火系统设置原则

(1)建筑面积超过100 m^2的高层建筑，除面积小于5 m^2的卫生间、厕所和不宜用火扑救的部位外，均应设自动喷水灭火装置；

(2)建筑面积不超过100 m^2的一类高层建筑及其裙房的公共活动用房，办公室、走道和旅馆客房，可燃物品库、地下车库、高级住宅的居住用房；

(3)二类高层建筑中的商业营业厅、展览厅等公共活动用房和建筑面积超过200 m^2的可燃物品库房；

(4)多层建筑中的大型剧院、礼堂、体育馆、设有空调系统的旅馆和办公楼的走道、办公室、餐厅、商店、库房、百货商场、展览大厅均应设自动喷水灭火系统。

2. 自动喷水灭火系统组成及分类

自动喷水灭火系统是一种固定式的自动喷水灭火系统设置，在国外有百年的历史，国内有五十余年的历史，是扑灭建筑初期火灾非常有效的一种灭火设备。

(1)系统主要由闭式喷头、给水管网、湿式警报器、火灾探测报警系统(警铃、温感和烟感探测器、水流指示器)等组成。

(2)根据喷头形式，自动喷水灭火系统可分为闭式和开式。闭式包括：湿式、干式、预作用式系统；开式包括：雨淋喷水、水幕、水喷雾系统。喷头的设计参数见表 1-2。

表 1-2 喷头的设计参数

分级	设计喷水强度 L/(min·m²)	作用面积 m²	每只喷头保护面积 m²	喷头间距 m
严重危险级	10～15	300	5.4～8	2.8
中危险级	6	200	12.5	3.6
轻危险级	3	180	21.0	4.6

3. 自动喷水灭火系统工作原理

(1)湿式自动喷水灭火系统(闭式)：由湿式报警阀、闭式喷头、水力警铃、压力开关、供水管网、延迟器、水流指示器、(支管)检验装置等组成。湿式自动喷水灭火系统为喷头常闭的灭火系统，管网中充满有压水，当建筑物发生火灾，火点温度达到开启闭式喷头时，喷头出水灭火。湿式自动喷水灭火系统组成及工作原理如图 1-34 所示。

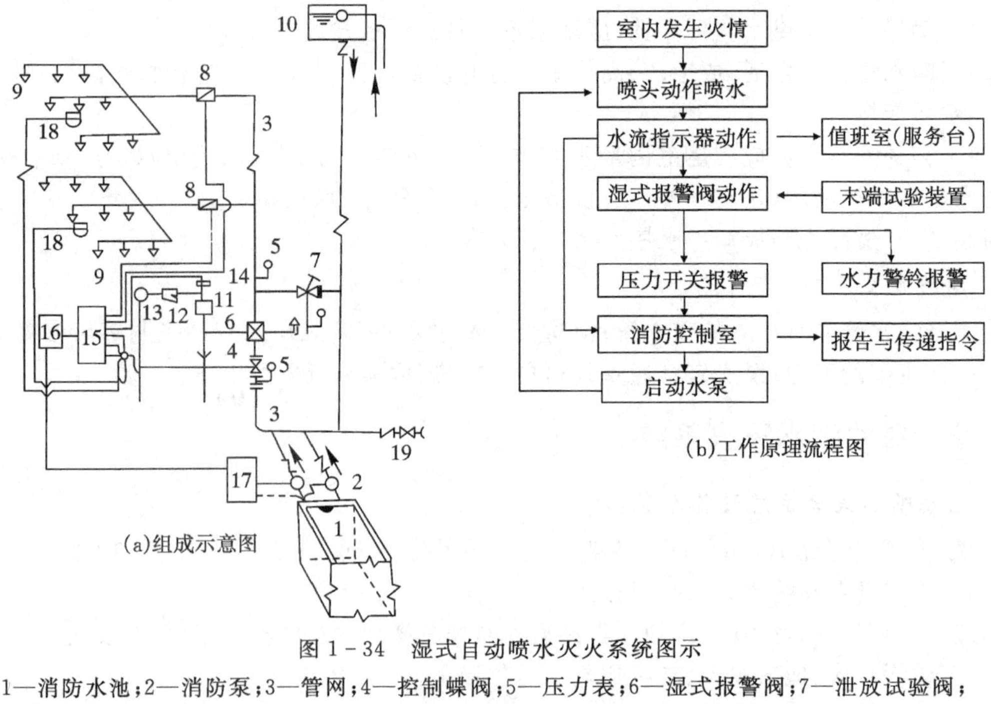

图 1-34 湿式自动喷水灭火系统图示

1—消防水池；2—消防泵；3—管网；4—控制蝶阀；5—压力表；6—湿式报警阀；7—泄放试验阀；8—水流指示器；9—喷头；10—高位水箱；11—延时器；12—过滤器；13—水力警铃；14—压力开关；15—报警控制器；16—非标控制器；17—水泵启动箱；18—探测器；19—水泵接合器

(2)干式自动喷水灭火系统(闭式):如图 1-35 所示,由干式报警阀、闭式喷头、水力警铃、压力开关、供水管网等组成;4℃<室温<70℃;适用无采暖场所管路容积不大于 2000 L。警戒状态配水管道内部充满用于启动系统的有压气体;不受环境温度的影响。干式自动喷水灭火系统为喷头常闭的灭火系统,管网中平时不充水,充有有压空气(或氮气),当建筑物发生火灾,火点温度达到开启闭式喷头时,喷头开启排气、充水灭火。

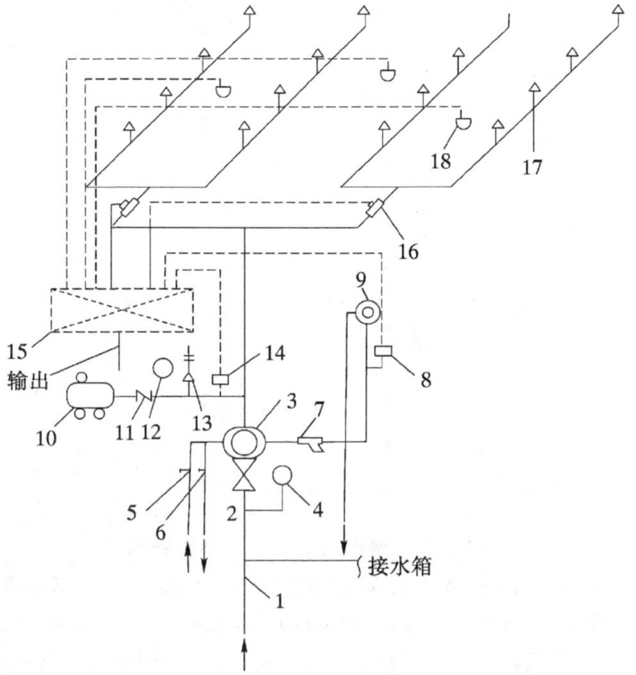

图 1-35　干式自动喷水灭火系统图示

1—供水管;2—闸阀;3—干式阀;4—压力表;5、6—截止阀;7—过滤器;8—压力开关;9—水力警铃;10—空压机;11—止回阀;12—压力表;13—安全阀;14—压力开关;15—火灾报警控制箱;16—水流指示器;17—闭式喷头;18—火灾探测器

(3)预作用喷水灭火系统(闭式):如图 1-36 所示。整个系统包括探测系统和喷水系统,由预作用阀、闭式喷头、水力警铃、火灾探测系统、供水管网等组成。准工作状态是管道内部不充水,由火灾自动报警系统自动开启雨淋报警阀和消防水泵后转换成湿式闭式系统。预作用喷水灭火系统为喷头常闭的灭火系统,管网中平时不充水,发生火灾时,火灾探测器报警后,自动控制系统控制阀门排气、充水,由干式变为湿式系统,减少误报、水渍。只有当着火点温度达到开启闭式喷头时,才开始喷水灭火。该系统适用建筑装饰要求高、灭火要求及时的建筑。

(4)雨淋喷水灭火系统(开式):如图 1-37 所示。该系统由雨淋阀、开式喷头、火灾探测系统、供水管网等组成。雨淋喷水灭火系统为喷头常开的灭火系统,当建筑物发生火灾时,由自动控制装置打开集中控制闸门,使整个保护区域所有喷头喷水灭火,形似下雨降水。

(5)水幕系统(开式):如图 1-38 所示。该系统喷头沿线状布置,发生火灾时主要起阻火、冷却、隔离作用。

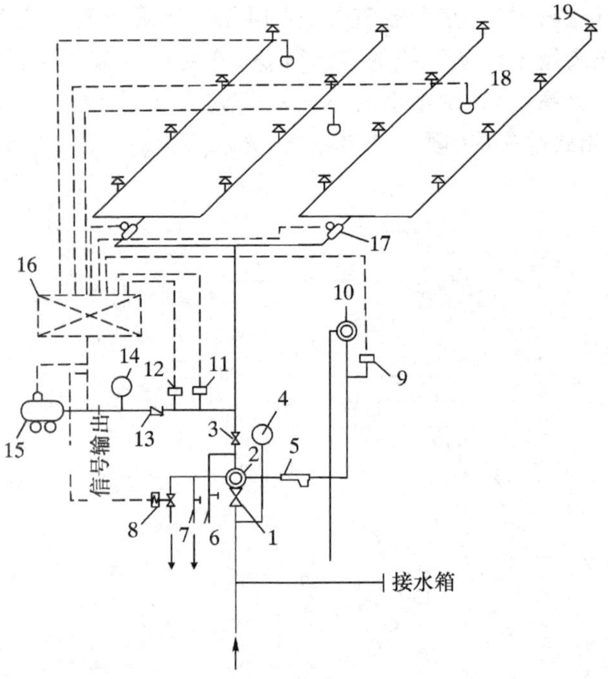

图 1-36　预作用喷水灭火系统图示

1—总控制阀；2—预作用阀；3—检修闸阀；4—压力表；5—过滤器；6—截止阀；
7—手动开启截止阀；8—电磁阀；9—压力开关；10—水力警铃；11—压力开关(启闭空压机)；
12—低气压报警压力开关；13—止回阀；14—压力表；15—空压机；16—火灾报警控制箱；
17—水流指示器；18—火灾探测器；19—闭式喷头

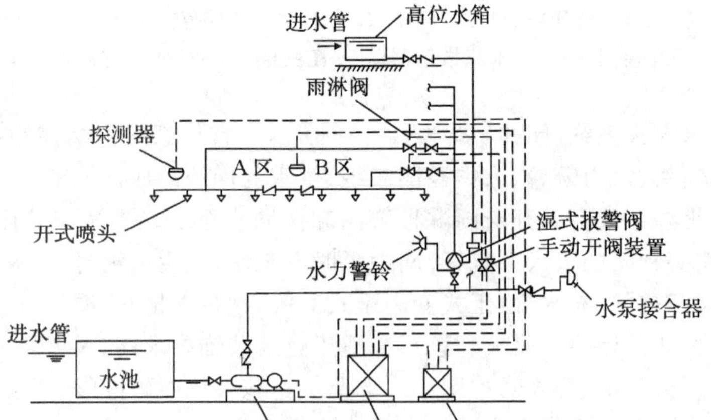

图 1-37　雨淋喷水灭火系统图示

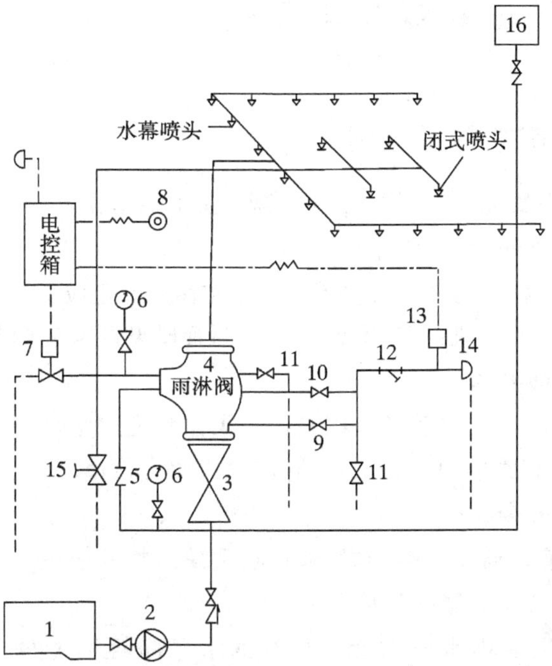

图 1－38　水幕系统图示

1—水池；2—水泵；3—供水闸阀；4—雨淋阀；5—止回阀；6—压力表；
7—电磁阀；8—按钮；9—试警铃阀；10—警铃管阀；11—放水阀；
12—滤网；13—压力开关；14—警铃；15—手动快开阀；16—水箱

4. 自动喷水灭火系统的特点

自动喷水灭火系统与消火栓系统相比有如下优点：

(1)自动报警，自动洒水；

(2)随时处于准备工作状态；

(3)从火场中心喷水，并不受烟雾的影响，造成水渍的损失小；

(4)灭火及时，2～5 min 使火灾不易扩散，且灭火成功率高。

1.4.3　其他灭火系统(略)

其他灭火系统包括：

(1)干粉灭火系统。

(2)泡沫灭火系统。

(3)二氧化碳灭火系统。

(4)蒸汽灭火系统。

(5)烟雾灭火系统。

1.5 室内给水管道的布置与敷设

1.5.1 室内给水管道布置原则

室内给水管道总的布置原则：简短，经济，美观，便于维修。

1. 确保良好的水力条件，力求经济合理

管道尽可能和墙、梁、柱平行，并力求管道线路最短。干管应该布置在用水量大的配水点附近。对不允许间断供水的建筑，应从室外环网不同管段设两条或两条以上引入管。

2. 满足美观和维修的要求

对美观要求较高的建筑，给水管道可以暗设。柔性管道宜暗设。为了便于检修，管道井每层设检修门；暗设在吊顶和管槽内的管道，在阀门处应留有检修门。

3. 满足生产和使用安全

给水管道的布置不能妨碍生产操作、交通运输和建筑物的使用。

4. 保证水质不被污染或不影响使用

生活给水引入管与生活排水排出管管外壁的水平净距不能少于 1 m，要采取防冻、防露措施。

5. 保护管道不受损害

给水管道应避免布置在重物下面，不能穿越生产设备的基础。保护给水管道的措施有：软性接头法、丝扣弯头法、活动支架法。

6. 管道的明装与暗装

明装安装维修方便，但不美观；暗装施工复杂、维修困难，造价高，但是不影响室内环境的美观整洁。暗装管道在墙中敷设时，应预留墙槽。

1.5.2 室内给水管道布置

室内给水系统按照水平干管的敷设位置，可以布置成上行下给式、下行上给式、中分式。

1. 上行下给式(图 1-39)

(1)特征及使用范围：水平干管通常敷设在顶层顶棚下或吊顶之内，设有高位水箱的居住公共建筑、机械设备或地下管线较多的工业厂房多采用此种给水管道布置方式。

(2)优缺点：与下行上给式布置相比，最高层配水点流出水头稍高，安装在吊顶内的配水干管可能漏水或结露会损坏吊顶和墙面。

2. 下行上给式(图 1-40)

(1)特征及使用范围：水平干管敷设在建筑底层走廊、走廊地下或地下室顶棚下。居住建筑、公共建筑和工业建筑，在用室外管网直接供水时多采用这种给水管道布置方式。

(2)优缺点：简单，明装便于安装维修，与上行下给式布置相比，最高层配水点流出水头较低，埋地管道检修不便。

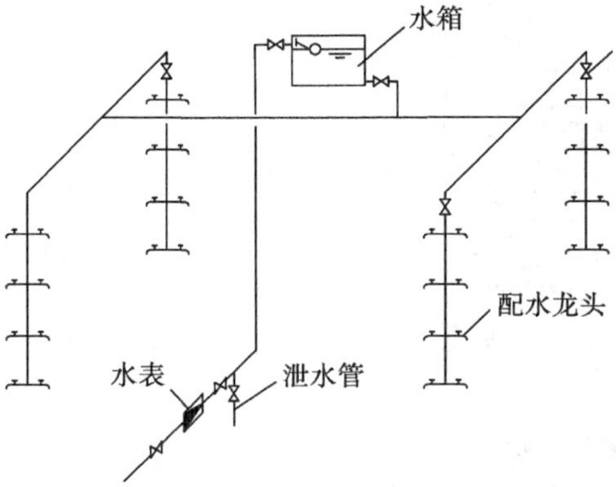

图1-39 上行下给式

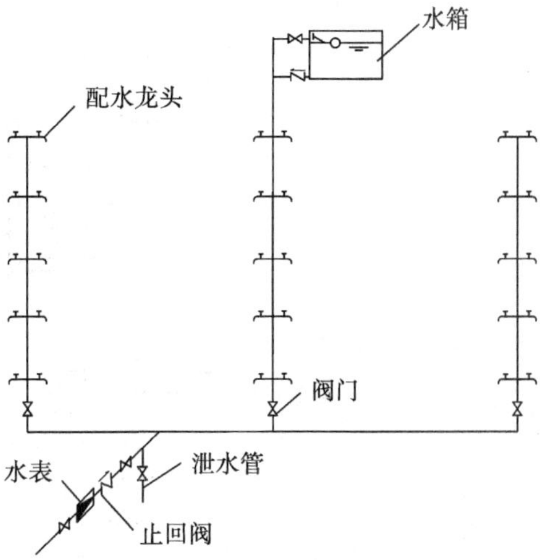

图1-40 下行上给式

3. 中分式(图1-41)

(1)特征及使用范围:水平干管敷设在中间技术层或中间吊顶内,向上下两个方向供水。屋顶用作茶座、舞厅或设有中间技术层的高层建筑多采用此种给水管道布置方式。

(2)优缺点:管道安装在技术层内便于安装维修,有利于管道排气且不影响屋顶多功能使用。但是需要设置技术层或增加某中间层的层高。

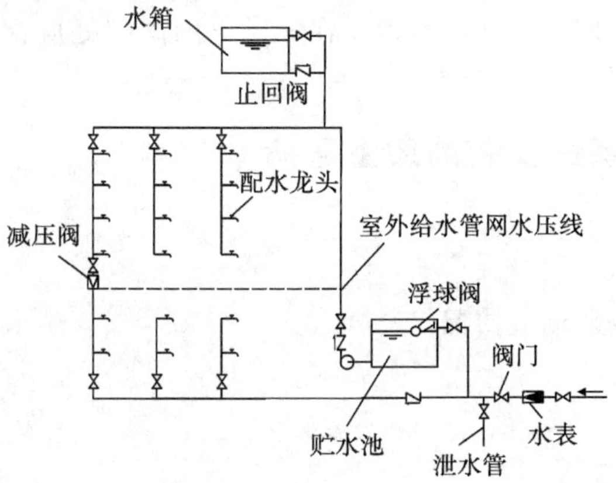

图1-41 中分式

1.5.3 室内给水管道的敷设

1. 给水管道的敷设原则

(1)给水横支管穿过承重墙或基础、立管穿过楼板时均要预留孔洞。

(2)引入管进入建筑内,穿过建筑物的浅层基础或穿过承重墙或基础时的敷设方法如图1-42所示。

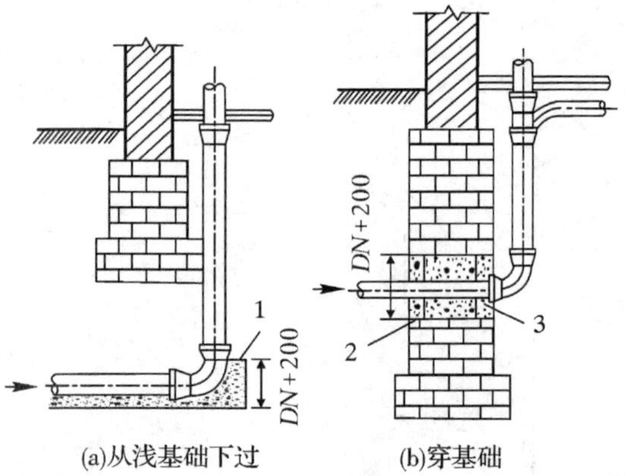

图 1-42　引入管进建筑物

1—C5.5 混凝土支座；2—粘土；3—M5 水泥砂浆封口

2. 给水管道的敷设形式

(1)明装：管道在建筑物内沿墙、梁、柱、地板或在天花板下等处暴露敷设，并以钩钉、吊环、管卡及托架等支托物使之固定。明装安装维修方便，但不美观。

(2)暗装：是指室内管道布置在墙体管槽、管道井或管沟内，或者由建筑装饰所隐蔽的敷设方法。暗装施工复杂、维修困难，造价高，但不影响室内的美观整洁。给水管道暗装时，横管应敷设在地下室、设备层、管沟及顶棚内；立管应敷设在公用的管道井内、竖向管槽内；支管应敷设在楼地面的找平层或沿墙敷设在墙槽内。在管道上的阀门处应留有检修井，并保证维修方便，管沟应设置更换管道的出入口装置。

1.5.4　室内给水系统安装的质量通病

(1)给水管道渗漏。

(2)给水管道堵塞。

(3)给水管道穿越楼板、墙处渗漏。

(4)楼板主筋被切断。

(5)管网噪声。

(6)水质二次污染。

本章小结

本章主要介绍了室内给水系统的分类及组成部分。室内消火栓系统是最为常见的消防系统，要了解它的组成部分和使用方法。建筑物的给水方式有很多种，要根据建筑物的特点选择合适的给水方式。

思考题

1. 建筑给水系统一般由哪些部分组成？

2. 建筑给水系统所需要的水压如何确定？

3. 在屋顶设置水箱的给水方式适用于哪些情况？有什么优缺点？
4. 简述建筑给水系统的给水方式及适用条件。
5. 建筑给水系统常用管材有哪些？其特点和连接方式有哪些？
6. 水箱的作用及附件有哪些？
7. 简述建筑消防给水系统的种类及各自的特点。
8. 简述室内消火栓灭火系统的组成。
9. 简述自动喷水灭火系统的工作原理。
10. 根据《建筑设计防火规范》的规定，哪些建筑部位应设置自动喷水灭火系统？
11. 室内给水管道敷设一般应符合哪些原则？

第2章 建筑排水工程

本章学习要点

1. 建筑排水系统分类及组成
2. 建筑排水系统常用管材和附件
3. 常用卫生器具及其安装知识
4. 建筑排水管道布置及敷设原则
5. 屋面雨水系统分类与组成
6. 建筑给、排水工程施工图的识读

2.1 建筑排水系统

2.1.1 建筑排水系统的分类

建筑内部排水系统是把建筑内的生活污水、工业废水和屋面雨、雪水收集起来，有组织地及时畅通地排出建筑物的系统。按系统排除的污、废水种类的不同，可将建筑内排水系统分为以下几类：

1. 粪便污水排水系统

粪便污水排水系统是排除大便器(槽)、小便器(槽)以及与此相似的卫生设备排出的污水的排水系统。

2. 生活废水排水系统

生活废水排水系统是排除洗涤盆(池)、淋浴设备、洗脸盆、化验盆等卫生器具排出的洗涤废水的排水系统。

3. 生活污水排水系统

生活污水排水系统是排除粪便污水和生活废水的排水系统。

4. 生产污水排水系统

生产污水排水系统是排除生产过程中被污染较重的工业废水的排水系统。生产污水需经过处理后才允许回用或排放，如含酚污水，含氰污水，酸、碱污水等。

5. 生产废水排水系统

生产废水排水系统是排除生产过程中只有轻度污染或水温提高的水，只需经过简单处理即可循环或重复使用的较洁净的工业废水的排水系统。如冷却废水、洗涤废水等。

6. 屋面雨水排水系统

屋面雨水排水系统是排除降落在屋面的雨、雪水的排水系统。

2.1.2　建筑排水系统的组成

建筑内部排水系统的任务是迅速通畅地将建筑内部的废水、污水排到室外，并能有效防止排水管道中的有毒有害气体进入室内。建筑内部排水系统如图 2－1 所示。完整的排水系统可由以下部分组成：

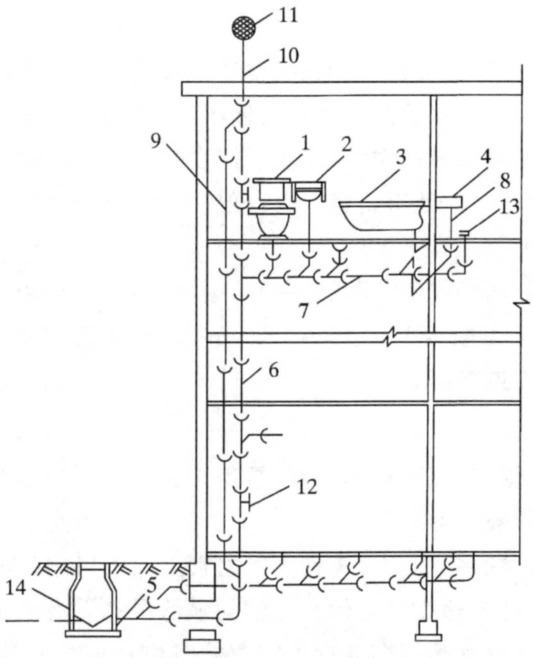

图 2－1　建筑内部排水系统的组成

1—大便器；2—洗脸盆；3—浴盆；4—洗涤盆；5—排出管；6—立管；7—横支管；8—支管；9—通气立管；10—伸顶管；11—网罩；12—检查孔；13—清扫孔；14—检查井

1. 卫生器具

卫生器具是建筑内部排水系统的起点，用以满足人们日常生活或生产中各种卫生要求，并收集和排出污水废水的设备。

2. 排水管道

排水管道包括器具排水管(指连接卫生器具和横支管的一段短管，除坐式大便器外，其间含有一个存水弯)、排水横支管、排水立管、埋地干管和排出管。

3. 通气管道

通气管道的作用是把管道内产生的有害气体排至大气中，以免影响室内的环境卫生，减轻污(废)水、废气对管道的腐蚀，并在排水时向管内补给空气，减小立管内气压变化幅度，防止卫生器具的水封受到破坏，保证水流畅通。

通气管的设置有下面几种：

(1)对于低层建筑，在排水横支管不长、卫生器具数不多的情况下，采用将排水立管上部延伸出屋顶的通气措施即可，如图 2-1 所示。排水立管上延部分，称为"伸顶通气管"。一般室内排水管均设伸顶通气管。

(2)对于多层及高层建筑，由于立管较长，同时排水机率大，更易在管内产生压力波动而破坏水封，因此除设伸顶通气管外，还应设主通气管。主通气管与污水并列敷设，其管径不小于 0.5 倍污水立管管径。

(3)对于高层建筑，在排水横支管较长且卫生器具较多的情况下，还应增设环形通气管，由排水横支管起端的第一、第二用水器具之间向上接出，与主通气管垂直连接。

(4)对卫生和安静方面要求高的建筑，在生活污水管道上应增设器具通气管。器具通气管是从每个排水设备的存水弯出口处引出通气管，再从卫生器具上沿 0.15 m 处以 1%的坡度上升，直至连接到主通气管上。

通气管径一般与排水立管管径相同或小一号，但在最冷月平均气温低于－2℃的地区，并且在没有采暖的房间内，从顶棚以下 0.15～0.20 m 起，其管径较立管管径大 50 mm，以免管中结冰/霜而缩小或阻塞管道断面。

4. 清通设备

为疏通建筑内部排水管道，保障排水畅通，常需设检查口、清扫口、带清扫门的 90°弯头或三通、室内埋地横干管的检查井等。

(1)检查口。检查口设置在立管上，铸铁排水立管上检查口之间的距离不宜大于 10 m，塑料排水立管宜每六层设置一个检查口。但在立管的最低层和设有卫生器具的二层以上建筑物的最高层应设检查口，当立管水平拐弯或有乙字弯管时应在该层立管拐弯处和乙字弯管上部设检查口。检查口设置高度一般距地面 1 m 为宜，并应高于该层卫生器具上边缘 0.15 m，如图 2-2(a)所示。

(2)清扫口(见图 2-2(b))。清扫口一般设置在横管上，横管上连接的卫生器具较多时，起点应设清扫口(有时用可清掏的地漏代替)。在连接 2 个及 2 个以上的大便器或 3 个及 3 个以上的卫生器具的污水横管、水流转角小于 135°的铸铁排水横管上，均应设置清扫口。在连接 4 个及 4 个以上的大便器塑料排水横管上宜设置清扫口。排水横管起点的清扫口与其端部相垂直的墙面的距离不得小于 0.15 m；排水管起点设置带堵头的三通配件代替清扫口时，堵头与墙面的距离应不小于 0.4 m。污水横管的直线管段上检查口或清扫口之间的最大距离，按表 2-1 确定。从污水立管或排出管上的清扫口至室外检查井中心的最大长度，大于表 2-2 的数值时应在排出管上设清扫口。

(3)检查口井。室内埋地横干管上设检查口井。其构造如图 2-2(c)所示。

表 2-1　排水横管直线段上清扫口或检查口之间的最大距离

管道管径(mm)	清扫设备种类	距　离(m)	
		生活废水	生活污水
50～75	检查口	15	12
	清扫口	10	8
100～150	检查口	20	15
	清扫口	15	10
200	检查口	25	20

表 2-2　排水立管或排出管上的清扫口至室外检查井中心的最大长度

管　径(mm)	50	75	100	100 以上
最大长度(m)	10	12	15	20

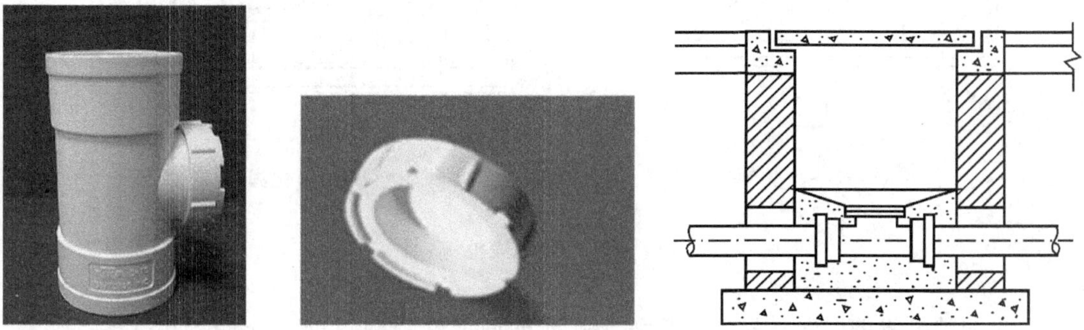

(a)检查口　　(b)清扫口　　(c)检查口井

图 2-2　清通设备

5. 提升设备

工业与民用建筑的地下室、人防建筑物、高层建筑地下技术层、地下铁道、立交桥等地下建筑物的污废水不能自流排至室外检查井时，常须设置提升设备。常用的提升设备有潜污泵、手摇泵、气压扬液器和喷射器等。

6. 污水局部处理构筑物

当建筑内部污水未经处理不能排入其他管道或市政排水管网和水体时，须设污水局部处理构筑物。

常用的污水局部处理构筑物有化粪池、隔油池和沉砂池等。

(1)化粪池。化粪池是一种利用沉淀和厌氧发酵原理，去除生活污水中悬浮性有机物的处理设施，属于初级的过渡性处理构筑物。污水进入化粪池经过 12～24 h 的沉淀，使污水与杂物分离后进入排水管道。沉淀下来的污泥经过 3 个月以上的厌氧消化后，改变了污泥的结构，可定期清掏外运、填埋或用作肥料。

化粪池多设于建筑物背向大街一侧靠近卫生间的地方，较隐蔽。化粪池有矩形和圆形两种。矩形化粪池由两格和三格池体组成，如图 2-3 所示。格与格之间设有通气孔洞。进水管口应设导流装置，使进水均匀分配。池壁和池底应有防止地下水、地表水进入池内的防止渗漏的措施。

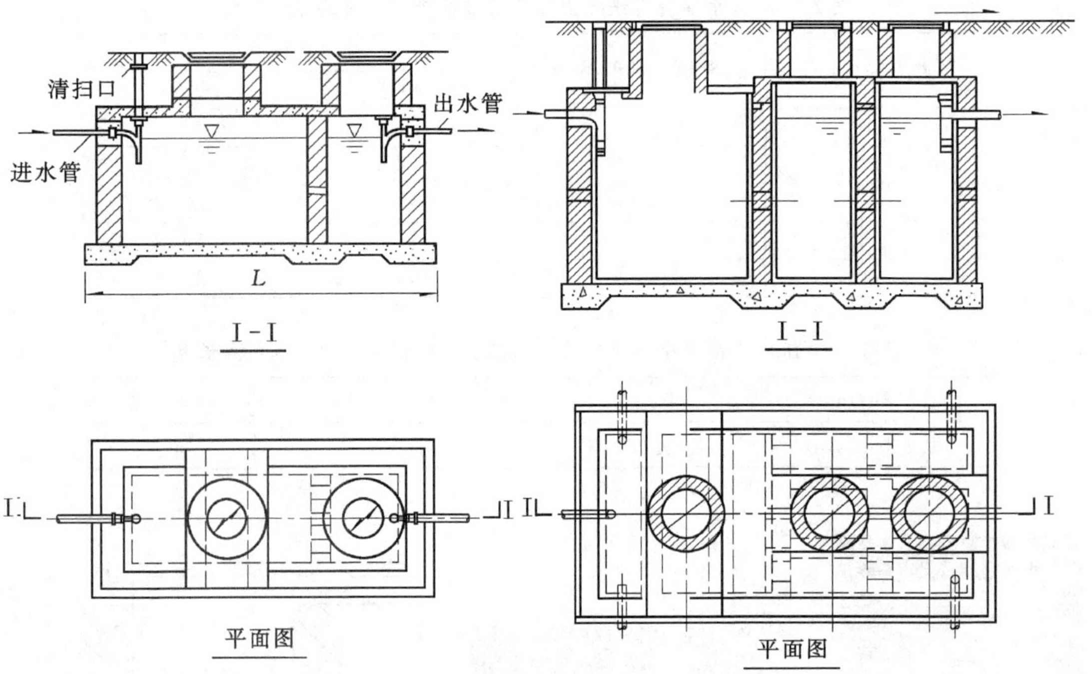

(a)双格化粪池　　(b)三格化粪池

图 2-3　化粪池

(2)隔油池。隔油池是截留污水中油类物质的局部处理构筑物,如图 2-4 所示。公共食堂和饮食业的污水应经隔油池局部处理后才能排放,否则油污进入管道后随着水温的下降,污水中夹带的油脂颗粒开始凝固,并粘附在管道上,使管道过水断面减小,最后完全堵住管道。

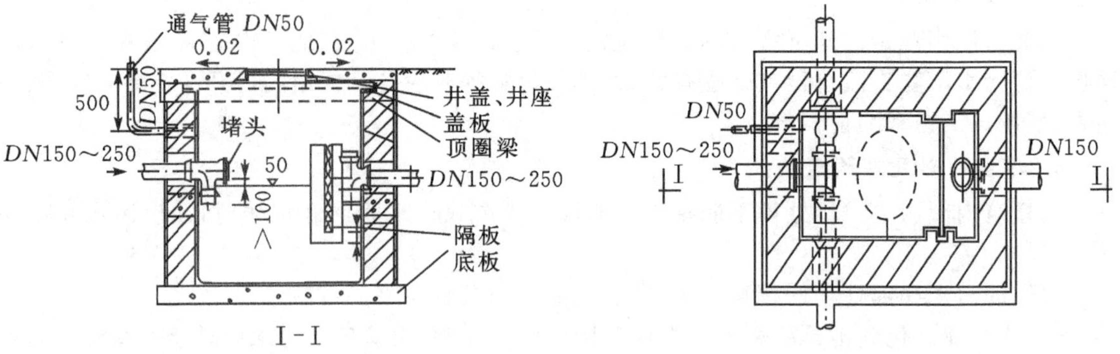

图 2-4　隔油池

(3)沉砂池。汽车库冲洗废水中含有大量的泥沙,为防止堵塞和淤积管道,在污废水排入城市排水管网之前应进行沉淀处理,一般宜设小型沉淀池,以去除污水中粗大颗粒杂质。

2.2　建筑排水管材、附件

2.2.1　建筑排水常用管材

室内排水用的管材，主要有排水铸铁管、硬聚氯乙烯塑料排水管、陶土管、混凝土管、钢筋混凝土管和钢管等。生活污水管道一般采用排水铸铁管或硬聚氯乙烯排水管。当管径小于 50 mm 时，可采用钢管。埋地生活污水管，也可以采用带釉陶土管。由于排水铸铁管道不能承受高压和酸碱性溶液的侵蚀，对于高度大于 30 m 的生活污水排水立管的下段和排出管、微酸性生产废水管道，常用给水铸铁管代替排水铸铁管。

1. 排水铸铁管

排水铸铁管因管壁较薄，不能承受较大压力，常用于生活污水和雨水管道。在生产工艺设备振动较小的场所，也可以用作生产排水管道。排水铸铁管管径一般为 50～200 mm，采用承插连接。承插口直管有单承口和双承口两种；主要接口有铅接口、普通水泥接口、石棉水泥接口、氯化钙石膏水泥接口和膨胀水泥接口等，最常见的是普通水泥接口。常用铸铁管排水管件如图 2-5 所示。

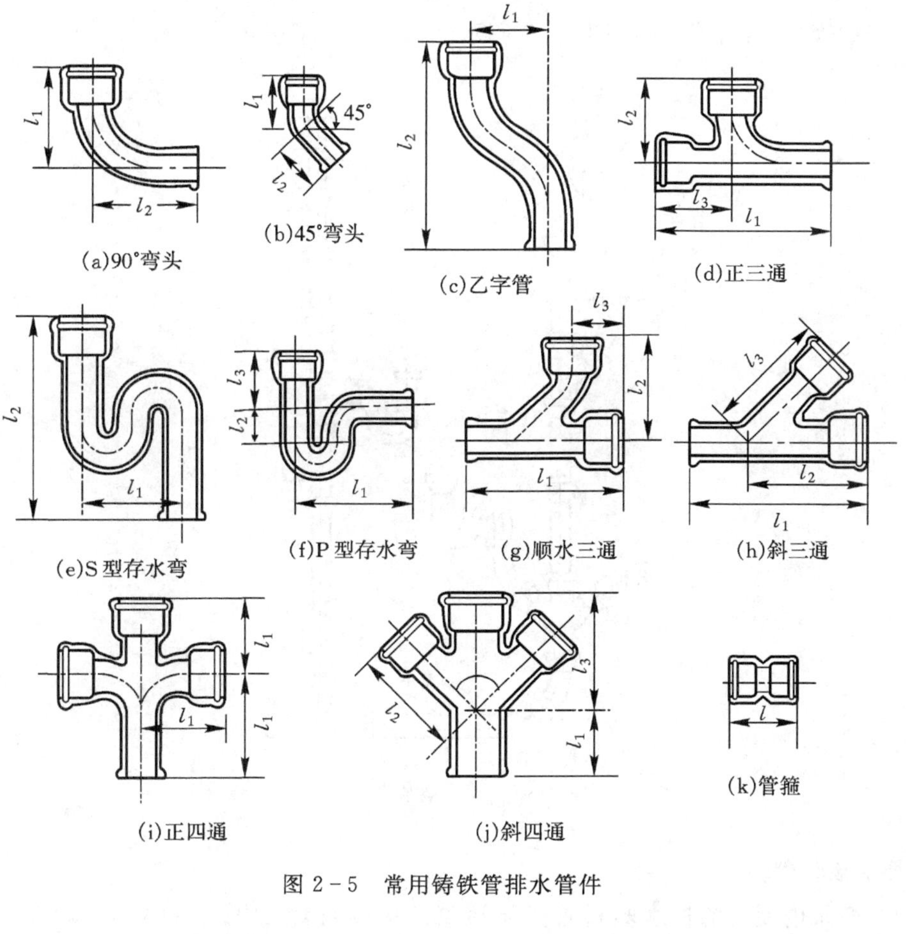

图 2-5　常用铸铁管排水管件

近年来为了适应管道施工装配化，提高施工效率，开发出了一些新型排水异型管件，如二联三通、三联三通、角形四通、H 形透气管、Y 形三通和 WJD 变径弯头等，如图 2－6 所示。

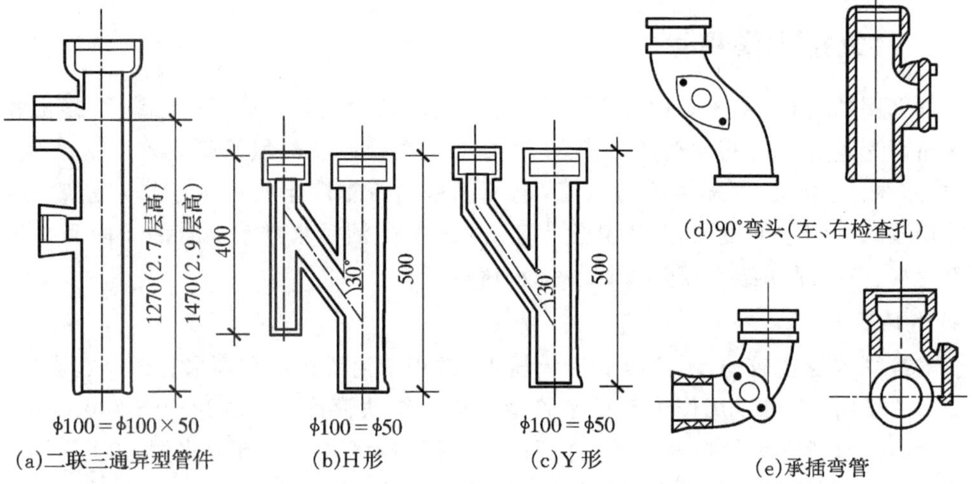

图 2－6　排水异型管件

排水铸铁管与管件的连接如图 2－7 所示。

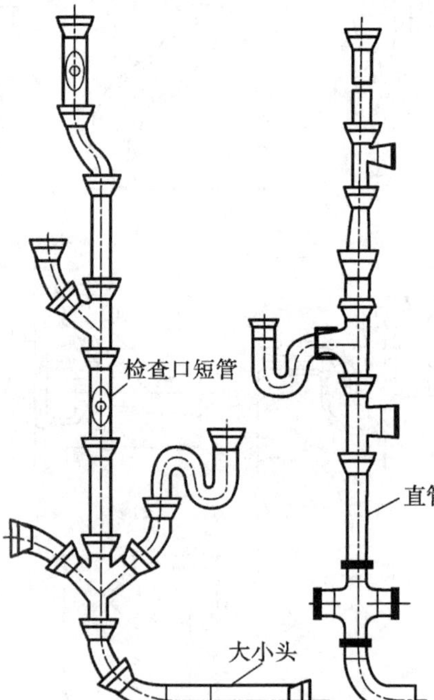

图 2－7　铸铁管管件的连接

2. 排水塑料管

目前在建筑内使用的排水塑料管是硬聚氯乙烯塑料管(PVC－U 管)。塑料管具有重量轻、耐腐蚀、不结垢、内壁光滑、水流阻力小、外表美观、容易切割、便于安装、节省投资和节能等优点，但塑料管也有缺点，如强度低、耐温性差（使用温度在－5～＋50℃）、线性膨胀量大、立管产生噪声、易老化、防火性能差等。排水塑料管通常标注公称外径 D_e，其规格见表 2－3。

表 2－3　排水硬聚氯乙烯塑料管规格

公称直径(mm)	40	50	75	100	150
外　　径(mm)	40	50	75	110	160
壁　　厚(mm)	2.0	2.0	2.3	3.2	4.0
参考重量(g/m)	341	431	751	1 535	2 803

排水塑料管的管件较齐备，共有 20 多个品种，70 多个规格，应用非常方便，见图 2－8。

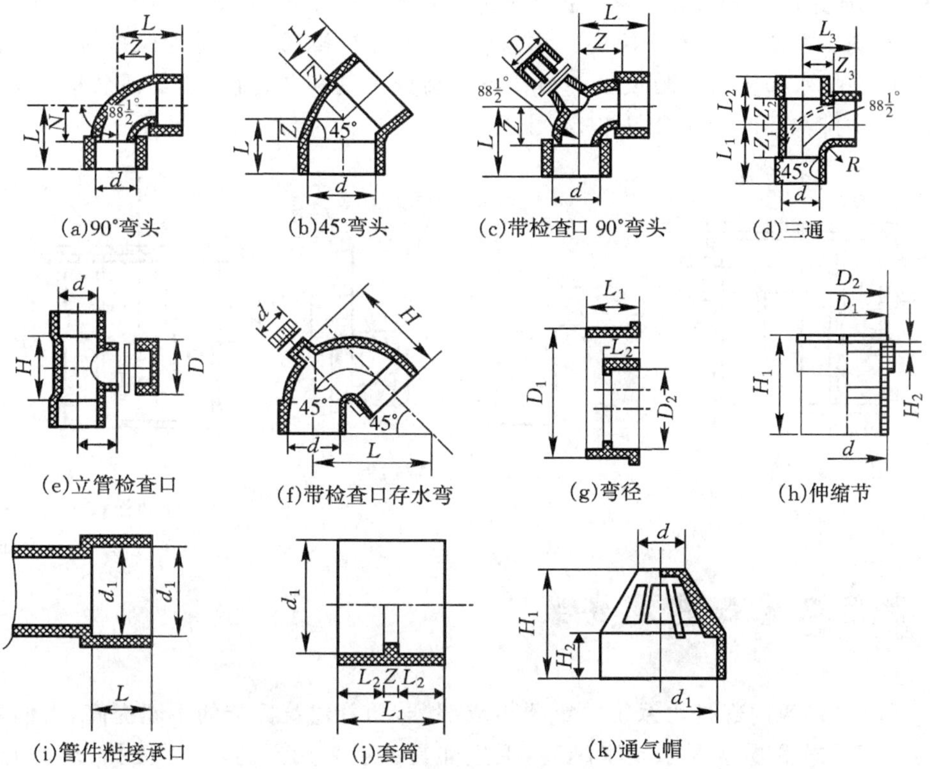

图 2－8　常用塑料排水管件

3. 混凝土管及钢筋混凝土管

混凝土管及钢筋混凝土管多用于室外排水管道及车间内部地下排水管道。一般直径在 400 mm 以下者，为混凝土管；400 mm 以上者，为钢筋混凝土管。其最大的优点是节约金属管材；缺点是强度低、内表面不光滑、耐腐蚀性差。管道连接采用承插法，接口同铸铁管的连接方法。

4. 陶土管

陶土管可分为涂釉和不涂釉两种。陶土管表面光滑，耐酸碱腐蚀，是良好的排水管材，但切割困难、强度低、安装运输过程损耗大。室内埋设覆土深度要求在 0.6 m 以上，在载荷和振动不大的地方，可作为室外的排水管材。

5. **钢管**

当排水管径小于 50 mm 时，宜采用钢管，主要用于洗脸盆、小便器、浴盆等卫生器具与排水横支管间的连接短管，管径一般为 32 mm、40 mm、50 mm。工厂车间内振动较大的地点也可以采用钢管代替铸铁管，但应注意分清其排出的工业废水是否对金属管道有腐蚀性。

2.2.2 建筑排水附件

(1)隔油具。厨房或配餐间的洗碗、洗肉等含油脂污水，在排入排水管道之前应先通过隔油具进行初步的隔油处理，见图 2-9。隔油具一般布置在洗涤池下面，可供几个洗涤池共用。经隔油具处理后的水排至室外后仍应经隔油池处理。

(2)集污器和滤毛器。集污器和滤毛器常设在理发室、游泳池和浴室内，挟带着毛发或絮状物的污水先通过滤毛器或集污器后排入管道，避免堵塞管道，见图 2-10、图 2-11。

(3)吸气阀。在使用 PVC-U 的排水系统中，当无法设通气管时为保持排水管道系统内压力平衡，可在排水横支管上装设吸气阀。吸气阀分Ⅰ型和Ⅱ型两种，其设置的位置、数量和安装详见《给水排水标准图集合订本 S_3（上）》。

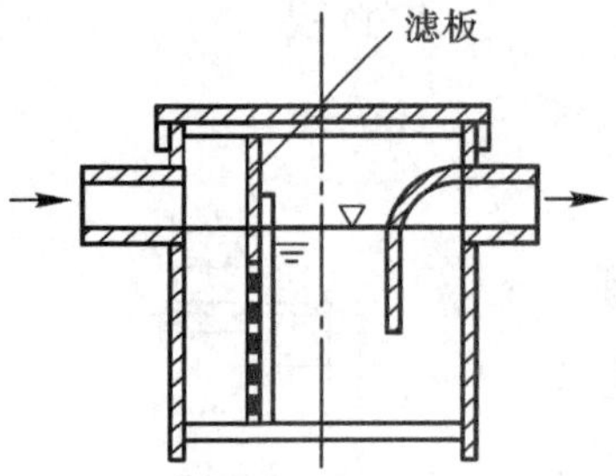

图 2-9　隔油具

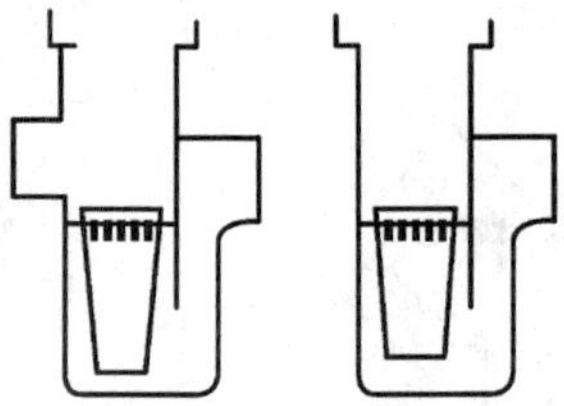

图 2-10　集污器

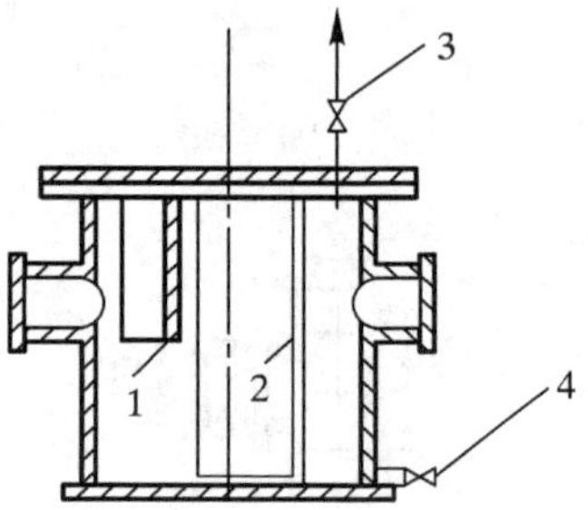

图 2-11　滤毛器

1—缓冲板；2—滤网；
3—放气阀；4—排污阀

2.3 常用卫生器具及安装

卫生器具是建筑内部排水系统的重要组成部分，随着建筑标准的不断提高，人们对建筑卫生器具的功能要求和质量要求越来越高，卫生器具一般采用不透水、无气孔、表面光滑、耐腐蚀、耐磨损、耐冷热、便于清扫、有一定强度的材料制造，如陶瓷、搪瓷生铁、塑料、复合材料等，卫生器具正向着冲洗功能强、节水消声、设备配套、便于控制、使用方便、造型新颖、色彩协调等方面发展。

2.3.1 便溺用卫生器具

便溺器具设置在卫生间和公共厕所，用来收集粪便污水。便溺器具包括大小便器和冲洗设备。

1. **大便器和大便槽**

(1)坐式大便器。按冲洗的水力原理可分为冲洗式和虹吸式两种，见图 2-12。

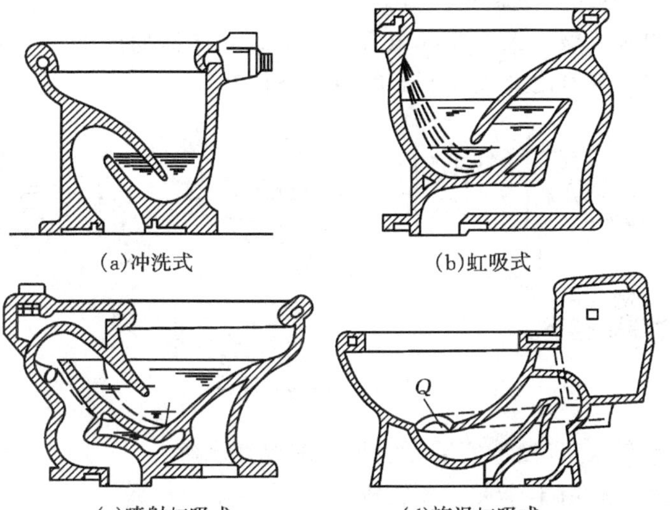

(a)冲洗式　(b)虹吸式

(c)喷射虹吸式　(d)旋涡虹吸式

图 2-12 坐式大便器

冲洗式坐便器环绕便器上口是一圈开有很多小孔口的冲水槽。冲洗开始时，水进入洗槽，经小孔沿便器表面冲下，便器内水面涌高，将粪便冲出存水弯边缘。冲洗式便器的缺点是受污面积大、水面面积小，每次冲洗不一定能保证将污物冲洗干净。

虹吸式坐便器是靠虹吸作用，把粪便全部吸出。在冲槽进水口处有一个冲水缺口，部分水从缺口处冲射下来，加快虹吸作用，但虹吸式坐便器在突出冲洗能力强的同时，会造成流速过大而发生较大的噪声。为改变这些问题，出现了两种新类型，一种为喷射虹吸式坐便器，一种为旋涡虹吸式坐便器。

喷射虹吸式坐便器除了部分水从空心边缘孔口流下外，另一部分水从大便器边部的通道 O 处冲下来，由 a 口中向上喷射，其特点是冲洗作用快，噪声较小。

旋涡虹吸式坐便器上圈下来的水量很小，其旋转已不起作用，因此在水道冲水出口 Q 处，形成弧形水流成切线冲出，形成强大旋涡，将漂浮的污物借助于旋涡向下旋转的作用，迅速下到水管入口处，并在入口底受反作用力的作用，迅速进入排水管道，从而大大加强了虹吸能力，有效地降低了噪声。坐式大便器都自带存水弯。

后排式坐便器与其他坐式大便器不同之处在于排水口设在背后，便于排水横支管敷设在本层楼板上时选用，见图 2-13。

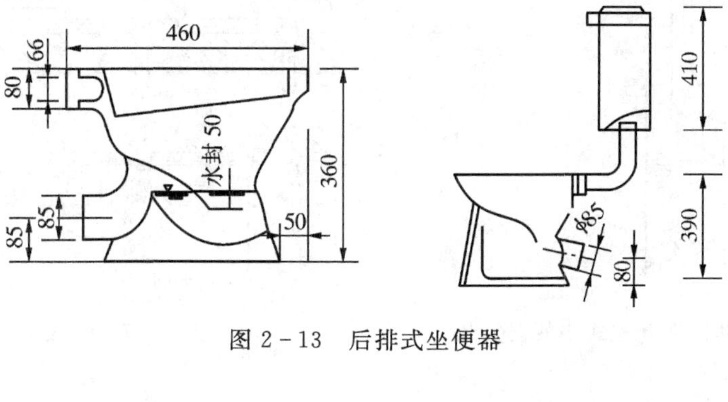

图 2-13 后排式坐便器

(2)蹲式大便器。蹲式大便器一般用于普通住宅、集体宿舍、公共建筑物的公用厕所、防止接触传染的医院内厕所。蹲式大便器的压力冲洗水经大便器周边的配水孔,将大便器冲洗干净,见图2-14。蹲式大便器比坐式大便器的卫生条件好。

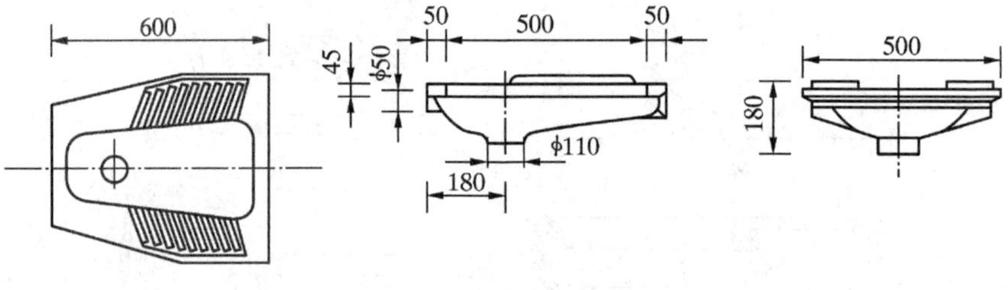

图 2-14　蹲式大便器

蹲式大便器不带存水弯,设计安装时需另外配置存水弯。

(3)大便槽。大便槽用于学校、火车站、汽车站、码头、游乐场所及其他标准较低的公共厕所,可代替成排的蹲式大便器,常用瓷砖贴面,造价低。大便槽一般宽 200~300 mm,起端槽深350 mm,槽的末端设有高出槽底 150 mm 的挡水坎,槽底坡度不小于 0.015,排水口设存水弯,见图 2-15。

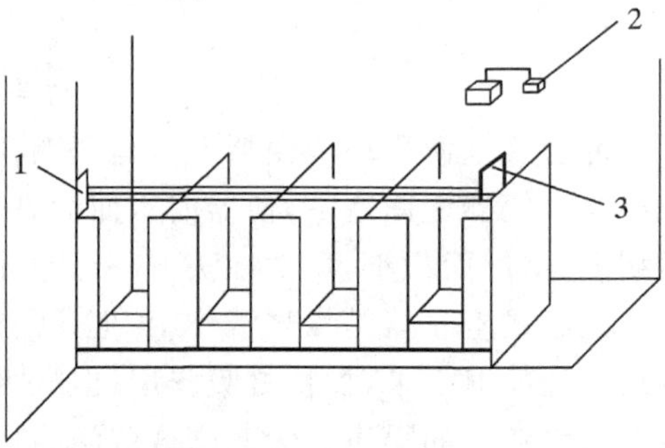

图 2-15　光电数控冲洗装置大便槽
1—发光器;2—接收器;3—控制箱

2. 小便器

小便器设于公共建筑男厕所内,有的住宅卫生间内也需设置。小便器有挂式、立式和小便槽三类,其中立式小便器用于标准高的建筑,小便槽用于工业企业、公共建筑和集体宿舍等建筑的卫生间,见图 2-16、图 2-17、图 2-18。

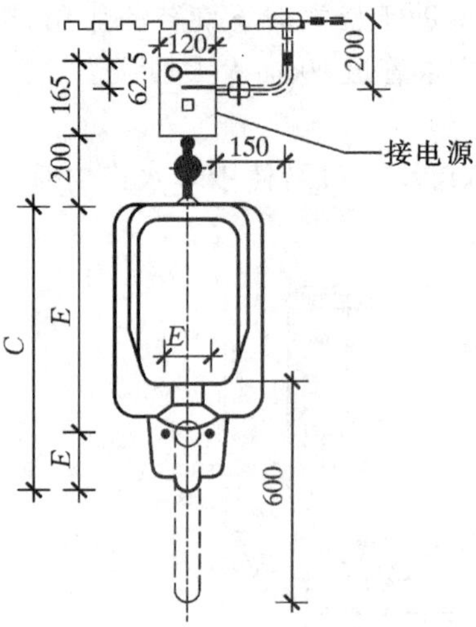

图 2-16　光控自动冲洗壁挂式小便器安装

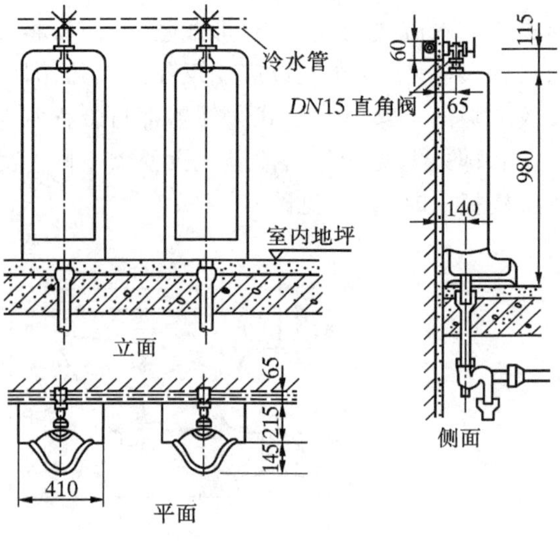

图 2-17　立式小便器安装

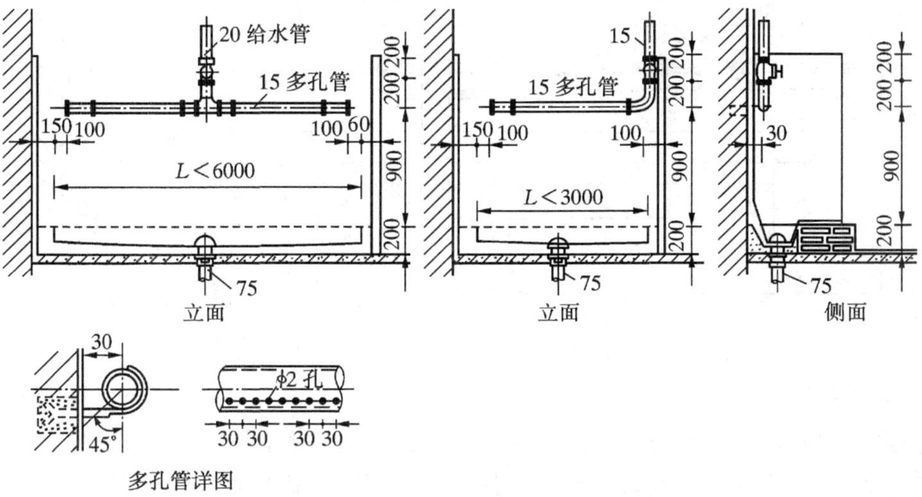

图 2－18　小便槽

2.3.2　盥洗、沐浴用卫生器具

1. 盥洗器具

(1)洗脸盆。洗脸盆一般用于洗脸、洗手、洗头，常设置在盥洗室、浴室、卫生间和理发室，也用于公共洗手间或厕所内洗手，医院各治疗间洗器皿和医生洗手等。洗脸盆的高度及深度应适宜，盥洗不用弯腰较省力，不溅水，可用流动水比较卫生，也可作为不流动水盥洗，灵活性较好。洗脸盆有长方形、椭圆形和三角形，安装方式有墙架式、台式和柱脚式，见图 2－19。

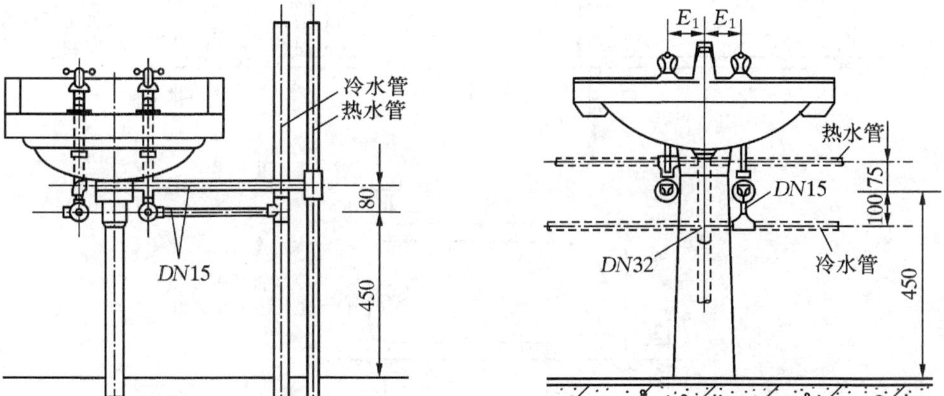

图 2－19　洗脸盆

(2)净身盆。净身盆与大便器配套安装，供便溺后洗下身用，更适合妇女或痔疮患者使用。其一般用于标准较高的旅馆客房卫生间，也用于医院、疗养院、工厂的妇女卫生室内。

(3)盥洗台。盥洗台有单面和双面之分，常设置在同时有多人使用的地方，如集体宿舍、教学楼、车站、码头、工厂生活间内。通常采用砖砌抹面、水磨石或瓷砖贴面现场建造而成，图 2－20为单面盥洗台。

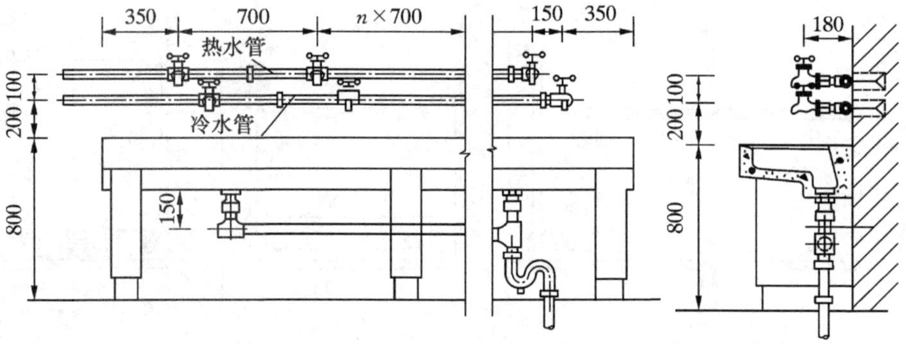

图 2-20　单面盥洗台

2. 沐浴器具

(1)浴盆。浴盆设在住宅、宾馆、医院等卫生间或公共浴室,供人们沐浴使用。浴盆配有冷热水或混合水嘴,并配有淋浴设备。浴盆有长方形、方形、斜边形和任意形;规格有大型(1 830 mm×810 mm×440 mm)、中型[(1 520～1 680) mm×750 mm×(350～410) mm)]、小型(1 200 mm×650 mm×360 mm);材质有陶瓷、搪瓷、塑料、复合材料等,尤其材质为亚克力的浴盆与肌肤接触的感觉较舒适;根据功能要求有裙板式、扶手式、防滑式、坐浴式和普通式;浴盆的色彩种类很丰富,主要满足卫生间装饰色调的需求。浴盆安装见图 2-21。

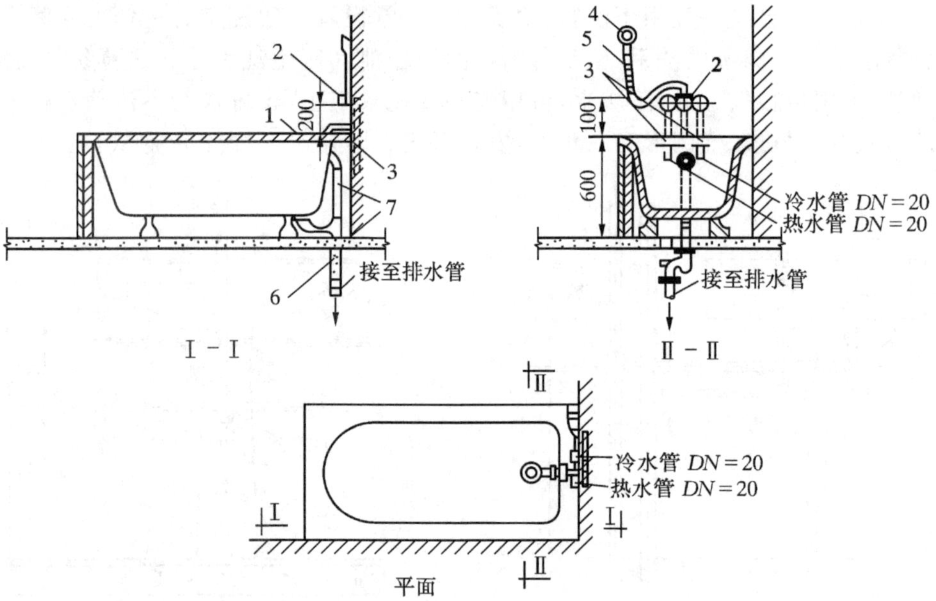

图 2-21　浴盆安装

1—浴盆;2—混合阀门;3—给水管;4—莲蓬头;5—蛇皮管;6—存水弯;7—溢水管

随着人们生活水平的提高,具有保健功能的盆型也在逐步普及,如浴盆装有水力按摩装置,旋涡泵使浴水在池内搅动循环,进水口附带吸入空气,气水混合的水流对人体进行按摩,且水流方向和冲力均可调节,能加强血液循环,松弛肌肉,消除疲劳,促进新陈代谢。蒸汽浴也越来越受到人们的认可。

(2)淋浴器。淋浴器多用于工厂、学校、机关、部队的公共浴室和体育场馆内。淋浴器占地面积小，清洁卫生，避免疾病传染，耗水量小，设备费用低。有成品淋浴器，也可现场制作安装。图 2 - 22 为现场制作安装的淋浴器。

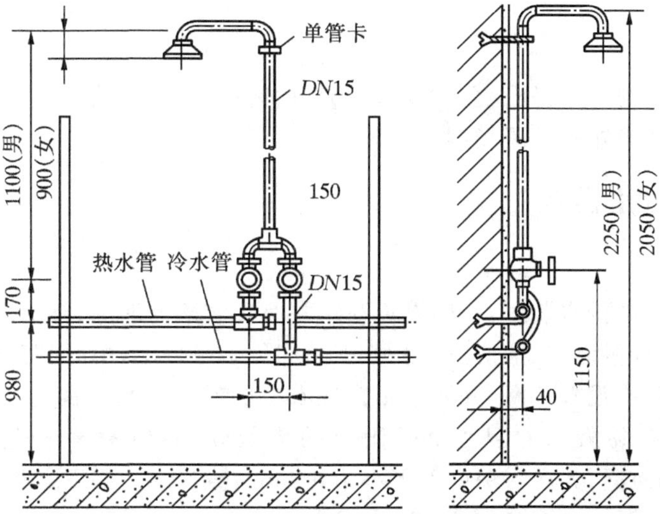

图 2 - 22 淋浴器安装

在建筑标准较高的建筑内的淋浴间内，也可采用光电式淋浴器，利用光电打出光束，使用时人体挡住光束，淋浴器即出水，人体离开时即停水，见图 2 - 23(a)。在医院或疗养院为防止疾病传染可采用脚踏式淋浴器，见图 2 - 23(b)。

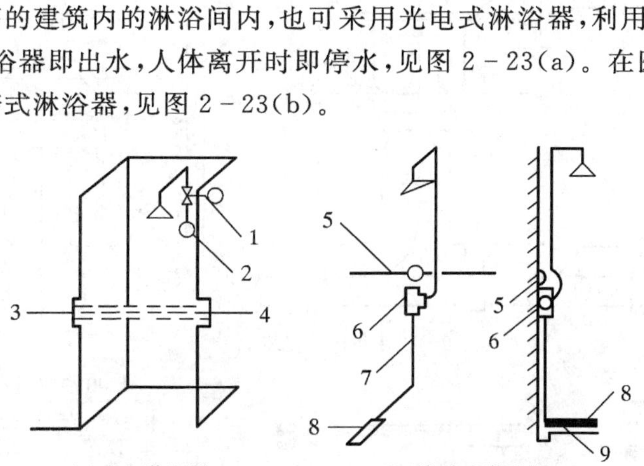

(a)光电淋浴器 (b)脚踏式淋浴器

图 2 - 23 淋浴器

1—电磁阀；2—恒温水管；3—光源；4—接收器；5—恒温水管；
6—脚踏水管；7—拉杆；8—脚踏板；9—排水沟

2.3.3 洗涤用卫生器具

1. 洗涤盆

洗涤盆常设置在厨房或公共食堂内，用作洗涤碗碟、蔬菜等。医院的诊室、治疗室等处也需设置。洗涤盆有单格和双格之分，双格洗涤盆一格用来洗涤，另一格用来泄水。洗涤盆规格尺寸有大小之分，材质多为陶瓷或砖砌后瓷砖贴面，质量较高的为不锈钢制品。

2. 化验盆

化验盆设置在工厂、科研机关和学校的化验室或实验室内，根据需要可安装单联、双联、三联鹅颈水嘴。

3. 污水盆

污水盆又称污水池，常设置在公共建筑的厕所、盥洗室内，供洗涤拖把、打扫卫生或倾倒污水等。污水盆多为砖砌贴瓷砖现场制作安装。

2.3.4 专用卫生器具

1. 地漏

地漏是一种特殊的排水装置，一般设置在经常有水溅落的地面、有水需要排除的地面和经常需要清洗的地面（如淋浴间、盥洗室、厕所、卫生间等）。《住宅设计规范》中规定，布置洗浴器和布置洗衣机的部位应设置地漏，并要求布置洗衣机的部位宜采用能防止溢流和干涸的专用地漏。地漏应设置在易溅水的卫生器具附近的最低处，其地漏箅子应低于地面标高 5～10 mm，带有水封的地漏，其水封深度不得小于 50 mm，直通式地漏下必须设置存水弯，严禁采用钟罩式（扣碗式）地漏。地漏如图 2－24 所示。

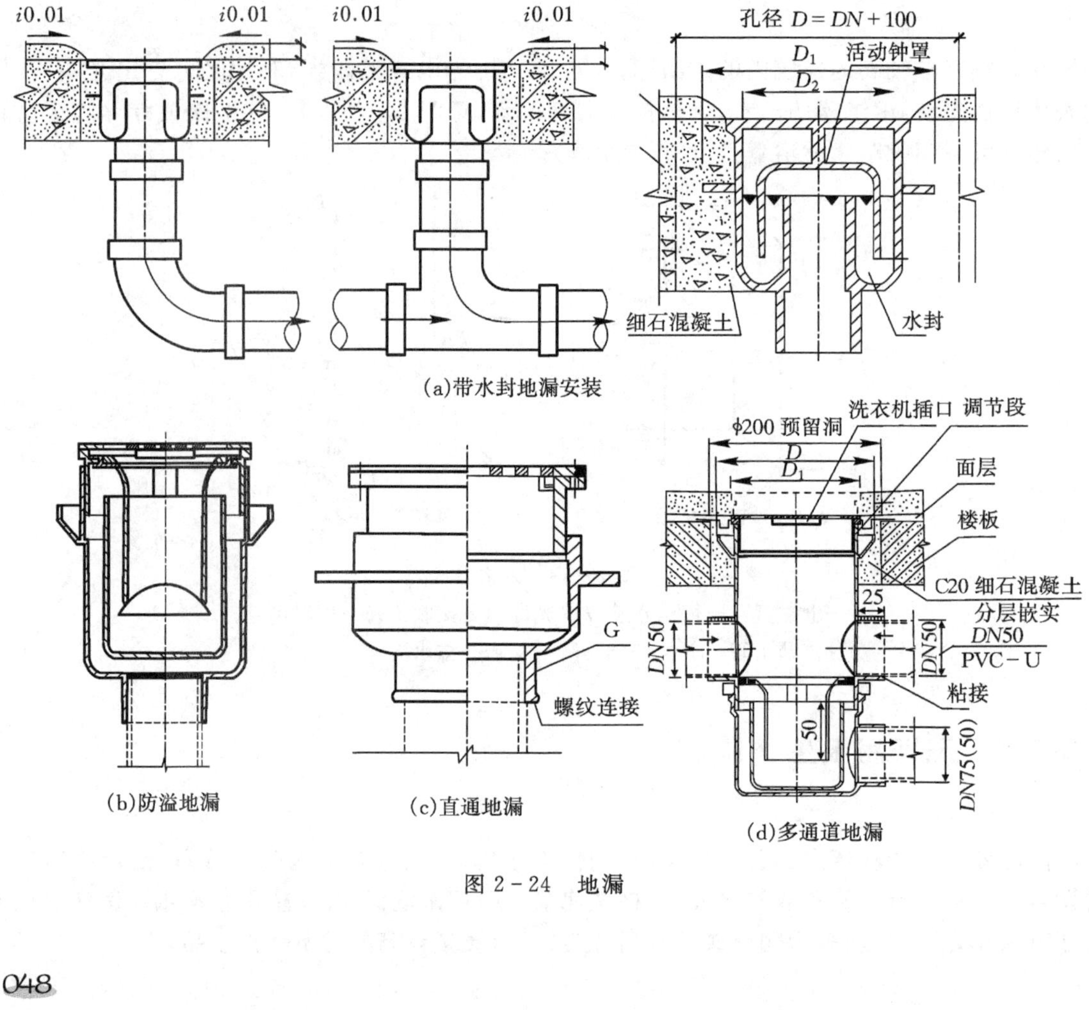

图 2－24 地漏

(1)普通地漏。其水封深度较浅,如果只担负排除溅落水时,需要经常注水,以免水封受蒸发而破坏。该种地漏有圆形和方形两种供选择,材质为铸铁、塑料,黄铜、不锈钢、镀铬箅子。

(2)多通道地漏。多通道地漏有一通道、二通道、三通道等多种形式,而且通道位置可不同,使用方便,主要用于卫生间内设有洗脸盆、洗手盆、浴盆和洗衣机时,因多通道可连接多根排水管。这种地漏为防止不同卫生器具排水可能造成的地漏反冒,故设有塑料球可封住通向地面的通道。

淋浴室内每个淋浴器的排水流量为 0.15 L/s,排水当量为 0.45,设置地漏的规格和数量见表 2-4。

表 2-4 淋浴室地漏管径

地漏管径(mm)	淋浴器数量(个)
50	1～2
75	3
100	4～5

废水中如夹带纤维或有大块物体,应在排水管道连接处设置格栅或带网筐地漏。

2. 存水弯

存水弯的作用是在其内形成一定高度的水封,通常为 50～100 mm,阻止排水系统中的有毒有害气体或虫类进入室内,保证室内的环境卫生。凡构造内无存水弯的卫生器具与生活污水管道或其他可能产生有害气体的排水管道连接时,必须在排水口以下设存水弯。医疗卫生机构内门诊、病房、化验室、试验室等不在同一房间内的卫生器具不得共用存水弯。存水弯的类型主要有 S 形和 P 形两种,如图 2-25 所示。

图 2-25 存水弯

S 形存水弯常用在排水支管与排水横管垂直连接部位。

P 形存水弯常用在排水支管与排水横管和排水立管不在同一平面位置而需连接的部位。

需要把存水弯设在地面以上时,为满足美观要求,还可以采用瓶式存水弯、存水盒等。

2.4 建筑排水管道的布置与敷设

2.4.1 建筑排水管道的布置原则

1. 排水管道布置与敷设的原则

建筑内部排水系统管道的布置与敷设直接影响着人们的日常生活和生产，为创造良好的环境，应遵循以下原则：排水通畅，水力条件好（自卫生器具至排水管的距离应最短，管道转弯应最少）；使用安全可靠，防止污染，不影响室内环境卫生；管线简单，工程造价低；施工安装方便，易于维护管理；占用面积小、美观；同时兼顾到给水管道、热水管道、供热通风管道、燃气管道、电力照明线路、通信线路和共用天线等的布置和敷设要求。

2. 排水管道的布置要求

建筑物排水管道布置应符合下列要求：①自卫生器具至排出管的距离应最短，管道转弯应最少；②排水立管应靠近排水最大和杂质最多的排水点处；③排水管道不得布置在遇水会引起燃烧、爆炸或损坏原料、产品和设备的地方；④排水管不得布置在生产工艺或卫生有特殊要求的厂房内，以及食品或贵重商品库、通风小室和变电室、配电室；⑤排水横管不得在食堂、饮食业的主副食操作烹调和跃层住宅厨房间内的上方，若实在无法避免，应采取防护措施；⑥排水管不得穿越卧室、病房等对卫生、噪音要求较高的房间，并不宜靠近与卧室相邻的内墙。

排水管道不宜穿越容易引起自身损坏的地方，如建筑沉降缝、伸缩缝、烟道和风道，当受条件限制必须穿越时，应采取相应的技术措施；排水管道不宜穿越可能受重压容易损坏处或生产设备基础，特殊情况下应与有关专业协商处理。

塑料排水立管应避免布置在易受机械撞击处，如不能避免时，应采取保护措施；同时应避免布置在热源附近，如不能避免，且管道表面受热温度大于 60℃时，应采取隔热措施。塑料排水立管与家用灶具边净距不得小于 0.4 m。

建筑塑料排水管在穿越楼层、防火墙、管道井井壁时，应根据建筑物性质、管径和设置条件，以及穿越部件防火等级等要求设置阻火圈或防火套管，详见《给水排水标准图集合订本 S_3（上）》。

2.4.2 建筑排水管道的敷设

排水管道一般应地下埋设或在下层的顶板下或本层的垫层中，卫生间内侧的地面上明设，《住宅设计规范》规定住宅的污水排水横管宜设于本层套内（即同层排水），若必须敷设在下一层的套内空间时，其清扫口应设于本层，并应进行夏季管道外壁结露验算，采取相应的防止结露的措施。如建筑或工艺有特殊要求时，可把管道敷设在管道竖井、管槽、管沟或吊顶内暗设，排水立管与墙、柱应有 25～35 mm 净距，便于安装和检修。在气温较高、全年不结冻的地区，也可设置在建筑物外墙，但应征得建筑专业同意。

排水管道连接时，应充分考虑水力条件，符合规定。卫生器具排水管与排水横管垂直连接时，应采用 90°斜三通；横管与横管、横管与立管连接，宜采用 45°三通或 45°四通和 90°斜三通或 90°斜四通，或直角顺水三通和直角顺水四通；横支管接入横干管、立管接入横干管时，应在横干管管顶或其两侧各 45°范围内接入；排水管若需轴线偏置，宜用乙字管或两个 45°弯头连接。

排水立管与排出管端部的连接，宜采用两个 45°弯头或弯曲半径不小于 4 倍管径的 90°弯头。排出管至室外第一个检查井的距离不宜小于 3 m，检查井至污水立管或排出管上清扫口的距离不大于表 2－2 的规定。

排水立管仅设伸顶通气管时，最低排水横支管与立管连接处距排出管或排水横干管起点管内底的垂直距离（见图 2－26），不得小于表 2－5 的规定，若当与排出管连接的立管底部放大一号管径或横干管比与之连接的立管大一号管径时，可将表中垂直距离缩小一档。

排水横支管连接在排出管或排水横干管上时，连接点距立管底部水平距离不得小于 3.0 m，见图 2－27。若靠近排水立管底部的排水支管满足不了表 2－5 和图 2－27 的要求时，则排水支管应单独排出室外。

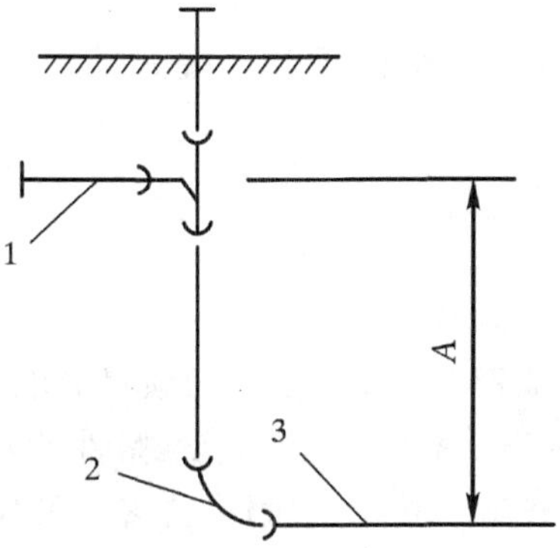

图 2－26　最低排水横支管与排出管起点管内底的距离

1—最低横支管；2—立管底部；3—排出管

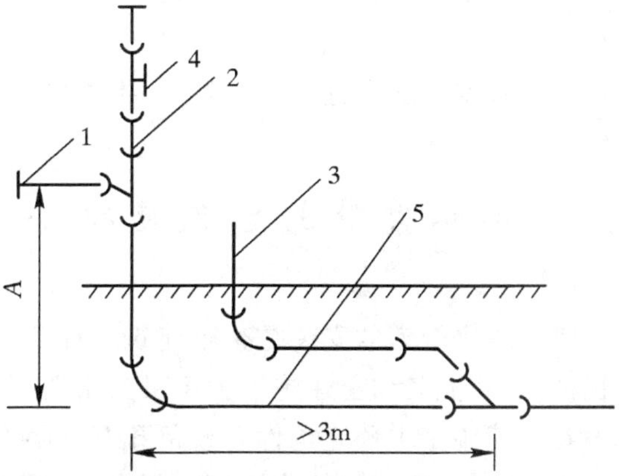

图 2－27　排水横支管与排出管或横干管的连接

1—排水横支管；2—排水立管；3—排水支管；4—检查口；5—排水横干管（或排出管）

表 2－5　最低横支管与立管连接处至立管管底的垂直距离

立管连接卫生器具的层数	垂直距离（m）
≤4	0.45
5～6	0.75
7～12	1.20
13～19	3.00
≥20	6.00

生活饮用水贮水箱（池）的泄水管和溢流管，开水器、热水器排水，医疗灭菌消毒设备的排水，蒸发式冷却塔、空调设备冷凝水的排水，贮存食品或饮料的冷藏库房的地面排水和冷风机溶霜水盘的排水不得与污废水管道直接连接，应采取间接排水的方式，设备间接排水宜排入邻近的洗涤盆、地漏。若不能采用间接排水方式时，可设置排水明沟、排水漏斗或容器。

凡生活废水中含有大量悬浮物或沉淀物需经常冲洗；设备排水支管很多，用管道连接有困难；设备排水点的位置不固定；地面需要经常冲洗的情况，都可采用有盖的排水沟排除。但室内排水沟与室外排水管道连接处，应设水封装置。

排出管穿过承重墙或基础处，应预留洞口，且管顶上部净空不得小于建筑物沉降量，一般不宜小于0.15 m。

当建筑物沉降，可能导致排出管倒坡时，应采取沉降措施。

为避免排水系统管道堵塞，应注意以下几方面的因素，首先是管道应尽量布置成直线，少转弯，靠近立管的大便器可直接接入；其次是尽量采用带检查口的弯头、存水弯；另外，应经常加强维护管理。

排水管必须采取可靠的固定措施，立管必须在每层设置支撑支架，横管一般用吊箍吊设在楼板下。

排水管穿过地下室外墙或地下构筑物的墙壁时，应采取防水措施。

排水管道设置在有防结露要求的建筑内或部位，应采取防结露措施，常用保温材料进行绝热处理。

金属排水管道应进行防腐处理，常规做法是涂刷防锈漆和面漆，面漆可按需要调配成各种颜色。

2.5 排水系统与建筑的配合

室内排水管道的安装是整个建筑工程项目的一个组成部分，与其他施工项目必然发生多方面的联系，尤其和土建施工关系最为密切，如：管道的进户，明暗管道的敷设，附件的安装等，都要在土建施工中预埋构件和预留孔洞。随着现代设计和施工技术的发展，许多新结构、新工艺的推广应用，施工中的协调配合就愈加显得重要。

1. 施工前的准备工作

在工程项目的设计阶段，由排水系统设计人员对土建设计提出技术性要求，这些要求应在土建结构施工图中反映出来。土建施工前，室内排水管道人员应会同土建施工技术人员共同审核土建和排水安装图纸，以防遗漏和发生差错，排水安装工人应该看懂土建施工图纸，了解土建施工进度计划和施工方法，尤其是梁、柱、地面、屋面的做法以及相互间的连接方式，并仔细地研究自己准备采用的排水施工方法能否和这一项目的土建施工相适应。施工前，还必须加工制作和备齐土建施工阶段中需要的预埋件、预埋管道和零配件。

2. 基础阶段

在基础工程施工时，应及时配合土建施工做好管道穿墙套管及预埋构件预埋工作。按惯例尺寸大于300 mm的孔洞一般应在土建图纸上标明，由土建施工负责预留，这时排水工长应主动与土建工长联系，并核对图纸，保证在土建施工时不会遗漏。并配合土建施工进度，及时做好尺寸小于300 mm、土建施工图纸上未标明的预留孔洞及需在底板和基础垫层内暗敷管路的施工工作。对需要预埋的铁件、吊卡等预埋件，排水施工人员应配合土建施工人员，提前做好准备，土建施工一到位就及时埋入预埋件，不得遗漏。

3. 结构阶段

根据土建浇筑混凝土的进度要求及流水作业的施工顺序，逐层逐段地做好给排水管道暗敷工作，这是整个排水安装工程的关键工序，做不好不仅影响土建施工进度与质量，而且也影响整个排水安装工程的后续工序的质量与进度，因此应引起足够的重视。土建施工在浇筑混凝土时，排水施工人员应留人看守，以免配管移位。遇有管路损坏时，应及时修复。对于土建结构图上已标明的预埋件以及尺寸大于 300 mm 的预留孔洞应由土建施工人员负责施工，但排水工长也要随时检查以防遗漏。对于建筑设备专业需要施工的预留孔洞及预埋的铁件、吊卡吊杆等，排水施工人员应配合土建施工，提前做好准备，土建施工一到位就及时埋设到位。

4. 施工阶段

在土建工程与安装工程交叉施工中，管道被堵塞的事例很多，特别是卫生间排水管口与地漏更为严重。即使管道安装后，管口用水泥砂浆封闭，还往往被人打开，作为打磨水磨石地面或清洗、水泥找平地面的污水排出口。有的甚至从屋面透气管口、雨水斗落入木条、碎石、垃圾、砂浆等，以致造成管道的堵塞。轻者耗工疏通，重者凿打混凝土地面，返工拆除管道重新安装，这样既耗工耗料，又影响工期。有的排水管道管腔内已部分堵塞，在通水试水过程中未能及时发现，投入使用后，必然出现管道堵塞，影响用户使用。

为了避免交叉施工中造成管道堵塞现象，在管道安装前，除应认真疏通管腔，清除杂物，合理按规范规定正确使用排水配件；安装管道时，应保证一定的坡度，符合设计要求与规范规定及排水管口采用水泥砂浆封口等措施外，还必须采取如下多种技术措施以防止管道堵塞：

(1)由于建筑结构需要，当立管上设有乙字管时，根据规范要求，应在乙字管的上部设检查口便于检修。

(2)当设计无要求时，应按施工及验收规范规定，在连接两个及两个以上大便器或三个及三个以上卫生器具的污水横管上应设置清扫口，在转角小于 135°的污水横管上，应设置检查口或清扫口。

(3)排水管道安装时，埋地排出管与立管暂不连接，在立管检查口管端用拖板或其他方式支牢，并及时补好立管穿二层的楼板洞，待确认立管固定可靠后，拆除临时支撑物，此管口应尽量避免在土建施工时作为临时污水出口。在土建装修基本结束后，对底层及二层以上管道作灌水试验检查，证实各管段畅通，然后用直通套(管)筒将检查口管与底层排出管连接。

(4)排水管道施工中，待分段进行灌水试验合格后，在放水过程中如发现排水流速缓慢时，说明该水平支管段内有堵塞，应及时查明被堵塞部位，并将垃圾、杂物等清理干净。

(5)为了避免黄砂、石子、垃圾等掉落入楼面地漏及排水管内，所有地漏及伸出屋面的透气管、雨水管口应及时用水泥砂浆封闭，并经常检查封闭的管口是否被土建工人拆开，一旦发现应及时采取有效措施，防止管道堵塞。

(6)卫生器具就位时，先拆除排水管口的临时封闭件，检查管内有无杂物，并把管口清理干净。如有条件可用自来水连续不断地冲洗每个排水管口，直至水流通畅为止。应认真检查卫生器具各排水孔确实无堵塞后，再进行卫生器具的就位。

坐式大便器就位固定后，应将便器内排水口周围杂物擦拭干净，并用一至两桶水灌入大便器内，防止油灰粘贴甚至堵塞污水管口。便器安装后，将排水孔封闭，并采取有效措施，以免污染，造成便器堵塞。

浴缸就位后，应在灌水试验确认排水栓无堵塞现象时，采用塑料布塞住排水栓，并用胶带纸封死，防止砂浆及垃圾等落入排水栓，堵塞排水管道，并对浴缸采取加盖保护措施，防止污染，保证浴缸按原来品质交付用户使用。

(7)在土建进行水磨石地面施工时，应积极配合土建确定临时排水措施，避免用排水管道作其排水通道。

(8)排水栓、地漏等处存水弯头在交叉施工中暂不封堵,待通水试验前再进行安装。

施工过程中采用以上防堵措施,可有效地避免排水管道发生堵塞现象。但是,为了确保工程质量,为用户提供优质的服务,在工程竣工验收前,还必须按规范对室内排水管道做通水能力试验。《建筑给水排水及采暖工程施工质量验收规范》指出:“室内排水系统,按通水系统的1/3 配水点同时开放,检查各排水点是否畅通,接口处有无渗透”。根据规范要求,室内排水管道通水能力试验应自上而下进行或在浴缸、洗脸盆、水槽等用水设备处充满水,再进行通水试验,以不漏不堵为合格或在便器内丢入 2～3 张卫生纸,观察是否很快被抽吸到污水管道内,并畅通排至室外检查井处为合格。室内排水系统通水能力试验的步骤是:

①按管路系统的层数先逐个开放各排水配水点,各排水口及立管应畅通无阻,接口处应无渗漏;

②按管路系统每层的给水系统配水点数同时开放 1/3 配水点,各排水口及立管应畅通无阻;

③按管路系统的总配水点数同时开放 1/3 配水点(一般在最高层),各排水口及立管应畅通排流。

对于设置在地面的地漏,应采用橡皮管引灌,地漏排水口应畅通排放。

对于高于六层(包括六层)的建筑物在竣工前的通水试验后,还必须对所有的污水立管、雨水立管等进行通球试验。试验皮球直径约为排水管道立管直径的 3/4,皮球从排水立管顶端投入,以落到相应的窨井为合格,否则要查明堵塞位置并予以处理。

总之,室内排水管道在施工过程中采取行之有效的防堵技术措施及进行通水和通球试验,对检查和治理管道堵塞,确保管道安装与土建工程密切配合施工,提高工程质量起着极其重要的作用。

2.6 屋面雨水排水系统

降落在建筑物屋面的雨水和雪水,特别是暴雨,在短时间内会形成积水,需要设置屋面雨水排水系统,有组织、有系统地将屋面雨水及时排除到室外,否则会造成四处溢流或屋面漏水,影响人们的生活和生产活动。

2.6.1 屋面雨水排水系统的分类

建筑屋面雨水排水系统的分类与管道的设置、管内的压力、水流状态和屋面排水条件等有关。

(1)按管道设置的位置可分为内排水系统和外排水系统。建筑物内部设有雨水管道,屋面设雨水斗的雨水排除系统为内排水系统,否则为外排水系统。

(2)按设计流态可分为(虹吸式)压力流雨水系统、(87 型斗)重力流雨水系统、(堰流式斗)重力流雨水系统。管内充满雨水,主要在负压抽吸作用下流动,这种系统称为(虹吸式)压力流雨水系统。管内气、水混合,在重力和负压抽吸双重作用下流动,这种系统称为(87 型斗)重力流雨水系统。雨水通过自由堰流入管道,在重力作用下附壁流动,管内压力正常,这种系统称为(堰流式斗)重力流雨水系统。

(3)按屋面的排水条件可分为檐沟排水系统、天沟排水系统和无沟式排水系统。当建筑屋面面积较小时，在屋檐下设置汇集屋面雨水的沟槽，称为檐沟排水系统。在面积大且曲折的建筑物屋面设置汇集屋面雨水的沟槽，将雨水排至建筑物的两侧，称为天沟排水系统。降落到屋面的雨水沿屋面径流，直接流入雨水管道，称为无沟排水系统。

2.6.2 屋面雨水排水系统的常见类型

1. 檐沟外排水系统

檐沟外排水系统由檐沟和敷设在建筑物外墙的立管组成，降落到屋面的雨水沿具有一定坡度的屋面集流到檐沟，然后流入隔一定距离设置的立管排至室外的地面或雨水口，如图 2－28所示。

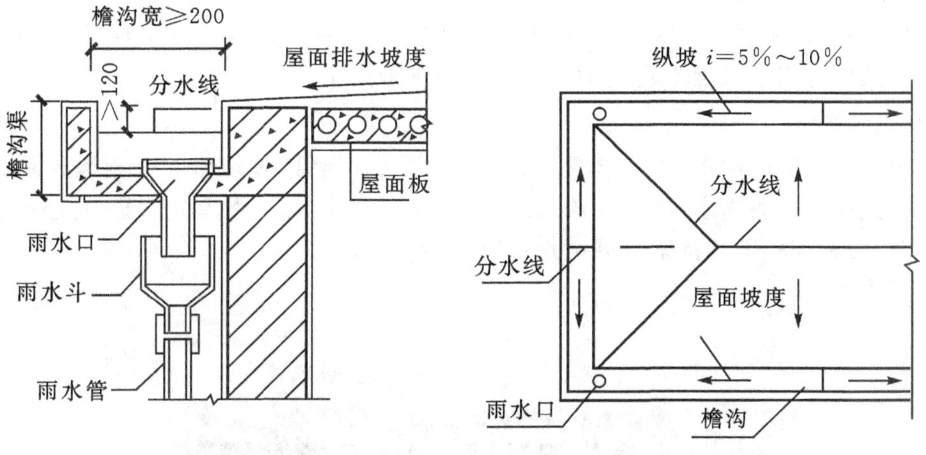

(a)挑檐沟断面图　　(b)屋顶平面图

图 2－28　檐沟外排水系统

水落管多采用铸铁管、镀锌钢管或 PVC－U 管等，一般为圆形断面，管径有 75 mm 或 110 mm。水管的间距与降雨量及一根水落管的服务屋面的面积有关，民用建筑一般为 8～16 m，工业建筑为 18～24 m。

檐沟外排水系统是目前使用最广泛的屋面雨水排水系统，适用于一般居住建筑、屋面面积较小且造型不复杂的公共建筑和单跨工业建筑。

2. 天沟外排水系统

天沟外排水系统由天沟、雨水斗和排水立管组成。降落到屋面上的雨水沿坡向天沟的屋面汇集到天沟，再沿天沟流至建筑物两端（山墙、女儿墙），流入雨水斗，经立管排至地面或雨水井，如图 2－29 所示。

天沟应以建筑物伸缩缝、沉降缝和变形缝为屋面分水线，在分水线两侧分别设置天沟。天沟单向长度不宜大于 50 m，天沟坡度不宜太大，以免天沟起端屋顶垫层过厚而增加结构的荷重，但也不宜太小，以免天沟抹面时局部出现倒坡，使雨水在天沟中积存，造成屋顶漏水，天沟坡度一般在 0.003～0.006 之间。天沟的排水断面形式应根据屋面情况而定，一般多为矩形和梯形。

天沟外排水方式在屋面不设雨水斗，管道不穿过屋面，排水安全可靠，不会因施工不善造成屋面漏水或检查井冒水。且节省管材，施工简便，有利于厂房内空间利用，也可减小厂区雨

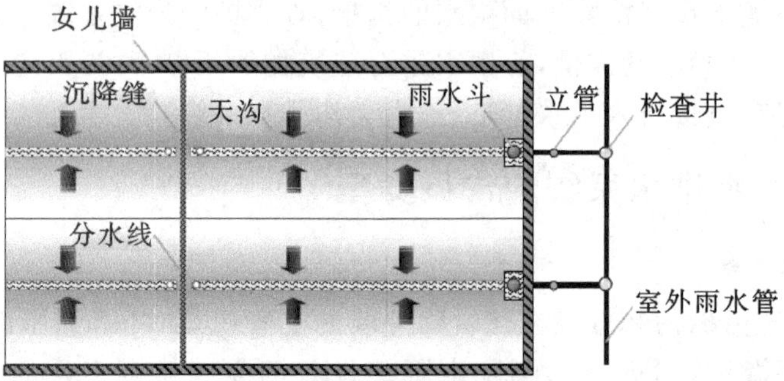

图 2-29　天沟外排水平面图

水管道的埋深。但因天沟有一定的坡度，而且较长，排水立管在山墙外，也存在着屋面垫层厚，结构负荷增大；晴天屋面堆积灰尘多，雨天天沟排水不畅；寒冷地区排水立管可能冻裂的缺点。天沟外排水系统适用于长度不超过 100 m 的多跨工业厂房。

3. 内排水系统

内排水系统一般由雨水斗、连接管、悬吊管、立管、排出管、埋地干管和附属构筑物几部分组成。降落到屋面上的雨水，沿屋面流入雨水斗，经连接管、悬吊管流入立管，再经排出管流入雨水检查井，或经埋地干管排至室外雨水管道，如图 2-30 所示。

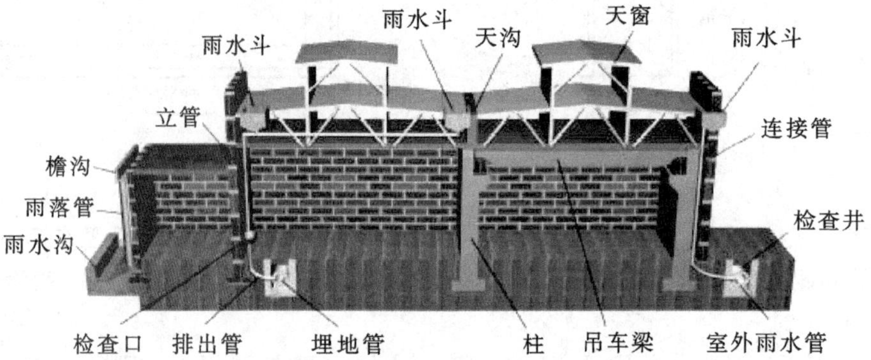

图 2-30　屋面内排水系统工程

雨水斗设在天沟或屋面的最低处。连接管一般与雨水斗同径，牢固固定在建筑物的承重结构上，下端用斜三通与悬吊管连接。悬吊管管径不小于连接管管径，也不应大于 300 mm。塑料管的最小设计坡度不小于 0.005；铸铁管的最小设计坡度不小于 0.01。一根立管连接的悬吊管根数不多于两根，立管管径不得小于悬吊管管径。立管宜沿墙、柱安装，在距地面 1 m 处设检查口。立管的管材和接口与悬吊管相同。排出管有较大坡度的横向管道，其管径不得小于立管管径。埋地管最小管径为 200 mm，最大不超过 600 mm。埋地管一般采用混凝土管、钢筋混凝土管或陶土管。

内排水系统适用于跨度大、特别长的多跨建筑，在屋面设天沟有困难的锯齿形、壳形屋面建筑，屋面有天窗的建筑，建筑立面要求高的建筑，大屋面建筑及寒冷地区的建筑。在墙外设置雨水排水立管有困难时，也可考虑采用内排水形式。

2.7 建筑给排水施工图

2.7.1 给排水施工图一般规定

1. 线型

给排水施工图主要通过线型、符号，并适当配合一定的文字来描绘工程的具体内容。线型应根据图样的比例和类别，按《建筑给水排水制图标准》(GB/T 50106—2010)的规定选用。

2. 比例

给排水施工图中系统图的比例一般与平面图相同，特殊情况可不按比例，如局部表达有困难时可不按比例绘制。管道纵断面，同一个图样，根据需要可在纵向与横向采用不同的比例绘制。

3. 图例

给排水施工图中的器具、附件往往用图例表示，而不按比例绘制。工程施工图中常用的图例见表2-6。

表2-6 给排水施工图图例

序号	名称	图例	备注
1	生活给水管	——J——	
2	废水管	——F——	可与中水源水管合用
3	通气管	——T——	
4	污水管	——W——	
5	雨水管	——Y——	
6	地沟管	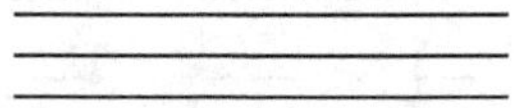	
7	防护套管	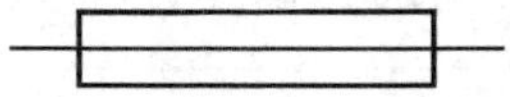	
8	管道立管	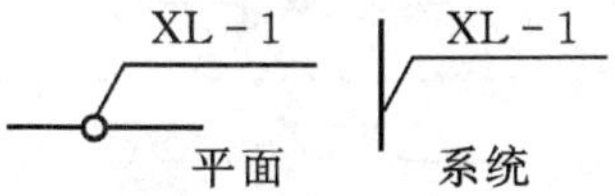	X:管道类别 L:立管 1:编号
9	立管检查口		
10	清扫口	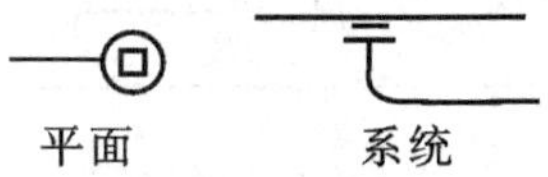	

续表 2-6

序号	名称	图例	备注
11	通气帽	 成品 铅丝球	
12	雨水斗	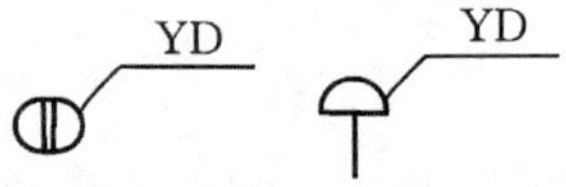 平面 系统	
13	圆形地漏		通用。如为无水封，地漏应加存水弯
14	方形地漏	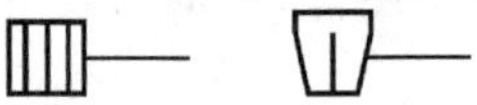	
15	自动冲洗水箱	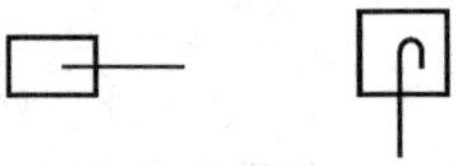	
16	挡墩	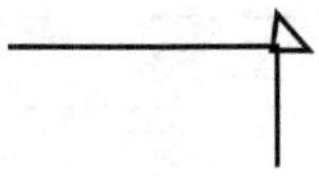	
17	存水弯	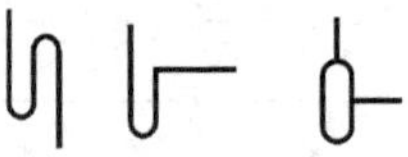	
18	闸阀		
19	角阀	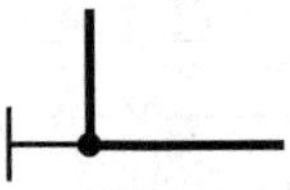	
20	截止阀	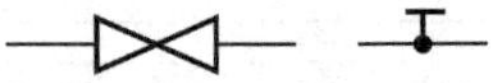 $DN\geqslant50$ $DN<50$	
21	球阀		
22	止回阀		
23	蝶阀		
24	放水龙头	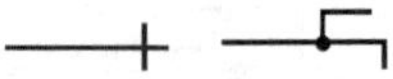	左侧为平面，右侧为系统

4. **标高**

(1)标高应以米为单位,宜注写到小数点后第三位。

(2)沟道、管道应标注起讫点、转角点、连接点、变坡点、交叉点的标高;沟道宜标注沟内底标高;压力管道宜标注管道中心标高;室内外重力流管道宜标注管内底标高;必要时,室内架空重力流管道可标注中心标高,但图中应加以说明。

(3)成组安装的同一层同标高的设备,可只标注右端一组设备的标高。

(4)室内管道、设备等应标注相对标高;室外管道应标注绝对标高,当无绝对标高资料时,可标注相对标高,但应与建筑平面总图一致。

平面图、系统图中,管道标高应按图2-31所示的方式标注。

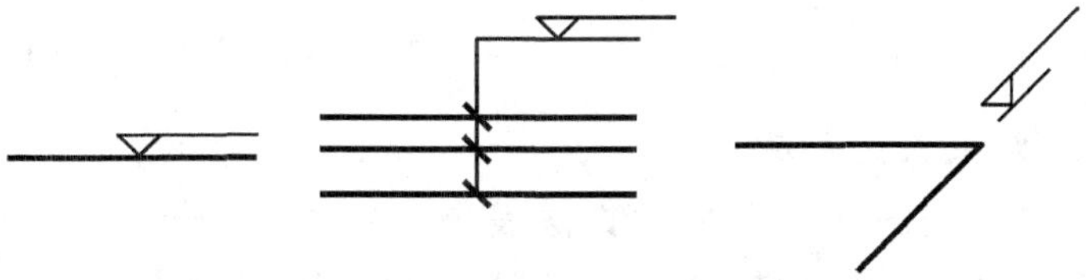

图2-31　平面图、系统图中管道标高标注法

剖面图中,管道标高应按图2-32所示的方式标注。

平面图中,沟底标高应按图2-33所示的方式标注。

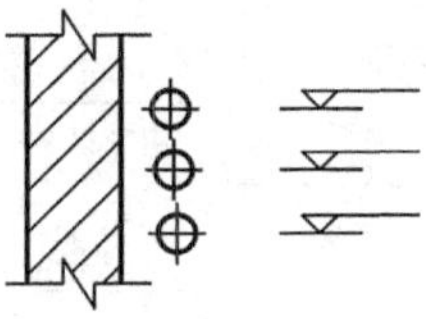

图2-32　剖面图中管道标高标注法

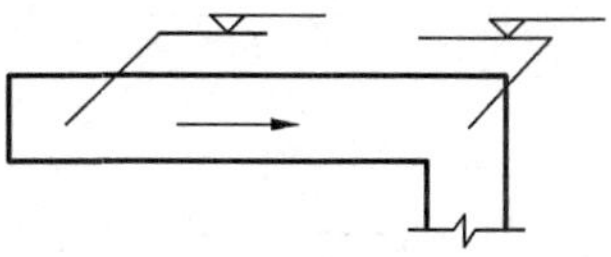

图2-33　平面图中沟底标高标注法

5. **管径**

(1)管径尺寸应以毫米为单位。

(2)镀锌焊接钢管、不镀锌焊接钢管、铸铁管、硬聚氯乙烯管、聚丙烯管等,管径应以公称直径 DN 表示,如 $DN40$;耐酸陶瓷管、混凝土管、陶土管(红瓦管)等,管径应以内径 d 表示,如 $d250$;直缝或螺旋缝钢管、无缝钢管等,管径应以外径(D)×壁厚表示,如 $D108\times4$。

(3)管径尺寸应标注在变径处;水平管道的管径尺寸应标注在管道的上方;斜管道的管径尺寸应标注在管道的斜上方;竖直管道的管径尺寸应标注在管道的左侧;当管径尺寸无法按上述位置标注时,可另找适当位置标注,但应当用引出线标示出该尺寸与管段的关系,如图2-34所示。

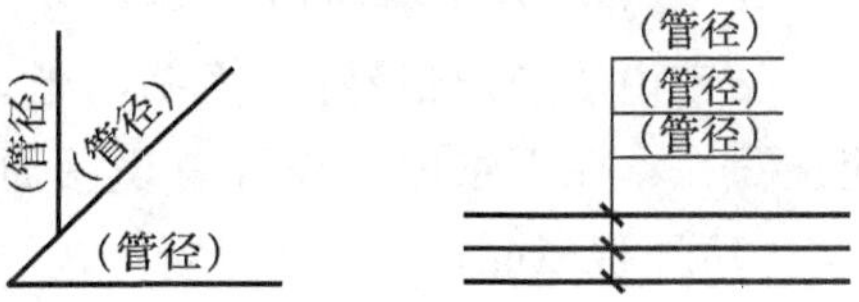

图2-34　管径标注法

(4)同一种管径的管道较多时,可不在图上标注管径尺寸,但应在附注中说明。

6. **编号**

(1)进、出口编号。当建筑物的给水排水进、出口数量多于一个时,宜用阿拉伯数字编号。

如图 2-35 所示为给水排水进出口编号表示法。

(2)立管编号。建筑物内穿过一层及多于一层楼层的立管,其数量多于一个时,宜用阿拉伯数字编号。如图 2-36 所示为给排水立管编号表示法。

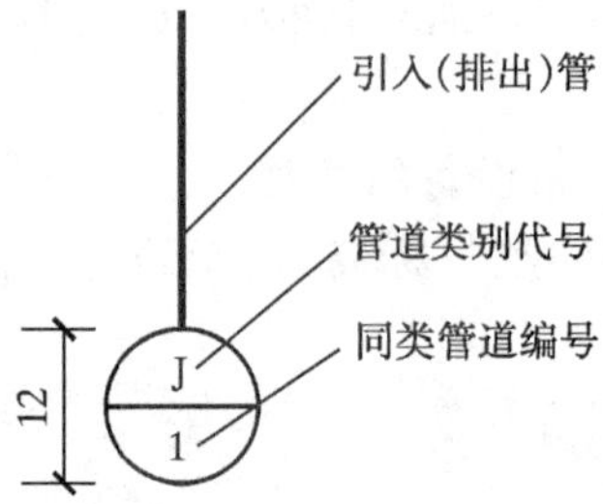

图 2-35　给排水进出口编号表示法

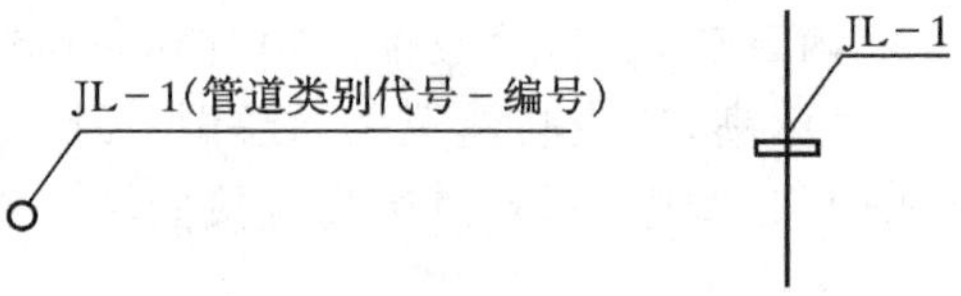

图 2-36　给排水立管编号表示法

7. 管道转向、连接、交叉的表示

管道的转向、连接应按图 2-37 所示方法表示。管道交叉时,前面的管线为实线,被遮挡的管线应断开,如图 2-38 所示。管道在本图中断,转到其他图上;或者由其他图上引来时,应按图 2-39所示方法表示。图中重叠、密集处,以及某些设备和管道布置形式相同的立管、横支管等,可以断开引出并单独绘制,断开处一般用小写的拉丁字母注明。

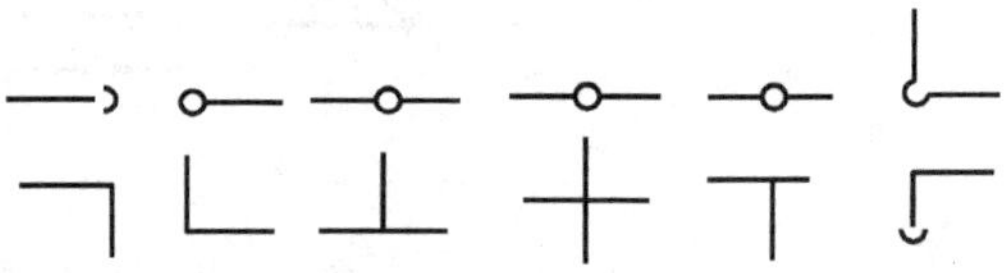

图 2-37　管道转向、连接表示法

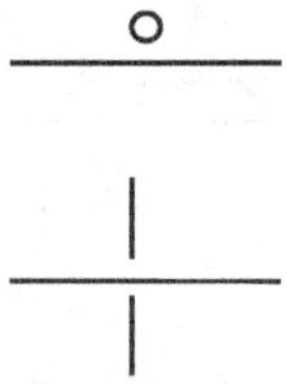

图 2-38　管道交叉表示图

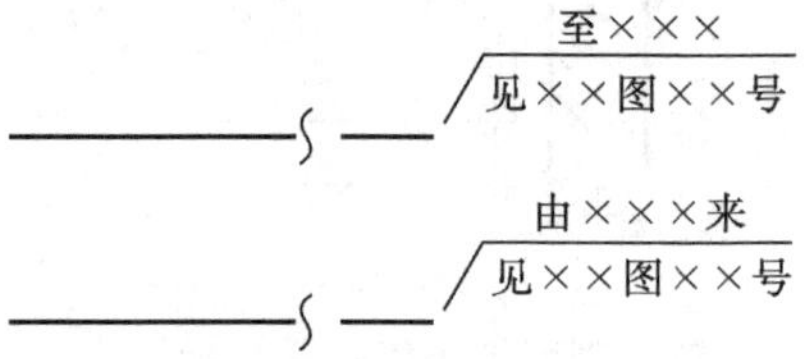

图 2-39　管道中断、引来表示法

2.7.2　室内给排水施工图的组成

室内给排水施工图一般包括平面图、系统图、详图以及设计说明和设备材料表等,必要时还需绘制剖面图。

1. 建筑给排水施工图的总说明

文字说明应通俗易懂、简明清晰,有关工程项目的总体问题应在总说明中体现,局部问题应注写在本张图纸内。设计总说明通常包括以下内容:

(1)工程概况;

(2)设计内容、范围、依据;

(3)给排水系统的形式及敷设方式;

(4)选用的管材及接口方法;

(5)用水设备和卫生器具的类型及安装方式;

(6)消防设计说明;

(7)管路和设备的防腐、保温方法；

(8)施工验收应达到的质量要求，施工安装应注意的事项等；

(9)其他需要说明的问题等。

2. 室内给排水平面图

室内给排水平面图主要表示建筑物各层的给排水管道及设备的平面位置。平面图中各类管道、用水器具及设备、消火栓、喷洒头、雨水斗、阀门、附件、立管位置等按直线正投影法绘制。对于某些民用与公共建筑，各层管道、设备的布置相同时，可只绘制首层平面图和标准层平面图。室内给排水平面图主要包括以下内容：

(1)建筑物轮廓、标注轴线及层间的主要尺寸。为了节省图面，常常只画出与给排水系统相关部分的建筑平面。

(2)用水设备、卫生器具的类型和位置。

(3)建筑物各层给排水干管、立管、支管的位置，首层平面图需绘制给水引入管、污水排出管的位置，穿外墙标高和防水套管形式。标注主要管道的定位尺寸及管径等，按规定对引入管、排出管和立管进行编号，消火栓可按需要分层按顺序编号。对于安装于下层空间而为本层使用的管道，应绘制在本层平面图内。

(4)水表、阀门、水龙头、清扫口、地漏等管道附件的类型和位置。

3. 室内给排水系统图

室内给排水系统图是采用轴测原理绘制的能够反映管道、设备三维空间关系的图样，图中用单线表示管道，用图例表示卫生设备，用轴测投影的方法(一般采用45°三等正面斜轴测)绘制出，能反映某一给水排水系统或整个给水排水系统的空间关系。

给排水系统图反映下列内容：

(1)给排水系统图宜按45°三等正面斜轴测法绘制。Oz 轴为竖直方向，Ox 轴、Oy 轴方向的选择以及管道布置方向要求与平面图一致，并按比例绘制，局部管道按比例不易表示清楚时，可不按比例绘制。

(2)轴测图按室内给水、消火栓给水、喷淋给水、室内排水、热水供应等系统不同分别绘制。

(3)室内给排水系统图表明系统各楼层的空间关系。

(4)楼地面线、管道上的阀门和附件应表示清楚，管径、立管编号应与给排水平面图中的编号一致。

(5)管道上应注明管径、标高或标注距楼地面的距离，接入或接出管道上的设备、器具宜编号或用文字表示。

有些施工图纸，由于设计者的习惯，对于多层或高层建筑存在标准层等情况，有若干层或若干根横支管(也可用于立管)的管路、设备布置完全相同时，系统图中只画出相同类型中的一根支管(或立管)，其余省略，并应用文字、字母或符号将其一一对应表示。

4. 给排水施工详图

(1)当某些设备的构造、安装以及管道间的连接在平面图和系统图上表示不清楚，并且无法用文字说明时，可以将其局部放大比例画成详图，如水表节点图等。详图可以用平面图、剖面图的形式表示，也可以绘制轴测图，如卫生间放大图应绘制管道轴测图。

(2)在实际工程中，很多标准设备的构造和一般常规的安装方法已统一制成标准图册，如

《给水排水标准图集》等国家及行业编制的各种标准图集，可供设计、施工选用，不再另出施工图，只需在图纸目录中给出相应的图名、图号。对于无标准设计图可供选用的设备、器具安装图及非标准设备制造图，宜绘制详图。

5. 设备、材料表

为了能使施工准备的材料和设备符合图纸要求，对重要工程中的材料和设备需逐项列出，做一个明细表，以便施工备料。简单工程可以不列。

设备、材料表应包括编号、名称、型号规格、单位、数量、质量及附注等项目。

施工图中涉及的管材、阀门、仪表、设备等均需列入表中，不影响工程进度和质量的零星材料，允许施工单位自行决定时可不列入表中。

施工图中选定的设备对生产厂家有明确要求时，应将生产厂家的名称写在设备、材料表的附注里。

图纸目录、设计说明、设备及主要材料表等，如单独成图时，其编号应排在其他图纸之前，编排顺序应为图纸目录、设计说明、设备及主要材料表等。

2.7.3 给排水施工图的识读

识读施工图一般先看设计说明，对工程情况和施工要求有一个大致的了解。再看设备材料表。然后按给水系统和排水系统分别阅读。阅读时先看系统图，对各系统做到大致了解，再以系统为线索深入阅读平面图、系统图和详图。识读给水系统时可由建筑的给水引入管开始，沿水流方向经干管、立管、支管到用水设备；识读排水系统图时，可由排水设备开始，沿排水方向经支管、横管、立管、干管到排出管。

1. 给排水平面图的识读

室内给排水管道平面图是施工图纸中最基本和最重要的图纸，常用的比例是 1∶100 和 1∶50两种。它主要表明建筑物内给排水管道及卫生器具和用水设备的平面布置。图 2-40 为某建筑给排水总平面图。它包括如下内容：

(1)用水设备的类型及位置。

(2)各立管、水平干管、横支管的各层平面位置、管径尺寸、立管编号以及管道的安装方式。

(3)各管道零件如阀门、清扫口的平面位置。

(4)在底层平面图上，还反映给水引入管、污水排出管的管径、走向、平面位置及与室外给水、排水管网的组成联系。图 2-41 和图 2-42 是某集体宿舍楼室内给排水管道平面布置图实例。

图上的线条都是示意性的，同时管材配件如活接头、补心、管箍等也画不出来，因此在识读图纸时还必须熟悉给排水管道的施工工艺。

在识读给排水管道平面图时，应该掌握的主要内容和注意事项如下：

(1)查明卫生器具、用水设备(开水炉、水加热器等)和升压设备(水泵、水箱等)的类型、数量、安装位置、定位尺寸。

卫生器具和各种设备通常是用图例画出来的，它只能说明器具和设备的类型，而不能具体表明各部分的尺寸和构造，因此在识读时要结合有关详图和技术资料，搞清楚这些设备的构造、连接方式和尺寸。

(2)弄清给水引入管和污水排出管的平面位置、走向、定位尺寸，以及与室外给排水管网的连接形式、管径及坡度等。

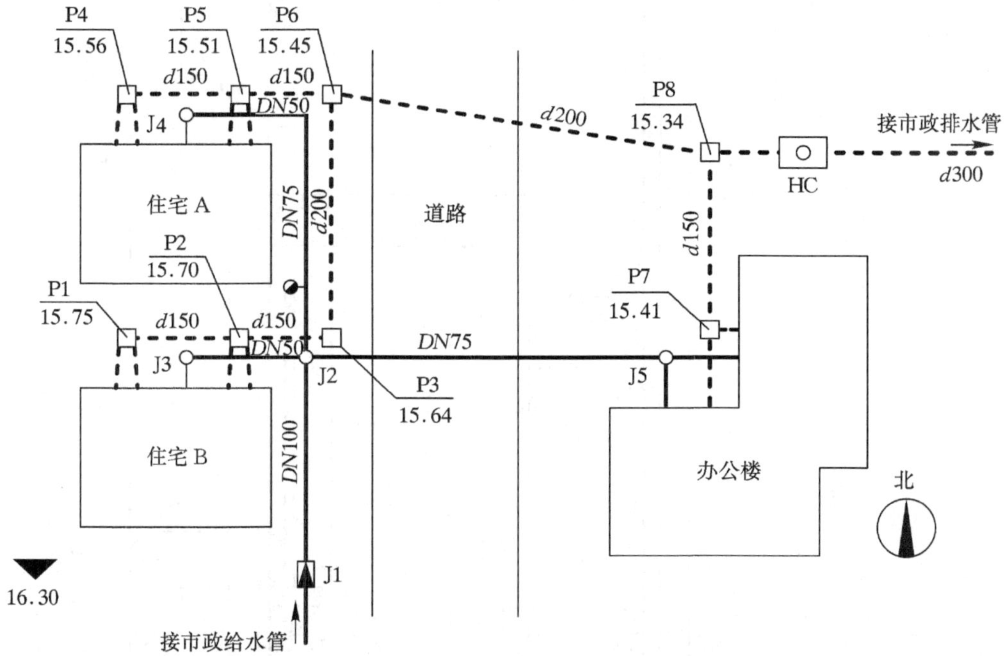

图 2-40　室内给排水总平面图

给水引入管上一般都装有阀门，阀门若设在室外阀门井中，在平面图上就能完整地表现出来。这时，可查明阀门的型号及距建筑物的距离。

污水排出管与室外排水总管的连接，是通过检查井实现的，要了解排出管的长度，即外墙至检查井的距离。排出管在检查井内通常采用管顶平接。

给水引入管和污水排出管通常都注上系统编号，编号和管道种类都写在直径约为 8～10 mm的圆圈内，圆圈内过圆心画一水平线，线上面标注管道种类，如给水系统写“给”或写汉语拼音字母“J”；污水系统写“污”或写汉语拼音字母“W”；线下面标注编号，用阿拉伯数字书写。

(3)查明给排水干管、立管、支管的平面位置与走向、管径尺寸及立管编号。从平面图上可清楚地查明是明装还是暗装，以确定施工方法。

平面图的管线虽然是示意性的，但还是有一定的比例，因此估算材料可以结合详图，用比例尺度量进行计算。

一个系统立管较少时，仅在引入管处进行系统编号，当一个系统中立管较多时，才在每个立管旁进行编号。

(4)消防给水管道要查明消火栓的布置、口径大小及消防箱的形式与位置。消火栓一般装在消防箱内，但也可以装在消防箱外面。

当装在消防箱外面时，消火栓应靠近消防箱安装。消防箱底距地面 1.10 m，消防箱有明装、暗装和单、双门之分，识读时要注意搞清楚。

除了普通消防系统外，在物资仓库、厂房和公共建筑等重要部位，往往设有自动喷淋灭火系统或水幕灭火系统，如遇到这类系统，除了弄清楚管路布置、管径、连接方法外，还要查明喷头及其他设备的型号、构造和安装要求。

(5)在给水管道上设置水表时，必须查明水表的型号、安装位置，以及水表前后阀门的设置

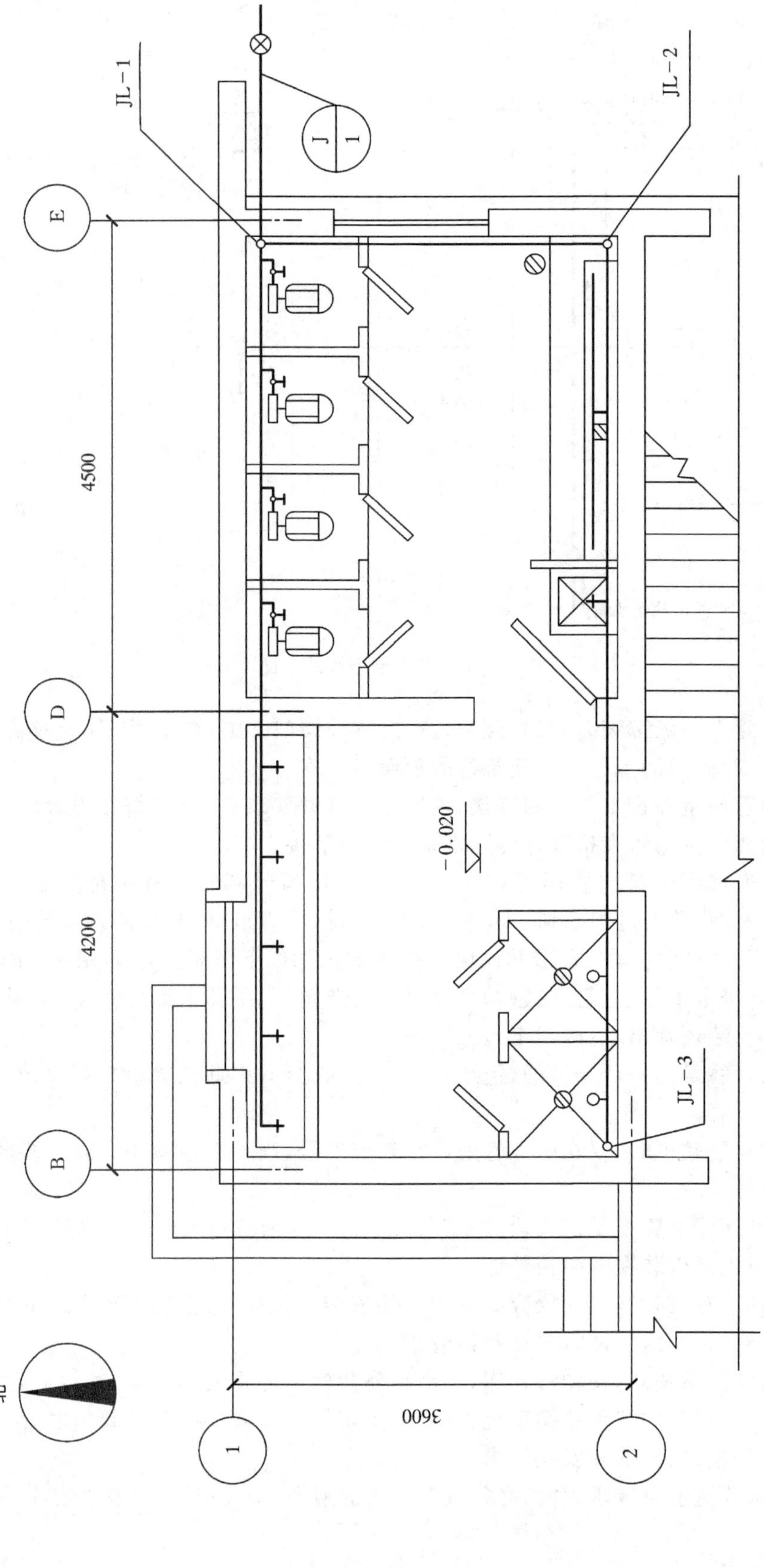

图2-41 某宿舍楼室内底层给水平面图 1:50

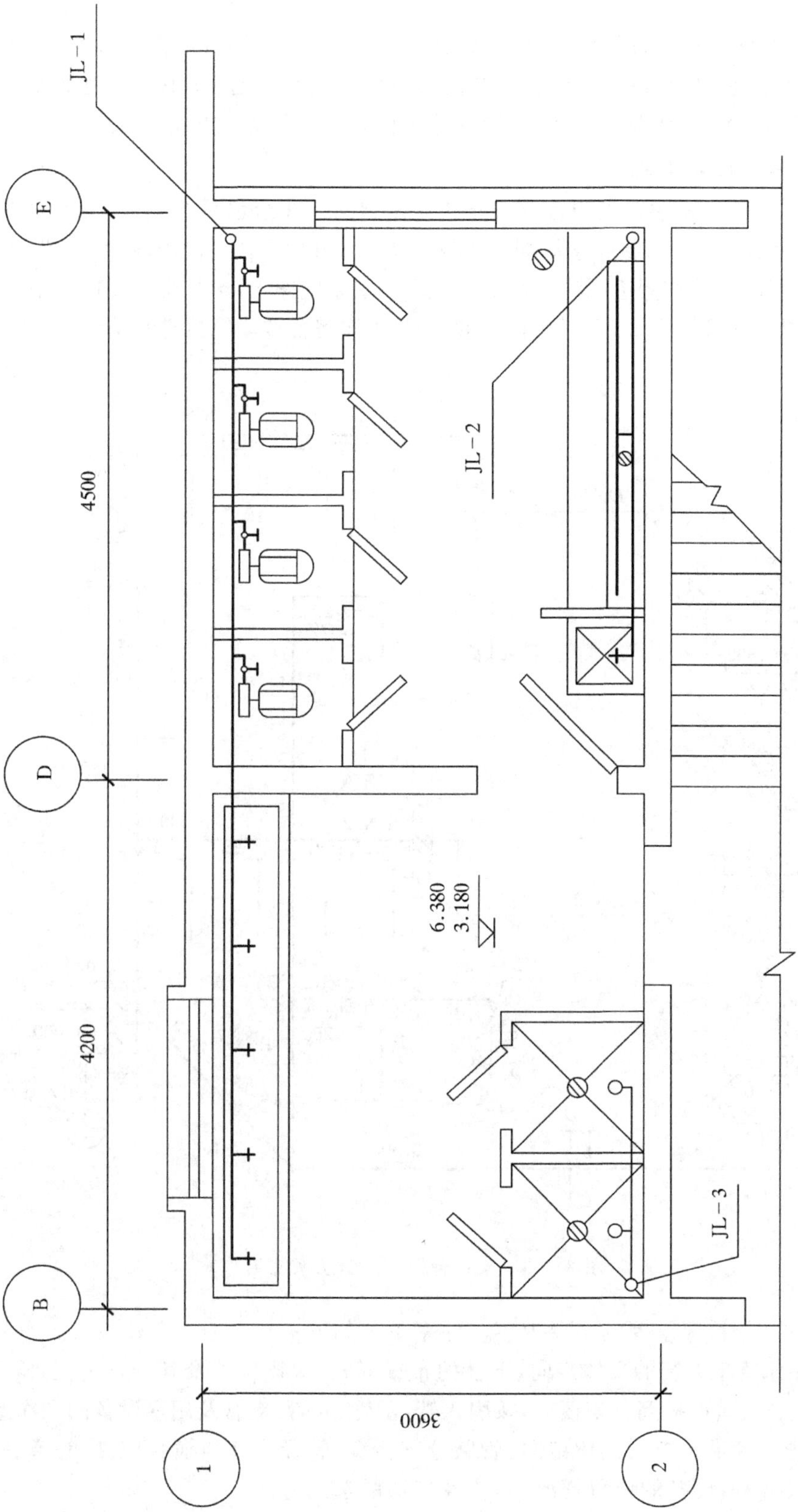

图2-42　某宿舍楼室内二、三层给水平面图 1:50

情况。

(6)对于室内排水管道，还要查明清通设备的布置情况，清扫口和检查口的型号和位置。

有时为了便于通扫，在适当的位置设有清扫口的弯头和三通，在识读时也要加以考虑。对于大型厂房，特别要注意是否有检查井，检查井进出管的连接方式也要搞清楚。

2. 给排水系统图的识读

给排水管道的系统图主要表明管道系统的立体走向。在给水系统图上，卫生器具不用画出来，只需画出放水龙头、淋浴器莲蓬头、冲洗水箱等符号；用水设备如锅炉、热交换器、水箱等则是画出示意性的立体图，并在旁边标注文字说明。在排水系统图上，也只画出相应的卫生器具的存水弯或卫生器具排水管。图 2-43 和图 2-44 是某集体宿舍楼建筑给排水系统图实例。

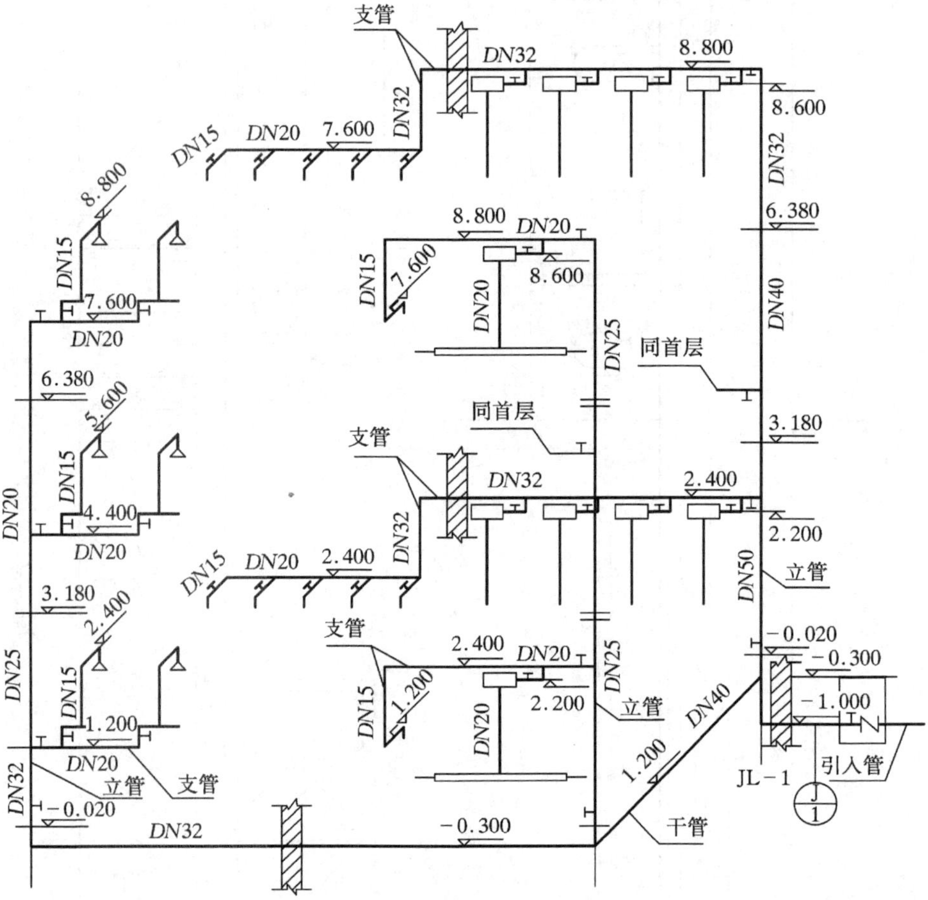

图 2-43　某宿舍楼室内给水系统图

在识读系统图时，应掌握的主要内容和注意事项如下：

(1)查明给水管道系统的具体走向，干管的布置形式，管径尺寸及其变化情况，阀门的设置，引入管、干管及各支管的标高。识读时，按引入管、干管、立管、支管及用水设备的顺序进行。

(2)查明排水管道系统的具体走向，管路分支情况，管径尺寸与横管坡度，管道各部分的标高，存水弯形式，清通设备的设置情况，弯头及三通的选用等。

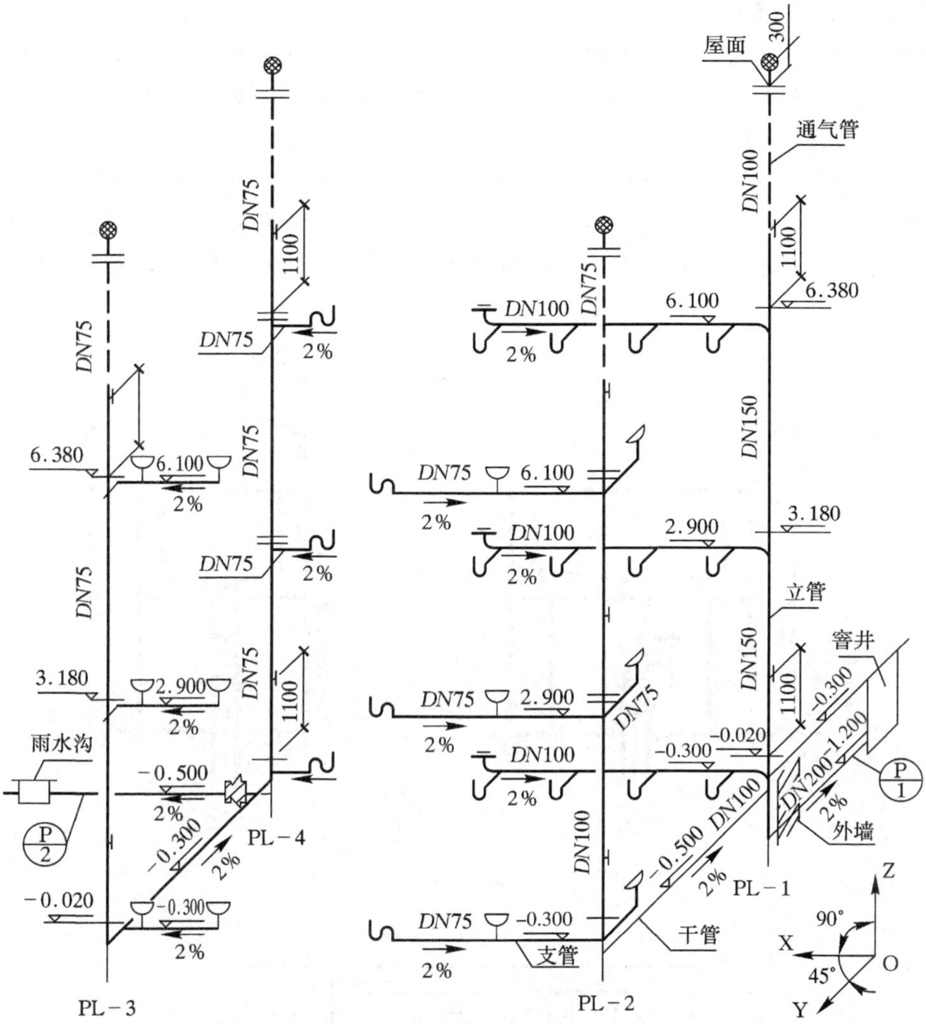

(a)盥洗台、淋浴间污水管网　　(b)大便器、地漏、小便槽排水管网

图 2-44　某宿舍楼室内排水系统图

识读排水管道系统图时，一般按卫生器具或排水设备的存水弯、器具排水管、横支管、立管、排出管的顺序进行。在识读时要结合平面图及说明，了解管材及配件。排水管道为了保证水流通畅，根据管道敷设的位置往往选用 45°弯头和斜三通，在分支管的变径有时不用大小头而用主管变径三通。存水弯有铸铁和黑铁、P 形和 S 形、带清扫口和不带清扫口的区分，在识读图纸时也要视卫生器具的种类、型号和安装位置来确定。

(3)系统图上对各楼层标高都有注明，识读时据此分清管路是属于哪一层的。管道支架在图上一般不表示出来，由施工人员按相关规程和习惯做法自己确定。在识读时应随时把所需支架的数量及规格确定下来，在图上作出标记，并作好统计，以便制作和预埋。民用建筑的明装给水管道通常要采用管卡、钩钉固定；工厂给水管则多用角钢托架或吊环固定。铸铁排水立管通常用铸铁立管管卡，装在铸铁排水管的承口上面；铸铁横管则采用吊环，间距 1.5 m 左右，吊在承口上。

3. 给排水施工详图的识读

给排水施工详图又称给排水大样图，它表明某些给排水设备或管道节点的详细构造与安装要求。室内给排水工程的详图包括节点图、大样图、标准图，主要是管道节点、水表、消火栓、水加热器、开水炉、卫生器具、过墙套管、排水设备、管道支架等的安装详图。这些图都是根据实物用正投影法画出来的，画法与工程制图画法相同。图上都有详细尺寸，可供安装时使用。图 2-45 是污水池的安装详图，它表明了水池安装与给排水管道的相互关系及安装控制尺寸。有些详图可直接查阅有关标准图集或室内给排水设计手册，如水表安装详图、卫生设备安装详图等。

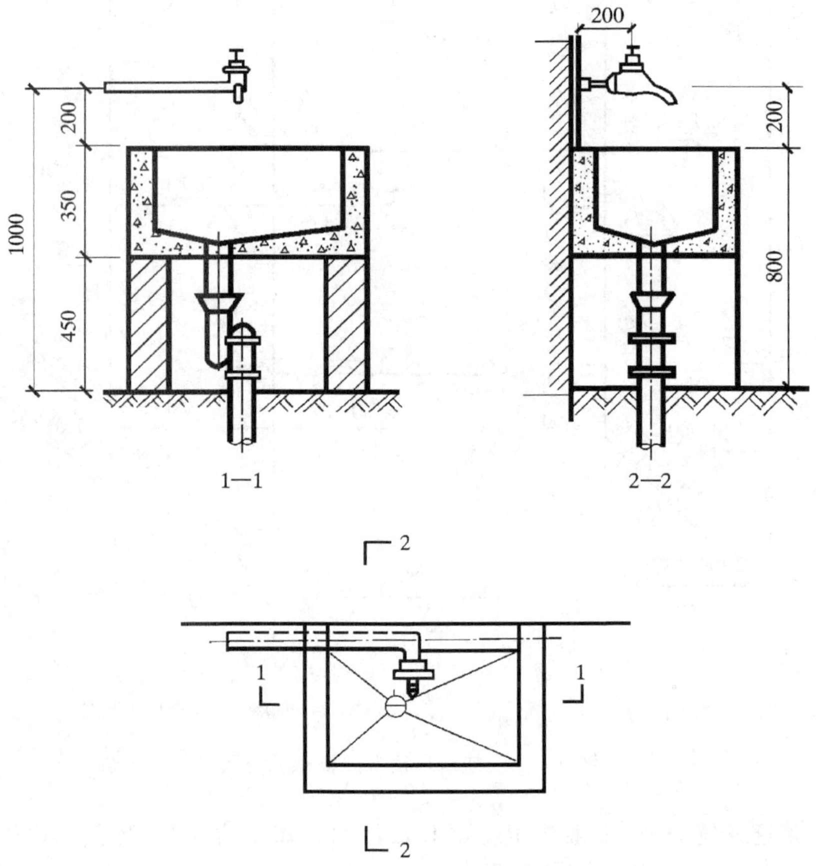

图 2-45 污水池安装详图

本章小结

本章主要介绍了室内排水系统的分类及组成部分。要求重点掌握室内给排水施工图的识读技巧和识读方法。

思考题

1. 建筑排水系统可分为哪几类？

2. 建筑排水系统一般由哪几部分组成?
3. 建筑排水系统常用的管材有哪些?各有什么特点?
4. 什么是卫生器具?分为哪几类?
5. 建筑排水系统管道布置和敷设时应注意哪些原则和要求?
6. 建筑雨水系统有哪几类?
7. 建筑给排水施工图包括哪些内容?
8. 在识读管道平面图时,应该掌握的主要内容和注意事项是什么?
9. 在识读系统图时,应该掌握的主要内容和注意事项是什么?

第3章

热水及燃气供应系统

本章学习要点

1. 室内热水供应系统种类
2. 室内热水供应方式
3. 热水供应管道的布置和敷设
4. 高层建筑热水供应系统
5. 城市燃气供应的方式
6. 室内煤气常用用具

3.1 室内热水供应系统

3.1.1 室内热水供应系统的分类

建筑内部的热水供应系统用来满足人们在生产或生活中对热水的需求。热水供应系统按热水供应的范围大小可分为局部热水供应系统、集中热水供应系统、区域性热水供应系统。

局部热水供应系统的供水范围小，热水分散制备，一般靠近用水点设置小型加热设备供一个或几个配水点使用，热水管路短，热量损失小，使用灵活。该系统适用于热水用水量较小且较分散的建筑，如单元式住宅、医院、诊所和布置较分散的车间、卫生间等建筑。

集中热水供应系统供水范围大，热水在锅炉房或热交换站集中制备，用管网输送到一幢或几幢建筑使用，热水管网较复杂，设备较多，一次性投资大。该系统适用于使用要求高，耗热量大，用水点多且比较集中的建筑，如高级居住建筑、旅馆、医院、疗养院、体育馆等公共建筑。

区域性热水供应系统供水范围大，一般是城市片区、居住小区的范围内，热水在区域性锅炉房或热交换站制备，通过市政热水管网送至整个建筑群，热水管网复杂，热量损失大，设备、附件多，要求自动化控制技术先进，管理水平要求高，一次性投资大。

建筑内热水供应系统中，局部热水供应系统所用加热器、管路等比较简单。区域热水供应系统管网复杂、设备多。集中热水供应系统应用普遍，如图 3－1 所示。集中热水供应系统一般由下列部分组成：

1. 第一循环系统（热媒系统）

第一循环系统又称为热媒系统，由热源、水加热器和热媒管网组成。锅炉生产的蒸汽（或过热水）通过热媒管网输送到水加热器，经散热面加热冷水。蒸汽经过热交换变成凝结水，靠余压经疏水器流至凝结水箱，凝结水和新补充的冷水经冷凝循环泵再送回锅炉生产蒸汽。如

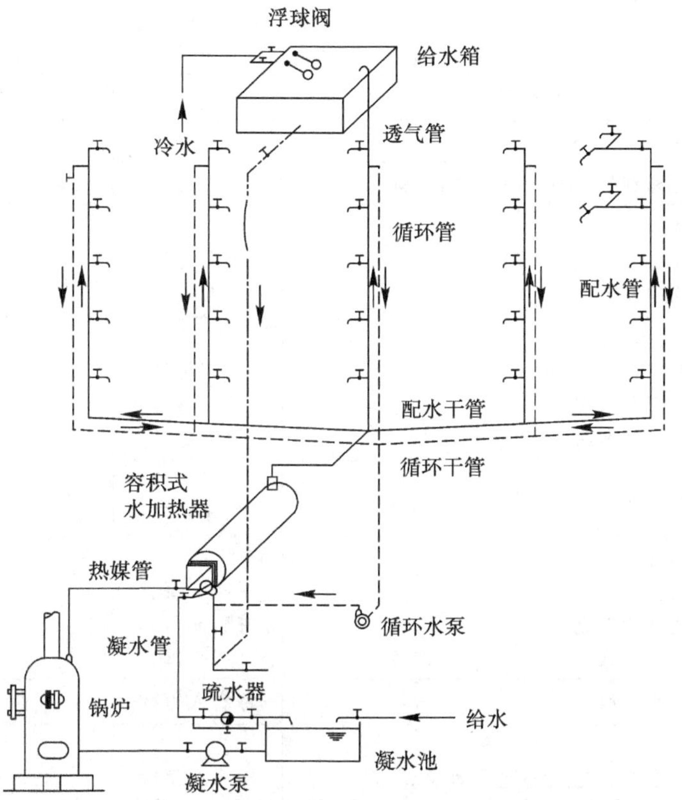

图 3－1 集中热水供应系统

此循环而完成的加热，即热水制备过程。

2. 第二循环系统(热水供应系统)

热水供应系统由热水配水管网和回水管网组成。被加热到设计温度要求的热水，从水加热器出口经配水管网送至各个热水配水点，而水加热器所需冷水来源于高位水箱或给水管网。为满足各热水配水点随时都有设计要求温度的热水，在立管和水平干管甚至配水支管上设置回水管，使一定量的热水在配水管网和回水管网中流动，以补偿配水管网所散失的热量，避免热水温度的降低。

3. 附件

由于热媒系统和热水供应系统中控制、连接的需要，以及由于温度的变化而引起水的体积膨胀、超压、气体离析、排除等，常使用的附件有：温度自动调节器、疏水器、减压阀、安全阀、膨胀罐(箱)、管道自动补偿器、闸阀、水嘴、自动排气器等。

3.1.2 热水用水量标准

1. 热水用水定额

生活用热水定额有两种：一种是根据建筑物的使用性质和内部卫生器具的完善程度，用单位数来确定，其水温按 60℃计算，见表 3－1；二是根据建筑物使用性质和内部卫生器具的单位用水量来确定，即卫生器具 1 次和 1 小时的热水用水定额，其水温随卫生器的功用不同，水温要求也不同，见表 3－2。

表 3－1　60℃热水用水定额

序号	建筑物名称	单位	用水定额(最高日)(L)
1	普通住宅、每户设有沐浴设备	每人每日	85～130
2	高级住宅和别墅、每户设有沐浴设备	每人每日	110～150
3	集体宿舍 有盥洗室 有盥洗室和浴室	 每人每日 每人每日	 27～38 38～55
4	普通旅馆、招待所 有盥洗室 有盥洗室和浴室 设有浴盆的客房	 每床每日 每床每日 每床每日	 27～55 55～110 110～162
5	宾馆 客房	 每床每日	 160～215
6	医院、疗养院、体养所 有盥洗室 有盥洗室和浴室 设有浴盆的病房	 每病床每日 每病床每日 每病床每日	 30～65 65～130 160～215
7	门诊部、诊疗所	每病人每次	5～9
8	公共浴室 设有淋浴器、浴盆、浴池及理发室	 每顾客每次	 55～110
9	理发室	每顾客每次	5～13
10	洗衣房	每公斤干衣	16～27
11	公共食堂 营业食堂 工业、企业、机关、学校食堂	 每顾客每次 每顾客每次	 4～7 3～5
12	幼儿园、托儿所 有住宿 无住宿	 每儿童每日 每儿童每日	 16～32 9～16
13	体育场 运动员淋浴	 每人每次	 27

注：1. 表内所列用水定额均已包括在给水用水定额中。

2. 本表 60℃热水水温为计算温度，卫生器具使用时的热水水温见表 3－2。

表 3－2　卫生器具的 1 次和 1 小时热水用水定额及水温

序号	卫生器具名称	1 次用水量(L)	1 小时用水量(L)	水温(℃)
1	住宅、旅馆 带有淋浴器的浴盆 无淋浴器的浴盆 淋浴器 洗脸盆、盥洗槽水龙头 洗涤盆(池)	 150 125 70～100 3 —	 300 250 140～200 30 180	 40 40 37～40 30 50

续表 3－2

序号	卫生器具名称	1 次用水量(L)	1 小时用水量(L)	水温(℃)
2	集体宿舍			
	淋浴器:有淋浴小间	70～100	210～300	37～40
	无淋浴小间	—	450	37～40
	盥洗槽水龙头	3～5	50～80	30
3	公共食堂			
	洗涤盆(池)	—	250	50
	洗脸盆:工作人员用	3	60	30
	顾客用	—	120	30
	淋浴器	40	400	37～40
4	幼儿园、托儿所			
	浴盆:幼儿园	100	400	35
	托儿所	30	120	35
	淋浴器:幼儿园	30	180	35
	托儿所	15	90	35
	盥洗槽水龙头	1.5	25	30
	洗涤盆(池)	—	180	50
5	医院、疗养院、休养所			
	洗手盆	—	15～25	35
	洗涤盆(池)	—	300	50
	浴盆	125～150	250～300	40
6	公共浴室			
	浴盆	125	250	40
	淋浴器:有淋浴小间	100～150	200～300	37～40
	无淋浴小间	—	450～540	37～40
	洗脸盆	5	50～80	35
7	理发室			
	洗脸盆		35	35
8	实验室			
	洗脸盆		60	50
	洗手盆		15～25	30
9	剧院			
	淋浴器	60	200～400	37～40
	演员用洗脸盆	5	80	35
10	体育场			
	淋浴器	30	300	35
11	工业企业生活间			
	淋浴器:一般车间	40	360～540	37～40
	脏车间	60	180～480	40
	洗脸盆或盥洗槽水龙头			
	一般车间	3	90～120	30
	脏车间	5	100～150	35
12	净身器	10～15	120～180	30

注:一般车间指现行的《工业企业设计卫生标准》中规定的 3、4 级卫生特征的车间,脏车间指该标准中规定的 1、2 级卫生特征的车间。

生产用热水定额应根据生产工艺要求来确定。

2. 水质

(1)热水使用的水质要求。生活用热水的水质应符合我国现行的《生活饮用水卫生标准》。生产用热水的水质应根据生产工艺要求确定。

(2)集中热水供应系统被加热水的水质要求。水在加热后钙镁离子受热析出,在设备和管道内结析,水中的溶解氧也会析出,加速金属管材、设备的腐蚀。因此,集中热水供应系统的被加热水,应根据水量、水质、使用要求、工程投资、管理制度及设备维修和设备折旧率计算标准等因素,来确定是否需要进行水质处理。一般情况下,日用水量小于 10 m^3(按 60℃计算)的热水供应系统,被加热水可不进行水质处理。日用水量大于等于 10 m^3(按 60℃计算),且原水总硬度大于 357 mg/L 时,洗衣房用热水应进行处理,用作其他用途的热水也宜进行水质处理。

目前,集中热水供应系统常采用电子除垢器、静电除垢器、超强磁水器等处理装置。这些装置体积小、性能可靠、使用方便。除氧装置也在一些用水量大的高级建筑中采用。

3.1.3 热水供应系统图示

(1)根据热水加热方式的不同,热水供应方式可分为直接加热方式和间接加热方式,如图 3-2 所示。

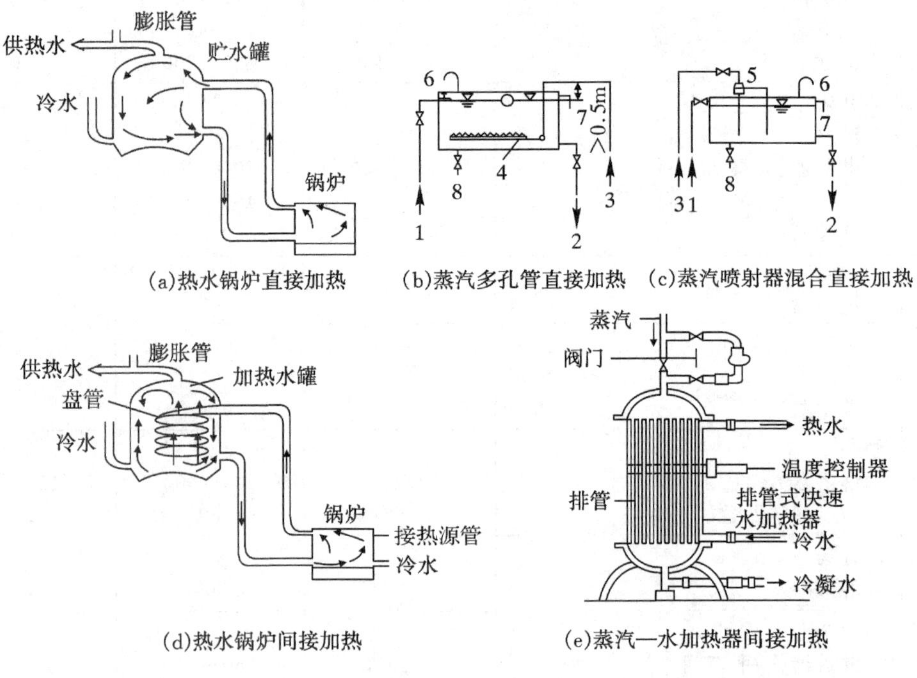

(a)热水锅炉直接加热　(b)蒸汽多孔管直接加热　(c)蒸汽喷射器混合直接加热

(d)热水锅炉间接加热　(e)蒸汽—水加热器间接加热

图 3-2　加热方式

1—给水;2—热水;3—蒸汽;4—多孔管;5—喷射器;6—通气管;7—溢水管;8—泄水管

直接加热方式也称一次换热方式,是利用燃气、燃油、燃煤为燃料的热水锅炉,把冷水直接加热到所需热水温度,或者是将蒸汽或高温水通过穿孔或喷射器直接与冷水接触混合制备热水。这种加热方式设备简单、热效率高、节能,但噪声大,对热媒质量要求高,不允许造成水质污染。该种加热方式仅适用于有高质量的热媒，对噪声要求不严格，或定时供应热水的公共浴室、洗衣房、工矿企业等用户。

间接加热方式也称二次换热方式，是利用热媒通过水加热器把热量传递给冷水，把冷水加热到所需热水温度，而热媒在整个过程中与被加热水不直接接触。这种加热方式噪声小，被加热水不会造成污染，运行安全稳定，适用于要求供水安全稳定、噪声低的旅馆、住宅、医院、办公楼等建筑。

(2)按热水管网的压力工况，热水供应方式可分为开式和闭式两类。

开式热水供应方式一般是在热水管网顶部设有开式水箱，其水箱设置高度由系统所需压力计算确定，管网与大气相通。当用户要求水压稳定，且室外给水管网水压波动较大，宜采用开式热水供应方式，如图 3-3 所示。

闭式热水供应方式管理简单，水质不易受外界影响，但安全阀易失灵，安全可靠性较差，如图 3-4 所示。

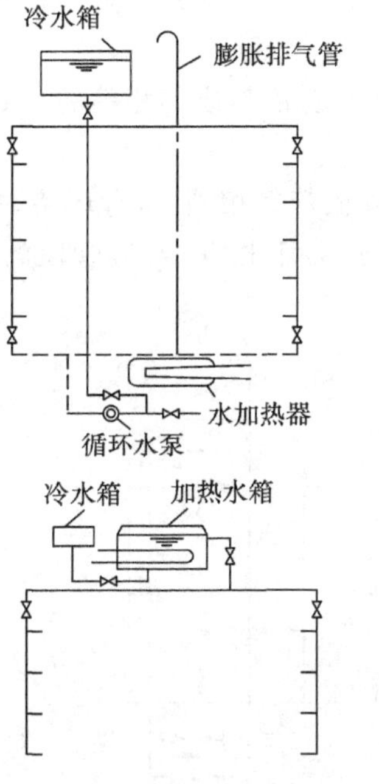

图 3-3　开式热水供应方式

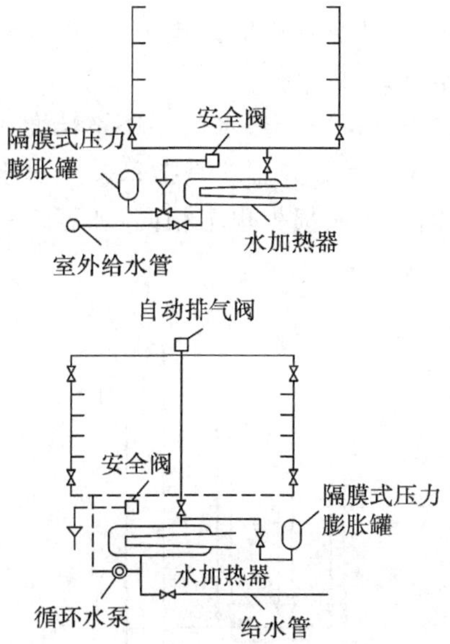

图 3-4　闭式热水供应方式

无论采用何种方式，都必须解决水加热后体积膨胀的问题，以保证系统的安全。

(3)按热水管网设置循环管网的方式不同，有不循环、半循环、全循环三种热水供应方式。

不循环热水供应方式是指热水供应系统中热水配水管网的水平干管、立管，配水支管都不设任何循环管道。对于小型系统，使用要求不高的定时供应系统或连续用水系统如公共浴室、洗衣房等可采用此种不循环热水供应方式，如图 3-5 所示。

半循环热水供应方式是指热水供应系统中只在热水配水管网的水平干管设循环管道，该方式多适用于设有全日供应热水的建筑和定时供应热水的建筑中，如图 3-6 所示。

全循环热水供应方式是指热水供应系统中热水配水管网的水平干管、立管，甚至配水支管都设有循环管道。该系统设置有循环水泵，用水时不存在使用前放水和等待时间，适用于高级宾馆、饭店、高级住宅等高标准建筑中，如图 3－7 所示。

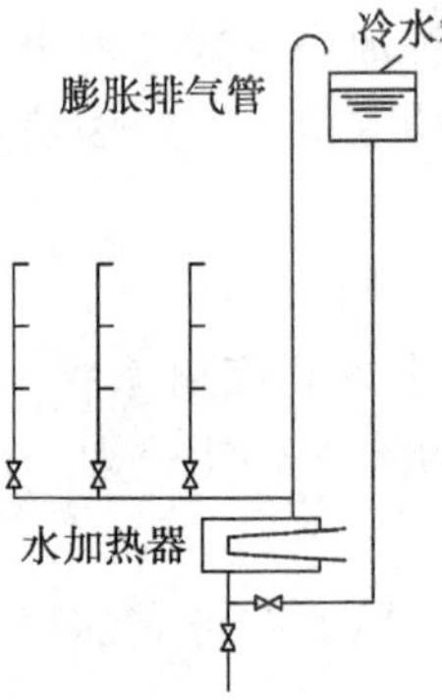

图 3－5　不循环热水供应方式

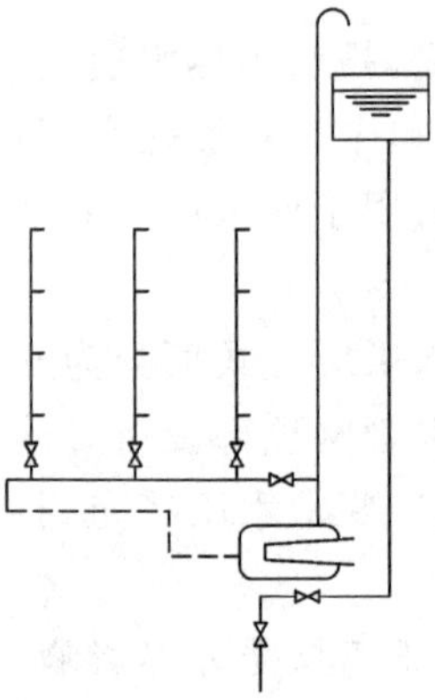

图 3－6　半循环热水供应方式

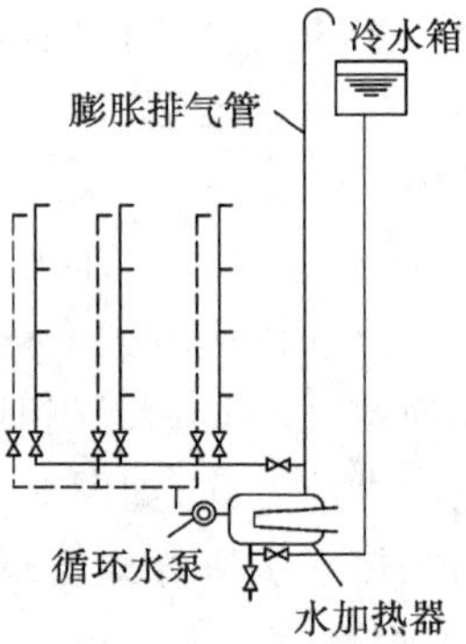

图 3－7　全循环热水供应方式

(4)在全循环热水供应方式中，各循环管路长度可布置成相等或不相等的方式，又可分为同程式和异程式。

同程式是指每一个热水循环环路长度相等，对应的管段管径相同，所有环路的水头损失相同，如图 3－8 所示。异程式是指每一个热水循环环路长度各不相等，对应管段的管径也不相同，所有环路的水头损失也不相同，如图 3－9 所示。

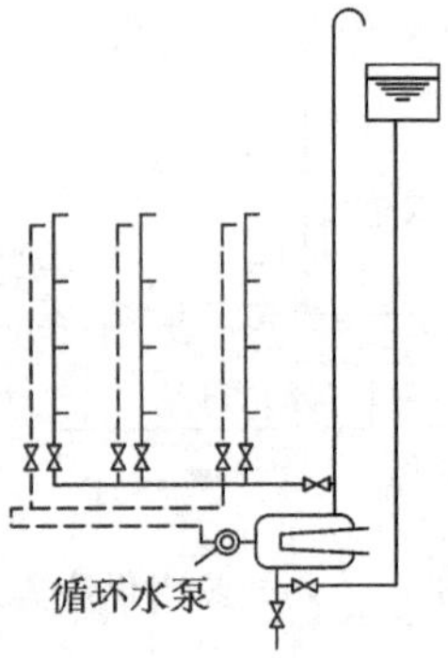

图 3－8　同程式全循环

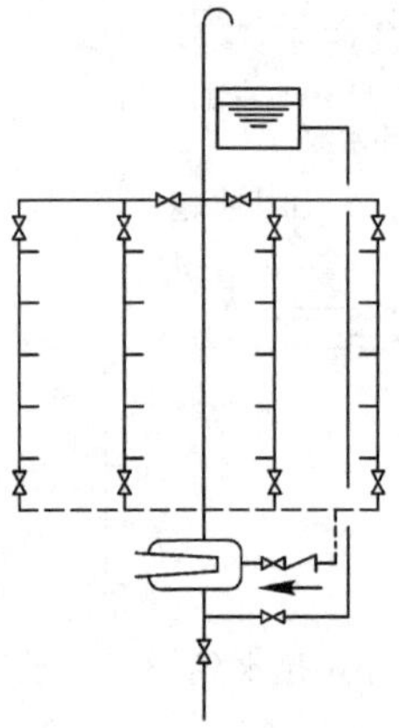

图 3－9　异程式自然循环

(5)热水供应循环系统根据循环动力的不同可分为自然循环方式和机械循环方式。

自然循环方式是利用配水管和回水管中的水温差所形成的压力差，使管网内维持一定的循环流量，以补偿管道热损失，保证用户对热水温度的要求，如图 3－9 所示。因一般配水管与回水管网水温差仅为 5～10℃，自然循环作用水头值很小，所以实际使用自然循环的很少，尤其对中、大型建筑不宜采用自然循环方式。

机械循环方式是在回水干管上设循环水泵强制水在热水管网中循环，形成一定的循环流量，以补偿配水管道的热损失，保证用户对热水温度的要求，如图 3－7 所示。该种方式适用于中、大型，且用户对热水水温要求严格的热水供应系统。

(6)热水供应系统根据供应的时间可分为全日供应方式和定时供应方式。

全日供应方式是指热水供应系统管网中在全天任何时刻都维持不低于循环流量的水量进行循环，热水配水管网全天任何时刻都可配水，并保证水温。定时供应方式是指热水供应系统每天定时配水，其余时间系统停止运行，该方式在集中使用前，利用循环水泵将管网中已冷却的水强制循环加热，达到规定水温时才使用。这两种不同热水供应方式，在循环水泵选型计算和运行管理上都有所不同。

热水的加热方式和热水的供应方式是由不同的标准进行分类的，但在一个完整的热水供应系统中，必然是由加热方式和供应方式经选择后的组合，应根据现有条件和要求合理组合，确定出正确的方案。

3.1.4 热水供应管道系统的布置和敷设

1. 热水管网的布置

热水管网的布置是在设计方案已确定和选择加热设备后，在建筑图上对设备、管道、附件进行热水管网布置除满足给水要求外，还应注意因水温而引起的体积膨胀、管道伸缩补偿、保温、防腐、排气等问题。

热水管网的布置，可采用下行上给式或上行下给式。下行上给式布置时，水平干管可布置在地沟内或地下室顶部，决不允许埋地布置。干管的直线段应有足够的伸缩，尤其是线性膨胀系数大的管材要特别重视直线管段的补偿，并利用最高配水点排气，方法是循环回水立管应在配水立管最高配水点下≥0.5 m处连接。为便于排气和泄水，热水横管均应有与水流方向相反的坡度，其值一般为≥0.3%，并在管网的最低处设泄水阀门，以便检修。为保证配水点的水温需平衡冷热水的水压，热水管道通常与冷水管道平行布置，热水管道在上、左，冷水管道在下、右。上行下给式的热水管网，水平干管可布置在建筑最高层吊顶内或专用技术设备层内。上行下给式管网水平干管应有≥0.3%的坡度，与水流方向反向，并在最高点设自动排气阀排气。为满足整个热水供应系统的水温均匀，可按同程式方式(见图3-8)来进行管网布置。

高层建筑热水供应系统，应与冷水给水系统一样，采取竖向分区，这样才能保证系统内的冷热水压力平衡，便于调节冷、热水混合龙头的出水温度，同时，还需保证各区的水加热器和贮水器的进水，均应由同区的给水系统供应。若需减压则减压的条件和采取的具体措施与高层建筑冷水给水系统相同。

设有集中供热的建筑物中，用水量较大的浴室、洗衣房、厨房等，宜设单独的热水管网。热水为定时供应，且个别用户对热水供应时间有特殊要求时，宜设置单独的热水管网或局部加热设备。

为保证公共浴室淋浴器出水水温稳定，通常采用开式热水供应系统，同时将给水额定流量较大的用水设备的管道与淋浴配水管道分开设置。多于3个淋浴器的配水管道，宜布置成环形。成组淋浴器的配水管的沿程水头损失应控制在一定数值以内，当淋浴器多于6个时，可采用每米不大于350 Pa；当淋浴器少于或等于6个时，可采用每米不大于300 Pa，且配水管不宜变径，其最小管径不得小于25 mm。

工业企业生活间和学校淋浴室，宜采用单管热水供应系统，且有水温稳定的技术措施。

集中热水供应系统应设热水回水管道，并保证干管和立管的热水循环，对要求随时取得不低于规定温度的热水的建筑物，应保证支管中的热水循环，或有保证支管中热水温度的措施。

循环管道宜采用同程式布置的方式，并采用机械循环。

2. 热水管网的敷设

热水管网的敷设，根据建筑的使用要求，可采用明装和暗装两种形式。明装尽可能敷设在卫生间、厨房、沿墙、梁、柱。暗装管道可敷设在管道竖井或预留沟槽内。

热水管道在穿楼板、基础和墙壁处应设套管，让其自由伸缩。穿楼板的套管应视其地面是否集水而定，若地面有集水可能时，套管应高出地面 50～100 mm，以防止水沿套管缝隙向下流。

为满足热水管网中循环流量的平衡调节和检修的需要，在配水管道或回水管道的分干管处、配水立管和回水立管的端点，以及居住建筑和公共建筑中每一户或单元的热水支管上，均应设阀门。热水管道中水加热器或贮水器的冷水供水管和机械循环第二循环回水管上应设止回阀，以防止加热设备倒流被泄空而造成安全事故和防止冷水进入热水系统影响配水点的供水温度。

3. 热水管道的保温与防腐

热水管网若采用低碳钢管材和设备，由于暴露在空气中，会受到氧气、二氧化碳、二氧化硫和硫化氢的腐蚀，金属表面还会产生电化学腐蚀。由于热水水温高，气体溶解度低，管道内壁氧化活动极强，使得金属管材极易腐蚀。由于低碳钢管材和设备的长期腐蚀，管道和设备的内壁变薄，系统受到了破坏，可在金属管材和设备外表面涂刷防腐材料，在金属设备内壁及管内壁加耐腐衬里或涂防腐涂料来阻止腐蚀作用。

常用防腐材料为油漆，它又分为底漆和面漆。底漆在金属表面打底，具有附着、防水和防锈功能，面漆具有耐光、耐水和覆盖功能。

热水系统中，对管道和设备进行保温是一项重要的任务，其主要目的是减少介质在输送过程中的热散失，从而降低热水制备、循环流量的热量，提高长期运行的经济性，从技术安全出发创造良好的环境，使得蒸汽和热水管道保温后外表温度不致过高，避免大量的热散失、烫伤或积尘等，创造良好的工作条件。

保温材料的选择要遵循一些原则，即导热系数低、具有较高的耐热性、不腐蚀金属、材料密度小并具有一定的孔隙率、低吸水率并具有一定的机械强度、易于施工、就地取材成本低等。

保温层厚度的确定，对管道和设备均需按经济厚度计算法计算，并应符合《设备及管道绝温技术通则》(GB/T 4272—2008)中的规定。为了设计时简化计算过程，《给水排水标准图集》中提供了管道和设备保温的结构图和直接查表确定厚度的图表，同时也为施工提供了详图和工程量的统计计算方法。随着科学技术的发展，越来越多优质价廉新型的保温材料不断出现，性能可靠，施工方便，满足消防要求。设计选用时可直接按产品样本提供的计算公式、设计参数进行计算，并按要求进行施工。

不论采用何种保温材料，在施工保温层前，均应将金属管道和设备进行防腐处理，将表面清除干净，刷防锈漆两遍。同时为增加保温结构的机械强度和防水能力，应视采用的保温材料在保温层外设保护层。

3.2 高层建筑热水供应系统

高层建筑具有层数多、建筑高度高、热水用水点多等特点，为保证良好的供水工况和节省投资，高层建筑热水供应系统必须解决热水管网系统压力过大的问题。

与给水系统相同，解决热水管网系统压力过大的问题，可采用竖向分区的供水方式。高层建筑热水分区的范围，应与给水系统的分区一致，各区的水加热器、贮水器的进水，均应由同区的给水系统设专管供应，以保证系统内冷、热水的压力平衡，便于调节冷、热水混合龙头的出水温度，也便于管理。但因热水系统水加热器、贮水器的进水由同区的给水系统供应，水加热后，再经热水配水管送至各配水龙头，故热水在管道当中的流程远比冷水龙头流出冷水所经历的流程长，所以尽管冷、热分区的范围相同，混合龙头处冷、热水压力仍有差异，为保持良好的供水工况，还应采取措施适当增加冷水管道的阻力，减小热水管道的阻力，以使冷热水压力保持平衡，也可采用内部设有温度感应装置，能根据冷、热水压力大小、出水温度高低自动调节冷热水进水量比例，保持出水温度恒定的恒温式水龙头。

1. 集中加热分区热水供应方式

各区热水配水循环管网自成系统，但加热设备、循环水泵集中设置在底层或地下设备层，各区加热设备的冷水分别来自各区的冷水水源，如冷水箱等。其优点是：各区供水自成系统，互不影响，供水安全可靠；设备集中设置，便于维修、管理。其缺点是：高区水加热器和配、回水主立管管材需承受高压，设备和管材费用较高。所以该分区方式不宜用于多于 3 个分区的高层建筑。

2. 分散加热热水供应方式

各区热水配水循环管网自成系统，但各区加热设备、循环水泵分散设置在各区的设备层中。该方式的优点是：供水安全可靠，且水加热器按各区水压选用，承压均衡，且回水立管短。其缺点是：设备分散设置不但要占用一定的建筑面积，维修管理也不方便，且热媒管线较长。

3.3 燃气供应系统

气体燃料比液体燃料和固体燃料具有更高的热能利用率，燃烧温度高，火力调节容易，使用方便，易于实现燃烧过程自动化，燃烧时没有灰渣，清洁卫生，而且还可以利用管道和瓶装供应。在人们日常生活中，应用煤气作为燃料，对改善人民生活条件、减少空气污染和保护环境，具有十分重要的意义。

当煤气和空气混合到一定比例时，极其容易引起燃烧或爆炸，火灾危险性极大；同时，人工煤气具有强烈的毒性，容易引起中毒事故。因此，对于煤气设备及管道的设计、加工和敷设，都有严格的要求；同时必须加强维护和管理，防止漏气。

3.3.1 燃气的种类

燃气又称煤气，是一种气体燃料。根据来源不同，可分为人工煤气、液化石油气和天然气三大类。

1. 人工煤气

人工煤气,是将矿物燃料(如煤、重油等)通过热加工而得到的一种煤气。通常使用的煤气有干馏煤气(如焦炉煤气)和重油裂解气。

人工煤气具有强烈的气味及毒性,含有硫化氢、萘、苯、氨、焦油等杂质,容易腐蚀及堵塞管道。因此人工煤气需要净化后才能使用。

2. 液化石油气

液化石油气,是对石油进行加工处理过程中(如减压蒸馏、催化裂化、铂重整等)所获得的副产品。它的主要成分是丙烷、丙烯、正(异)丁烷、正(异)丁烯、反(顺)丁烯等。这种副产品在标准状态下为气相,而当温度低于临界值或压力升高到某一数值时则呈现液相。

3. 天然气

天然气,是指从钻井中开采出来的可燃气体。天然气分为下列三种:①气井气。它是自由喷出地面的天然气,即纯天然气。②石油伴生气。它是溶解于石油中,同石油一起开采出来后再从石油中分离出来的石油伴生气。③气田气。它是含有石油轻质馏分的凝析气田气。

天然气的主要成分为甲烷。天然气通常没有气味,故在使用时需要混入某种无害而有臭味的气体(如乙硫醇),以便于发现是否漏气,避免发生中毒或爆炸燃烧事故。

3.3.2 城市燃气供应方式

1. 天然气、人工煤气管道输送

天然气或人工煤气经过净化后,即可输入城市煤气管网。根据输送压力的不同,城市煤气管网可以分为低压管网($p \leqslant 5$ kPa)、中压管网(5 kPa$<p \leqslant 150$ kPa)、次高压管网(150 kPa$<p \leqslant 300$ kPa)和高压管网(300 kPa$<p \leqslant 800$ kPa)。

城市煤气管网通常包括街道煤气管网和居住小区煤气管网两部分。

在大城市里,街道煤气管网大都布置成环状,只是边缘地区才采用枝状管网。煤气由街道高压管网或次高压管网,经过煤气调压站,进入街道中压管网。然后经过区域的调压站,进入街道低压管网,再经居住小区管网而接入用户。临近街道的建筑物,可直接由街道管网引入。小城市一般采用中—低压或低压管网。

居住小区煤气管路是指自煤气总阀门井以后至各建筑物前的户外管路。当煤气进气管埋设在一般土质的地下时,可采用铸铁管,青铅接口或水泥接口,也可采用涂有沥青防腐层的钢管,焊接接头。若煤气管路埋设在土质松软及容易受震地段,则应采用无缝钢管,焊接接头。阀门应设在阀门井内。

居住小区煤气管要敷设在土壤冰冻线以下 0.1～0.2 m 的土层内,根据建筑物的总体布置,居住小区煤气管应与建筑物轴线平行,并埋在人行道或草地下;管道距建筑物基础应不小于 2 m;与其他地下管道水平净距为 1.0 m;与树木应保持 1.2 m 的水平距离。居住小区煤气管不能与其他室外地下管道同沟敷设,以免管道发生漏气时经地沟渗入建筑物内。根据煤气性质及含湿情况,有必要排除管网中的冷凝水时,管道应具有不小于 0.3%的坡度坡向凝水器。凝结水应定期排除。

2. 液化石油气瓶装供应

液态液化石油气在石油炼厂产生后,可由管道、汽车或火车槽车、槽船运输到储配站或灌瓶站后，再用管道或钢瓶灌装，经供应站供应给用户。

供应站根据供应范围、户数、燃烧设备的需要量大小等因素，可采用单瓶、瓶组和管道系统。其中单瓶常采用15 kg钢瓶。瓶组供应方式常采用钢瓶并联供应公共建筑或小型工业建筑的用户。管道供应方式适用于居民小区、大型工厂职工住宅区或锅炉房。

钢瓶液态液化石油气的饱和蒸气压，按绝对压力计一般为70～800 kPa，靠室内温度可自然气化。但是，供煤气燃具及燃烧设备使用时，还要经过钢瓶上的调压器而减压到2.8 kPa±0.5 kPa。单瓶系统一般钢瓶安置于厨房，而瓶组供应系统的并联钢瓶、集气管及调压阀应设置在单独房间。

管道供应系统，是指液态的液化石油气，经气化站或混气站生产成气态的液化石油气或混合气，经调压设备减压后，经输配管道、用户引入管、室内管网、煤气表输送到燃具使用的供应系统。

钢瓶无论人工或机械装卸，都应严格遵守操作规定，禁止乱扔乱甩。

3.3.3 室内燃气管道

1. 管道系统

用户煤气管由引入管进入房屋后到燃具燃烧器前，为室内煤气管。这一套管道是低压的。室内管多用普压钢管丝扣连接，埋于地下部分应涂防腐涂料。明装于室内的管道，应采用镀锌普压钢管。所有煤气管，均不允许有微量漏气，以保证安全。

从居住小区煤气管上接引入管，一定要从管顶接出，并且在引入管垂直段顶部用三通管件接横向管段。这样敷设，可以减少煤气中的杂质和凝结水进入用户，并便于清通。引入管还应有0.5%坡度，坡向引入端。室内煤气管穿墙壁或地板时，应设置套管。为了安全，煤气主管不允许穿越起居室，一般布置在厨房、楼梯间墙角处。进户干管应设不带手轮旋塞式阀门。主管上接出的每层的横支管一般在楼的上部接出，然后折向煤气表，煤气表上伸出煤气支管，再接橡皮胶管通向煤气用具。煤气表后的支管一般不应绕气窗、窗台、门框和窗框敷设。当必须绕门窗时，应在管道绕行的最低处设置堵头，以便排泄凝结水或吹扫使用。水平支管应具有坡度，坡向堵头。

建筑物如有可通风的地下室，煤气干管可以敷设在这种地下室的上部。不允许把室内煤气干管埋在地面下或敷于管沟内。如果公共建筑物地沟为通行地沟，并且具有良好的自然通风设施，可与其他管道同沟敷设，但是煤气干管应采用无缝钢管，焊接连接。煤气管还应有0.2%～0.5%的坡度，坡向引入管。

2. 煤气表

煤气表是计量煤气用量的仪表。目前我国常用的煤气表是一种干式皮囊煤气流量表。这种煤气表适用于室内低压煤气供应系统中。为保证安全，小口径煤气表一般挂在室内墙壁上，表底距地面1.6～1.8 m，煤气表到煤气用具的水平距离不得小于0.8～1.0 m。

3.3.4 燃气用具

煤气用具很多，在此仅介绍住宅常用的两种煤气用具。

1. 厨房煤气灶

厨房煤气灶，简称“煤气灶”。常用的煤气灶是双火眼煤气灶。它是由炉体、工作面及燃烧器三个部分组成。这种煤气灶，又分为自动打火煤气灶和人工点火煤气灶两种。其中使用最多的是自动打火煤气灶。另外还有三眼、六眼等多种民用煤气灶。

从使用安全考虑，家用厨房煤气灶，一般要靠近不易燃的墙壁放置。煤气灶边至墙面要有50～100 mm的距离。大型煤气灶应放在房间的适中位置，以便于四周使用。

2. 煤气热水器

煤气热水器是一种局部热水供应的加热设备。根据构造的不同，煤气热水器可分为容积式和直流式两类。直流式煤气自动热水器的外壳为搪瓷铁皮，内部装有安全自动装置、燃烧器、盘管和传热片等。目前，国产家用热水器一般为快速直流式。

容积式煤气热水器是一种能储存一定容积热水的自动加热器。其工作原理是借调温器、电磁阀和热电偶联合工作，使煤气点燃和熄灭。

由于煤气燃烧后所排出的废气成分中含有浓度不同的一氧化碳。当人在容积浓度超过0.16%的一氧化碳中呼吸20分钟，两小时内就会死亡。因此，凡是设有煤气用具的房间，都必须设置良好的通风配套设施。

为了提高煤气的燃烧效率，需要供给足够的空气。煤气用具的热负荷越大，所需的空气量就越多。一般来说，设置煤气热水器的浴室，房间体积应不小于12 m^3；当煤气热水器每小时消耗发热量较高的的煤气量为4 m^3 时，需要保证每小时有3倍房间体积即36 m^3 的通风量。因此，设置小型煤气热水器的房间，应保证有足够的容积，并在房间的上面及下面，或者门扇的底部或上部，设置不小于0.2 m^3 的通风窗。但是，通风窗不能与卧室相通，门扇应向外开，以保证安全。

在楼房内，为了排除燃烧烟气，当层数较少时，应设置各自独立的烟囱。砖墙内烟道的断面，应大于或等于140 mm×140 mm。对于高层建筑，若每层设置独立的烟囱，在建筑构造上往往很难处理，可设置一根总烟道联通各层煤气用具，但是一定要防止下面房间的烟气蹿入上层设有燃气用具的房间。每层排除燃烧烟气的支烟道，要采用直径为100～125 mm的管道，并且平行于总烟道。每层支烟道在其上面一到两层处接入总烟道，最上层支烟道也要升高，然后平行接入总烟道。

本章小结

本章主要介绍了热水供应系统的不同分类类型，在实际工程中要根据具体情况将各种系统进行优化组合，设计成综合的方案。

思考题

1. 室内热水供应系统分为哪几种类型？各自适用范围是什么？
2. 室内热水供应方式有哪些？
3. 室内热水供应系统如何布置与敷设？
4. 城市燃气的供应方式有几种？
5. 煤气通常分为哪几类？它们各自有何特性？
6. 在布置室内燃气管道时，应注意哪些问题？

第4章 室内采暖工程

本章学习要点

1. 采暖系统的组成、分类
2. 机械循环热水采暖系统的形式
3. 高层建筑热水采暖系统的形式
4. 蒸汽采暖系统的组成、分类
5. 采暖系统管道的布置与安装要求
6. 采暖施工图的组成、识读方法

4.1 采暖系统的组成及分类

4.1.1 采暖系统的组成

采暖系统是供热系统的一部分。在冬季,室外温度远远低于人体舒适所需求的温度,房间内的热量通过维护结构不断向室外散失,使得室内温度降低,影响人们的正常生活与工作,因此为了维持室内所需要的温度,必须向室内供给相应的热量,这种向室内供给热量的工程设备叫做采暖系统。采暖系统主要由热源、供热管道、散热设备三个基本部分组成。

(1)热源:使燃料燃烧产生热,将热媒加热成热水或蒸汽的部分,如锅炉房、热交换站、热电厂等,还可以采用太阳能、地热、废热等。

(2)供热管道:是指热源和散热设备之间的连接管道,将热媒输送到各个散热设备(把热量从热源输送到散热器的物质叫做"热媒",这些物质有热水、蒸汽和热空气等)。供热管道包括供水、回水管道。

(3)散热设备:将热量传至所需空间的设备,如散热器、暖风机、辐射板等。

此外,为了系统能够顺利地运行,采暖系统中一般设置有辅助设备及附件。辅助设备有循环水泵、膨胀水箱、除污器、排气设备等,附件有各类阀门、补偿器及热计量仪表。

4.1.2 采暖系统的分类

1. 按热媒种类分类

(1)热水采暖系统:以热水为热媒的采暖系统,主要应用于民用建筑。

(2)蒸汽采暖系统:以水蒸气为热媒的采暖系统,主要应用于工业建筑。

(3)热风采暖系统:以热空气为热媒的采暖系统,如暖风机、热空气幕等,主要应用于大空间采暖。

2. 按设备相对位置分类

(1)局部采暖系统:热源、供热管道、散热器三部分在构造上合在一起的采暖系统,如火炉采暖、简易散热器采暖、煤气采暖和电热采暖。

(2)集中采暖系统:热源和散热设备分别设置,用供热管道相连接,由热源向各个房间或建筑物供给热量的采暖系统。

(3)区域采暖系统:以区域性锅炉房作为热源,供一个区域的许多建筑物采暖的采暖系统。这种采暖系统的作用范围大、节能、可显著减少城市污染,是城市采暖的未来发展方向。

3. 按采暖的时间不同分类

(1)连续采暖系统:适用于全天使用的建筑物,使采暖房间的室内温度全天均能达到设计温度的采暖系统。

(2)间歇采暖系统:适用于非全天使用的建筑物,使采暖房间的室内温度在使用时间内达到设计温度,而在非使用时间内可以自然降温的采暖系统。

(3)值班采暖系统:在非工作时间或中断使用的时间内,使建筑物保持最低室温要求(以免冻结)所设置的采暖系统。

4.2 热水采暖系统

4.2.1 热水采暖系统的分类

热水采暖系统按供水温度不同可分为低温水采暖系统(供水温度 95℃,回水温度 70℃)和高温热水采暖系统(供水温度为 96～130℃,回水温度为 70℃)两种。热水采暖系统还有以下分类方法:

1. 按热水在系统内循环的动力不同分类

(1)重力(自然)循环系统:如图 4-1 所示,重力循环系统是靠供回水的密度差产生的重度差为循环动力,推动热水在系统中进行循环流动的采暖系统。其工作原理如图 4-2 所示。在系统工作之前,先将系统中充满冷水。水在锅炉内被加热后,密度减小向上流动,同时从散热器流回来的回水温度较低,密度较大向下流动,从而使热水沿着供水干管上升,流入散热器;在散热器内水被冷却,再沿回水干管流回锅炉被重新加热,形成图 4-2 中箭头所示的方向循环流动。

设 P_1 和 P_2 分别表示 A—A 断面右侧和左侧的水柱压力,则

断面 A—A 右侧的水柱压力为:$P_1=g(h_0\rho_h+h\rho_h+h_1\rho_g)$

断面 A—A 左侧的水柱压力为:$P_2=g(h_0\rho_h+h\rho_g+h_1\rho_g)$

断面 A—A 两侧水柱压力差 $\Delta P=P_1-P_2$,即系统内的作用压力,其值为:

$$\Delta P=P_1-P_2=gh(\rho_h-\rho_g)$$

因为 $\rho_h>\rho_g$,所以 $\Delta P>0$。

由引可见,重力循环作用力取决于冷热水之间的密度差和锅炉中心到散热器中心的垂直距离。

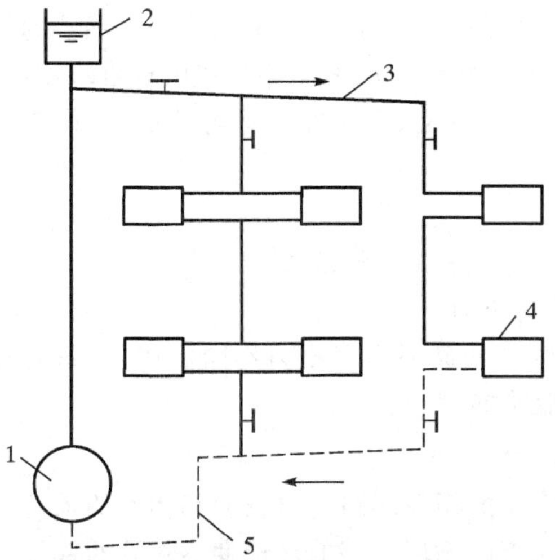

图 4-1　重力循环上供下回式单管系统

1—锅炉;2—膨胀水箱;3—供水干管;
4—散热器;5—回水干管

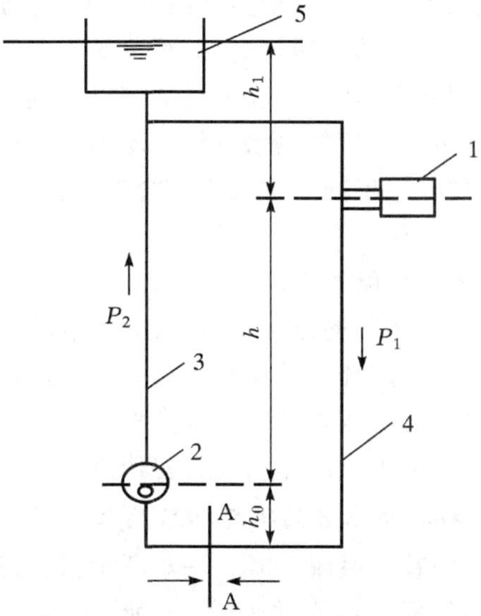

图 4-2　重力循环热水采暖系统工作原理图

1—散热设备;2—热水锅炉;3—供水管路;
4—回水管路;5—膨胀水箱

重力循环热水采暖系统维护管理简单,不需消耗电能。但由于其作用压力小、管中水流速度不大,所以管径就相对大一些,作用范围也受到限制。自然循环热水采暖系统通常只能在单幢建筑物中使用,作用半径不宜超过 50 m。

(2)机械循环系统:如图 4-3 所示,机械循环系统是系统依靠水泵提供的动力使热水循环流动的采暖系统。如果系统作用半径较大,自然循环往往难以满足系统的工作要求。这时,应采用机械循环热水采暖系统。

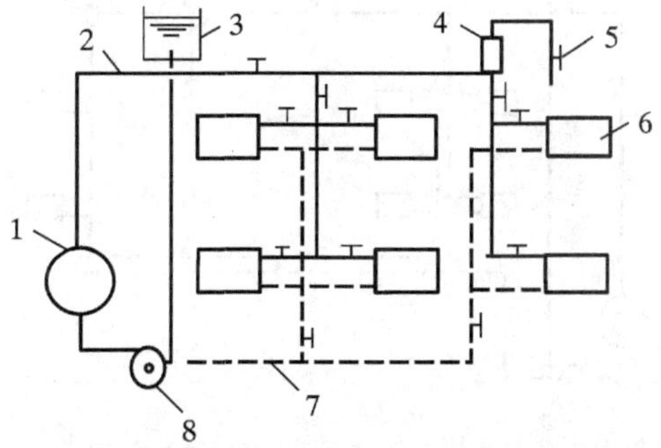

图 4-3　机械循环上供下回式双管系统

1—锅炉;2—供水干管;3—膨胀水箱;4—集气罐;
5—放气阀;6—散热器;7—回水干管;8—水泵

机械循环热水采暖系统与自然循环热水采暖系统的主要区别是在系统中设置了循环水泵,它的作用压力比自然循环热水采暖系统大得多,因此该系统的作用半径大,是建筑中广泛采用的采暖系统。

2. 按供、回水管道设置方式的不同分类

(1)单管系统,如图 4-1 所示。热水经立管或水平供水管顺序流过多组散热器,并顺序地在各散热器中冷却的系统,称为单管系统。

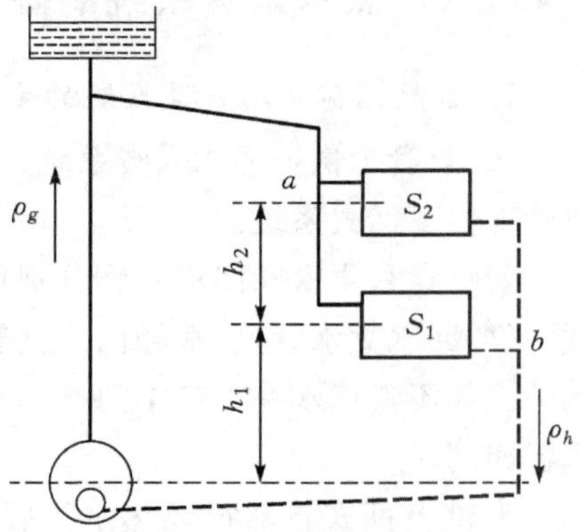

图 4-4　双管采暖系统

(2)双管系统,如图 4-4 所示。热水经供水立管或水平供水管平行地分配给多组散热器，冷却后的回水自每个散热器直接沿回水立管或水平回水管流回热源的系统，称为双管系统。双管系统中一般设有独立的供水立管和独立的回水立管，由于循环水在上层和下层的密度不同，所以上层散热器流体的压力降比下层散热器的压力降大，导致了大量的热水流经上层散热器而少量的热水流经下层散热器。在供暖建筑物内，同一竖向的各层房间的室温不符合设计要求的温度，而出现上、下层冷热不匀的现象，通常称作系统垂直失调。

(aS_1b)环路的作用压力　$\Delta P_1=gh_1(\rho_h-\rho_g)$

(aS_2b)环路的作用压力　$\Delta P_2=g(h_1+h_2)(\rho_h-\rho_g)=\Delta P_1+gh_2(\rho_h-\rho_g)$

可见：上层环路的作用压力大于下层环路的作用压力。

由此可见，双管系统的垂直失调，是由于通过各层的循环作用压力不同而产生的；而且楼层数越多，上下层的作用压力差值越大，垂直失调就会越严重。

3. 按各个立管的循环环路总长度不同分类

(1)同程式系统：如图 4-5 所示，热媒沿各个立管的循环环路的总长度都相等的系统。

(2)异程式系统：如图 4-6 所示，热媒沿各个立管的循环环路的总长度不相等的系统。异程式采暖系统由于各立管回路的压力降不同，容易出现近热远冷的水平失调现象，即靠近主立管的立管散热量较大，远离主立管的立管散热量较小。

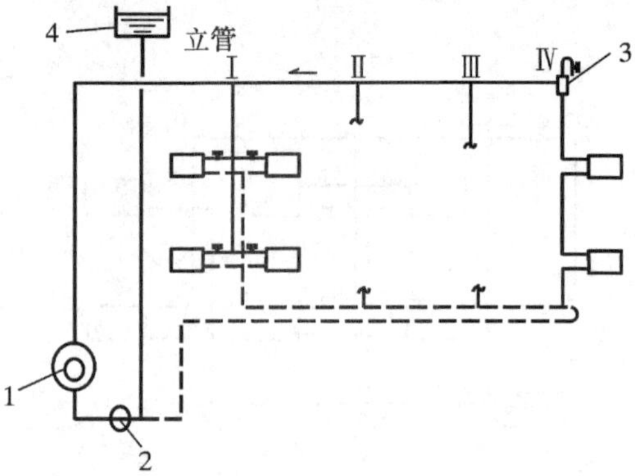

图 4-5　同程式系统

1—锅炉；2—水泵；3—立式集气罐；4—膨胀水箱

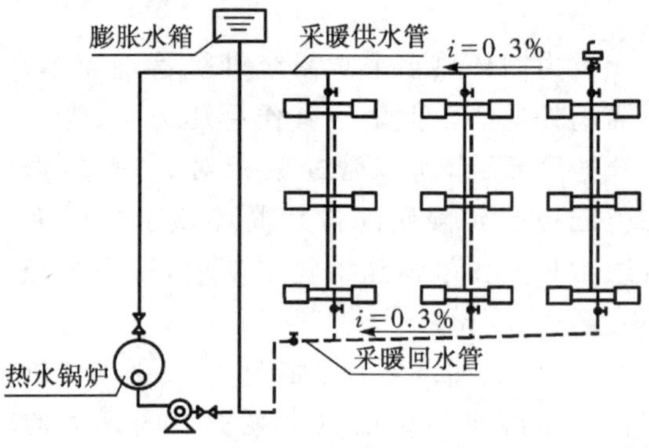

图 4-6　异程式系统

4.2.2　热水采暖系统的基本形式

1. 自然循环热水采暖系统的主要形式

(1)双管上供下回式采暖系统：如图 4-7 左侧所示为双管上供下回式系统。

其特点是供水和回水立管分别设置，各层散热器都并联在供、回水立水管上，水经回水立管、回水干管直接流回锅炉。如不考虑水在管道中的冷却，则进入各层散热器的水温相同。

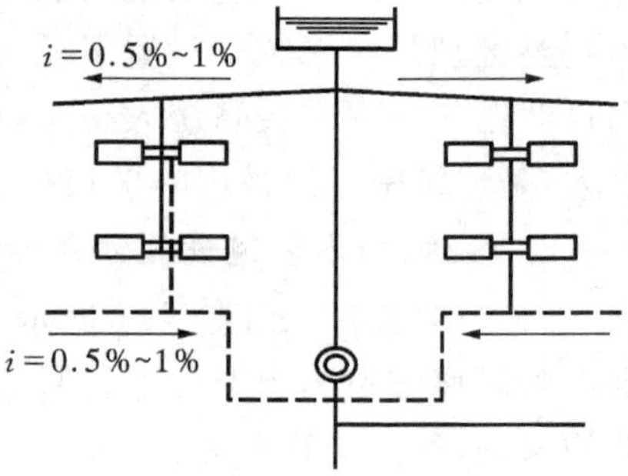

图 4-7　自然循环上供下回采暖系统

上供下回式自然循环热水采暖系统管道布置的一个主要特点是：系统的供水干管必须有向膨胀水箱方向上升

的坡度，其坡度宜采用 0.5%～1%；散热器支管的坡度一般取 1%。回水干管应有沿水流向锅炉方向下降的坡度，坡度为 0.5%～1%。由于是双管系统，容易发生垂直失调现象。

(2)单管上供下回式采暖系统：如图 4－7 右侧所示为单管上供下回式系统。

其特点是供水和回水立管为同一根立管，热水送入立管后由上向下顺序流过各层散热器，水温逐层降低，各组散热器串联在立管上。每根立管(包括立管上各层散热器)与锅炉、供回水干管形成一个循环环路，各立管环路之间是并联关系。

与双管系统相比，单管系统的优点是系统简单，节省管材，造价低，安装方便，上下层房间的温度差异较小，不会产生垂直失调；其缺点是单管系统存在从上到下各楼层散热器的进水温度不同，且每组散热器的热媒流量不能单独调节的弊端。

2. 机械循环热水采暖系统的形式

(1)双管上供下回式采暖系统：如图 4－3 所示为机械循环双管上供下回式热水采暖系统示意图。该系统与每组散热器连接的立管均为两根，热水平行地分配给所有散热器，散热器流出的回水直接流回锅炉。由图可知，供水干管布置在所有散热器上方，而回水干管在所有散热器下方，所以叫上供下回式。

在这种系统中，水在系统内循环，主要依靠水泵所产生的压头，但同时也存在自然压头，它使流过上层散热器的热水多于实际需要量，并使流过下层散热器的热水少于实际需要量；从而造成上层房间温度偏高，下层房间温度偏低的“垂直失调”现象。

(2)双管下供下回式采暖系统：如图 4－8 所示为机械循环双管下供下回式热水采暖系统示意图。系统的供水和回水干管都敷设在底层散热器下面，与上供下回式系统相比，它有如下特点：

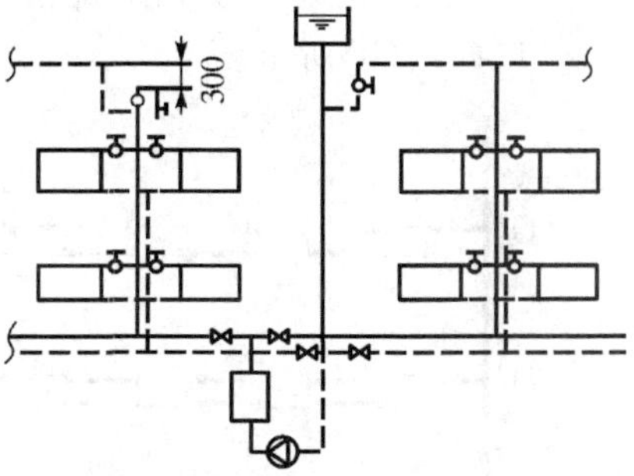

图 4－8　机械循环双管下供下回式采暖系统

①在地下室布置供水干管，管路直接散热给地下室，无效热损失小。

②在施工中，每安装好一层散热器即可采暖，给冬季施工带来很大方便，免去了冬季施工需要特别装置临时供暖设备。

③排除空气比较困难，但可以通过专设的空气管或顶层散热器的跑风门进行排气。

(3)中供式采暖系统：如图 4－9 所示为机械循环中供式热水采暖系统示意图。

从系统总立管引出的水平供水干管敷设在系统的中部，下部系统为上供下回式，上部系统可采用下供下回式，也可采用上供下回式。这种系统减轻了上供下回系统楼层过高引起的垂直失调的问题，同时可避免顶层梁底标高过低，致使供水干管挡住顶层窗户的不合理布置。中供式系统可用于原有建筑物加建楼层或上部建筑面积小于下部建筑面积的建筑。

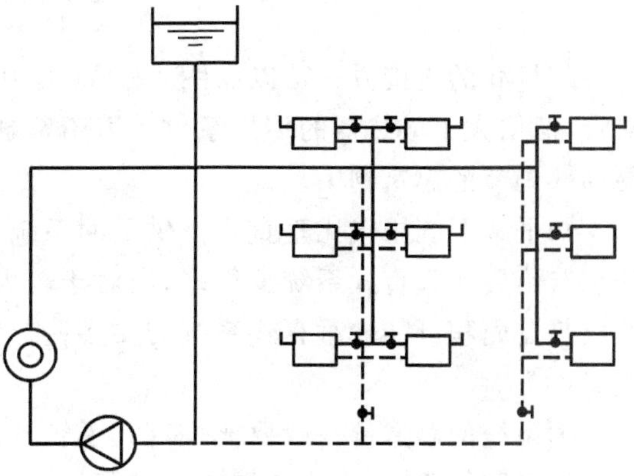
图 4－9　机械循环中供式热水采暖系统

(4)下供上回式(倒流式)采暖系统：如图

4－10所示为机械循环下供上回式采暖系统示意图。

该系统的供水干管设在所有散热器设备的上面，回水干管设在所有散热器下面，膨胀水箱连接在回水干管上。回水经膨胀水箱流回锅炉房，再被循环水泵送入锅炉。该系统具有如下特点：

①水在系统内的流动方向是自下而上流动，与空气流动方向一致，可通过顺流式膨胀水箱排除空气，无需设置集中排气罐等排气装置。

②对热损失大的底层房间，由于底层供水温度高，底层散热器的面积减小，便于布置。

③当采用高温水采暖系统时，由于供水干管设在底层，这样可降低防止高温水汽化所需的水箱标高，减少布置高架水箱的困难。

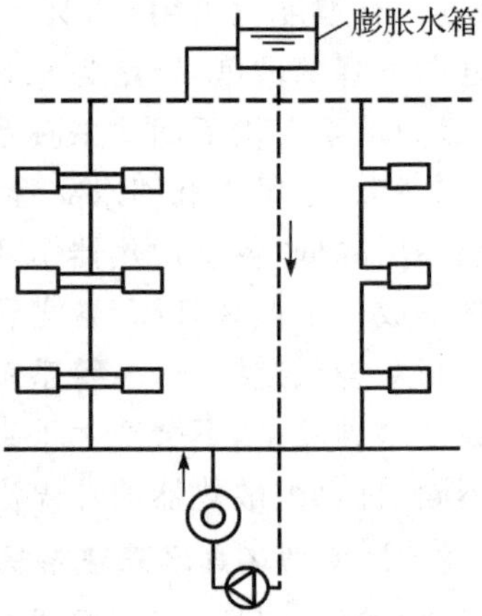

图 4－10　机械循环下供上回式（倒流式）采暖系统

④供水干管在下部，回水干管在上部，无效热损失小。

这种系统的缺点是散热器的放热系数比上供下回式低，散热器的平均温度几乎等于散热器的出口温度，这样就增加了散热器的面积。但用于高温水供暖时，这一特点却有利于满足散热器表面温度不至过高的卫生要求。

(5)水平式系统。水平式系统按供水管与散热器的连接方式可分为顺流式和跨越式两类，如图 4－11(a)、(b)所示。

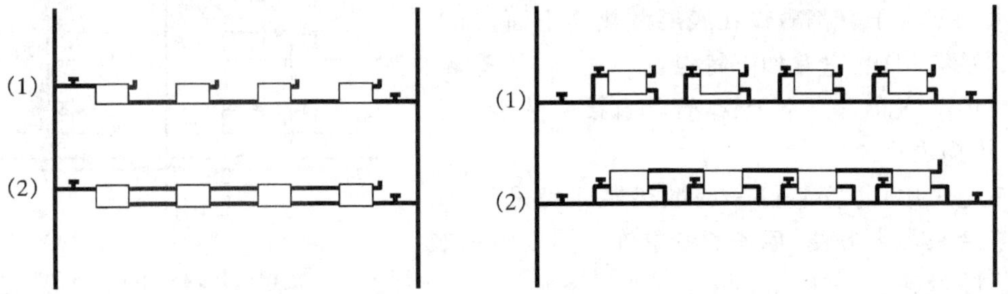

(a)顺流式系统　　(b)跨越式系统

图 4－11　水平式系统

跨越式的连接方式可以有图 4－11(b)中(1)、(2)两种。第二种的连接形式虽然稍费一些支管，但增大了散热器的传热系数。由于跨越式可以在散热器上进行局部调节，它可以用在需要局部调节的建筑物中。

水平式系统排气比垂直式上供下回系统要麻烦，通常采用排气管集中排气。水平式系统的总造价要比垂直式系统少很多，但对于较大系统，由于有较多的散热器处于低水温区，尾端的散热器面积可能较垂直式系统的要多些。但它与垂直式（单管和双管）系统相比，还有以下优点：

①系统的总造价一般要比垂直式系统低。

②管路简单，便于快速施工。除了供、回水总立管外，无穿过各层楼管的立管，因此无需在楼板上打洞。

③有可能利用最高层的辅助空间架设膨胀水箱，不必在顶棚上专设安装膨胀水箱的房间。

④沿路没有立管，不影响室内美观。

4.2.3　高层建筑热水采暖系统的形式

高层建筑由于层数多、高度大，因此建筑物热水采暖系统产生的静压较大，垂直失调问题也较严重。应根据散热器的承压能力、室外供热管网的压力状况等因素来确定系统形式。

目前，国内高层建筑热水采暖系统常用的形式有：

1. 竖向分区式采暖系统

高层建筑热水采暖系统在垂直方向分成两个或两个以上的独立系统，称为竖向分区式采暖系统。建筑物高度超过 50 m 时，热水采暖系统宜竖向分区设置。系统的低区通常与室外管网直接连接。系统按高区与室外管网的连接方式主要分为两种：

(1)设热交换器的分区式采暖系统：如图 4－12 所示，该系统的高区通过热交换器与外网间接连接。热交换器作为高区的热源，高区设有循环水泵、膨胀水箱，独立成为与外网压力隔绝的完整系统。这种系统比较可靠，适用于外网是高温水的采暖系统。

(2)双水箱分区式采暖系统：如图 4－13 所示，该系统将外网的水直接引入高区，当外网的供水压力低于高层建筑的静压时，可在供水管上设加压水泵，使水进入高区上部的进水箱。高区的回水箱设非满管流动的溢流管与外网回水管相连。两水箱与外网压力隔绝，利用两水箱的高差使水在高区内自然循环流动。这种系统的投资比设热交换器低，但由于采用开式水箱，易使空气进入系统，增加了系统的腐蚀因素，因此该系统适用于外网是低温水的采暖系统。

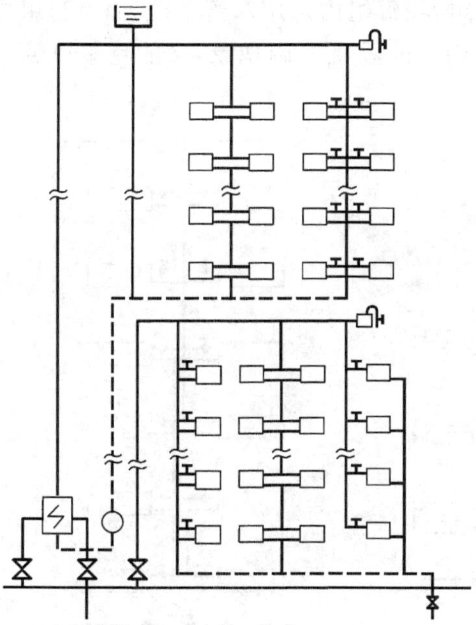

图 4－12　设热交换器的分区式采暖系统

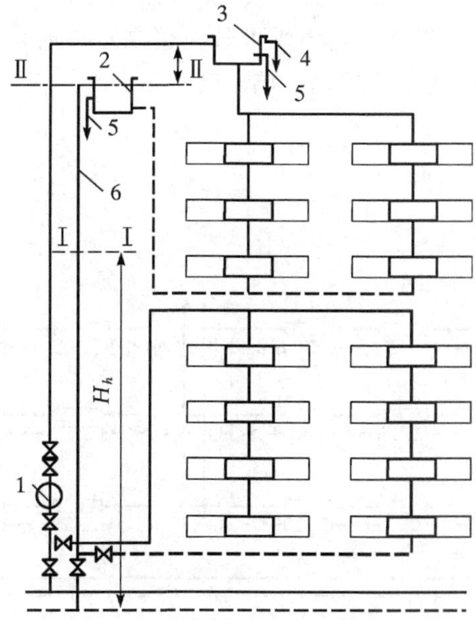

图 4－13　双水箱分区式采暖系统

1—加压水泵；2—回水箱；3—进水箱；

4—进水箱溢流管；5—信号管；6—回水箱溢流管

2. 双线式采暖系统

高层建筑的双线式采暖系统能分环路调节，因为在每一环路上均设置有节流孔板、调节阀门。双线式采暖系统主要有以下两种：

(1)垂直双线单管式采暖系统：如图4-14所示，系统的散热器立管由上升立管和下降立管(双线立管)组成，垂直方向各楼层散热器的热媒平均温度近似相同，有利于避免垂直失调现象。系统在每根回水立管末端设置节流孔板，以增大各立管环路的阻力，可减轻水平失调现象。

(2)水平双线单管式采暖系统：如图4-15所示，系统水平方向各组散热器的热媒平均温度近似相同，有利于避免水平失调现象。系统在每根水平管线上设置调节阀进行分层流量调节，在每层水平回水管线末端设置节流孔板，以增大各水平环路的阻力，可减轻垂直失调现象。

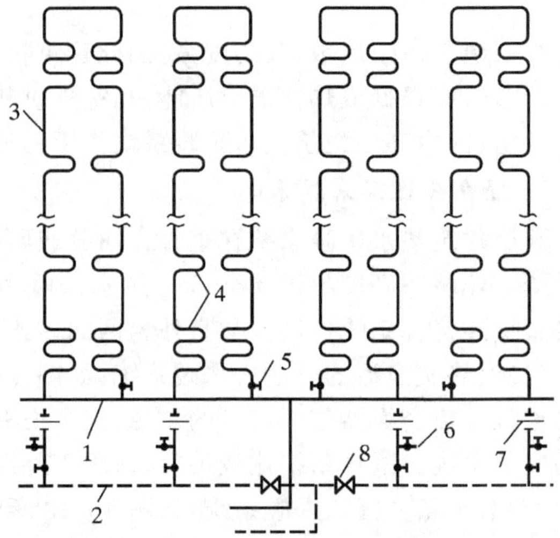

图4-14 垂直双线单管式采暖系统

1—供水干管；2—回水干管；3—双线立管；4—散热器；5—截止阀；6—排气阀；7—节流孔板；8—调节阀

3. 单双管混合式采暖系统

单双管混合式采暖系统如图4-16所示，这种系统是将垂直方向的散热器按2～3层为一组，在每组内采用双管系统，而组与组之间采用单管连接。这样既可避免楼层过多时双管系统产生的垂直失调现象，又能克服单管系统散热器不能单独调节的缺点。

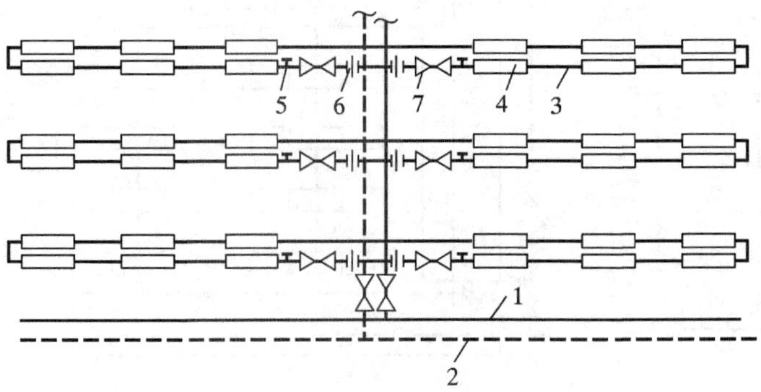

图4-15 水平双线单管式采暖系统

1—供水干管；2—回水干管；3—双线水平管；4—散热器；5—截止阀；6—节流孔板；7—调节阀

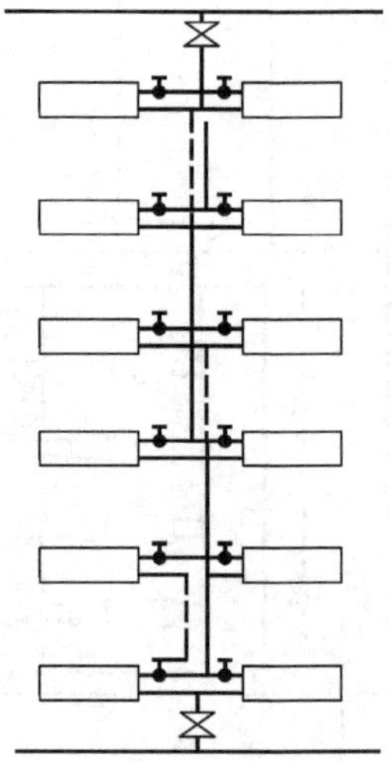

图4-16 单双管混合式采暖系统

4.3 蒸汽采暖系统

蒸汽采暖系统是以蒸汽作为热媒的采暖系统，其工作原理为：水在锅炉中被加热成具有一定压力和温度的蒸汽，蒸汽靠自身压力作用通过管道流入散热器内，在散热器内放出热量后，蒸汽变成凝结水，凝结水靠重力经疏水器(阻汽疏水)后沿凝结水管道返回凝结水箱内，再由凝结水泵送入锅炉重新被加热变成蒸汽。

蒸汽采暖系统按照供汽压力的大小，将蒸汽采暖分为三类：

(1)供汽的表压力高于 70 kPa 时，称为高压蒸汽采暖系统；

(2)供汽的表压力等于或低于 70 kPa 时，称为低压蒸汽采暖系统；

(3)当系统中的压力低于大气压力时，称为真空蒸汽采暖系统。

4.3.1 低压蒸汽采暖系统

1. 低压蒸汽采暖系统按照回水的方式不同分类

(1)重力回水采暖系统：如图 4－17 所示。

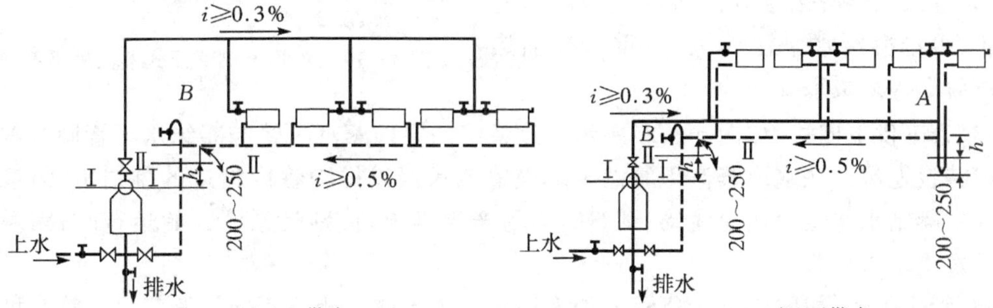

图 4－17 重力回水采暖系统

工作原理：锅炉充水至Ⅰ-Ⅰ平面。锅炉加热后产生的蒸汽，在其自身压力作用下，克服流动阻力，沿供汽管道输进散热器内，并将积聚在供汽管道和散热器内的空气驱入凝水管，最后，经连接在凝水管末端的 B 点的排气装置排出。蒸汽在散热器内冷凝放热，凝水靠重力作用沿凝水管路返回锅炉，重新加热变成蒸汽。

重力回水低压蒸汽采暖系统型式简单，无需如机械回水系统那样，需要设置凝水箱和凝水泵，运行时不消耗电能，宜在小型系统中采用。但在采暖系统作用半径较长时，就要采用较高的蒸汽压力才能将蒸汽输送到最远散热器。

(2)机械回水采暖系统：如图 4－18 所示。

当系统作用半径较大，供汽压力较高(通常供汽表压力高于 20 kPa)时，一般都采用机械回水系统。

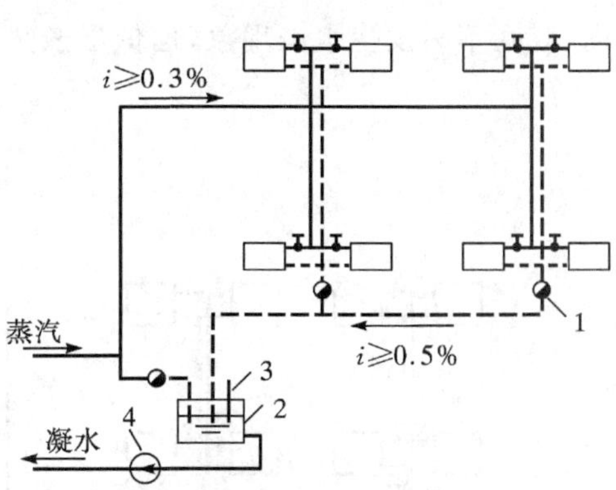

图 4－18 机械回水采暖系统

1—低压恒温疏水器；2—凝水箱；3—空气管；4—凝水泵

机械回水系统是一个“断开式”系统。凝水不直接返回锅炉，而是首先进入凝水箱，然后再用凝水泵将凝水送回锅炉重新加热。在低压蒸汽采暖系统中，凝水箱的位置应低于所有散热器和凝水管。

进凝水箱的凝水干管应作顺流向下的坡度，使从散热器流出的凝水靠重力自流进入凝水箱。为了系统的空气可经凝水干管流入凝水箱，再经凝水箱上的空气管排往大气，凝水干管同样应按干式凝水管设计。为了保持蒸汽的干度，避免沿途凝水进入供汽立管，供汽立管宜从供水干管的上方或侧上方接出。

2. 低压蒸汽采暖系统按照干管的位置不同分类

(1)双管上供下回式：如图 4－19 所示。该系统是低压蒸汽采暖系统常用的一种形式。从锅炉产生的低压蒸汽经分汽缸分配到管道系统，蒸汽在自身压力的作用下，克服流动阻力经室外蒸汽管道、室内蒸汽主管、蒸汽干管、立管和散热器支管进入散热器。蒸汽在散热器内进行热量交换后，凝结水从散热器流出后，经凝结水支管、立管、干管进入室外凝结水管网流回锅炉房内的凝结水箱，再经凝结水泵注入锅炉，重新被加热变成蒸汽后送入采暖系统。

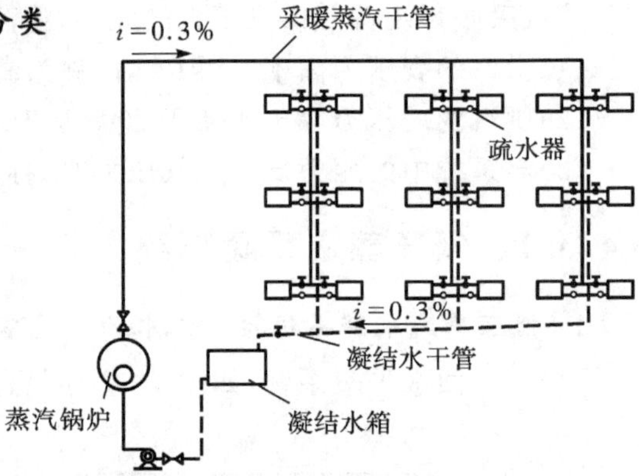

图 4－19　双管上供下回式蒸汽采暖系统

(2)双管下供下回式：如图 4－20 所示。该系统的室内蒸汽干管与凝结水干管同时敷设在地下室或特设地沟。在室内蒸汽干管的末端设置疏水器以排除管内沿途的凝结水，但该系统供汽立管中凝结水与蒸汽逆向流动，运行时容易产生噪声，特别是系统开始运行时，因凝结水较多容易发生水击现象。

(3)双管中供式：如图 4－21 所示。如多层建筑顶层或顶棚下不便设置蒸汽干管时可采用中供式系统，这种系统不必像下供式系统那样需设置专门的蒸汽干管末端疏水器，总立管长度也比上供式小，蒸汽干管的沿途散热也可得到有效的利用。

(4)单管上供下回式：如图 4－22 所示。该系统采用单根立管，可节省管材，蒸汽与凝结水同向流动，不易发生水击现象，但低层散热器易被凝结水充满，散热器内的空气无法通过凝结水干管排除。

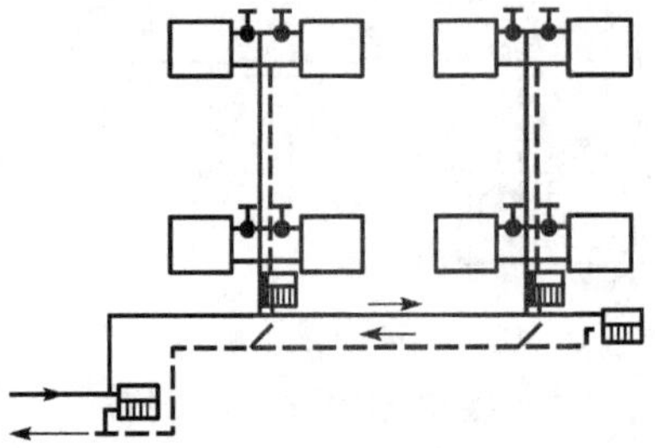
图 4－20　双管下供下回式

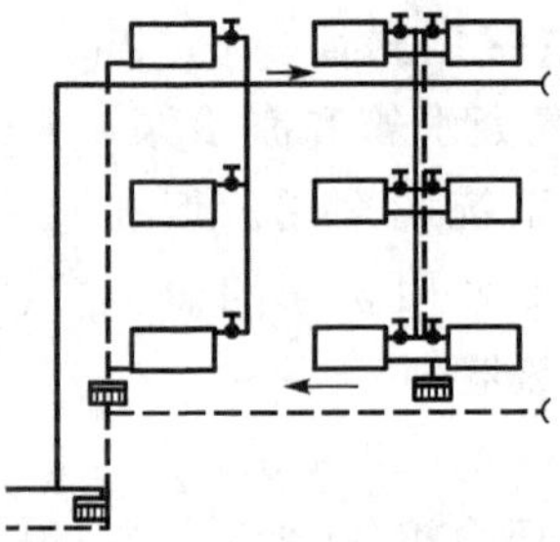
图 4－21　双管中供式

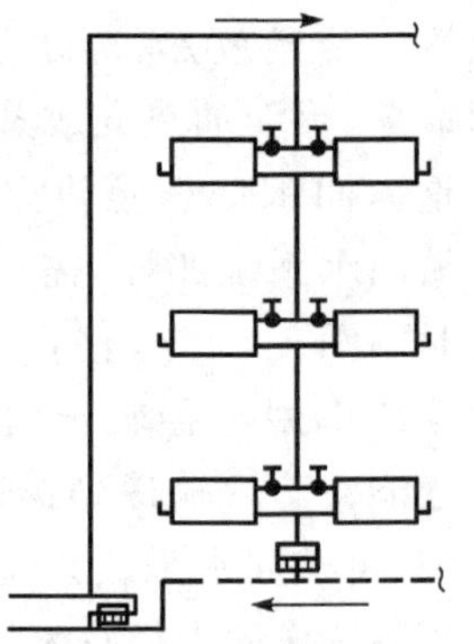
图 4－22　单管上供下回式

4.3.2　高压蒸汽采暖系统

1. 高压蒸汽采暖的特点

与低压蒸汽采暖相比，高压蒸汽采暖有下述技术经济特点：

(1)高压蒸汽供气压力高，流速大，系统作用半径大，因此沿程热损失亦大。对于同样热负荷情况下，所需管径小，但沿途凝水排泄不畅时会水击严重。

(2)散热器内蒸汽压力高，因而散热器表面温度高。对同样热负荷情况下，所需散热面积较小；但易烫伤人，烧焦落在散热器上面的有机灰尘会发出难闻的气味，安全条件与卫生条件较差。

(3)凝水温度高。

高压蒸汽采暖多用在有高压蒸汽热源的工厂里。室内的高压蒸汽采暖系统可直接与室外蒸汽管网相连，在外网蒸汽压力较高时可在用户入口处设减压装置。

2. 常见高压蒸汽采暖系统的形式

(1)带有用户入口的室内高压蒸汽采暖系统：如图 4-23 所示。

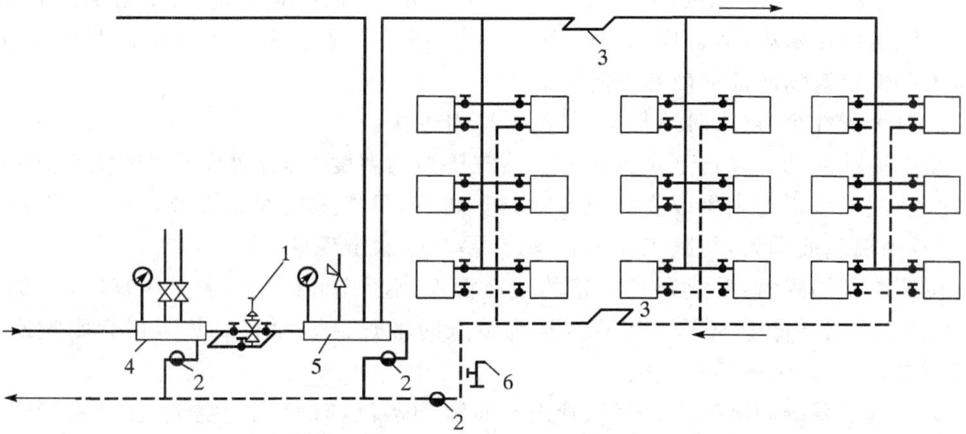

图 4-23　带有用户入口的室内高压蒸汽采暖系统示意图

1—减压装置；2—疏水器；3—方形补偿器；4—减压阀前分气缸；5—减压阀后分气缸；6—放气阀

(2)上供上回式高压蒸汽采暖系统：如图 4-24 所示。

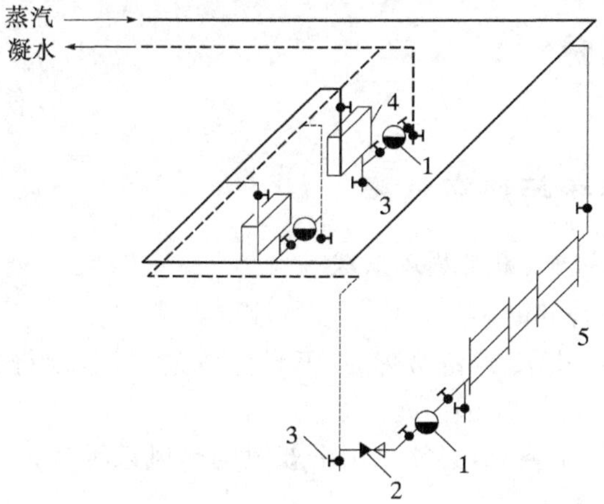

图 4-24　上供上回式高压蒸汽采暖系统示意图

1—疏水器；2—止回阀；3—泄水阀；4，5—散热器

4.3.3 蒸汽采暖系统与热水采暖系统的比较

与热水采暖系统相比，蒸汽采暖系统具有如下特点：

(1)用蒸汽作为热媒，可同时满足对压力和温度有不同要求的多种用户的用热要求。既可满足室内采暖的需要，又可作为其他热用户的热媒。

(2)蒸汽在散热设备内定压放出汽化潜热，热媒平均温度为相应压力下的饱和温度。在一般热水采暖系统中，热水在散热设备内靠温降放出显热，散热设备的热媒平均温度一般为其进、出口水温平均值。因此，蒸汽采暖系统每千克热媒的放热量比热水采暖系统的放热量大，散热设备的传热温差也大。在相同热负荷条件下，蒸汽采暖系统比热水采暖系统所需的热媒质量流量和散热设备面积都要小，因而使得蒸汽系统节省管道和散热设备的初投资。

(3)蒸汽和凝结水在管路内流动时，状态参数(密度和流量)变化大，甚至伴随相变。从散热设备流出的饱和凝结水通过疏水器和凝结水管路，压力下降的速率快于温降，使部分凝结水重新汽化，形成"二次蒸汽"。这些特点使得蒸汽供热系统的设计计算和运行管理复杂，处理不当时，系统中易出现蒸汽的"跑、冒、滴、漏"问题，造成能源的浪费，也影响系统设备的正常运行工作。

(4)蒸汽密度比水小，适合作高层建筑高区的(特别是高度大于 160 m 的特高层建筑)采暖热媒，不会使建筑物底部的散热器超压。

(5)蒸汽热惰性小，供汽时热得快，停汽时冷得也快。

(6)蒸汽流动的动力来自于自身压力。蒸汽压力与温度有关，而且压力变化时温度变化不大。因此，蒸汽采暖不能采用改变热媒温度的质调节，只能采用间歇调节，因而使得蒸汽采暖系统用户室内温度波动大，间歇工作时有噪声，易产生水击现象。

(7)用蒸汽作热媒时，散热器和管道的表面温度高于 100℃。以水为热媒时，大部分时间散热器表面平均温度低于 80℃。用蒸汽作为热媒时散热器表面有机灰尘将会影响室内空气质量，同时易烫伤人，无效热损失大。

(8)蒸汽管道系统间歇工作。蒸汽管内时而流动蒸汽，时而充斥空气；凝结水管时而充满水，时而进入空气。管道(特别是凝结水管)易受到氧化腐蚀，使用寿命短。

由于上述特点，蒸汽作为热媒的采暖系统目前一般用于工业建筑及其辅助建筑，也可用于采暖期比较短以及有工业用汽的厂区办公楼。

4.4 其他采暖系统

4.4.1 热风采暖系统与热空气幕

1. 当符合下列条件之一时，采用热风采暖

(1)能与机械送风系统合并时。

(2)利用循环空气采暖，技术、经济合理时，循环空气的采用，须符合国家现行的有关卫生标准和规范的有关规定。

(3)由于防火、防爆和卫生要求，必须采用全新风的热风采暖时。

2. 热风采暖的设置要求

(1)热媒宜采用 0.1～0.3 MPa 的高压蒸汽或不低于 90℃的热水。当采用燃气、燃油加热或电加热时，应符合国家现行标准的要求。

(2)位于严寒地区或寒冷地区的工业建筑，采用热风采暖且距外窗 2 m 或 2 m 以内有固定工作地点时，宜在窗下设置散热器，条件许可时，兼做值班采暖。当不设散热器值班采暖时，热风采暖不宜少于两个系统(两套装置)。一个系统(装置)的最小供热量，应保持非工作时间工艺所需的最低室内温度，但不得低于 5℃。

(3)选择暖风机或空气加热器时，其散热量应乘以 1.2～1.3 的安全系数。

(4)采用暖风机热风采暖时，应符合下列规定：

①应根据厂房内部的几何形状、工艺设备布置情况及气流作用范围等因素，设计暖风机台数及位置。

②室内空气的换气次数，宜大于或等于每小时 1.5 次。

③热媒为蒸汽时，每台暖风机应单独设置阀门和疏水装置。

(5)采用集中热风采暖时，应符合下列规定：

①工作区的最小平均风速不宜小于 0.15 m/s；送风口的出口风速，一般情况下可采用 5～15 m/s。

②送风口的高度不宜低于 3.5 m，回风口下缘至地面的距离宜采用 0.4～0.5 m。

③送风温度不宜低于 35℃并不得高于 70℃。

3. 符合下列条件之一时，宜设置热空气幕

(1)位于严寒地区、寒冷地区的公共建筑和工业建筑，对经常开启的外门，且不设门斗和前室时。

(2)公共建筑和工业建筑，当生产或使用要求不允许降低室内温度时或经技术经济比较设置热空气幕合理时。

4. 热空气幕的设置要求

(1)热空气幕的送风方式：公共建筑宜采用由上向下送风。工业建筑，当外门宽度小于 3 m时，宜采用单侧送风；当外门宽度为 3～18 m 时，应经过技术经济比较，采用单侧、双侧送风或由上向下送风；当外门宽度超过 18 m 时，应采用由上向下送风。侧面送风时，严禁外门向内开启。

(2)热空气幕的送风温度，应根据计算确定。对于公共建筑和工业建筑的外门，不宜高于 50℃；对高大的外门，不应高于 70℃。

(3)热空气幕的出口风速，应通过计算确定。对于公共建筑的外门，不宜大于 6 m/s；对于工业建筑的外门，不宜大于 8 m/s；对于高大的外门，不宜大于 25 m/s。

4.4.2 辐射采暖系统

辐射采暖是一种利用建筑物内的屋顶面、地面、墙面或其他表面的辐射散热器设备散出的热量来达到房间或局部工作点采暖要求的采暖方法。

1. 辐射采暖分类

辐射采暖系统根据辐射板表面温度不同可分为低温辐射采暖(低于 80℃)、中温辐射采暖(80～200℃)、高温辐射采暖(500～900℃)。

2. 低温辐射采暖

低温辐射采暖根据辐射板安装位置不同可分为顶棚式、墙壁式、地板式、踢脚板式等，根据辐射板构造不同可分为埋管式、风道式、组合式等。下面简单介绍低温热水地板辐射采暖系统。

（1）低温热水地板辐射采暖的基本概念。低温热水地板辐射采暖（简称地暖）是采用低温热水为热媒，通过预埋在建筑物地板内的加热管辐射散热的采暖方式。民用建筑的供水温度不应超过 60℃，供、回水温差宜小于或等于 10℃。一般，地暖供回水温度为 35～55℃。地暖系统的工作压力不宜大于 0.8 MPa，当建筑物高度超过 50 m 时宜竖向分区设置。

（2）地暖加热管。地暖所采用的加热管有交联聚乙烯（PE－X）管、聚丁烯（PB）管、交联铝塑复合（XPAP）管、无规共聚聚丙烯（PP－R）管、耐热增强型聚乙烯（PE－RT）管等。这些管材具有耐老化、耐腐蚀、不结垢、承压高、无污染、沿程阻力小等优点。

（3）地暖加热管的布置形式。地暖加热管的布置形式有联箱排管、平行排管、S 形盘管、回形盘管四种。

联箱排管宜于布置，但板面温度不均，排管与联箱之间采用管件或焊接连接，应用较少（图略）。其余三种形式的管路均为连续弯管，应用较多，如图 4－25 所示。加热管间距一般为 100～350 mm。为减少流动阻力和保证供、回水温差不致过大，地暖加热管均采用并联布置。每个分支环路的加热盘管长度宜尽量相近，一般为 60～80 m，最长不宜超过 120 m。

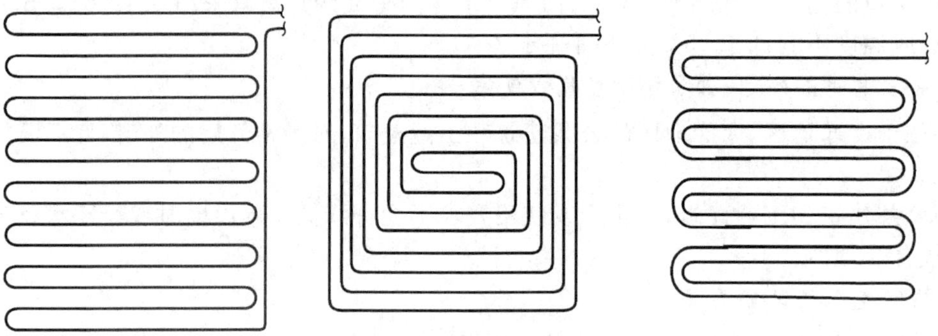

平行排管　　　回形盘管　　　S形管盘

图 4－25　地暖加热管常用布置形式

（4）地暖地面结构。地暖的地面结构一般由地面层、找平层、填充层、绝热层、结构层组成。其中，地面层指完成的建筑装饰地面；找平层是在填充层或结构层之上进行抹平的构造层。填充层用来埋置、覆盖保护加热管并使地面温度均匀，其厚度不宜小于 50 mm。一般，公共建筑大于等于 90 mm，住宅大于等于 70 mm，填充层的材料应采用 C15 豆石混凝土，豆石粒径不宜大于 12 mm，并宜掺入适量的防裂剂。绝热层主要用来控制热量传递方向，在加热管及其覆盖层与外墙、楼板结构层间应设绝热层。绝热层一般用密度大于或等于 20 kg/m^3 的聚苯乙烯泡沫塑料板，厚度不宜小于 25 mm。一般楼层之间楼板上的绝热层厚度不应小于 20 mm，与土壤或室外空气相邻的地板上的绝热层厚度不应小于 40 mm，沿外墙内侧周边的绝热层厚度不应小于 20 mm。当绝热层铺设在土壤上时，绝热层下部应做防潮层。在潮湿房间（如卫生间、厨房等）敷设地暖时，加热管覆盖层（填充层）上应做防水层。地暖地面结构剖面图如图4－26所示。

加热管以上的混凝土填充层厚度不应小于 30 mm，且应设伸缩缝以防止热膨胀导致地面龟裂和破损。伸缩缝的位置、距离及宽度应根据计算确定。一般在面积超过 30 m^3 或长度超过 6 m 时，伸缩缝设置间距小于或等于 6 m，伸缩缝的宽度大于或等于 5 mm；面积较大时，伸缩缝的设置间距可适当增大，但不宜超过 10 m。加热管穿过伸缩缝时，宜设长度不小于

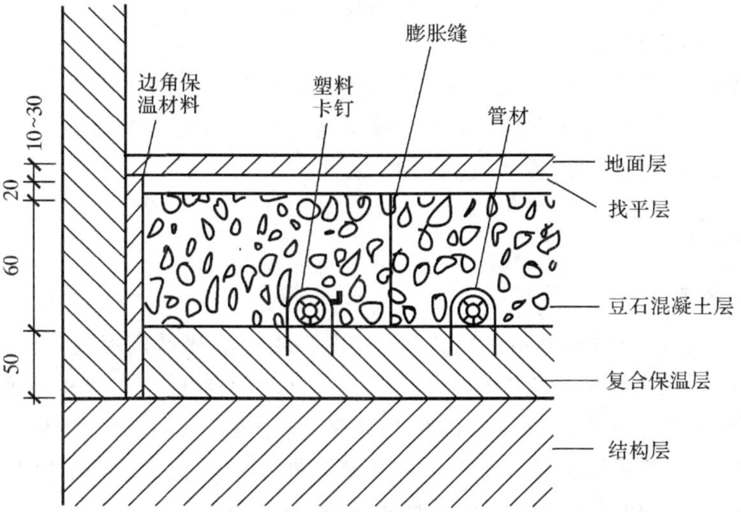

图 4－26　地暖地面结构剖面图

100 mm柔性套管。地暖管路布置示意图如图 4－27 所示。

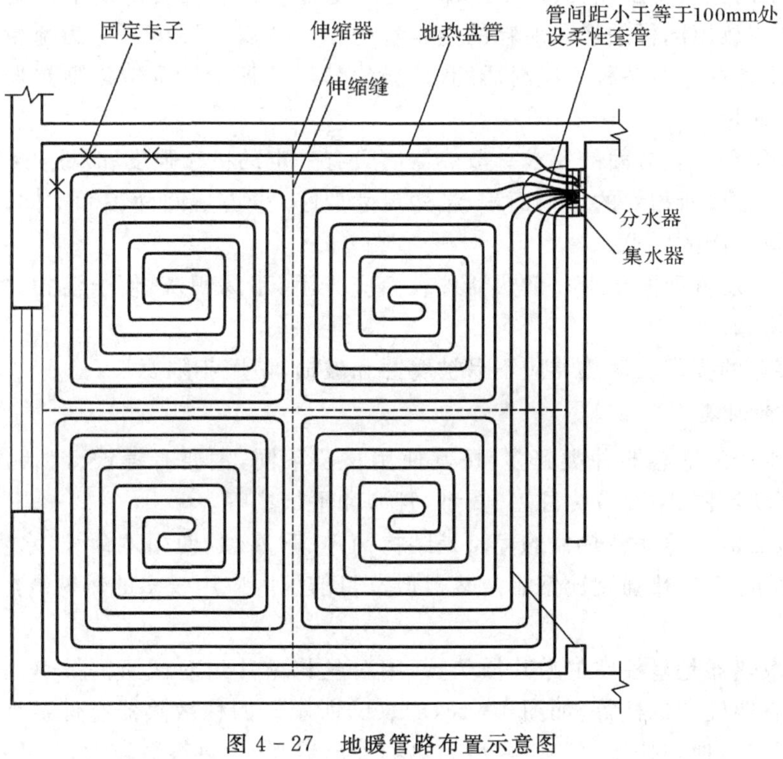

图 4－27　地暖管路布置示意图

4.5　散热设备及管道

采暖系统通过管路将热媒送入散热设备中，由散热设备把热源的热量传递给室内，以补偿房间的散失热量，从而维持房间所需要的空气温度，达到采暖要求。

散热设备向房间传热的方式主要有：

(1)以对流换热方式为主向房间散热，其散热设备常见的类型有散热器、暖风机。

(2)以辐射方式为主向房间散热，其散热设备通常称为采暖辐射板。

目前常用的设备有散热器、暖风机和辐射板。

4.5.1 散热器

1. 对散热器的要求

散热器是采暖系统重要的、基本的组成部件，热媒通过散热器向室内供热达到采暖的目的。散热器的正确选用涉及系统的经济指标和运行效果。对散热器的基本要求主要有以下几点：

(1)热工性能方面的要求。散热器的传热系数 K 值越高，散热性能越好。提高散热器的散热量，增大散热器传热系数的方法，可以采用增加外壁散热面积(在外壁上加肋片)、提高散热器周围空气流动速度和增加散热器向外辐射强度等途径。

(2)经济方面的要求。散热器传给房间的单位热量所需金属耗量越少，成本越低，其经济性越好。散热器的金属热强度是衡量散热器经济性的一个标志。金属热强度是指散热器内热媒平均温度与室内空气温度差为1℃时，每千克质量散热器单位时间所散出的热量。金属热强度值越大，说明放出同样的热量所耗的金属量越小。金属热强度可作为衡量同一材质散热器经济性的一个指标。对各种不同材质的散热器，其经济评价标准应以散热器单位散热量的成本(元/瓦)来衡量。

(3)安装使用和工艺方面的要求。散热器应具有一定的机械强度和承压能力；散热器的结构形式应便于组合成所需要的散热面积，结构尺寸要小，少占房间面积和空间；散热器的生产工艺应满足批量生产的要求。

(4)卫生和美观方面的要求。散热器外表面应光滑，不易积灰，便于清扫；外形应美观，宜与室内装饰相协调。

(5)使用寿命的要求。散热器应不易被腐蚀和破损，使用年限要长。

2. 散热器的种类

目前国内生产的散热器种类繁多，按其使用材质不同，主要有铸铁、钢制、铜铝复合三大类；按其结构形状不同，主要分为柱型、翼型、管型和平板型等。

(1)铸铁散热器。铸铁散热器的优点是结构简单、耐腐蚀、使用寿命长、水容量大，但它的金属耗量大、笨重、金属热强度比钢制散热器低。目前国内应用较多的铸铁散热器有柱型和翼型两大类。

铸铁柱型散热器是呈柱状的单片散热器，用对丝将单片组对成所需散热面积。常用的铸铁柱型散热器有四柱和二柱等，如图4-28(a)、(b)所示。四柱散热器有带足片与不带足片两种片形，分别用于落地和挂墙安装。柱型散热器外形美观，传热系数较大，单片散热量小，容易组对成所需散热面积，积灰较易清除。

翼型散热器分为长翼型和圆翼型，如图4-28(c)、(d)所示。翼型散热器铸造工艺简单、价格较低，但易积灰、单片散热面积较大、不易组对成所需散热面积、承压能力低。圆翼型多用于不产尘车间，有时也用在要求散热器高度小的地方。

(a)四柱散热器

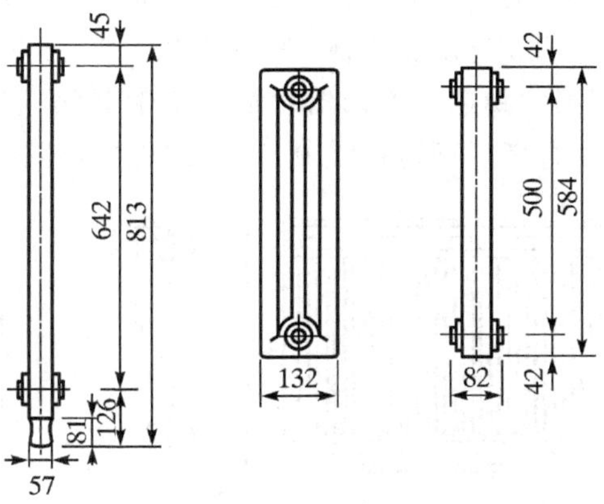

(b)M132 型散热器

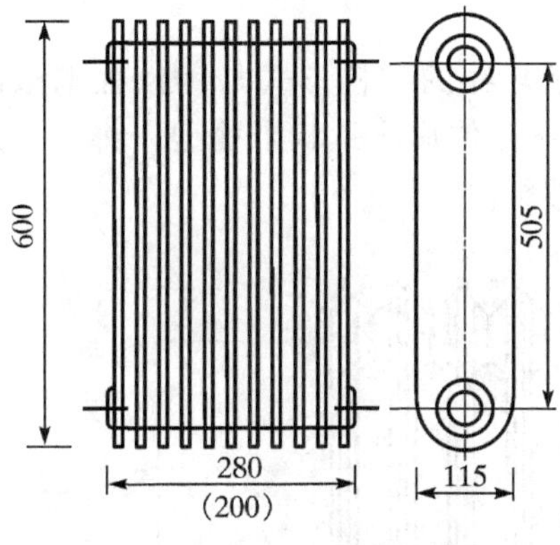

(c)长翼型散热器

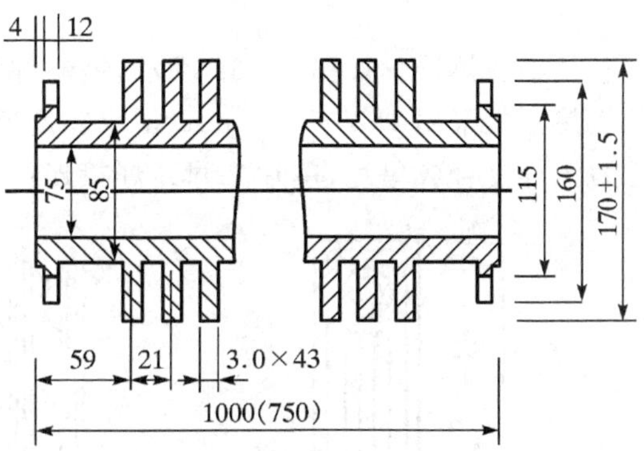

(d)圆翼型散热器

图 4－28　常用铸铁散热器

(2)钢制散热器。

①闭式钢串片式散热器。闭式钢串片式散热器由钢管、钢片、联箱和管接头组成，如图 4－29所示。钢管上的串片采用薄钢片，串片两端折边 90℃形成封闭形。形成许多封闭垂直空气通道，增强了对流放热量，同时也使串片不易损坏。闭式钢串片式散热器规格以“高×宽”表示，其长度可按设计要求制作。

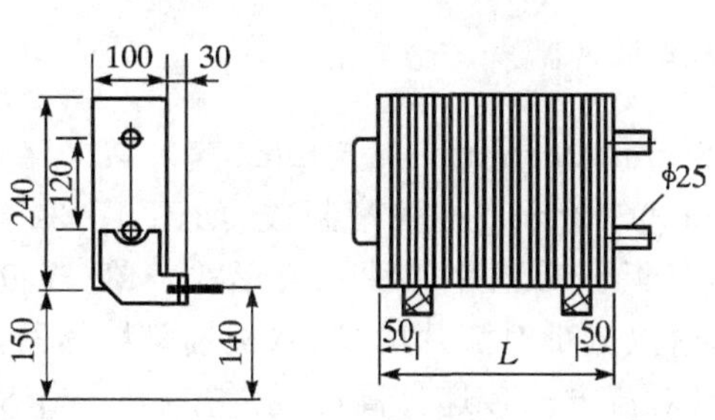

(a)240×100 型

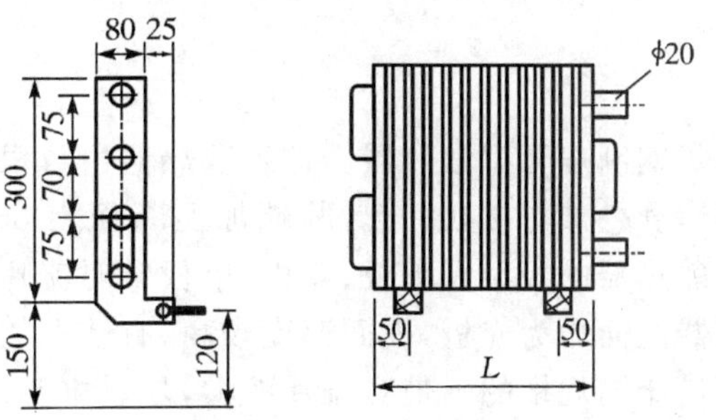

(b)300×80 型

图 4－29　闭式钢串片式散热器

②钢制板型散热器。钢制板型散热器由面板、背板、进出水口接头、放水门、固定套和上下支架组成，如图 4－30 所示。面板、背板多用 1.2～1.5 mm 厚的冷轧钢板冲压成型，在面板上直接压出呈圆弧形或梯形的散热器水道。水平联箱压制在背板上，经复合滚焊形成整体。为增大散热面积，在背板后面可焊上 0.5 mm 厚的冷轧钢板对流片。

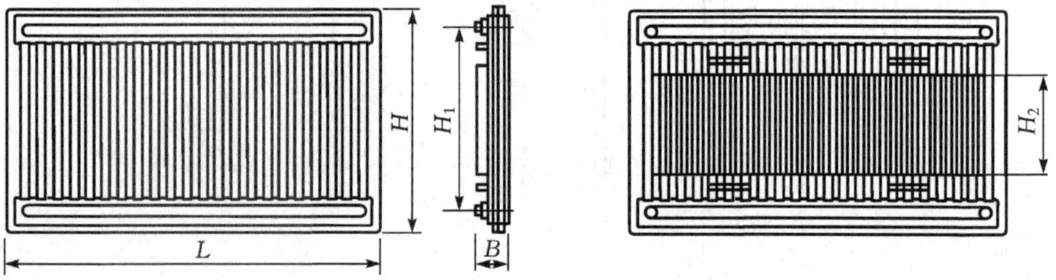

图 4－30　钢制板型散热器

③钢制柱型散热器。如图 4－31 所示，钢制柱型散热器的结构形式与铸铁柱型散热器相似。这种散热器是采用 1.25～1.5 mm 厚冷轧钢板冲压延伸形成片状半柱型。将两片片状半柱型经压力滚焊复合成单片，单片之间经焊接连接成散热器。

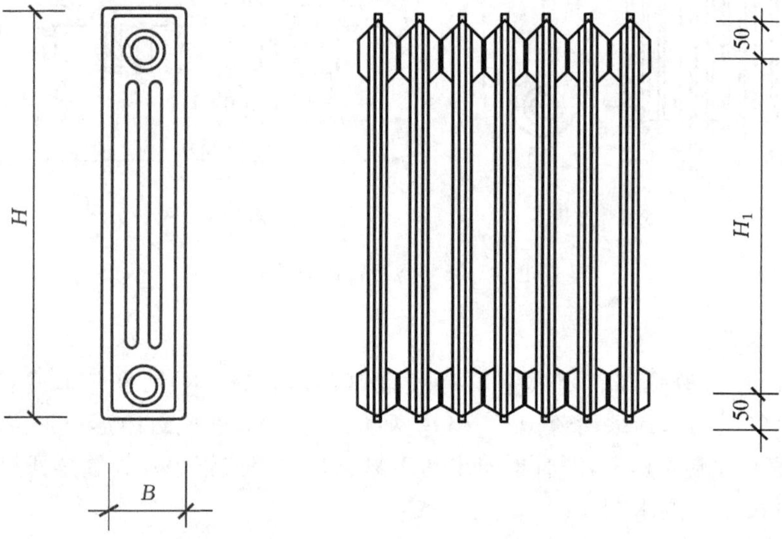

图 4－31　钢制柱型散热器

④钢制扁管型散热器。这种散热器由数根 52 mm×11 mm×1.5 mm(宽×高×厚)的水通路扁管叠加焊接在一起，两端加上断面为 35 mm×40 mm 的联箱制成，如图 4－32 所示。扁管散热器的板型有单板、双板、单板带对流片和双板带对流片四种结构形式。单、双板扁管散热器两面均为光板，板面温度较高，有较多的辐射热。带对流片的单、双板扁管散热器，每片散热量比同规格的不带对流片的大，热量主要是以对流方式传递。高度规格有 416 mm(8 根)、520 mm(10 根)和 624 mm(12 根)。长度有 600～2 000 mm，以 200 mm 进位的八种规格。

⑤钢制光面管(排管)散热器。钢制光面管(排管)散热器在现场或工厂焊接制成。它的主要缺点是耗钢量大、占地面积大、造价高，也不美观，一般只用于工业厂房。

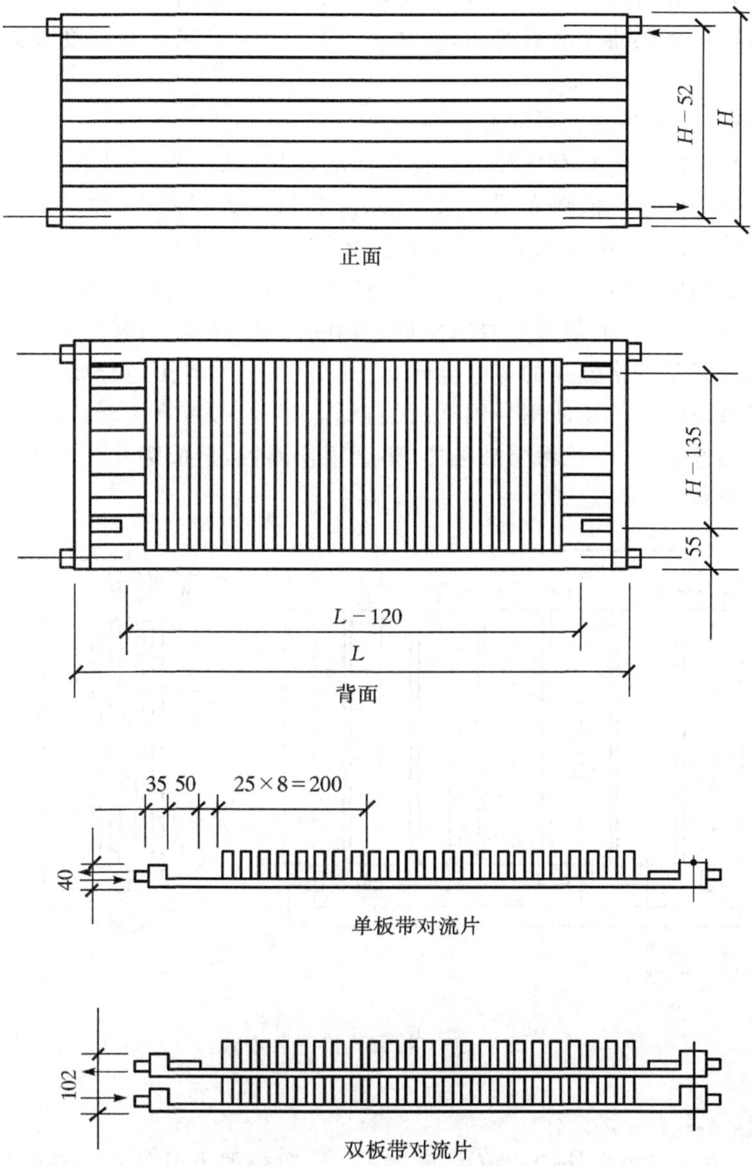

图 4－32　钢制扁管型散热器

钢制散热器与铸铁散热器相比，具有如下一些特点：

a. 金属耗量少。钢制散热器大多数是由薄钢板压制焊接而成，金属热强度可达 0.8～1.0 W/(kg·℃)，而铸铁散热器的金属热强度一般仅为 0.3 W/(kg·℃)左右。

b. 耐压强度高。铸铁散热器承受的工作压力一般为 0.4～0.5 MPa。钢制板型及柱型散热器的最高工作压力可达 0.8 MPa；钢串片式散热器承受的工作压力更高，可达 1.0 MPa。

c. 外形美观整洁。钢制散热器高度较低，扁管和板型散热器厚度薄，占地面积小，便于布置。

d. 除钢制柱型散热器外，钢制散热器的水容量较少，热稳定性较差。

e. 钢制散热器的最主要缺点是容易被腐蚀，使用寿命比铸铁散热器短。实践证明，热水采暖系统中水的含氧量和氯离子含量多时，钢制散热器很容易产生内部腐蚀。此外，在蒸汽采暖系统中不应采用钢制散热器。对具有腐蚀性气体的生产厂房或相对湿度较大的房间，不宜设置钢制散热器。

(3)铝制散热器。铝制散热器的特点为：

①高效的散热性能。铝具有优良的热传导性能，铝制散热器采用铝及铝合金型材挤压成型的柱翼式造型使得同体积散热面积大大增加，散热量大大提高，如图 4－33 所示。因此，在满足同等散热量的情况下，铝制散热器的体积比传统散热器要小得多。

②质量轻。铝制散热器由于具有很高的散热效率，并且它的相对密度也仅为钢的 1/3，所以在同等散热量的情况下，铝制散热器的质量比钢制散热器的质量轻很多。

③价格偏高。铝是价格较高的有色金属，远远高于钢、铁等黑色金属。

④不宜在强碱条件下长期使用。铝是两性金属，对酸、碱都很活跃。在强碱条件下散热器内层防腐涂料会加速老化，一旦涂层被破坏，铝会很快腐蚀，造成穿孔。因此，铝制散热器对采暖系统用水要求较高。

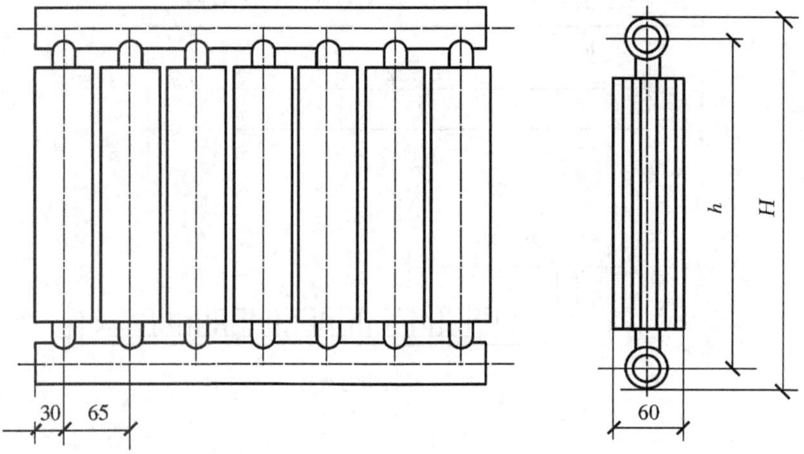

图 4－33　柱翼式铝制散热器

3. 散热器的布置

(1)散热器一般应安装在外墙的窗台下，这样，沿散热器上升的对流热气流能阻止和改善从玻璃窗下降的冷气流和玻璃冷辐射的影响，使流经室内的空气比较暖和舒适。

(2)为防止散热器冻裂，两道外门之间不允许设置散热器。在楼梯间或其他有冻结危险的场所，其散热器应由单独的立、支管供热，且不得装设调节阀。

(3)散热器一般采用明装，内部装修要求较高的营房可采用暗装。托儿所和幼儿园一般采用暗装或加防护罩，以防烫伤儿童。

(4)在垂直单管和双管热水采暖系统中，一房间的两组散热器可以串联连接；贮藏室、盥洗室、厕所和厨房等辅助用室及走廊的散热器可与邻室串联连接。两串联散热器之间的串联管直径应与散热器接口直径相同，以便水流畅通。

(5)在楼梯间布置散热器时，考虑楼梯间热气流上升的特点，应尽量布置在底层或按一定比例分布在下部各层。

(6)铸铁散热器的组装片数，不宜超过下列数值：二柱(M132 型)，20 片；柱型(四柱)，25 片；长翼型，7 片。

4.5.2　管道与阀门

1. 供热管道

(1)管材的选用：采暖管道一般采用焊接钢管，管径小于或等于 40 mm 时应使用焊接钢管；管径为 50～200 mm 时应使用焊接钢管或无缝钢管；管径大于 200 mm 时应使用螺旋焊接钢管。

(2)管道的连接方法：采暖管道 $DN \leqslant 32$ 时采用螺纹连接，$DN > 32$ 时采用焊接；管道与阀门、装置与设备连接时应采用法兰连接。

2. 阀门

(1)截止阀。截止阀是关闭件(阀瓣)沿阀座中心线移动的阀门，其调节性能较好，在管路中主要用来调节流量。截止阀是使用较为普遍的一种阀门。截止阀按介质流向的不同可分为直通式、直角式和直流式(斜杆式)三种；按阀杆螺纹的位置可分为明杆截止阀和暗杆截止阀两种结构形式。图 4－34 是常用的直通式截止阀。截止阀关闭时严密性较好，便于维修，结构长度较长，介质流动阻力损失较大，常用于公称直径不大于 200 mm，要求有较好的密封性能的管道上。截止阀只允许介质单向流动，因此，在安装时应注意方向性，阀体上的箭头方向表示介质的流动方向，如阀体上无流动方向，按低进高出进行安装。

(2)闸阀。闸阀的启闭件(闸板)沿通路中心线的垂直方向移动，在管路中主要作切断用，其调节性能不好，不适于用来调节流量。闸阀是使用很广的一种阀门。闸阀按连接方式分为螺纹闸阀和法兰闸阀；按闸阀的结构形式，有明杆闸阀(开启时，阀杆伸出手轮，从阀杆的外伸长度就能识别出阀门的开启程度，阀杆不与输送介质相接触)和暗杆闸阀；按闸板的结构特征，有楔式闸板与平行式闸板；按闸板的数目分为单板和双板。如图 4－35 所示是明杆平行式单板闸阀，该型阀门结构简单，密封性能差。闸阀介质流动阻力小，安装所需空间较大，关闭时严密性不如截止阀好，常用于公称直径大于 200 mm 的管道上。

图 4－34　直通式截止阀

图 4－35　闸阀

(3)蝶阀。蝶阀是阀板在阀体内沿垂直管道轴线的固定轴旋转的阀门。当阀板与管道轴线垂直时,阀门全闭;当阀板与管道轴线平行时,阀门全开。图 4－36 是蝶阀结构示意图。

蝶阀的结构简单,质量轻,外形尺寸小,流动阻力小,全开时阀座通道有效流通面积较大,启闭较省力,调节性能稍优于截止阀和闸阀,但造价高。

截止阀、闸阀和蝶阀可用法兰、螺纹或焊接连接方式。传动方式有手动传动(小口径)、齿轮传动、电动、液动和气动等,公称直径大于或等于 600 mm 的阀门应采用电动驱动装置。

(4)止回阀(逆止阀)。止回阀用来防止管道或设备中的介质倒流,它是利用介质本身流动而自动启闭阀瓣的阀门。在供热系统中,止回阀常设在水泵的出口、疏水器的出口管道以及其他不允许流体反向流动的地方。

常用的止回阀有升降式和旋启式两种。如图 4－37 所示是升降式止回阀,如图 4－38 所示是旋启式止回阀。

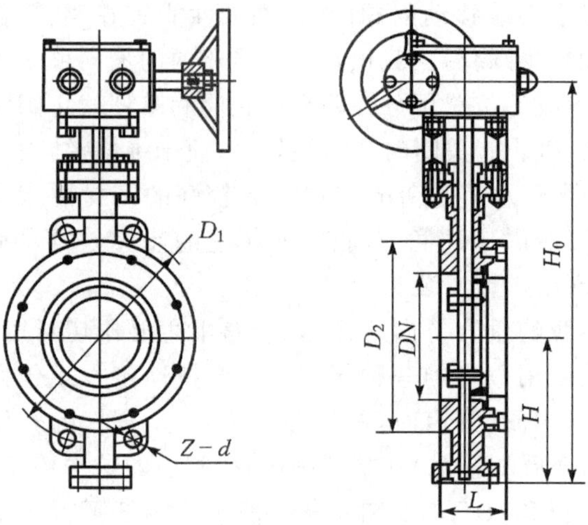

图 4－36　蝶阀结构示意图

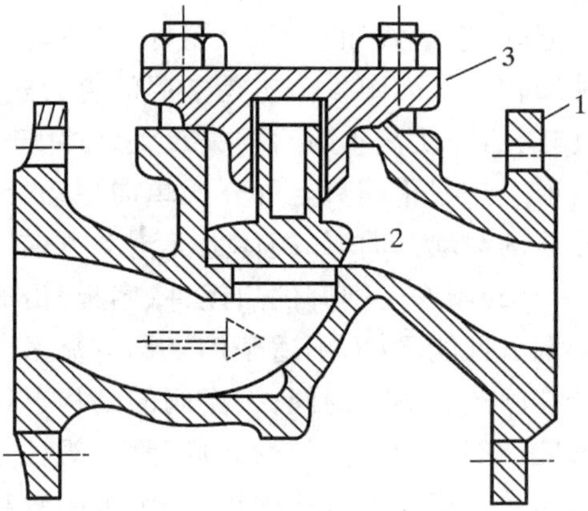

图 4－37　升降式止回阀

1—阀体;2—阀瓣;3—阀盖

升降式止回阀密封性能较好,但只能安装在水平管道上,一般多用于公称直径小于200 mm的水平管道上。旋启式止回阀阀瓣绕阀座外的销轴旋转,介质的流动方向基本没有改变,介质的流通面积较大,因此,其阻力比升降式止回阀小,但密封性能较升降式止回阀差些。旋启式止回阀一般多用在垂直管道上,介质自下而上流动,或者用于大直径的管道。

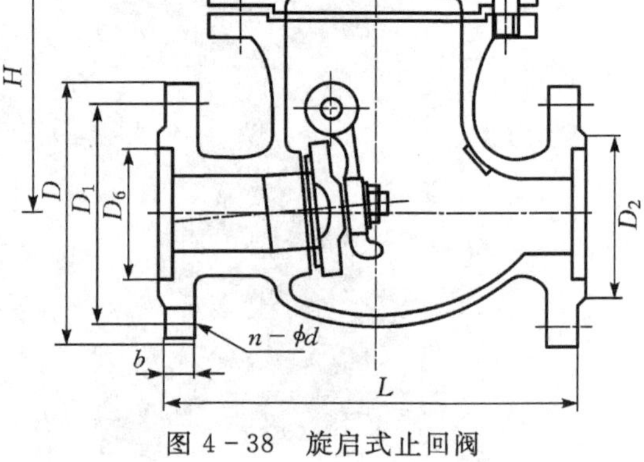

图 4－38　旋启式止回阀

(5)平衡阀。平衡阀属于手动调节阀的范畴,阀体上有开度指示、开度锁定装置及两个测压小阀,具有流量测量、流量设定、关断和泄水等功能。在管网平衡调试时,将专用智能仪表与被调试的平衡阀测压小阀连接后,仪表能够显示流经阀门的流量值及压降值。向仪表输入该平衡阀处要求的流量值后,仪表经计算、分析,可显示出管路系统达到水力平衡时该阀门的开度值。平衡阀可以安装在供水管路上，也可安装在回水管路上。此外，孔板也属于静态平衡调节装置。

4.5.3　辅助设备

1. 膨胀水箱

膨胀水箱的作用是容纳水受热膨胀而增加的体积。在自然循环上供下回式热水采暖系统中，膨胀水箱连接在供水总立管的最高处，起到排除系统内空气的作用；在机械循环热水采暖系统中，膨胀水箱连接在回水干管循环水泵入口前，可以恒定循环水泵入口压力，保证采暖系统压力稳定。

膨胀水箱有圆形和矩形两种形式，一般由薄钢板焊接而成。膨胀水箱上接有膨胀管、循环管、信号管（检查管）、溢流管和排水管，图 4-39 是膨胀水箱的接管图，图 4-40 是膨胀水箱与机械循环系统的连接方式。

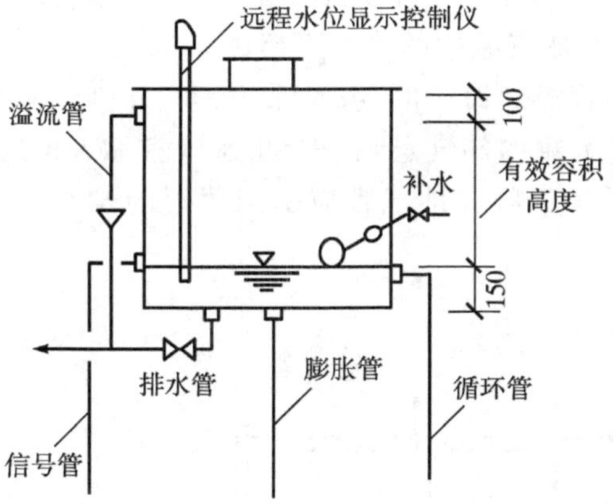

图 4-39　膨胀水箱接管示意图

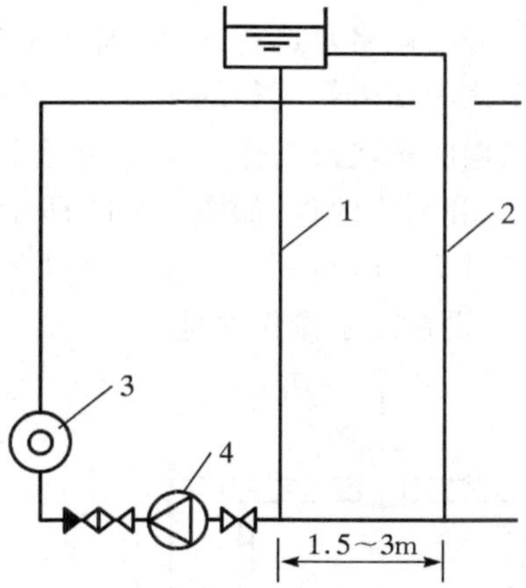

图 4-40　膨胀水箱与机械循环系统的连接方式

1—膨胀管；2—循环管；3—热水锅炉；4—循环水泵

（1）膨胀管：膨胀水箱设在系统的最高处，系统的膨胀水量通过膨胀管进入膨胀水箱。自然循环系统膨胀管接在供水总立管的上部；机械循环系统膨胀管接在回水干管循环水泵入口前。

膨胀管上不允许设置阀门，以免偶然关断使系统内压力增高，以至于发生事故。

（2）循环管：当膨胀水箱设在不供暖的房间内时，为了防止水箱内的水冻结，膨胀水箱需设置循环管。机械循环系统循环管接至定压点前的水平回水干管上，连接点与定压点之间应保持 1.5～3 m 的距离，使热水能缓慢地在循环管、膨胀管和水箱之间流动；自然循环系统中，循环管接到供水干管上，与膨胀管也应有一段距离，以维持水的缓慢流动。

循环管上也不允许设置阀门，以免水箱内的水冻结，如果膨胀水箱设在非供暖房间，水箱及膨胀管、循环管、信号管均应做保温处理。

（3）溢流管：控制系统的最高水位。当水的膨胀体积超过溢流管口时，水溢出就近排入排水设施中。溢流管上也不允许设置阀门，以免偶然关闭时水从人孔处溢出。溢流管也可以用来排空气。

(4)信号管(检查管):用来检查膨胀水箱水位,确定系统是否需要补水。信号管控制系统的最低水位,应接至锅炉房内或人们容易观察的地方,信号管末端应设置阀门。

(5)排水管:用于清洗、检修时放空水箱中的水,可与溢流管一起就近接入排水设施,其上应安装阀门。

如需要通过膨胀水箱补充系统的漏水,可同时设置装有浮球阀的补给水箱与膨胀水箱连通,并应在连接管上装止回阀。也可以通过装在膨胀水箱内的电阻式水位传示装置的一次仪表传出信号,在锅炉房内部启动补水泵补水,或使膨胀水箱与补水泵连锁自动补水。

2. 排气装置

自然循环和机械循环热水采暖系统都必须及时迅速地排除系统内的空气,以避免产生气阻而影响水流的循环和散热,保证系统正常运行。其中,自然循环系统、机械循环的双管下供下回式及倒流式系统可以通过膨胀水箱排除空气,其他系统都应在供暖总立管的顶部或供暖干管末端的最高点处设置集气罐或手动、自动排气阀等排气装置排除空气。

(1)集气罐。

①集气罐的规格及选择:a. 集气罐的有效容积应为膨胀水箱有效容积的1%;b. 集气罐的直径应大于或等于干管直径的1.5～2倍;c. 应使水在集气罐中的流速不超过0.05 m/s。

②集气罐的构造及制作。集气罐是采用无缝钢管焊制而成的,或是采用钢板卷制焊接而成,分为立式和卧式两种,如图4-41所示。为了增大罐的储气量,其进、出水管宜靠近罐底,在罐的顶部设$DN15$的排气管,排气管的末端应设排气阀。排气管应引至附近的排水设施处,排气阀应设在便于操作的地方。

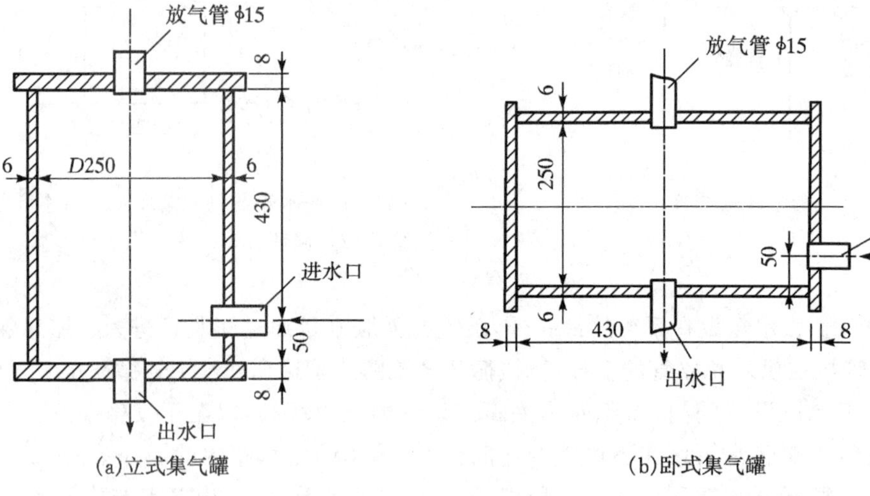

图4-41　集气罐

(2)自动排气阀。自动排气阀大都是依靠水对浮体的浮力,通过自动阻气和排水机构,使排气孔自动打开或关闭,以达到排气的目的。

自动排气阀的种类很多,如图4-42所示是一种立式自动排气阀。当阀内无空气时,阀体中的水将浮子浮起,通过杠杆机构将排气孔关闭,阻止水流通过。当系统内的空气经管道汇集到阀体上部空间时,空气将水面压下去,浮子随之下落,排气孔打开,自动排除系统内的空气。空气排除后,水又将浮子浮起,排气孔重新关闭。

自动排气阀一般采用丝扣连接，安装后应保证不漏水。自动排气阀的安装要求如下：

①自动排气阀应垂直安装在干管上。

②为了便于检修，应在连接管上设阀门，但在系统运行时该阀门应处于开启状态。

③排气口一般不需接管。如接管时，排气管上不得安装阀门。排气口应避开建筑设施。

④调整后的自动排气阀应参与管道的水压试验。

(3)手动排气阀。手动排气阀适用于公称压力 $PN \leqslant 600$ kPa，工作温度 $t \leqslant 100$℃的水或蒸汽采暖系统的散热器上。如图 4-43 所示为手动排气阀，它多用在水平式和下供下回式系统中，旋紧在散热器上部专设的丝孔上，以便于手动方式排除空气。

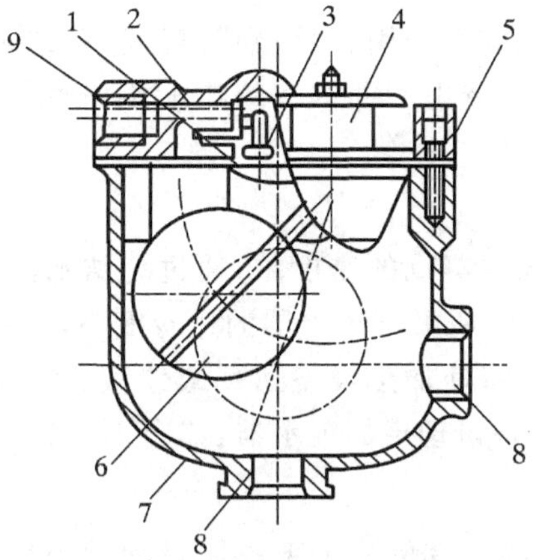

图 4-42 立式自动排气阀

1—杠杆机构；2—垫片；3—阀堵；4—阀盖；5—垫片；6—浮子；7—阀体；8—接管；9—排气

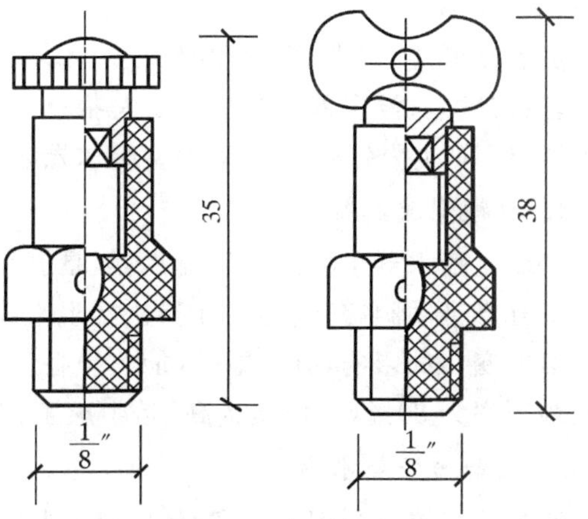

图 4-43 手动排气阀

3. 除污器

除污器是热水采暖系统中最为常用的附属设备之一，可用来截留、过滤管路中的杂质和污物，保证系统内水质洁净，减少阻力，防止堵塞调压板及管路。除污器一般安装在循环水泵吸入口的回水干管上，用于集中除污；也可根据实际需求安装在建筑物入口处的供、回水干管上，用于分散除污。当建筑物入口供水干管上装有节流孔板时，除污器应安装在节流孔板前的供水干管上，以防止污物阻塞孔板。另外，在一些小孔口的阀前（如自动排气阀）也宜设置除污器或过滤器。

4. 散热器温控阀

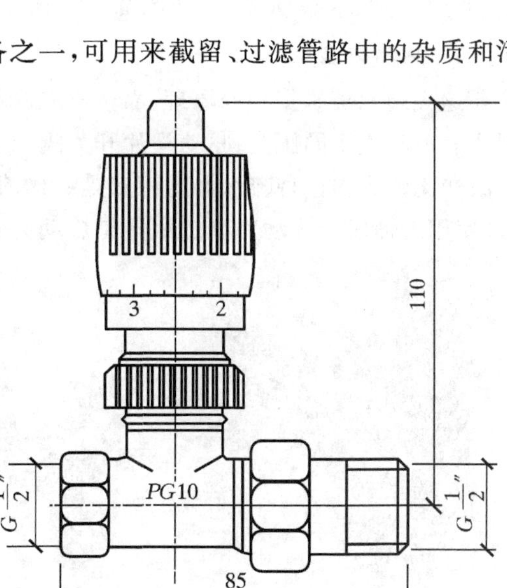

图 4-44 散热器温控阀

散热器温控阀有自动温控阀和手动温控阀两种。自动温控阀是一种自动控制进入散热器热媒流量的设备，由阀体部分和感温元件控制部分组成，如图 4-44 所示。

当室内温度高于给定的温度值时，感温元件

受热，其顶杆压缩阀杆，将阀口关小，进入散热器的水流量会减小，散热器的散热量也会减小，室温随之下降。当室温下降到设置的低限值时，感温元件开始收缩，阀杆靠弹簧的作用抬起，阀孔开大，水流量增大，散热器散热量也随之增加，室温开始升高。温控阀的控温范围为13～28℃，控温误差为±1℃。散热器温控阀具有恒定室温、节约热能等优点，但其阻力较大(阀门全开时，局部阻力系数可达18.0左右)。

4.5.4 疏水器

疏水器在蒸汽加热系统中起到阻汽排水作用，选择合适的疏水器，可使蒸汽加热设备达到最高工作效率。

疏水器要能“识别”蒸汽和凝结水，才能起到阻汽排水作用。“识别”蒸汽和凝结水基于三个原理：密度差、温度差和相变。于是根据三个原理制造出三种类型的疏水器，分别为机械型疏水器、热静力型疏水器、热动力型疏水器。

1. 机械型疏水器

机械型疏水器也称浮子型疏水器，是利用凝结水与蒸汽的密度差，通过凝结水液位变化，使浮子升降带动阀瓣开启或关闭，达到阻汽排水目的。机械型疏水器的过冷度小，不受工作压力和温度变化的影响，有水即排，加热设备里不存水，能使加热设备达到最佳换热效率。它的最大背压率为80%，工作质量高，是生产工艺加热设备最理想的疏水器，如图4-45所示。

2. 热静力型疏水器

这类疏水器是利用蒸汽和凝结水的温差引起感温元件的变型或膨胀带动阀心启闭阀门。热静力型疏水器的过冷度比较大，一般过冷度为15～40℃，它能利用凝结水中的一部分显热，阀前始终存有高温凝结水，无蒸汽泄漏，节能效果显著。它是在蒸汽管道，伴热管线、小型加热设备，采暖设备，温度要求不高的小型加热设备上，最理想的疏水器。热静力型疏水器有膜盒式、波纹管式、双金属片式，如图4-46所示。

3. 热动力型疏水器

这类疏水器根据相变原理，靠蒸汽和凝结水通过时的流速和体积变化的不同热力学原理，使阀片上下产生不同压差，驱动阀片开关阀门。因热动力式疏水器的工作动力来源于蒸汽，所以蒸汽浪费比较大。这种疏水器的特点是结构简单、耐水击、最大背压率为50%，有噪音，阀片工作频繁，使用寿命短。热动力型疏水器有热动力式(圆盘式)、脉冲式、孔板式几种，如图4-47所示。

图4-45 机械型疏水器(杆浮球式)

图4-46 热静力型疏水器(波纹管式)

图4-47 热动力式疏水器

4.6　采暖系统的管道布置与安装

4.6.1　布置原则

采暖管道布置的基本原则是使系统构造简单，节省管材，各个并联环路压力损失易于平衡，便于调节热媒流量、排气、泄水，便于系统安装和检修，以提高系统使用质量，改善系统运行功能，保证系统正常工作。

布置热水采暖系统管道时，必须考虑建筑物的具体条件（如平面形状和构造尺寸等）、系统连接形式、管道水力计算方法、室外管道位置或运行等情况，恰当地确定散热设备的位置、管道的位置和走向、支架的布置、伸缩器和阀门的设置、排气和泄水措施等。

设计热水采暖系统时一般先布置散热设备，然后布置干管，再布置立支管。对于系统各个组成部分的布置，既要逐一进行，又要全面考虑，即布置散热设备时要考虑到干管、立支管、膨胀水箱、排气装置、泄水装置、伸缩器、阀门和支架等的布置，布置干管和立支管时也要考虑到散热设备等附件的布置。

4.6.2　敷设方式

室内采暖管道有明装和暗装两种方式。一般民用建筑与工业区规划厂房宜明装，在装饰要求较高的建筑中用暗装。采暖管道敷设时应考虑：

(1)上供下回式系统的顶层梁下和窗顶之间的距离应满足供水干管的坡度和集气罐的设置要求。集气罐应尽量设在有排水设施的房间，以便于排气。回水干管如果敷设在地面上，底层散热器下部和地面之间的距离也应满足回水干管敷设坡度的要求。如果地面上不允许敷设或净空高度不够时，应设在半通行地沟或不通行地沟内。

(2)管路敷设时应尽量避免出现局部向上凹凸现象，以免形成气塞。在局部高点处应考虑设置排气装置，局部最低点处应考虑设置排水阀。

(3)回水干管过门时，如果下部设过门地沟或上部设空气管，应设置泄水和排空装置。具体做法如图 4-48 和图 4-49 所示。

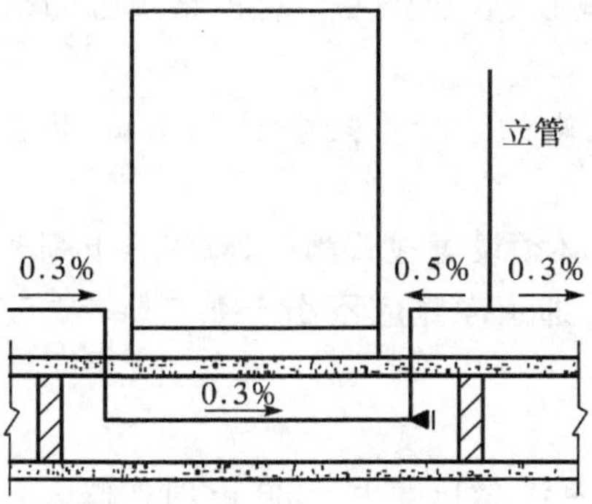

图 4-48　回水干管下部过门

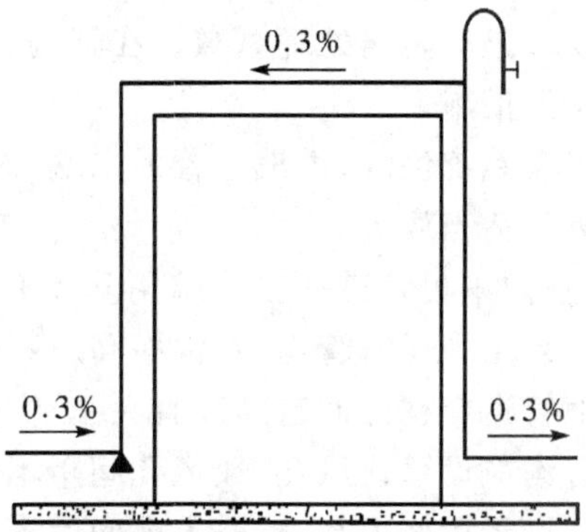

图 4-49　回水干管上部过门

两种做法中均设置了一段反坡向的管道，目的是为了顺利排除系统中的空气。

(4)立管明装时，应尽量设置在外墙角处，以补偿该处过多的热损失，防止该处结露。楼梯间或其他有冻结危险的场所应单独设置立管，该立管上各组散热器的支管均不得安装阀门。

(5)室内采暖系统的供、回水管上均应设阀门；划分环路后，各并联环路的起、末端应各设一个阀门，立管的上、下端应各设一个阀门，以便于检修时关闭。

(6)散热器的供、回水支管应考虑避免散热器上部积存空气或下部放水时放不净，应沿水流方向设下降的坡度，坡度不得小于1%。

(7)穿过建筑物基础、变形缝的采暖管道，以及埋设在建筑结构里的立管，应采取防止由于建筑物下沉而损坏管道的措施。当采暖管道必须穿过防火墙时，在管道穿过处应采取防火封堵措施，并在管道穿过处采取固定措施，使管道可向墙的两侧伸缩。采暖管道穿过隔墙和楼板时，宜装设套管。采暖管道不得同输送蒸汽燃点低于或等于120℃的可燃液体或可燃、腐蚀性气体的管道在同一条管沟内平行或交叉敷设。

(8)采暖管道在管沟或沿墙、柱、楼板敷设时，应根据设计、施工与验收规范的要求，每隔一定间距设置管卡或支、吊架。为了消除管道受热变形产生的热应力，应尽量利用管道上的自然转角进行热伸长的补偿，管线很长时应设补偿器，适当位置设固定支架。

热水采暖供、回水管道固定与补偿应符合下列要求：

①干管管道的固定点应保证管道分支接点由管道胀缩引起的最大位移不大于40 mm，连接散热器的立管应保证管道分支接点由管道胀缩引起的最大位移不大于20 mm。

②计算管道膨胀量取用的管道安装温度应考虑冬季安装环境温度，宜取−5～0℃。

③室内采暖系统供、回水干管环管布置应为管道自然补偿创造条件。没有自然补偿条件的系统宜采用波纹管补偿器，补偿器设置位置及导向支架设置应符合产品技术要求。

④采暖系统主立管应按要求设置固定支架，必要时应设置补偿器，宜采用波纹管补偿器。

⑤垂直双管系统散热器立管、垂直单管系统中带闭合管或直管段较长的散热器立管应按要求设置固定支架，必要时应设置补偿器，宜采用波纹管补偿器。

⑥管径大于或等于DN50 mm的管道固定支架应进行支架推力计算，并验算支架强度。立管固定支架荷载力计算应考虑管道膨胀推力和管道及管内水的重力荷载。采用自然补偿的管段应进行管道强度校核计算。

⑦采暖管道多采用水、煤气钢管，可采用螺纹连接、焊接或法兰连接。管道应按施工与验收规范要求进行防腐处理。敷设在管沟、技术夹层、闷顶、管道竖井或易冻结地方的采暖管道应采取保温措施。

⑧采暖系统供水、供汽干管的末端和回水干管始端的管径不宜小于20 mm，低压蒸汽的供汽干管可适当放大。

(9)室内采暖管道一般应避免设置于管沟内。当必须设置在管沟时，应符合下列要求：

①宜采用半通行管沟，管沟净高应不低于1.2 m，通道净宽应不小于0.6 m。支管连接处或有其他管道穿越处通道净高宜大于0.5 m。

②管沟应设置通风孔，通风孔间距不大于20 m。

③应设置检修人孔，检修人孔间距不大于30 m，管沟总长度大于20 m时检修人孔数不少于2个。检修阀处应设置检修人孔。检修人孔不应设置在人流主要通道上、重要房间、浴室、厕所和住宅户内，必要时可将管沟延伸至室外设检修人孔。

④管沟不得与电缆沟、通风道相通。

4.6.3 室内采暖管道的安装

室内采暖系统的安装程序是：供暖总管→散热设备→供暖干管→供暖立管→供暖支管。室内采暖系统的具体安装工艺流程如图4-50所示。

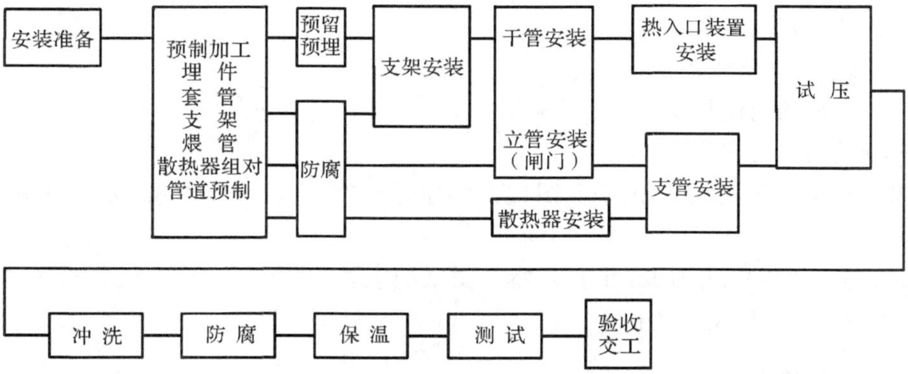

图4-50 室内采暖系统安装工艺流程

4.7 室内采暖施工图识读

4.7.1 采暖工程施工图基本内容

室内采暖施工图包括设计施工说明、采暖平面图、采暖系统图（轴测图）、详图和设备及主要材料明细表等。

(1)设计与施工说明：主要用文字阐述采暖系统的设计热负荷、热媒种类及设计参数、系统压力降；管道材料及连接方法；散热设备及其他设备的类型；采暖立支管在图上未注管径者也可在说明中表示；管道防腐保温做法；系统水压试验要求；集气罐的型号和固定支架、施工所采用的通用图集等。

(2)室内采暖平面图：采暖施工图的图示方法与给水施工图是一样的，只是采用的图例和符号有所不同。室内采暖平面图，主要表示采暖管道、附件及散热器在建筑平面图上的位置以及它们之间的相互关系，是施工图中的重要图样。图纸内容反映采暖系统入口位置及系统编号，室内地沟的位置及尺寸，干管、立管、支管的位置及立管编号等。采暖平面图一般有底层平面图、标准层平面图、顶层平面图。

(3)室内采暖系统图：采暖系统图是表明从供热总管入口直至回水总管出口整个采暖系统的管道、散热设备、主要附件的空间位置和相互联结情况的图样。采暖系统图通常是用正面斜等轴测方法绘制的。

(4)设备安装与构造详图：详图是施工图的一个重要组成部分。采暖系统供热管、回水管与散热器之间的具体连接形式、详细尺寸和安装要求及设备和附件的制作、安装尺寸、接管情况，一般都有标准图，不需要自己设计，需要时从标准图集中选择索引再加入一些具体尺寸就可以了。因此,施工人员必须会识读图中的标准代号,会查找并掌握这些标准图,记住必要的安装尺寸和管道连接用的管件,以便做到运用自如。

通用标准图有:

①膨胀水箱和凝结水箱的制作、配管与安装。

②分汽罐、分水器、集水器的构造、制作与安装。

③疏水管、减压阀、调压板的安装和组成形式。

④散热器的连接与安装。

⑤采暖系统立、支干管的连接。

⑥管道支吊架的制作与安装。

⑦集气罐的制作与安装等。

作为采暖施工详图,通常只画平面图、系统轴测图中需要表明而通用、标准图中没有的局部节点图。

(5)设备与主要材料明细表:此表是施工图纸的重要组成部分,至少应包括序号、设备名称、规格型号、数量、单位及备注栏等。

4.7.2 采暖施工图常用图例

采暖施工图常用图例如表 4-1 所示。

表 4-1 采暖图例

序号	名称	图例	备注
1	(供暖、生活、工艺用)热水管	—— R ——	1. 用粗实线、粗虚线代表供回水管时可省略代号; 2. 可附加阿拉伯数字 1、2 区分供水、回水
2	蒸汽管	—— Z ——	
3	凝结水管	—— N ——	
4	膨胀水管、排污管、排气管、旁通管	—— P ——	
5	补给水管	—— G ——	
6	泄水管	—— X ——	
7	循环管、信号管	——XH——	循环管用粗实线,信号管为细虚线
8	溢排管	—— Y ——	
9	绝热管		
10	方形补偿器	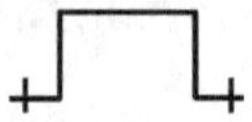	
11	套管补偿器	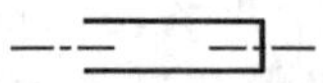	

续表 4－1

序号	名称	图例	备注
12	波形补偿器		
13	弧形补偿器		
14	球形补偿器	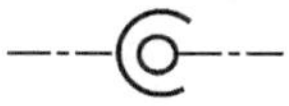	
15	流向		
16	丝堵	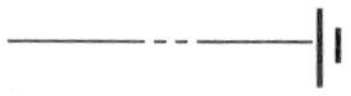	
17	滑动支架	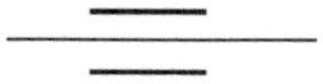	
18	固定支架	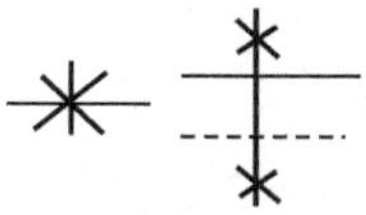	
19	手动调节阀		
20	减压阀	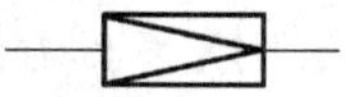	左侧为高压端
21	膨胀阀		也称“隔膜阀”
22	平衡阀		
23	快放阀	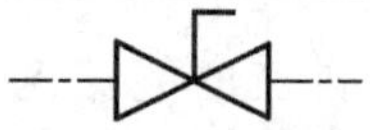	也称快速排污阀
24	三通阀	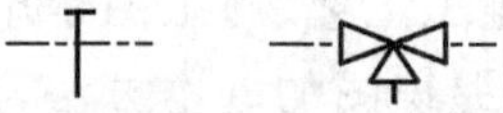	
25	四通阀	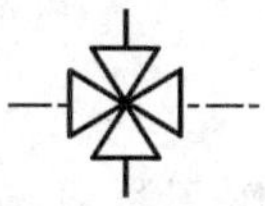	
26	疏水阀	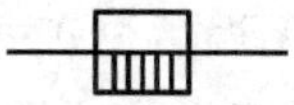	
27	散热器放风门	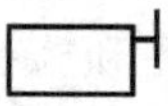	
28	手动排气阀	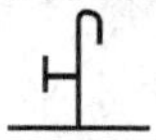	
29	自动排气阀		
30	集气罐	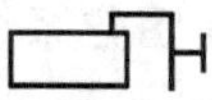	

续表 4－1

序号	名称	图例	备注
31	散热器三通阀	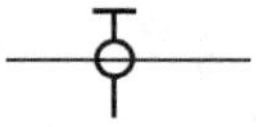	
32	节流孔板、减压孔板	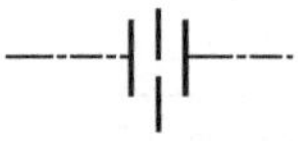	
33	散热器	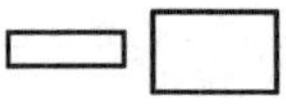	
34	可曲挠橡胶软接头		
35	过滤器	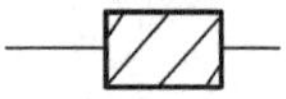	
36	除污器	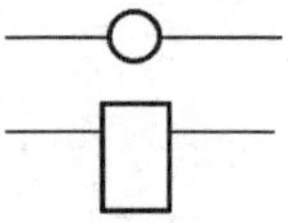	
37	暖风机		
38	水泵		左侧为进水，右侧为出水

4.7.3 采暖工程施工图识读

1. 室内采暖施工图识读方法

识读图纸的方法没有统一规定，可按适合于自己的能够迅速熟读图纸的方法进行识读。这需要在掌握采暖系统组成、系统形式、安装施工工艺、施工图常用图例及表示方法等知识的基础上，多进行识图练习，并不断总结，灵活掌握识图的基本方法，形成适于自己迅速、全面识读图纸的方法。

识读室内采暖施工图的基本方法和顺序如下：

(1)熟悉、核对施工图纸。迅速浏览施工图，了解工程名称、图纸内容、图纸数量、设计日期等。对照图纸目录，检查整套图纸是否完整，确认无误后再正式识读。

(2)认真阅读施工图设计与施工说明。通过阅读文字说明，了解采暖工程概况，有助于读图过程中正确理解图纸中用图形无法表达的设计意图和施工要求。

(3)以系统为单位进行识读。识读时必须分清系统，不同编号的系统不能混读。可按水流方向识读，先找到采暖系统的入口，按供水总管、供水水平干管、供水立管、供水支管、散热设备、回水支管、回水立管、回水水平干管、回水总管的顺序识读；也可按从主管到支管的顺序识读，先看总管，再看支管。

(4)平面图与系统图对照识读。识读时应将平面图与系统图对照起来看，以便相互补充和相互说明，建立全面、完整、细致的工程形象，以全面地掌握设计意图。

(5)细看安装大样图。安装大样图很重要，用以指导正确的安装施工。安装大样图多选用全国通用标准安装图集，也可单独绘制。对单独绘制的安装大样图，也应将平面大样与系统大样对照识读。

2. 采暖平面图的识读

要掌握的主要内容与阅读方法如下：

(1)首先查明供热总干管和回水总干管的出入口位置，了解供热水平干管与回水干管的分布位置及走向。图中供热管用粗虚线表示，供热管与回水管通常是沿墙分布。若采暖系统为上行下回式双管采暖，则供热水平干管绘在顶层平面图上，供热立管与供热水平干管相连，回水干管绘在底层平面图上，回水立管与回水干管相连。

(2)查看立管的编号。立管编号标志是 L_n，其含义是 L——采暖立管代号，n——编号，用阿拉伯数字编号。通过立管的编号可知整个采暖系统立管的数量、立管的安装位置。

(3)查看散热器的布置。凡是有供热立管(供热总立管除外)的地方就有散热器与之相连，并且散热器通常都布置在窗口处，了解散热器与立管的连接情况，可知该散热器组由哪根供热立管供热，回水又流入哪根回水立管。

(4)了解管道系统上的设备附件的位置与型号。热水采暖系统要查明膨胀水箱、集气罐的位置、连接方式和型号。若为蒸汽采暖系统，要查明疏水器的位置及规格尺寸。还要了解供热水平干管和回水水平干管固定支点的位置和数量，以及在底层平面图上管道通过地沟的位置与尺寸等。

(5)看管道的管径尺寸、管道敷设坡度及散热器的片数。供热管的管径规律是入口的管径大，末端的管径小；回水管的管径是起点管径小，出口的回水总管管径大。管道坡度通常只标注水平干管的坡度，散热器的片数通常标注在散热器图例近旁的窗口处。

(6)要重视阅读设计施工说明，从中了解设备的型号和施工安装的要求及所用的通用图等。如散热器的类型、管道连接要求、阀门设置位置及系统防腐要求等。

3. 采暖系统图的识读

要掌握的主要内容与阅读方法如下：

(1)首先沿着热媒流动的方向查看供热总管的入口位置，与水平干管的连接及走向，各供热立管的分布，散热器通过支管与立管的连接形式，以及散热器、集气罐等设备、管道固定支点的分布与位置。

(2)从每组散热器的末端起看回水支管、立管、回水干管、直到回水干管出口的整个回水系统的连接、走向以及管道上的设备附件、固定支点和过地沟的情况。

(3)查看管径、管道坡度、散热器片数的标注。在热水采暖系统中，一般是供热水平干管的坡度是顺水流方向越走越高，回水水平干管的坡度顺水流方向越走越低。散热器要看设计说明所采用的类型与规格。

(4)看楼(地)面的标高、管道的安装标高，从而掌握管道安装时在房间中的位置。如供热水平干管是在顶层顶棚下面还是底层地沟内，回水干管是在地沟里还是在底层地面上等。

4. 详图

某些设备的构造或管道之间的连接情况在平面图和系统图上表达不清楚，也无法用文字说明时，可以将这些部位局部放大比例，画出详图，详图包括标准详图和节点详图，如图 4-51

至图 4－56 所示。

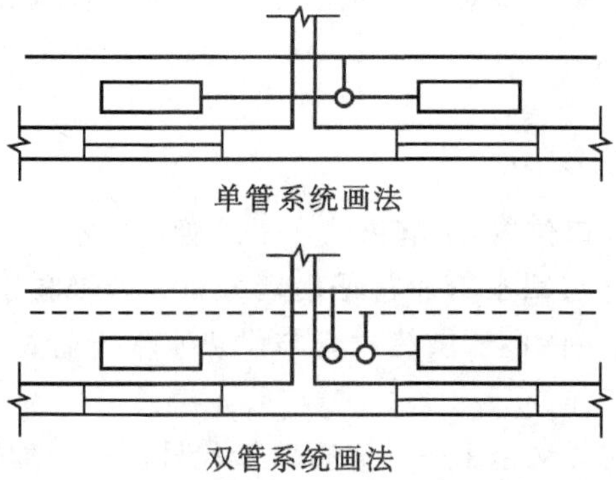

图 4－51　平面图中散热器与管道连接

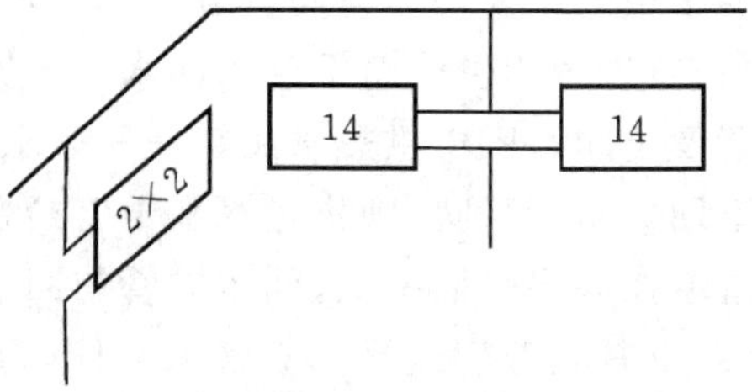

图 4－52　柱型、圆翼型散热器画法

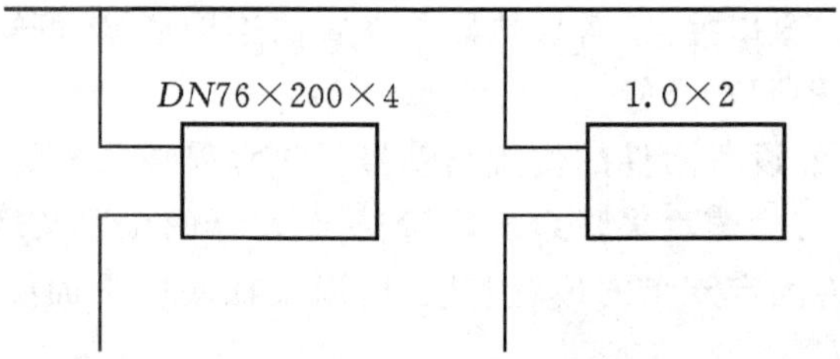

图 4－53　光管式、串片式散热器画法

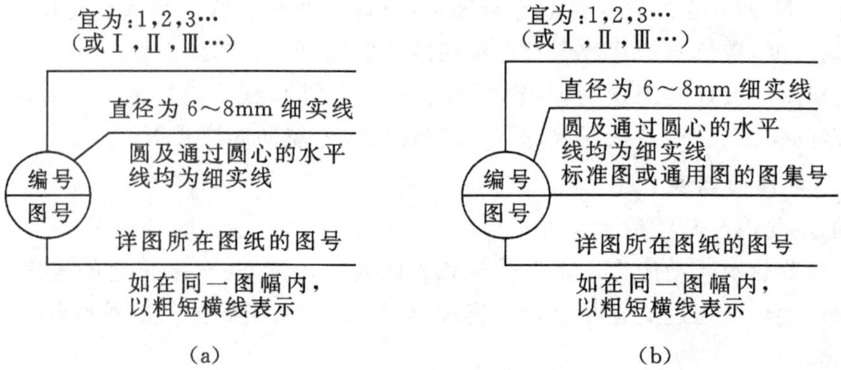

图 4－54　详图索引号

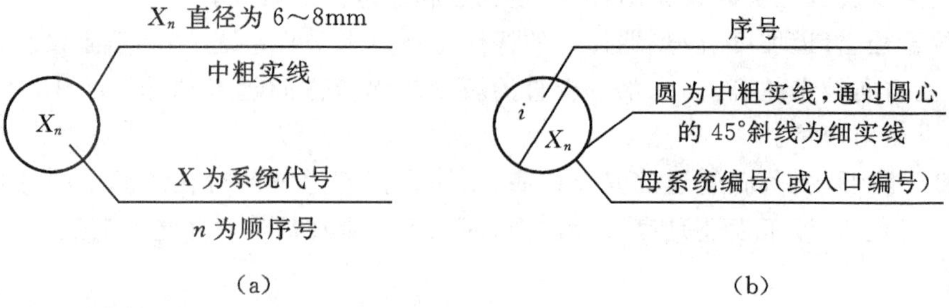

图 4－55　系统代号

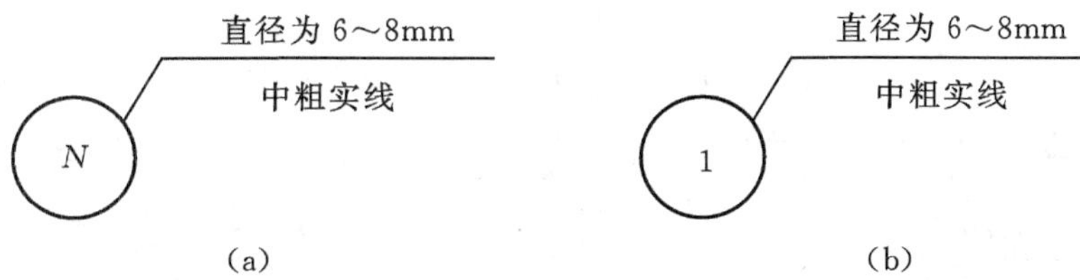

图 4 - 56 立管号

5. 采暖施工图识读实例

现以某二层住宅楼采暖施工图为例进行识读，施工图见图 4 - 57 至图 4 - 59。

(1)施工图简介及说明。该住宅楼采暖工程施工图纸内容包含平面图两张(图 4 - 57、图 4 - 58)、系统图一张(图 4 - 59)。

①本工程采用低温水供暖，供回水温度为 70～95℃；

②系统采用上分下回单管顺流式；

③管道采用焊接钢管，*DN*32 以下为丝扣连接，*DN*32 以上为焊接；

④散热器选用铸铁四柱 813 型，每组散热器设手动放气阀；

⑤集气罐采用《采暖通风国家标准图集》N103 中 I 型卧式集气阀；

⑥明装管道和散热器等设备，附件及支架等刷红丹防锈漆两遍，银粉两遍；

⑦室内地沟断面尺寸为 500 mm×500 mm，地沟内管道刷防锈漆两遍，50 mm 厚岩棉保温，外缠玻璃纤维布；

⑧图中未注明管径的立管均为 *DN*20，支管为 *DN*15；

⑨其余未说明部分，按施工及验收规范有关规定进行。

(2)施工图解读。识读图纸时可先粗看系统图，对供暖管道的走向建立大致的空间概念，然后将平面图与系统图对照，按供暖热媒的流向顺序识读，对照出各管段的管径、标高、坡度、位置等，再看散热设备的位置及标注的数量等。

(3)平面图阅读。识读平面图的主要目的是了解管道、设备及附件的平面位置和规格、数量等。

在一层平面图(见图 4 - 57)中，热力入口设在靠近⑥轴右侧位置，供、回水干管管径均为 *DN*50。供水干管引入室内后，在地沟内敷设，地沟断面尺寸为 500 mm×500 mm。供水主立管设在⑦轴与 D 轴交界处。回水干管分成两个分支环路，右侧分支连接共 7 根立管，左侧分支连接共 8 根立管。回水干管在过门和厕所内局部做地沟。

在二层平面图(见图 4 - 58)中，从供水主立管 D 轴和⑦轴交界处分为左、右两个分支环路，分别向各立管供水，末端干管分别设置卧式集气罐，型号详见说明，放气管管径为 *DN*15，引至二层水池。

建筑物内各房间散热器均设置在外墙窗下。一层走廊、楼梯间因有外门，散热器设在靠近外门内墙处；二层设在外窗下。散热器为铸铁四柱 813 型(见设计说明)，各组片数标注在散热器旁。

(4)系统图阅读。阅读供暖系统图时，一般从热力入口起，先弄清干管的走向，再逐一看各立、支管。

参照图 4 - 59，系统热力入口供、回水干管均为 *DN*50，并设同规格阀门，标高为－0.900 m。

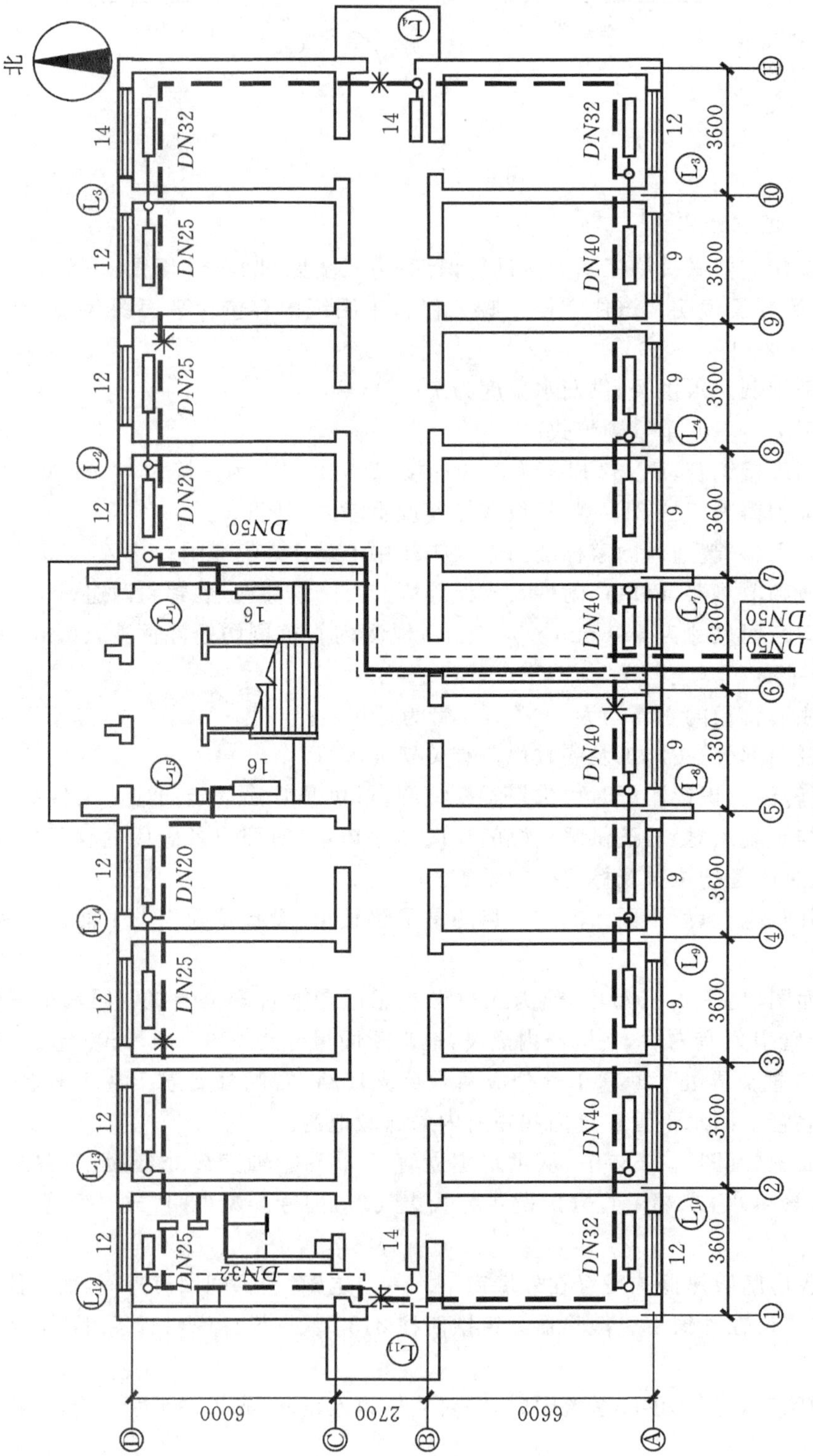

图 4－57 一层采暖平面图

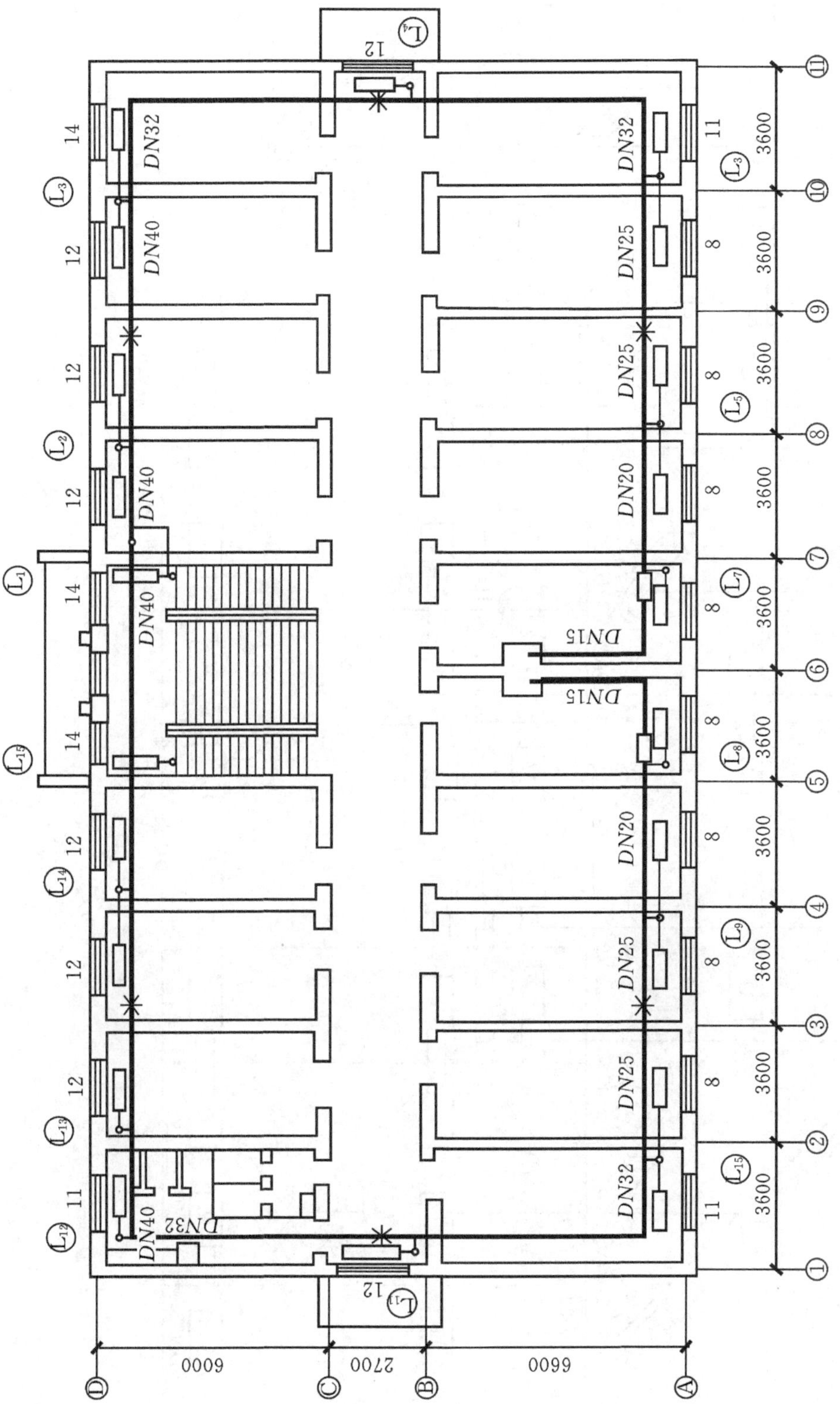

图 4－58 二层采暖平面图

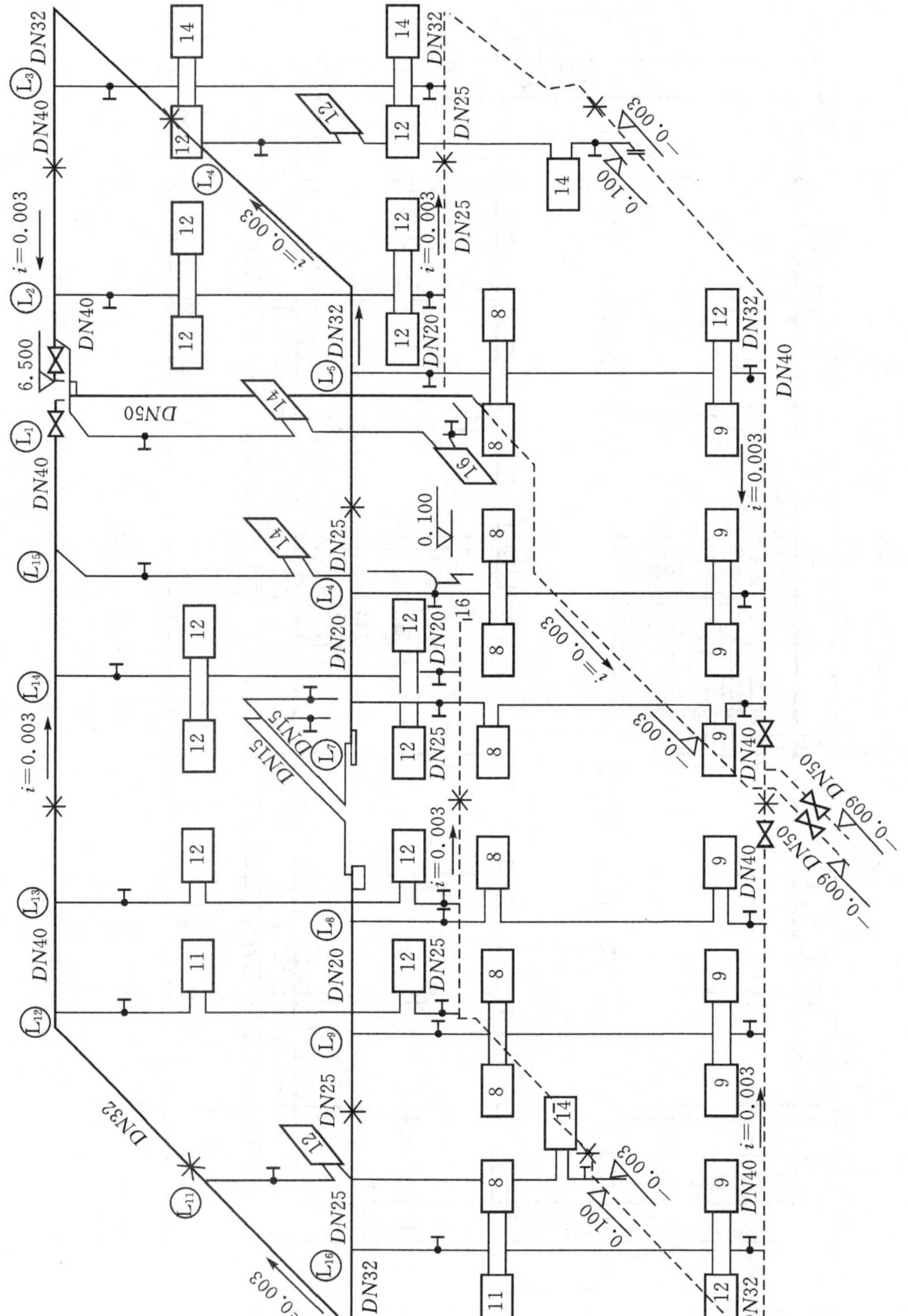

图4-59 采暖系统图

引入室内后，供水干管标高为－0.300 m，有 0.003 上升的坡度，经主立管引到二层后，分为两个分支，分流后设阀门。两分支环路起点标高均为 6.500 m，坡度为 0.003，供水干管始端为最高点，分别设卧式集气罐，通过 *DN*15 放气管引至二层水池，出口处设阀门。

各立管采用单管顺流式，上下端设阀门。图中未标注的立、支管管径详见设计说明(立管为:*DN*20，支管为 *DN*15)。

回水干管同样分为两个分支，在地面以上明装，起点标高为 0.100 m，有 0.003 沿水流方向下降的坡度。设在局部地沟内的管道，末端为最低点，并设泄水丝堵。两分支环路汇合前设阀门，汇合后进入地沟，回水排至室外。读者可以根据前面介绍的方法仔细对比阅读。

本章小结

本章主要介绍了室内采暖系统的相关知识。要求重点掌握采暖施工图的识读技巧和识读方法，了解采暖施工图的绘制原理和主要内容。

思考题

1. 简述采暖系统的概念及其组成部分。
2. 采暖系统如何分类?
3. 什么叫低温水采暖系统? 什么叫高温水采暖系统?
4. 自然循环热水采暖系统的工作原理是什么?
5. 机械循环热水采暖系统的常见形式有哪些?
6. 高层建筑热水采暖系统常用的形式有哪些?
7. 什么是辐射采暖系统?
8. 什么是低温热水地板辐射采暖? 民用建筑的供水温度及供、回水温差有何规定?
9. 地暖加热管可采用哪些管材? 加热管的布置形式有哪些?
10. 地暖的地面结构由哪些部分组成?
11. 散热器如何分类? 常用的散热器有哪些?
12. 散热器布置有哪些基本要求?
13. 试述采暖系统安装施工工艺流程。
14. 采暖施工图的组成有哪些?

第5章 通风工程

本章学习要点

1. 建筑通风的任务和意义
2. 常见的通风方式及特点
3. 全面通风量的确定方法
4. 通风系统常用设备的特点

5.1 建筑通风概述

人类生活在空气的环境中，创造良好的空气环境条件（如温度、湿度、空气流速、洁净度等）对保障人们的健康，提高劳动生产率，保证产品质量是不可缺少的。这一任务的完成，就是由建筑通风和空气调节来实现的。而且随着工业的发展和人们生活水平的提高，人们对建筑通风的要求越来越高。

5.1.1 建筑通风的任务、意义

建筑通风就是把室内被污染的空气直接或经净化后排出室外，把新鲜的空气补充进来，从而保证室内的空气环境符合卫生标准和满足生产工艺的要求。

建筑通风与空气调节的区别在于空调系统往往把室内空气循环使用，把新风与回风混合后进行热湿处理和净化处理，然后再送入被调房间；而通风系统不循环使用回风，对送入室内的室外新鲜空气并不处理或仅作简单加热或净化处理，并根据需要对排风进行除尘净化处理后排出或直接排出室外。

不同类型的建筑对室内空气环境的要求不尽相同，因而通风装置在不同的场合的具体任务及构造形式也不完全一样。

一般的民用建筑和一些发热量小而且污染轻微的小型工业厂房，通常只要求保持室内的空气清洁新鲜，并在一定程度上改善室内的气象参数——空气的温度、相对湿度和流动速度。为此，一般只需采取一些简单的措施，如通过门窗孔口换气、利用穿堂风降温、使用电风扇提高空气的流速等。在这些情况下，无论对进风或排风，都不进行处理。在许多工业生产过程中会散发出大量的热、湿、各种工业粉尘以及有害气体和蒸汽。在这种情况下如不采取防护措施，势必恶化车间的空气环境，危害工人的健康，损坏机器设备和建筑结构，影响生产的正常进行。大量的工业粉尘和有害气体排入大气必然导致大气污染，何况有许多工业粉尘和气体又是值得回收的原材料。因此通风的任务就是要对有害物采取有效的防护措施，以消除对工人健康

和生产的危害，创造良好的劳动条件，同时尽可能对它们回收利用，化害为利，并切实做到防止大气污染。这样的通风叫做“工业通风”。一般必须采用机械的手段才能进行。

此外，在一些大型的公共建筑中，为了维持舒适的空气环境，不仅要求室内空气具有一定的温度和湿度，而且要及时排除污浊空气，保持空气清新和适当的流动速度。综上所述，无论是工业建筑中为了保证工人的身体健康，提高产品质量，还是在民用建筑中为了满足各种人的舒适的需要，都要求维持一定的空气环境。建筑通风和空气调节就是创造这种空气环境的一种手段。

由此可见，建筑通风不仅是改善室内空气环境的一种手段，而且也是保证产品质量、促进生产发展和防止大气污染的重要措施之一。随着科学技术的发展和人民生活水平的提高，对建筑通风提出许多新的要求，这必将促进通风工程的迅速发展。

5.1.2　通风方式

建筑通风包括从室内排除污浊的空气和向室内补充新鲜空气。前者称为排风，后者称为送（进）风。为实现排风或送风，所采用的一系列设备、装置的总体称为通风系统，其通风方式有三种分类方法：

1. 按通风系统的动力不同划分

按通风系统的动力不同，通风方式可分为自然通风和机械通风。

（1）自然通风。自然通风是依靠室外风力造成的风压和室内外空气温度差所造成的热压来使空气流动的通风方式。图 5－1 为利用热压进行的自然通风简图，由于房间空气温度高，密度小，因此就产生了一种上升力，空气上升后从上部窗排出，使得室外较冷而密度较大的空气从下边门窗或缝隙进入室内。因此，就在房间内形成了一种由室内外气温差引起的自然通风，这种通风方式称为热压作用下的自然通风。图 5－2 为利用风压进行的自然通风，在迎风面上产生正压而在背风面上产生负压。在这个风压的作用下气流由建筑物迎风面的门窗进入房间内，同时把房间内的空气从背风面的门窗压出去。因此，在房间中形成了一种由风力引起的自然通风，这种通风方式称为风压作用下的自然通风。

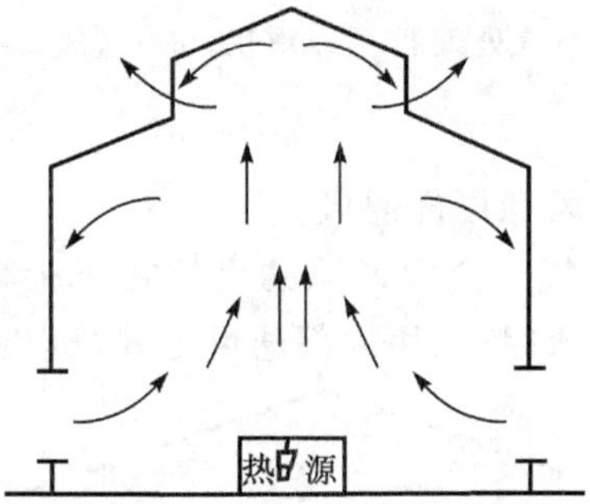

图 5－1　热压作用下的自然通风

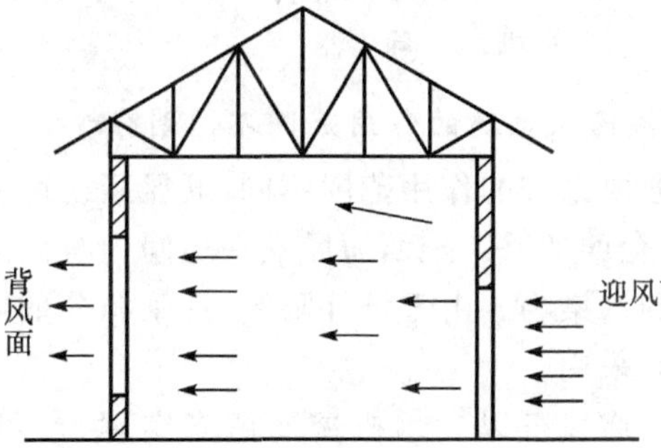

图 5－2　风压作用下的自然通风

自然通风按建筑构造的设置又可分为有组织自然通风和无组织自然通风。有组织自然通风是利用侧窗和天窗控制，调节进、排气，目前采用得较为广泛。无组织自然通风是靠门窗及缝隙进行空气交换的。

(2)机械通风。机械通风是利用通风机产生的动力，进行换气的方式。机械通风是进行有组织通风的主要技术手段。

机械通风的例子很多。利用安装在墙、窗上的轴流风机排风是最简单的一种机械通风。图 5－3 是利用排风管道均匀排风，图 5－4 是从几个局部地点将有害气体排走。图 5－5 是除尘系统，除尘系统也可以用来回收粉料，如回收面粉、金属粉末、水泥等。图 5－6 为机械进风系统，室外空气在风机的作用下经百叶窗进入进气室。在进气室中经过滤器过滤、加热器加热后，通过风管送入通风房间。

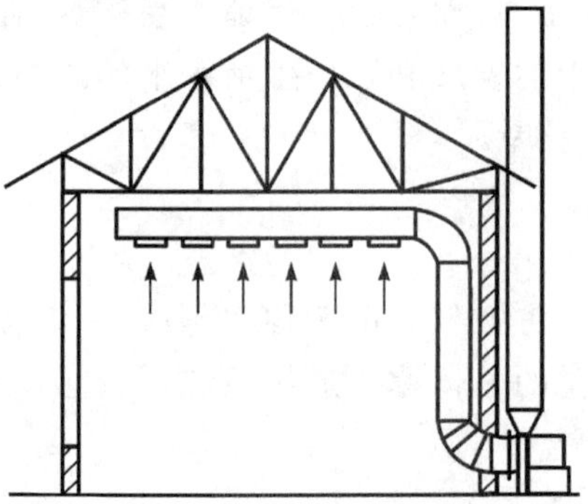

图 5－3　均匀排风系统

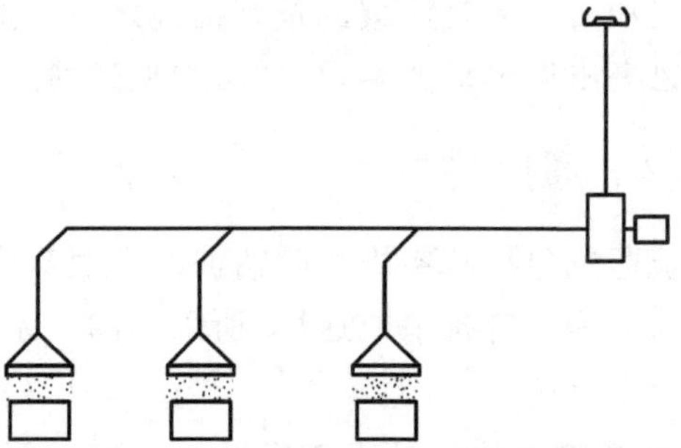

图 5－4　局部排风系统

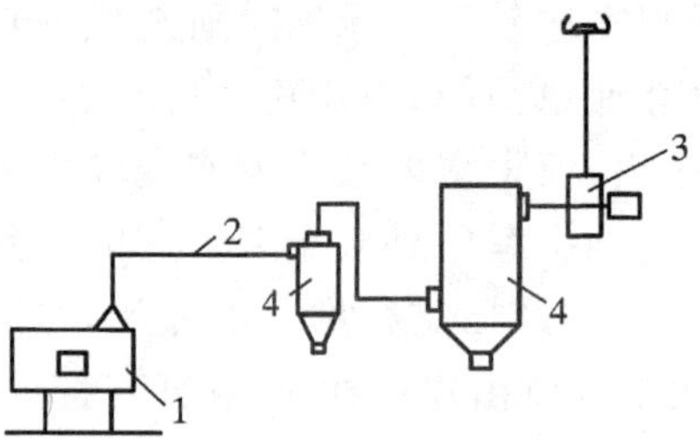

图 5－5　除尘系统

1—局部排风罩；2—风道；3—风机；4—除尘器

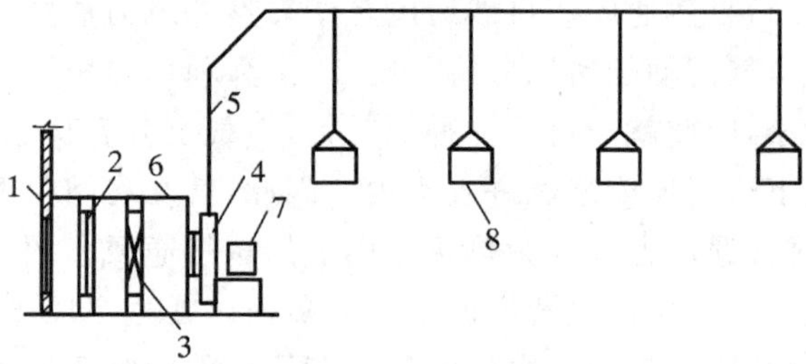

图 5－6　机械进风系统

1—百叶风口；2—过滤器；3—加热器；4—风机；5—风道；6—空气处理器；7—电机；8—送风口

2. 按通风系统的作用范围不同划分

按通风系统的作用范围不同，通风系统可分为全面通风和局部通风。

(1)全面通风。全面通风是在房间内全面进行通风换气。全面通风的目的在于稀释环境空气中的污染物。由于条件限制、污染源分散或不确定等原因，采用局部通风方式难以保证卫生标准时采用。

全面通风可以利用机械通风来实现，也可用自然通风来实现，全面通风可分为全面排风和全面送风。

几种全面通风方式的示意图见图 5－7、图 5－8、图 5－9。其中图 5－7 是一种最简单的全面通风方式，装在外墙上的轴流风机把室内污浊空

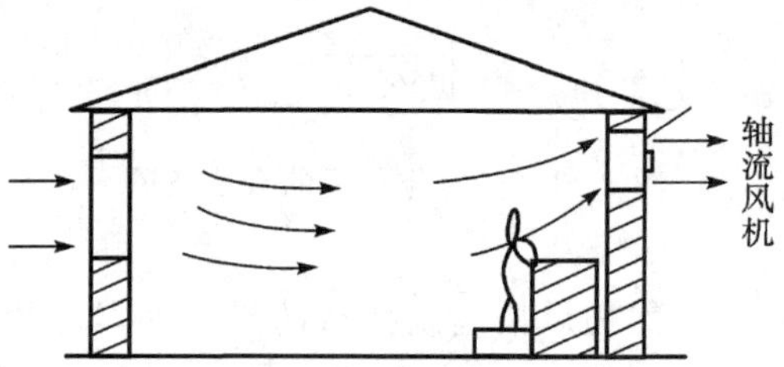

图 5－7　用轴流式风机排风的全面通风

气排至室外，使室内造成负压(室内压力低于室外大气压力)。在负压作用下室外新鲜空气经窗孔流入室内，补充排风，稀释室内污浊空气。采用这种通风方式可以防止室内的有害物质流入相邻的房间，它适用于室内空气较为污浊的房间如厨房、厕所等。图 5－8 是利用离心式风机把室外新鲜空气(或经过处理的空气)经风管和送风口直接送到指定地点，对整个房间进行换气，稀释室内污浊空气。由于室外空气的不断送入，室内空气压力升高，使室内压力高于室外大气压力(即室内保持正压)。在这个压力作用下，室内污浊空气经门、窗及其他缝隙排至室外。采用这种通风方式，周围相邻房间的空气不会流入室内，它适用于对室内清洁度要求较高的房间，如旅店的客房、医院的手术室等。图5－9是同时设有机械进风和机械排风的全面通风系统。室外空气根据需要进行过滤和加热等处理后送入室内，室内污浊空气由风机排至室外，这种通风方式的效果较好。

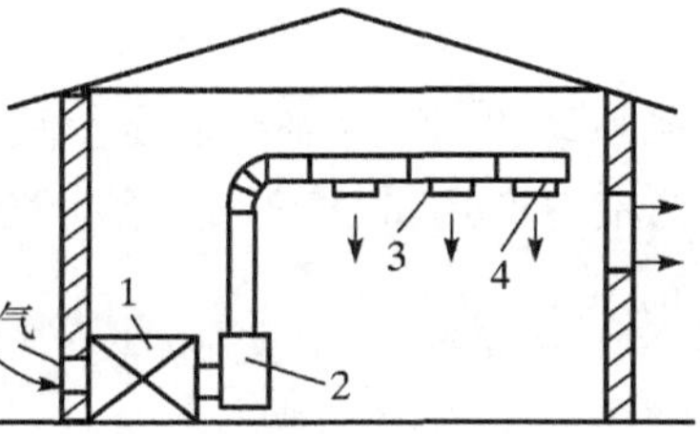

图 5－8　离心式风机送风的全面通风

1—空气处理室；2—风机；3—风管；4—送风口

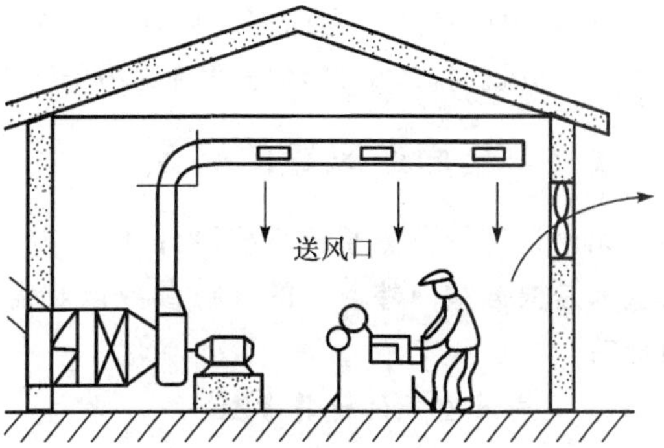

图 5－9　同时设有机械进风和机械排风的全面通风系统

全面通风系统适用于有害物分布面积广，以及某些不适合采用局部通风的场合，在公共及民用建筑中广泛采用全面通风。全面通风系统需要风量大，设备较为庞大。当要求通风的房间面积较大时，会有局部通风不良的死角。

(2)局部通风。局部通风是只使室内局部工作地点保持良好的空气环境，或在有害物产生的局部地点设排风装置，不让有害物在室内扩散而直接排出的一种通风方法。局部通风可分为局部排风和局部送风。局部排风是将污染物就地排除，并在排除之前不与工作人员相接触。而局部送风则是将经过处理的、合乎要求的空气送到局部工作地点，以保证局部区域的空气条件。

局部通风方式作为保证工作和生活环境空气品质、防止室内环境污染的技术措施应优先考虑。

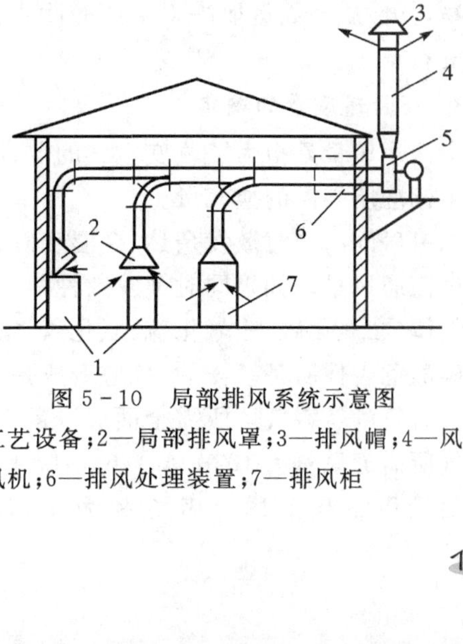

图 5－10　局部排风系统示意图

1—工艺设备；2—局部排风罩；3—排风帽；4—风道；5—风机；6—排风处理装置；7—排风柜

图 5－10 是局部排风系统示意图。在有害物发生地点设置局部排风罩，尽可能把有害

物源密闭。通过风机的抽风，把污染气流直接排至室外。在寒冷地区设置局部排风系统的同时，需设置热风采暖系统。局部送风一般用于高温车间内局部工作地点的夏季降温。

图 5－11 是局部送风系统示意图。送风系统送出经过处理的冷却空气，使工人操作地点保持良好的工作环境。

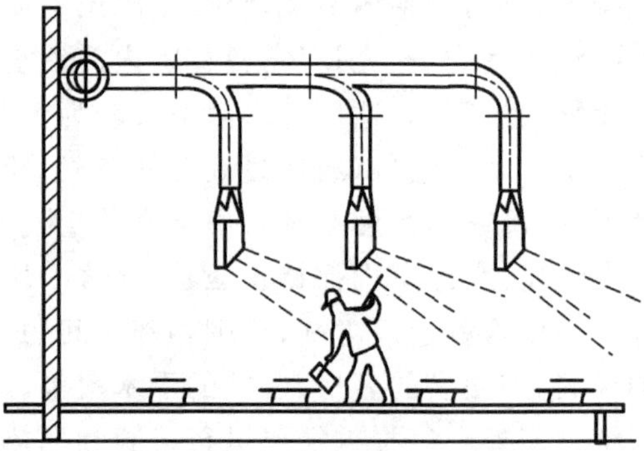

图 5－11　局部送风系统示意图

3. 按通风系统的特征不同划分

按通风系统的特征不同，通风系统可分为送风和排风。

(1)送风。送风就是向房间内送入新鲜空气。它可以是全面的，也可以是局部的。

(2)排风。排风就是将房间内的污染物或有害气体经处理后排送至室外。

5.1.3　全面通风量的确定

无论是进行自然通风系统设计还是进行机械通风系统设计，均需要确定全面通风量。通风量都是根据室内外空气的计算参数以及需要消除的室内产热量、产湿量、有害气体的产生量确定的。

1. 室内外空气的计算参数

通风房间的气象参数，应根据卫生标准来确定。作为通风工程设计依据的室外气象参数叫做通风室外空气的计算参数。如同确定供暖室外计算温度的原则一样，按所采用的通风室外计算参数设计的通风装置，应能保证在绝大多数的时间里室内的气象参数符合卫生标准的要求。

2. 室内产热量、产湿量及有害气体产生量的确定

在非工业建筑中，使空气环境恶化的主要原因是：夏季的太阳辐射和冬季的室外低温；人体散热、散湿和呼出的二氧化碳；电气照明散热以及一些常用设备产生的热、湿和其他有害物质。工业建筑中的有害物往往以生产过程产生的为主。从各种生产设备和工艺过程中散发的有害物，其性质和数量取决于生产的性质、规模和工艺条件。一些计算方法可参阅有关设计手册和资料。

3. 全面通风量的确定

全面通风量是指为了改变空气的温、湿度或稀释有害物质的浓度，以使作业地带的空气符合卫生标准所必需的换气量。

如果房间内同时散发余热、余湿和有害气体，全面通风量应分别计算，按其中所需最大值取作全面通风量。如果同时散发数种溶剂(苯及其同系物、醇类、醋酸酯类)的蒸气，或数种刺激性气体(二氧化碳、三氧化硫、氯化氢、氟化氢、一氧化碳和各种氮氧化合物)时，因它们对人体健康的危害性质是一样的，故应看成是一种有害物质，即其所需全面通风量应是分别稀释至容许值时每种有害气体所需全面通风量之和。例如某车间同时散发苯蒸气和甲醇蒸气，消除苯蒸气所需通风量为 10200 m^3/h，消除甲醇蒸气所需通风量为 7350 m^3/h，则消除有害气体所需全面通风量是上述二者之和为 17550 m^3/h。但该车间消除余热所需全面通风量为

25150 m^3/h，则最后确定该车间的全面通风量应为 25150 m^3/h。

防尘的通风措施与消除余热、余湿和有害气体的情况不同，除特殊场合外，很少采用全面通风的方式，因为一般情况下单纯增加通风量并不一定能够有效地降低室内空气中的含尘浓度，有时反而会扬起已经沉降落地或附在各种表面上的粉尘，造成个别地点浓度过高的现象。因此除特殊场合外很少采用全面通风的方式，而是采取局部控制，防止进一步扩散。

对于一般居住及公共建筑，当散入室内的有害气体量无法具体确定时，全面通风量可按房间的换气次数估算，即

$$L=nV \quad \text{(式 5-1)}$$

式中：V——房间的体积(m^3)；

n——换气次数(次/h)，见表 5-1；

L——全面通风量(m^3/h)。

表 5-1 居住及公共建筑的最小换气次数

房间名称	换气次数(次/h)	房间名称	换气次数(次/h)
住宅、宿舍的居室	1.0	厨房的贮藏室(米、面)	0.5
住宅、宿舍的盥洗室	0.5～1.0	托幼的厕所	5.0
住宅、宿舍的浴室	1.0～3.0	托幼的浴室	1.5
住宅的厨房	3.0	托幼的盥洗室	1.5
食堂的厨房	1.0	学校礼堂	1.5

4. 空气量平衡和热量平衡

(1)空气量平衡。任何一个通风房间，为了能够正常地排风和进风，必须保持室内压力稳定不变。为此，应使进入房间的总空气量等于排出房间的总空气量，即保持空气量平衡。对于产生有害气体和粉尘的车间，为防止其向邻室扩散，可使进风系统的风量略小于排风系统的风量(一般相差 10%～20%)，以形成一定的负压，不足的进风量将来自邻室和依靠本房间的自然渗透弥补。

渗入风量可以按式 5-2 计算，即

$$G_{zs}=G_p-G_s \quad \text{(式 5-2)}$$

式中：G_{zs}——自然渗透风量(kg/s)；

G_p——总排风量(kg/s)；

G_s——机械送风量(kg/s)。

相反，对于生产要求较洁净的车间，当其周围环境较差时，则使进风系统的风量略大于排风系统的风量(约 5%～10%)，以保证室内正压，阻止外界的空气进入室内。

(2)热量平衡。通风房间的热量平衡，是指房间的总得热量(包括进风带入的热量和其他得热量)与总失热量(包括排风带出热量和其他失热量)两者相等，才能保持室内温度稳定。

热量平衡式可用式 5-3 表示，即

$$1.01G_st_s+1.01G_{zs}t_w=1.01G_pt_p+Q \quad \text{(式 5-3)}$$

式中：G_{zs}——自然渗透风量(kg/s)；

G_p——总排风量(kg/s)；

G_s——机械送风量(kg/s)；

t_w——当地的供暖计算温度(℃)；

t_p——排风温度即工作区的温度(℃)；

t_s——送风温度(℃)；

Q——不足的热量(指生产散热量与建筑热损失的差值,kJ/s)。

在寒冷地区,冬季要求保持一定的室内温度,并且不允许温度过低的室外空气直接送入工作区。因此在设计全面通风系统时,常需将空气量平衡和热量平衡两者联系起来考虑,以便既能保证要求的通风量,又可保持规定的室内温度。

【例 5-1】 已知某车间为排除有害气体,局部排风量 $G_p=0.556$ kg/s,冬季工作区的温度 $t_p=15$℃,不足的热量(指生产散热量与建筑热损失的差值)$Q=5.815$ kW=5815 W=5815 J/s,当地的供暖计算温度 $t_w=-25$℃,试确定冬季机械送风系统的风量和温度。

解:如取机械送风量等于总排风量的 90%,即

$G_s=0.556\times0.9=0.5$ (kg/s)

不足的进风量靠自然渗透通风来弥补,则渗入风量

$G_{zs}=0.556-0.5=0.056$ (kg/s)

列出热量平衡式

$1.01G_st_s+1.01G_{zs}t_w=1.01G_pt_p+Q$

亦即 $1.01\times0.5t_s+1.01\times0.056\times(-25)=1.01\times0.556\times15+5.815$

故 $t_s\approx31$(℃)

5.2 通风系统常用设备

自然通风系统的设备装置比较简单,只需用进、排风窗以及附属的开关装置。机械通风系统,则由较多的构件和设备所组成。在各种机械通风方式中,除利用管道来输送空气、利用风机造成空气流动的作用压力外,还包括其他的设备,如:全面排风系统设有室内排风口和室外排风装置;局部排风系统设有局部排风罩、排风处理设备以及室外排风装置(见图 5-10);进风系统设有室外进风装置、进风处理设备以及室内送风口等。下面仅就一些主要设备和构件作简要的介绍。

5.2.1 送、排风口

1. 室外进、排气口

(1)室外进风口是室外空气的采集装置,应设在室外空气比较洁净的地点。进风口的底部距室外地坪不宜小于 2.0 m,可设在外墙上或设专用采气的进气塔。进口处应装置用木板或簿钢板制作的百叶窗,以防止雨雪或外部杂质被吸入室内。为了调节进风量并避免冬季因温差大造成风道内结露而侵蚀系统,还应在进口处设置保温阀。

图 5-12(a)是设于围护结构上的墙壁式进风口;图 5-12(b)是专门的进风塔;图 5-12(c)是设在屋顶的进风塔。

(2)室外排风口是将排风系统收集的污浊空气排到室外,一般设在屋顶,并高处屋面 1 m

以上，以减轻对附近环境的污染。为保证排风效果，往往在排风口上加设风帽，如图 5-12(d)所示。

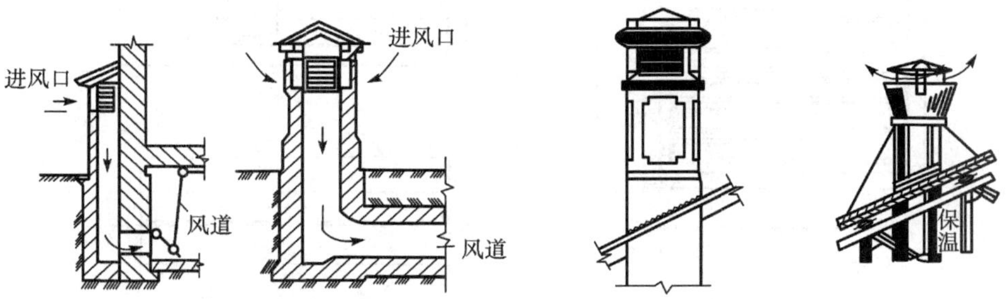

(a)壁式进风口　(b)进风塔　(c)屋顶的进风塔　(d)屋外排风口

图 5-12　室外风口

2. 室内送、排风口

室内的送、排水口是分别将一定量的空气，按一定速度送到室内，或由室内把空气吸入排风管的构件。因而送、排风口，一般应具备下列要求：风口风量应能调节；阻力小；风口尺寸尽可能小。民用建筑和公共建筑中的送、排风口形式应与建筑结构的美观配合。

(1)室内的送风口是送风系统中风道中的末端装置。能将一定量的空气，按一定速度送到室内。

室内送风口的形式有多种，最简单的形式是直接在风道上开设孔口进行送风，如图 5-13 所示，可用于侧向或下向送风。图 5-13(a)为风管侧送风口，除孔口本身外没有任何调节装置。图 5-13(b)为插板式风口，其中设有插板，可调节送风截面的大小，进而调节送风量，但不能控制气流的方向。

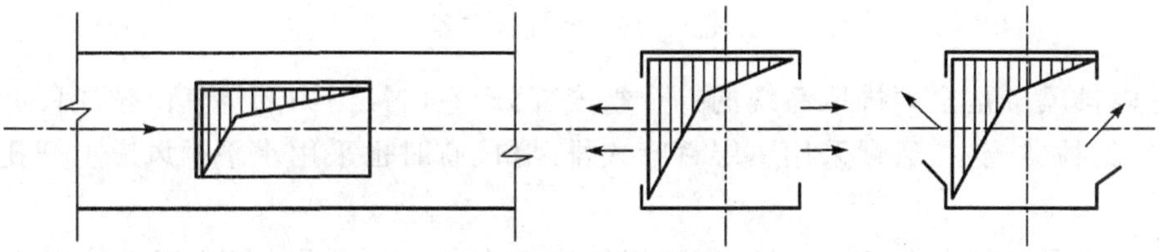

(a)风管侧送风口

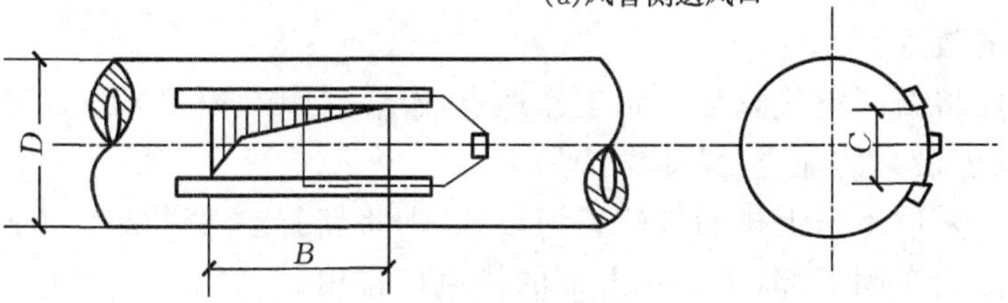

(b)插板式送、吸风口

图 5-13　两种最简单的送风口

对于布置在墙内或者暗装的风道可采用百叶式送风口。如图 5-14 所示是常用的一种性能较好的百叶式风口，可以在风管上、风管末端或墙上安装。百叶式送风口有单层、双层形式，

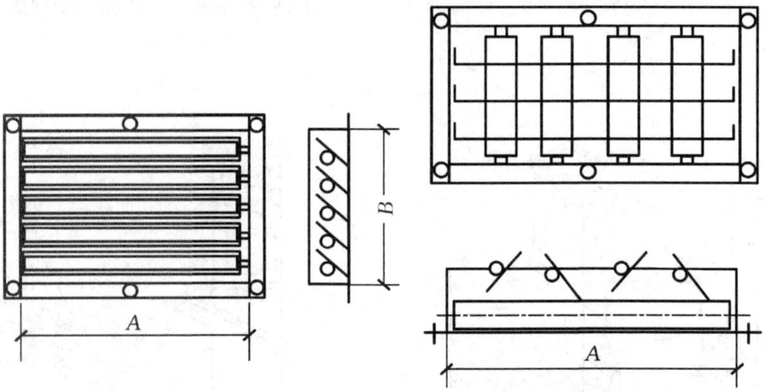

(a)单层百叶风口　　(b)双层百叶风口

图 5-14　百叶式送风口

其中双层百叶式风口不但可以调节出口气流速度，而且可以调节气流的角度。

在工业厂房中，往往需要向一些工作地点供应大量的空气，但又要求送风口附近的速度迅速降低，以避免吹风感觉。在这种情况通常采用空气分布器作为送风口。空气分布器的型式很多，如图 5-15 所示，其构造和性能可查阅《全国通用采暖通风标准设计图集》。

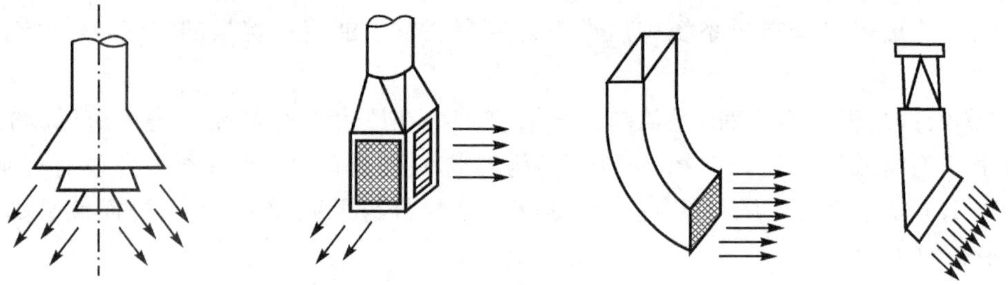

图 5-15　空气分布器

(2)室内排风口是全面排风系统的一个组成部分，室内被污染的空气由排风口进入排风管道。排风口的种类较少，通常采用单层百叶式排风口. 有时也采用水平排风道上开孔的孔口的排风形式。

室内送、排风口的布置情况，是决定通风气流方向的一个重要因素，而气流的方向是否合理，将直接影响全面通风的效果。

在组织通风气流时，应将新鲜空气直接送到工作地点或洁净区域，而排风口则要根据有害物的分布规律设在室内浓度最大的地方，具体做法如下：

①排除余热和余湿时，采取下送上排的气流组织方式，即将新鲜空气送到车间下部的工作地带，吸收余热和余湿后流向车间上部，由设在上部的排风口排出。

②利用全面通风排除有害气体时，排风口的位置应根据下述不同的情况来确定：放散的气体比空气轻时应从上部排出；放散的气体比空气重时，宜从上部和下部同时排出。至于送风，则不论上述哪一种情况，都应一律送至作业地带。

③对于用局部排风排除粉尘和有害气体而又没有大量余热的车间，用以补偿局部排风的机械送风系统，宜将新鲜空气送至上部地带。

5.2.2 风道

1. 风道材料

一般的风道材料应该满足下列要求：

(1)价格低廉，尽量能就地取材；

(2)防火性能好；

(3)便于加工制作；

(4)内表面光滑、阻力小；

(5)部分风管材料应满足防腐性能好、保温性能强等特殊要求。

目前我国常用的风道材料有薄钢板、硬聚氯乙烯塑料板、胶合板、纤维板、矿渣石膏板、砖及混凝土等。

一般的通风系统多用薄钢板，输送腐蚀性气体的系统用涂刷防腐漆的钢板或硬聚氯乙烯塑料板。需要与建筑结构配合的场合也多用以砖和混凝土等材料制作的风道，一般情况下，通风管道以圆形、矩形为主。

2. 风道截面

一般情况下，通风管道以圆形、矩形为主。圆形截面，其特点是节省材料、强度较高，而且流动阻力较小，但制作较困难，当气体流速高、管道直径较小时采用圆形风道。矩形截面，其特点是美观，与建筑结构相配合，当截面尺寸大时，为充分利用建筑空间常采用矩形截面。

风道截面积 A 可按式 5-4 计算

$$A=L/3600V \qquad (式 5-4)$$

式中：A——风道截面积(m^2)；

L——风道内的通风量(m^3/h)；

V——风道内空气流动速度(m/s)。

确定风道截面积，必须事先确定风管中空气的流速。一般情况下，风道内空气流动速度大则风道截面积小，可以节省风道材料，占用空间少，但系统阻力增加，风机能耗增加，系统噪声大；反之则情况相反。所以，风管中风速的选择要综合考虑上述诸因素后确定，按规范规定根据表 5-2 选择，除尘系统中的风速一般在 12～18 m/s 范围内，以防粉尘在管道中沉积。

表 5-2 风管内风速 单位：m/s

风管类别	钢板及塑料风管	砖及混凝土风道
干管	6～14	4～12
支管	2～8	2～6

3. 风道布置

在居住和公共建筑中，垂直的砖风道最好砌筑在墙内，但为避免结露和影响自然通风的作用压力，一般不允许设在外墙中而应设在间壁墙里，相邻两个排风道或进风道的间距不能小于 1/2 砖厚，相邻的进风道和排风道的间距应不小于 1 砖厚。

如果墙壁较薄，可在墙外设置贴附风道(见图 5-16)。当贴附风道沿外墙设置时，需在风道壁与墙壁之间留 40 mm 宽的空气保温层。

设在阁楼里和不供暖房间里的水平排风道可用下列材料制作：如果排风的湿度正常，用40 mm厚的双层矿渣石膏板，如图5-17所示；排风的湿度较大，用40 mm厚的双层矿渣混凝土板；排风的湿度很大，可用镀锌薄钢板或涂漆良好的普通薄钢板，外面加设保温层。

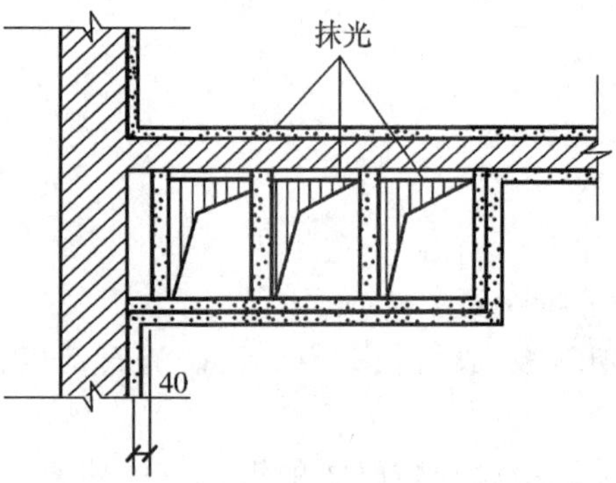

图5-16 贴附风道

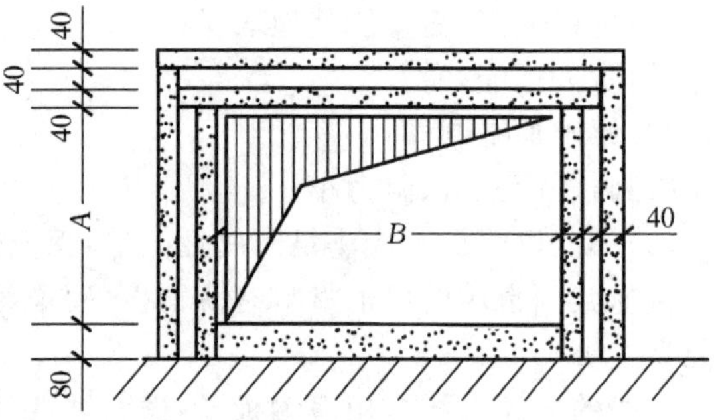

图5-17 水平风道

各楼层内性质相同的一些房间的竖排风道，可以在顶部（阁楼里或最上层的走廊及房间顶棚上）汇合在一起，对于高层建筑尚需符合防火规范的规定。

工业通风系统在地面以上的风道通常采用明装，风道用支架支承沿墙壁及柱子敷设，或者用吊架吊在楼板或桁架的下面（风道距墙较远时），布置时应力求缩短风道的长度，但应以不影响生产过程和与各种工艺设备不相冲突为前提。此外，对于大型风道还应尽量避免影响采光。

在有些情况下，可以把风道和建筑结构密切地结合在一起，例如对采用锯齿形屋顶结构的纺织厂，便可很方便地将风道与屋顶结构合为一体，如图5-18所示。这样布置的风道，既不影响工艺和采光，而又整齐美观。

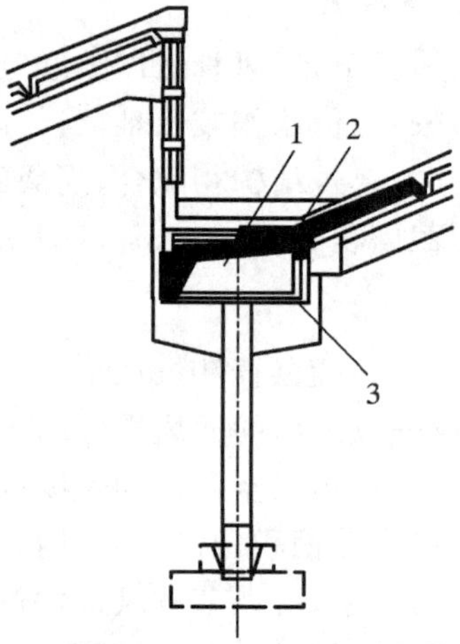

图5-18 与建筑结构结合的钢筋混凝土风道
1—混凝土风道；2—钢筋混凝土风道壁；
3—风道的底板

敷设在地下的风道，应避免与工艺设备及建筑物的基础相冲突，也应与其他各种地下管道和电缆的敷设相配合，此外尚需设置必要检查口。

5.2.3 风机

风机是用于为空气流动提供必需的动力以克服输送过程中的阻力损失。在通风和空调工程中，常用的风机有离心式和轴流式两种类型，对其构造及性能参数介绍如下：

1. 离心风机

离心风机如图5-19所示，它由叶轮、机壳和集流器（吸气口）三个主要部分所组成。

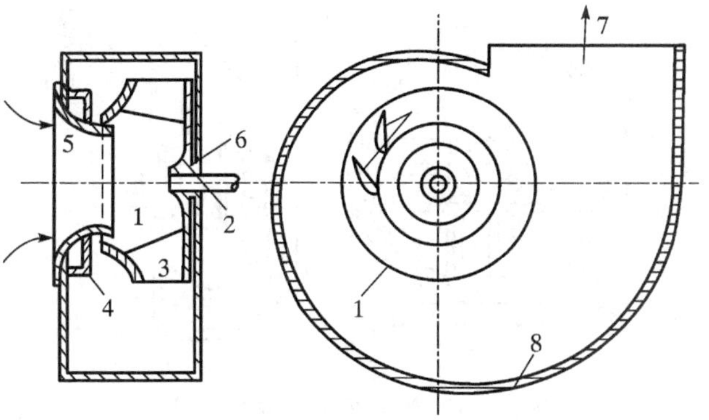

图 5－19　离心风机构造示意图

1—叶轮；2—机轴；3—叶片；4—扩压环；5—吸气口；6—轮毂；7—排风口；8—机壳

离心风机的工作原理与离心水泵相同，主要借助于叶轮旋转时产生的离心力而使气体获得压能和动能。

离心风机的主要性能的参数有如下几项：

（1）风量 L：表明风机在标准状态即大气压力 p_a＝101325 Pa 和温度 t＝20℃下工作时，单位时间内输送的空气量，单位为 m^3/h。

（2）全压 H：表明在标准状态下工作时，通过风机的每 1 m^3 空气所获得的能量，包括压能与动能，单位为 kPa。

（3）轴功率 N：电动机施加在风机轴上的功率称为风机的轴功率 N，而空气通过风机后实际得到的功率称为有效功率 N_x，后者可用式 5－5 表示：

$$N_x=\frac{LH}{3\,600} \qquad (式 5-5)$$

式中：L 和 H 分别表示风机的风量（m^3/h）和全压（kPa）。

（4）转数 n：叶轮每分钟旋转的转数，单位为 r/min。

（5）效率 η：风机的有效功率与轴功率的比值，即 $\eta=N_x/N\times100\%$。

如同离心泵的原理一样，当风机的叶轮转数一定时，风机的全压、轴功率和效率均与风量之间存在着一定的制约关系，可用坐标曲线（称为离心风机的性能曲线）或者列成数据表来表示。

不同用途的风机，在制作材料及构造上有所不同。例如用于一般通风换气的普通风机（输送空气的温度不高于 80℃，含尘浓度不大于 150 mg/m^3），通常用钢板制作，小型的也有用铝板制作的；除尘风机要求耐磨和防止堵塞，因此钢板较厚，叶片较少并呈流线型；防腐风机一般用硬聚氯乙烯板或不锈钢板制作；防爆风机的外壳和叶轮均用铝、铜等有色金属制作，或外壳用钢板而叶轮用有色金属制作；等等。

离心风机的机号，是用叶轮外径的分米数（dm）值表示的，前面冠以符号 NO。不论哪一种形式的风机，其机号均与叶轮外径的分米数相等，例如 NO6 的风机，叶轮外径等于 6 dm（600 mm）。

2. 轴流风机

轴流风机的构造如图 5－20 所示，叶轮由轮毂和铆在其上的叶片组成，叶片与轮毂平面安装成一定的角度。叶片的构造形式很多，如机翼形扭曲的叶片或不扭曲的叶片，等厚板形扭曲或不扭曲叶片，等等。大型轴流风机的叶片安装角度是可以调节的，借以改变风量和全压。有的轴流风机做成长轴形式，如图 5－21 所示，该风机将电动机放在机壳的外面。大型的轴流风机不与电动机同轴，而用 V 带传动。

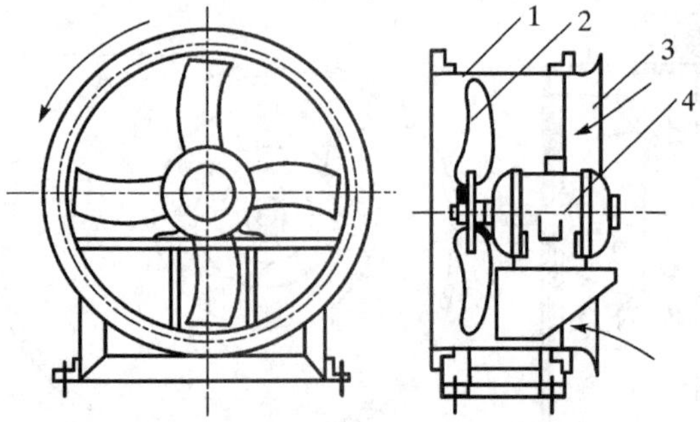

图 5-20　轴流风机的构造简图

1—圆筒形机壳；2—叶轮；3—进口；4—电动机

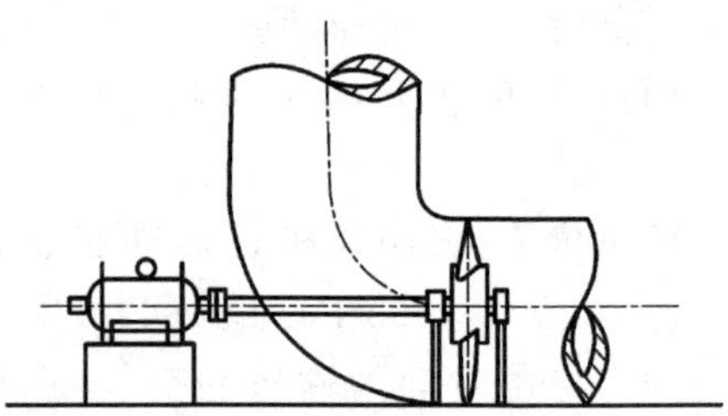

图 5-21　长轴式轴流风机

轴流风机是借助叶轮的推力作用促使气流流动的，气流的方向与机轴相平行。

轴流风机同样有风量、全压、轴功率、效率和转数等项性能参数，并且这些参数之间也有一定的内在联系，可用性能曲线来表示。此外，机号用叶轮直径的分米数表示。

轴流风机与离心风机在性能上最主要的差别，是前者产生的全压较小，后者产生的全压较大。因此，轴流风机只能用于无需设置管道的场合以及管道阻力较小的系统，而离心风机则往往用在阻力较大的系统中。

5.2.4　风阀

通风系统中常见的阀门有蝶阀、插板阀、防火阀和止回阀等几种，主要是用于风机的启动和系统中阻力平衡，控制和调节风流量，安全防火和防止空气倒流。

如图 5-22(a)所示为斜插板阀，多用于除尘系统，安装时有方向性，不得倒置。

如图 5-22(b)所示为蝶阀，主要设在分支管道或室内送风口之前调节风量。这种阀门只要改变阀板的转角就可以调节风量，但其严密性差，故不宜用于关断。

如图 5-22(c)所示为管道防火阀，是通风空调系统中的安全装置。阀内装有易熔锁片，一旦房间发生火灾，火焰或高温烟气通过风管道时，易熔锁片熔化，使阀板脱落关闭，防止火灾蔓延。

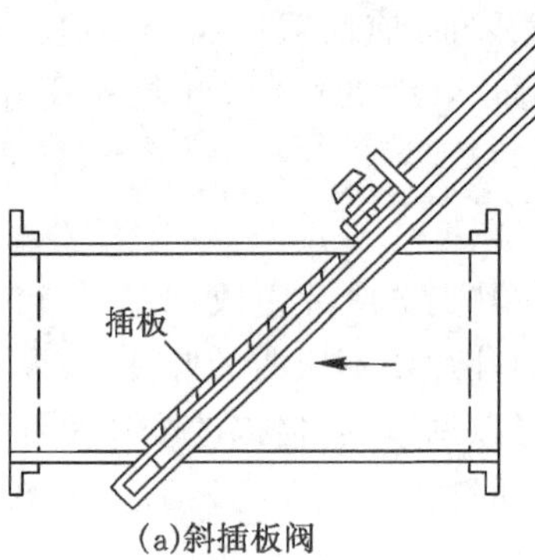

(a)斜插板阀

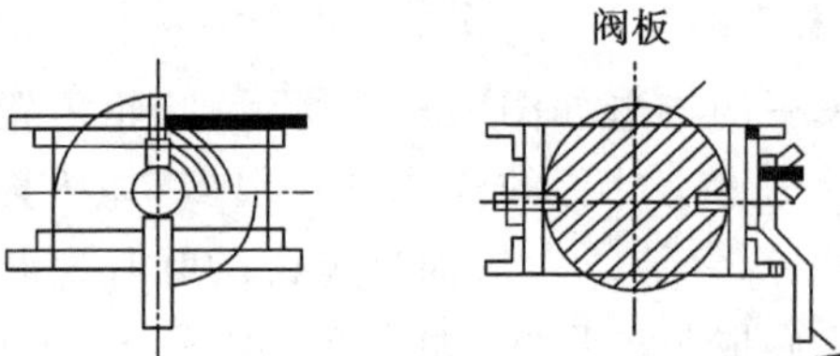

(b)蝶阀

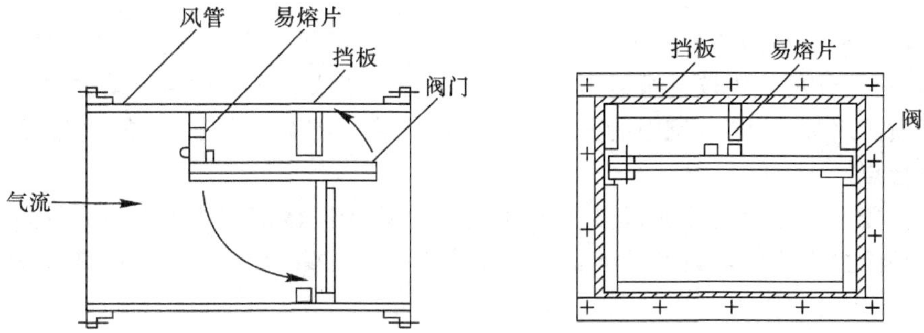

(c)管道防火阀

图 5－22　通风空调系统中常见的阀门

5.2.5　排风的净化处理设备

为防止大气污染和回收有用的物质，排风系统的空气在排入大气前，应根据实际情况采取必要的净化、回收和综合利用措施。

使空气的粉尘与空气分离的过程称为含尘空气的净化或除尘。常用的除尘设备有旋风除尘器、湿式除尘器、过滤式除尘器等。

旋风除尘器结构如图 5－23 所示。当含尘气流以一定速度沿切线方向进入旋风除尘器后，在内、外筒之间的环形通道做由上向下的旋转运动，气流中的尘粒受到离心力的作用被甩到外壁筒，尘粒由于自重及向下运动的气流带动，最后经排除管排出。

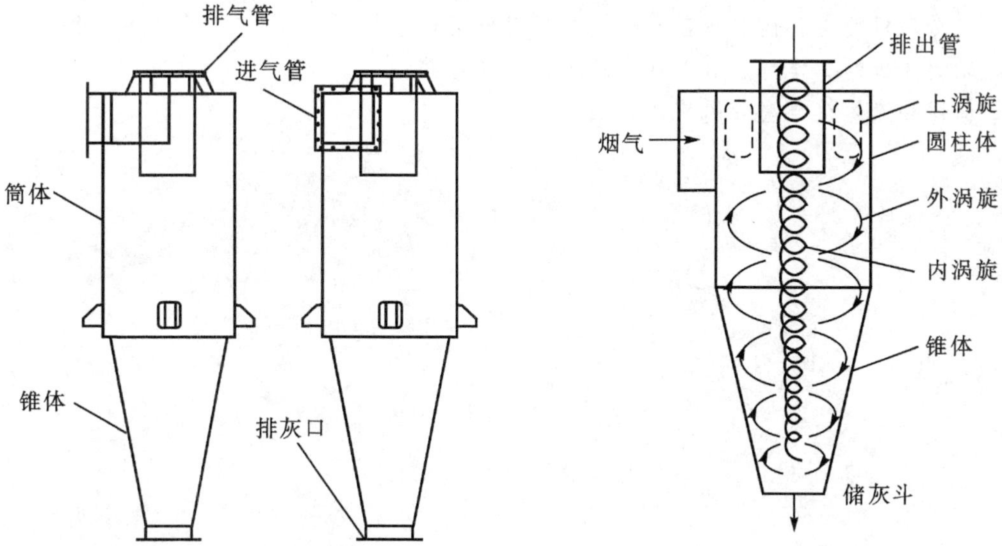

(a)外部结构　　(b)内部结构

图 5－23　旋风除尘器

旋风除尘器结构简单，体积小，维修方便，所以在通风工程中应用广泛。旋风除尘器一般安装在支架上。

湿式除尘器主要靠水浴和喷淋去除气体中的颗粒。由高压离心风机将含尘气体压入有一定高度的水槽中，部分灰尘颗粒会被吸附到水中。之后气流从下往上均匀流动，同时高压喷头的水由上向下喷洒水雾，去除气流中的灰尘颗粒。湿式除尘器具有结构简单、占地面积小、操作维修方便等特点。

过滤式除尘器是使含尘气体通过多孔滤料，把气体中尘粒截留到滤料中，从而达到净化空气的目的。这种除尘方式的最典型的装置是袋式除尘器。其除尘效率高，结构简单，操作维修方便。

在有些情况下，由于受各种条件限制，不得不把未经净化或净化不够的废气直接排入高空，通过在大气中的扩散进行稀释，使降落到地面的有害物质的浓度不超过标准中的规定，这种处理方法称为有害气体的高空排放。

本章小结

本章主要介绍了常见的通风方式及特点。要求掌握通风量的确定方法和通风系统常用设备的特点。

思考题

1. 简述通风系统的分类方法。
2. 简述自然通风和机械通风的分类及工作原理。
3. 全面通风量的确定原则有哪些?
4. 通风系统的主要设备及构件有哪些?
5. 离心风机的主要性能参数有哪些? 适用什么场合?
6. 轴流风机的工作特点有哪些? 适用什么场合?
7. 简述轴流风机与离心风机的区别。

第 6 章 空气调节工程

本章学习要点

1. 空调系统的分类与组成
2. 空调负荷和房间气流分布
3. 空气处理设备及输配系统
4. 空调的消声防振及防火排烟
5. 空调系统施工图的基本内容和识读

6.1 空气调节概述

6.1.1 空气调节的任务

空气调节简称空调，是指在某一空间内，对空气的温度、湿度、洁净度和空气流动速度等空气参数进行人工调节与控制，用以满足人体舒适和工艺生产过程需要的技术。空气调节的意义在于“使空气达到所要求的状态”或“使空气处于正常状态”。然而，一定空间内的空气环境一般受到两方面的影响：一是来自空间内部，如人员、设备及生产过程等所产生的热、湿等的影响；一是来自空间外部，如气候季节的变化、太阳辐射等外部因素的影响。这些影响因素，有些是稳定的，有些是不稳定的。

在保证特定空间内空气环境的有关参数（温度、湿度、风速及洁净度）处于限定的变化范围内时，有些影响因素在一定的条件下会成为有利的因素，如太阳辐射在冬季一般是有利的；而对于空间内部环境造成不利影响的热、湿等因素就需要采用技术手段来克服它们的影响。

据此，空气调节一般是指对某一特定的空间环境中空气的温度、湿度、空气流动速度及洁净度进行人工调节。现代技术发展有时还要求对空气的压力、成分、气味以及空气调节时所产生的噪音等进行调节与控制。由此可见，采用技术手段创造并保持满足一定要求的空气环境，乃是空气调节的任务。

6.1.2 空气调节的应用

空气调节的应用范围十分广泛，一般把为工业及科学实验过程服务的空调称为“工艺性空调”，而把为保证人体舒适的空气环境调节称为“舒适性空调”。

在公共与民用建筑中，大礼堂、宴会厅、会议厅、报告厅、图书馆、展览馆、影剧院、办公楼等均需设置空调。

交通运输工具如汽车、飞机、火车及船舶，空调的装备率都已经很高了。

随着科学技术的不断发展与更新，现代化的工厂生产车间、电子工厂、药厂、计量室等也按照生产工艺或科学研究对工作区温、湿度的特殊要求，同时兼顾人体热舒适的要求设置了空调。

现代化农业的发展也与空气调节密切相关，如大型温室种植蔬菜、禽畜养殖、粮种储存等都需要对内部空气环境进行调节。

因此，可以说现代化的发展需要空气调节，空气调节技术的发展也依赖于现代化。在现代生活、生产活动中，空调的装备率还将不断上升，空调的应用也将越来越广泛。

6.2 空调系统的分类与组成

6.2.1 空调系统的分类

1. 按空气调节的用途分类

(1)舒适性空调系统。舒适性空调系统，简称舒适空调，是为室内人员创造舒适健康环境的空调系统。办公楼、旅馆、商场、影剧院、图书馆、餐厅、体育馆、候机或候车厅等建筑中所用的空调都属于舒适空调。由于人体的舒适感在一定的空气参数范围内，所以这类空调对温度和湿度波动的控制，要求并不严格。

(2)工艺性空调系统。工艺性空调系统又称工业空调，是为生产工艺过程或设备运行创造必要环境条件的空调系统，工作人员的舒适要求有条件时也可兼顾。由于工业生产类型不同、各种高精度设备的运行条件也不同，因此工艺性空调的功能、系统形式等差别很大。例如，棉纺织车间对相对湿度要求很严格，一般控制在70%～75%；半导体元器件生产车间或精密仪器生产车间等对空气中含尘浓度极为敏感，要求有很高的空气净化程度；等等。

2. 根据空调设备的设置情况分类

(1)集中式空调系统。集中式空调系统是指系统中的所有空气处理设备，包括风机、冷却器、加热器、加湿器、过滤器等都设置在一个集中的空调机房里，空气经过集中处理后，再送往各个空调房间。集中式空调系统如图6-1所示。

集中式空调系统属于全空气系统，它是一种最早出现的基本的空调方式。由于服务面积大，处理空气量多，系统设备集中布置，便于管理和控制，但机房占地面积较大。根据集中式空调系统处理空气来源分类，可分为封闭式空调系统、直流式空调系统和混合式空调系统，如图6-2所示。

封闭式空调系统处理的空气全部来自室内，没有室外新鲜空气补充。这种系统冷、热耗量最少，但室内空气质量很差。

直流式空调系统与封闭式空调系统相反，处理的空气全部来自室外的新鲜空气，送入空调房间吸收了室内的余热、余湿后全部排到室外，适用于不允许采用回风的场合。该系统的冷、热耗量最大，但室内空气质量好。

大多数空调系统，为了减少空调耗能和满足室内卫生条件要求，采用部分室内回风和室外新风混合的方法，这种系统称为混合式空调系统。

集中式空调系统的主要优点：

①空调设备集中设置在专门的空调机房里，管理维修方便，消声防振也比较容易；

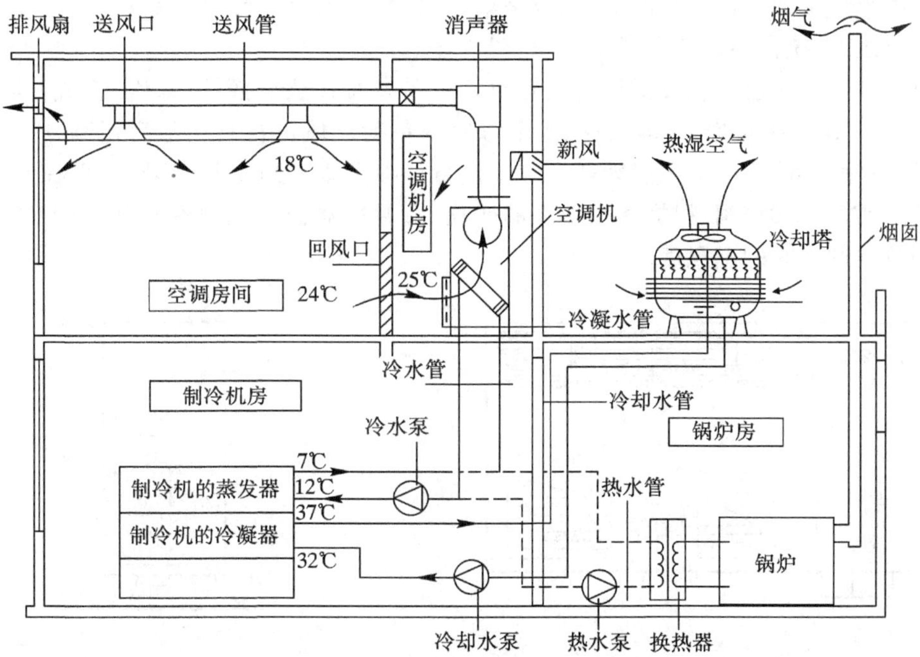

图 6－1　集中式空调系统示意图

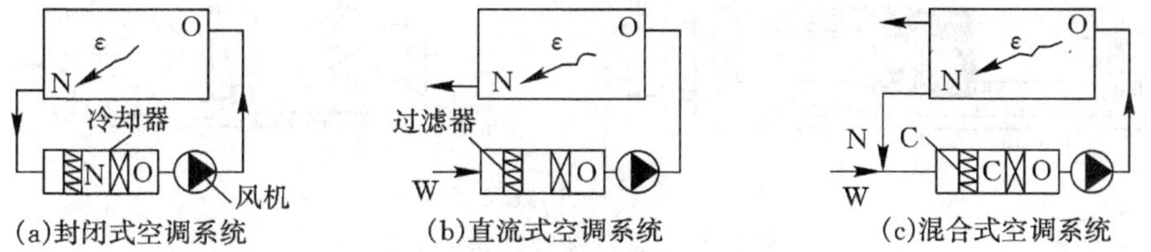

图 6－2　普通集中式空调系统的三种形式

N—室内空气；W—室外空气；C—混合空气；O—冷却器后的空气状态

②可根据季节变化调节空调系统的新风量，节约运行费用；

③使用寿命长，初投资和运行费用比较小。

集中式空调系统的主要缺点：

①所需的风量大，风道断面大，管道也长，占用建筑空间较多，施工安装工作量大，工期长；

②系统送风状态点单一，当各房间的热、湿负荷的变化规律差别较大时，不便于运行调节；

③当只有部分房间需要空调时，仍然要开启整个空调系统，造成能量上的浪费。

集中式空调系统适用于空调系统的服务面积大，各房间热湿负荷的变化规律相近，各房间使用时间也较一致的场合。

(2)半集中式空调系统。半集中式空调系统是指空调机房集中处理部分或全部风量，然后送往各房间，由分散在各被调房间内的二次设备再进行处理的系统。常用的半集中式空调系统为风机盘管系统。由于集中式空调系统的上述缺点，在许多民用建筑，特别是高层民用建筑的应用中受到限制。为了克服集中式空调系统的不足，风机盘管空调系统得到了广泛应用和发展。这种半集中式空调系统的冷、热媒是集中供给，新风可单独处理和供给，采用水作输送冷热量的介质，系统占用建筑空间少，运行调节方便。

①风机盘管的构造及组成。风机盘管由风机和表面式热交换器（盘管）组成，其构造如图6－3所示。排数通常为2～3排，负担大部分室内负荷。风机盘管一般采用高、中、低三挡调速，通过调节输入电压，改变风机转速调节冷热量。除了采用风量调节外，还可在其回水管上安装电动二通（或三通）阀，根据室内温度的变化，由温控器控制阀门的开度，改变进入盘管的水量来调节空调房间的温湿度。

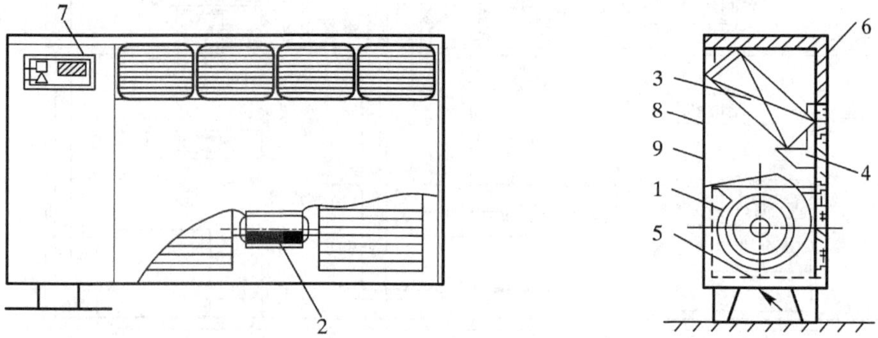

(a)立式

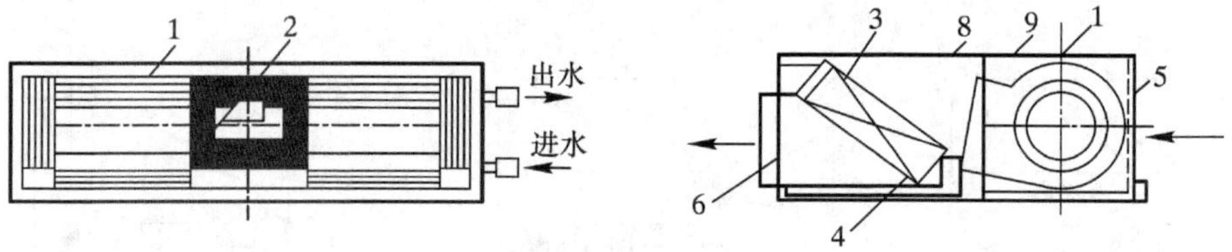

(b)卧式

图6－3　风机盘管构造示意图

1—风机；2—电机；3—盘管；4—凝结水盘；5—循环风进口及过滤器；

6—出风格栅；7—控制器；8—吸声材料；9—箱体

风机盘管空调系统的主要优点是布置灵活，节省建筑空间，各房间可独立地通过风量、水量的调节，改变室内的温、湿度。此外，当房间无人时可关闭风机盘管机组而不致影响其他房间，节省运行能耗。

风机盘管空调系统的主要缺点是维护工作量较大，对机组质量有较高的要求；在噪声要求严格的地方，风机转速不能过高。风机余压较小，使气流分布受到限制。

②风机盘管空调机组的新风供给方式。风机盘管空调机组的新风供给方式主要有如图6－4所示的三种方式：

a.靠室内机械排风渗入新风。该新风供给方式是靠设在室内卫生间、浴室等处的机械排风，在房间内造成负压，使室外新鲜空气渗入室内，如图6－4(a)所示。这种方法比较经济，但室内温度场分布不均匀，卫生条件不易保证。

b.外墙洞引入新风方式。这种新风供给方式是把风机盘管设置在外墙窗台下，立式明装，在盘管机组背后的墙上开洞，把室外新风吸入机组内，如图6－4(b)所示。这种方式能保证室内要求的新风量，通过安装在新风管上的阀门可调节新风，但运行管理麻烦，且新风口还会破坏建筑立面，增加污染和噪声。因此，适用于要求不高的场合。

c. 独立新风系统。独立新风系统的作用是通过新风机组将新风进行集中处理，使其达到所要求的质量标准。

根据所处理空气最终参数的情况，新风系统可承担新风负荷和部分空调房间的冷、热负荷。在过渡季节，可增大新风量，必要时可关掉风机盘管机组，单独使用新风系统。具体的做法有两种：

一种是新风管单独接入室内：送风口紧靠风机盘管的出风口，新风与风机盘管出风，通过同一个百叶风口送入室内或新风直接送入室内，如图 6－4(c)所示。

一种是新风送入风机盘管机组：新风送入风机盘管回风箱中，新风和室内回风混合，经风机盘管处理后送入房间。由于新风经过风机盘管，送风量增加，运行能耗增加，噪声增大，如图 6－4(d)所示。

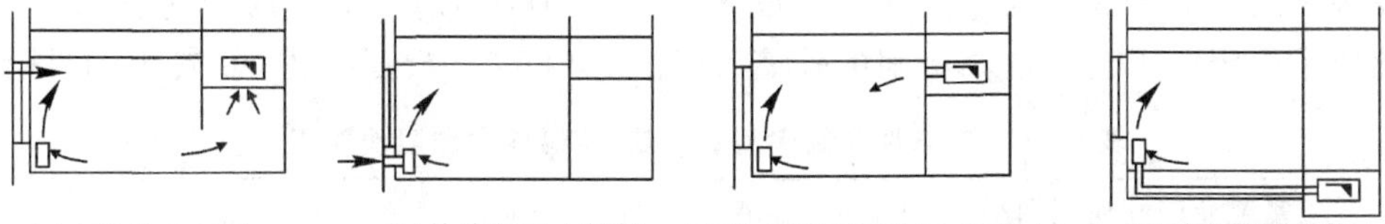

(a)室外渗入新风　(b)外墙洞引入新风　(c)独立新风系统(上部送入)　(d)独立新风系统(送入风机盘管机组)

图 6－4　风机盘管的新风供给方式

(3)分散式空调系统。分散式空调系统就是将系统冷(热)源、空气处理设备、空气运输装置和控制系统都集中在一起的空调机。这种系统不需要集中的空调机房，可以根据需要布置在空调房间或隔壁。当建筑物中只有少数房间需要空调或空调房间较分散时，宜采用分散式空调系统。因此，在许多需要空调的场所，特别是舒适性空调中，得到了广泛的应用。

分散式空调系统一般分为以下四种：

①按容量大小分为窗式(壁挂式)和立柜式。窗式(壁挂式)容量小，冷量在 7 kW 以下，风量在 1200 m^3/h；立柜式容量大，冷量在 7 kW 以上 100 kW 以下，风量在 1200 m^3/h 以上 2000 m^3/h以下。

②按冷凝器的冷却方式分为风冷式和水冷式。对于容量较小的风冷式空调机组(如窗式)，其冷凝器设置在机组的室外部分，用室外空气冷却；对于容量较大的风冷式空调机组，需要在室外设置独立的风冷冷凝器(如分体壁挂式和柜式)。水冷式一般用于容量较大的机组，采用该空调机组，需具备水源和冷却装置，制冷效率较高。

6.2.2　空调系统的组成

空调系统一般由空气处理设备、空气输送系统、空气分配装置和冷热源组成。

(1)空气处理设备。其作用是对送风进行处理，达到设计要求的送风状态。其主要包括空气过滤器、冷却器、加热器等热湿处理设备。

(2)空气输送系统。其作用是将处理后的空气输送到空调房间。其主要包括风机、风道、风量调节装置等。

(3)空气分配装置。其作用是合理地组织室内气流，使室内气流分布均匀。其主要包括各种类型风口。

(4)冷热源。其作用是提供冷却器、加热器等设备所需的冷媒和热媒。其主要包括制冷机组及锅炉等各种生产冷、热媒体的设备。

6.3 空调负荷和房间气流分布

6.3.1 空调负荷

空调系统的负荷主要分为热负荷和冷负荷两种负荷。

空调热负荷是指空调系统在冬天为空调房间提供维持室内温度所应提供的热量。在冬季由于室内外温差的影响,空调房间的围护结构成为传递热量的通道,为了保持空调室内温度的恒定,需要维持空调房间的热平衡。因此围护结构传递热量的多少直接影响空调系统的能耗,所以需要围护结构具有良好的保温性能。根据围护结构的类别和空调房间的类型,国家有关规范对此作了规定。工艺性空调房间的外墙、外墙朝向和所在楼层要求,如表 6-1 所示。

表 6-1 工艺性空调房间的外墙、外墙朝向和层次要求

室温允许波动范围/℃	外墙	外墙朝向	楼层层次
≥±1	易减少	宜北向	避免顶层
±0.5	不宜有	宜北向	不宜在顶层
±(0.1～0.2)	不应有		不宜在顶层

空调系统的冷负荷是为维持一定室内热湿环境所需要,在单位时间内从室内去除的热量。对空调系统来说,在夏季设计工况下送入空调房间的室外新鲜空气将给空调房间内带入显热量和潜热量,为维持室内热湿环境设计工况,需提供的冷量,称为新风冷负荷。根据规范规定,室内新风计算量不应小于表 6-2 中的民用建筑的最小新风量。

表 6-2 民用建筑的最小新风量

房间名称	新风量[m^3/(h·人)]	吸烟情况
影剧院、博物馆、体育馆、商店	8	无
办公室、图书馆、会议室、餐厅、医院的门诊部和普通病房	17	无
旅馆客房	30	少量

空调房间的冷负荷计算应考虑房间中人员的负荷、电脑的负荷、墙体负荷、窗的负荷等。某时刻由室外气流通过围护结构传入室内的热量以及室内设备、人员等室内热源传入房间的热量的总和,称为室内得热量。室内得热量并不是全部转为室内冷负荷,只有显热得热中的对流成分和潜热得热才能直接放散到房间,并立即构成瞬时冷负荷。在得热量转化为室内冷负荷的过程中,存在数量上衰减和时间上延迟的现象,这是由于墙体的蓄热和放热效应所引起的。

6.3.2 空调房间气流分布

空调房间的气流分布因通过空调房间选择的送、回风口的布置情况不同而有所不同。合理的房间气流组织,是与合理地选用适合房间的射流方式、送风口的类型和位置、回风口的位置等因素密切联系的。其中，送风口的类型、位置和风速的影响是十分重要的。

1. 送、回(排)风口的形式

(1)送风口形式。空调系统常用的送风口有侧送风、散流器、孔板、喷射式送风口等。侧送风口通常安装在房间侧墙上横向送风，常用的侧送风口形式有格栅送风口、单层百叶送风口、双层百叶送风口、条缝型送风口等。其中，单层百叶风口和双层百叶风口最为常见，其构造形式如图 6－5 所示。

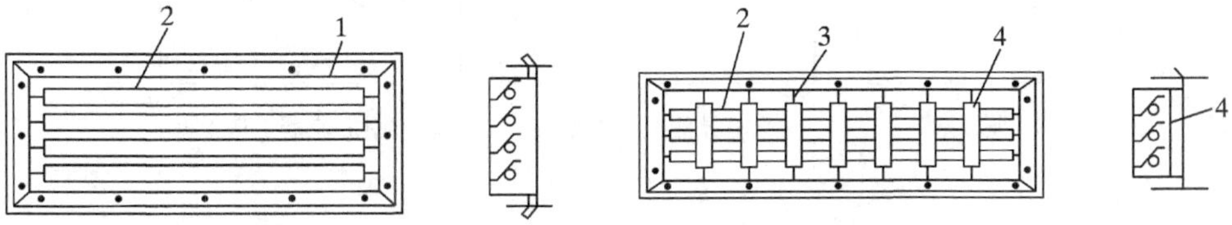

(a)单层百叶风口　(b)双层百叶风口

图 6－5　百叶风口构造示意图

1—铝框(或其他材料外框)；2—水平百叶片；3—百叶片轴；4—垂直百叶片

散流器装在天花板上由上向下送风，常见形式如图 6－6 所示；孔板送风口是利用送风静压箱内静压的作用，通过开孔大面积向室内送风；喷射式送风口通常在大型体育馆、候车厅等建筑中采用。

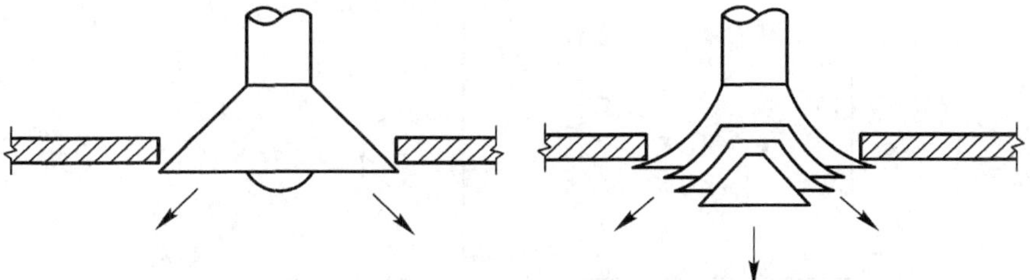

(a)盘式散流器送风口　(b)流线性散流器送风口

图 6－6　散流器构造示意图

(2)回风口形式。回风口对室内气流分布影响较小，因而构造简单，常用的回风口有矩形网式、单层格栅、条缝风口等。

2. 气流组织形式

(1)上送下回式：送风口安装在顶棚上或房间侧墙上部，回风口安装在房间的下部，如图 6－7所示。这种方式气流分布比较均匀，因而应用较广泛。

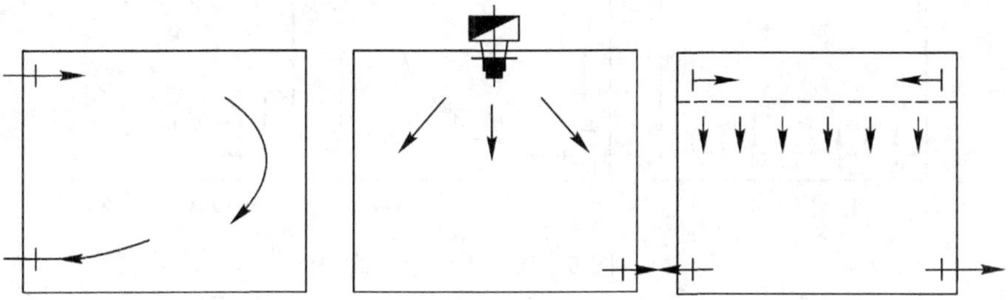

(a)侧送侧回　(b)散流器送风　(c)孔板送风

图 6－7　上送下回式

(2)上送上回式:送风口及回风口均安装在房间上部,如图 6-8 所示。当房间布置下回风口有困难时,多采用上送上回式。

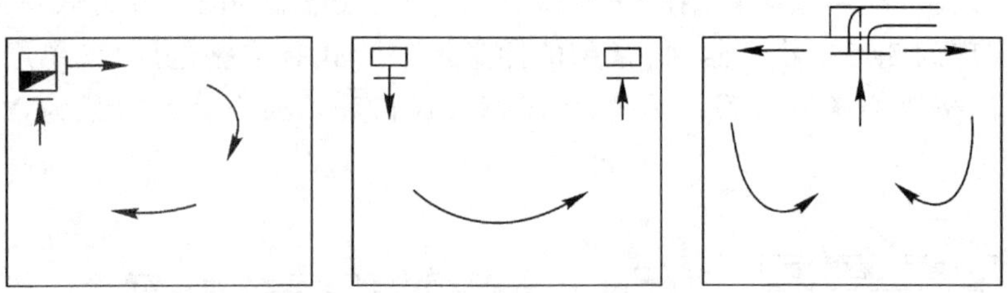

(a)单侧上送上回　(b)异侧上送上回　(c)贴附散流器上送上回

图 6-8　上送上回式

(3)中部送风式:在房间墙体中部采用侧送风口或喷射送风口,在房间下部设置回风口,如图 6-9 所示。这种方式用于只对空调房间下部区域进行空气调节,上部非工作区域可采用自然排风等方式排出余热,有显著的节能效果。

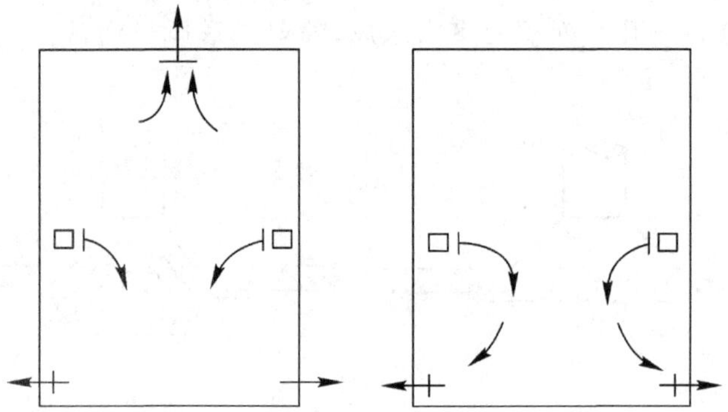

图 6-9　中部送风式

(4)下送上回式:送风口设置在房间下部,排风口设置在顶部,如图 6-10 所示。这种方式使新鲜空气首先通过工作区,再由顶部排风,将房间余热不经工作区直接排走,有一定的节能效果,但地面容易积灰,影响室内空气清洁度。

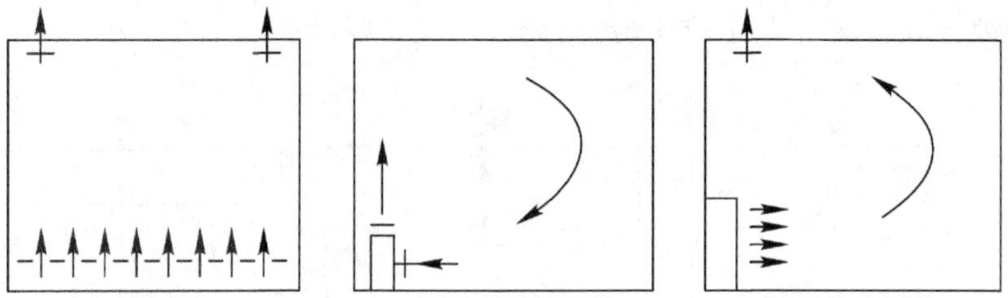

(a)地板下送　(b)末端装置下送　(c)置换式下送

图 6-10　下送上回式

6.4　空气处理设备

6.4.1　空气加热器

空气加热器是将空气进行加热处理的设备，其分为电加热器和表面式加热器两种。电加热器(见图 6－11)是使电流通过电阻丝发热来加热空气的设备，具有结构紧凑、加热均匀、热量稳定、控制方便等优点。由于电费较贵，通常只用在加热量较小的空调机组中。在恒温精度较高的空调系统里，常作为控制房间温度的调节加热器，安装在空调房间的送风支管上。表面式加热器是通过加热器的金属表面与空气进行热湿交换而不直接和被处理的空气接触。

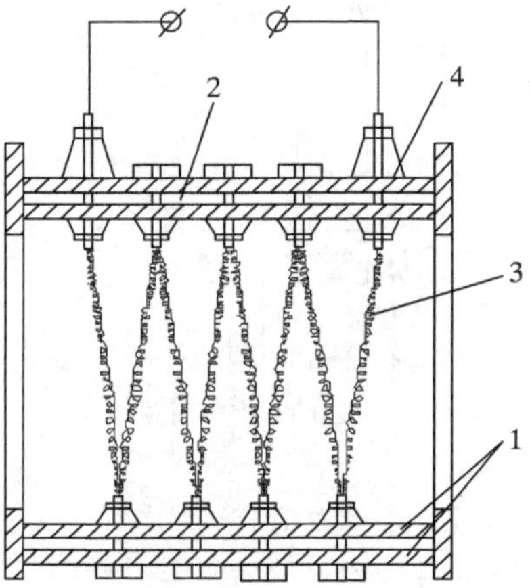

(a)裸线式电加热器

1—钢板；2—隔热层；3—电阻丝；4—瓷绝缘子

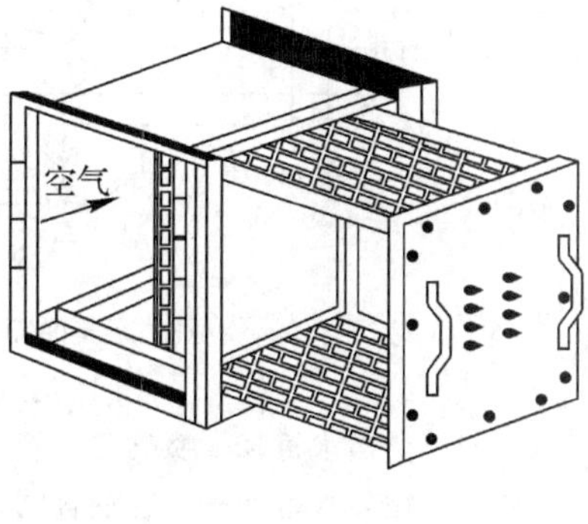

(b)抽屉式电加热器

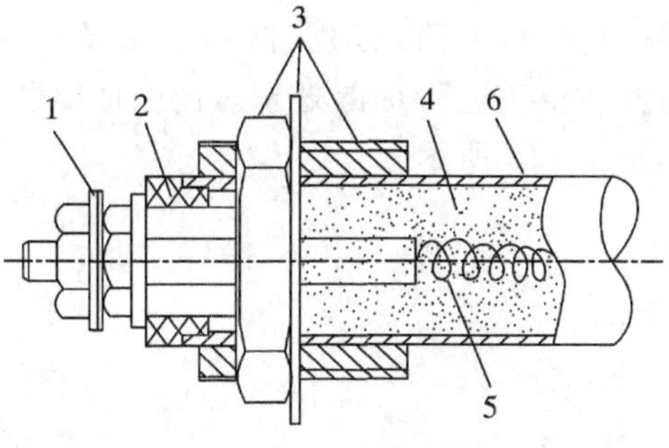

(c)管式电加热器

1—接线端子；2—绝缘端子；3—紧固装置；
4—绝缘材料；5—电阻丝；6—金属套管

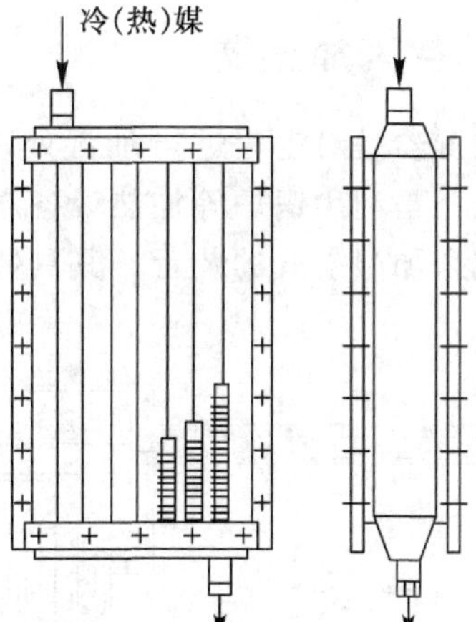

(d)肋片管式加热器

图 6－11　空气电加热器

6.4.2　空气冷却器

空气冷却器是将空气进行冷却处理的设备，其分为表面式冷却器和喷水室。表面式空气冷却器其结构与表面式加热器相同,只是以冷冻水或制冷剂作为冷媒。喷水室构造如图6-12所示,喷水室可用于夏季时对空气冷却减湿或冬季时对空气加热加湿。在喷水室中喷入不同温度的水,通过水直接与被处理的空气接触来进行热湿交换,可以实现对空气的加热、冷却、加湿和减湿。喷水室处理空气的主要优点是能够实现多种空气处理过程,冬夏季可以共用一套空气处理设备,具有一定的净化空气的能力,金属耗量小,容易加工制作。缺点是对水质条件要求高、占地面积大、水系统复杂、耗电较多。在空调房间的温、湿度要求较高的场合,如纺织厂等工艺性空调系统中,得到广泛的应用。

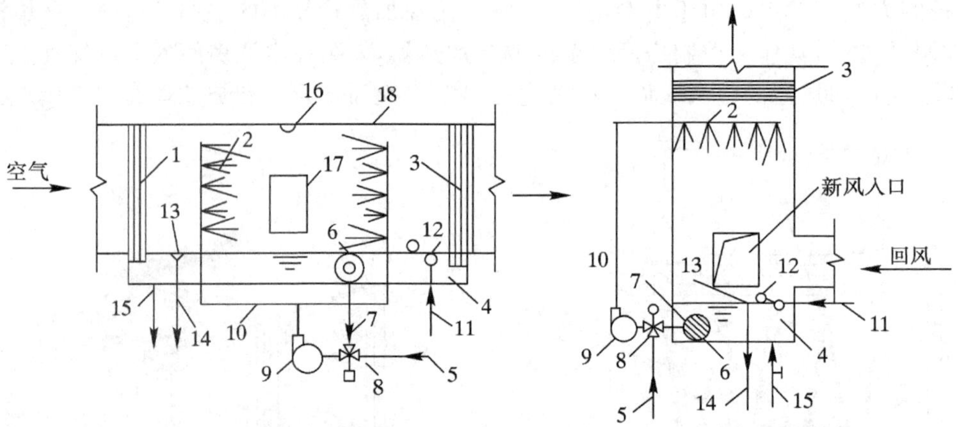

(a)喷水室平面图　(b)喷水室剖面图

图 6-12　喷水室的构造

1—前挡水板;2—喷嘴与排管;3—后挡水板;4—底池;5—冷水管;6—滤水器;7—循环水管;8—三通混合阀;9—水泵;10—供水管;11—补水管;12—浮球阀;13—溢水器;14—溢水管;15—泄水管;16—防水灯;17—检查门;18—外壳

6.4.3　空气加湿器

空气加湿器是对空气进行加湿处理的设备,其分为干蒸汽加湿器和电加湿器两种类型。干蒸汽加湿器是利用锅炉等加热设备产生的蒸汽对空气进行加湿处理。而电加湿器是使用电能产生蒸汽来加湿空气的装置。其具体构造如图 6-13 所示。

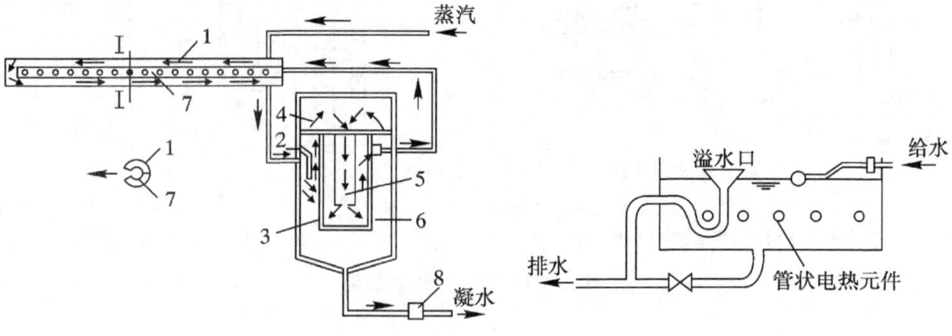

(a)干蒸汽加湿器　(b)电加湿器

图 6-13　空气加湿器

1—喷管外套;2—导流板;3—加湿器筒体;4—导流箱;5—导流管;6—加湿器内筒体;7—加湿器喷管;8—疏水器

6.4.4　空气除湿设备

空气除湿设备是对空气中多余含湿量进行减除的设备，其主要的设备为除湿机。空调中常用的除湿机为冷冻除湿机。冷冻除湿机是利用潮湿空气流过蒸发器时，由于蒸发器表面的温度低于空气的露点温度，空气温度降低，处于过饱和状态，此时有部分水分凝结出来，用以达到除湿的目的。

6.4.5　空气过滤器

空气过滤器是对空气进行净化过滤的设备，按其过滤效果分为初效过滤器、中效过滤器和高效过滤器三类。为了便于更换，一般做成块状，如图 6－14(a)所示。此外，为了提高过滤器的过滤效率和增大额定风量，可做成抽屉式[图 6－14(b)]或袋式[图 6－14(c)]。初效过滤器主要用于过滤粒径在 10～100 μm 范围的大颗粒灰尘，通常采用金属网格、聚氨酯泡沫塑料及各种人造纤维滤料制作；中效过滤器用于过滤粒径在 1～10 μm 范围的灰尘，常用玻璃纤维、无纺布等滤料制作。高效过滤器用于对空气洁净度要求较高的净化空调，通常采用超细玻璃纤维、超细石棉纤维等滤料制作。

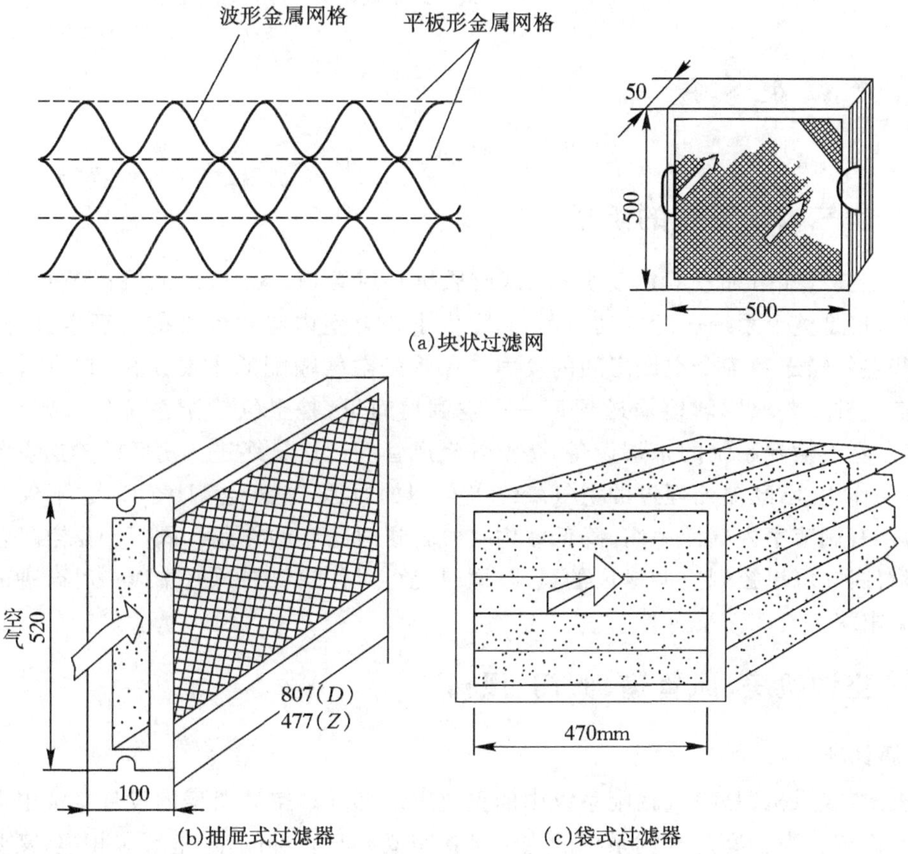

图 6－14　空气过滤器

6.4.6 组合式空调箱

组合式空调箱就是将各种空气处理设备、风机、消声装置、能量回收装置等分别做成箱式的单元，按空气处理过程的需要进行选择、组合而成的空调器。其结构如图 6－15 所示。空调箱的标准分段主要有回风机段、混合段、预热段、过滤段、表冷段、喷水段、蒸汽加湿段、再加热段、送风机段、能量回收段、消声器段和中间段等。分段越多，设计选配就越灵活。

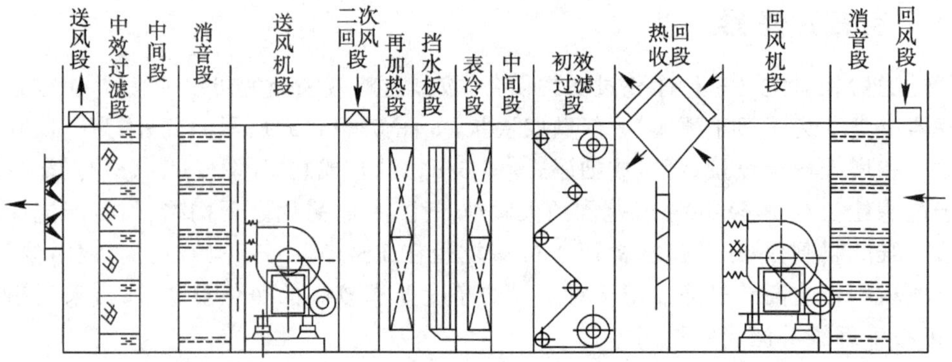

图 6－15　组合式空调箱

6.5 空气输配系统

6.5.1 空气输配系统的组成

空调的空气输配系统一般由空调机房(或风机)、风管道、阀门、进回风口等几部分组成。其中，空调机房是整个系统运行的动力源，它提供了符合室内空气标准的处理空气，同时也提供了将这些空气输送到各个空调房间的动力。风管是空气输配的主要途径，它将从空调机房处理过的空气按照要求均匀地输送到每一个空调房间里，是空气输配系统的必要组成部分。进、回风口是空气输配系统的末端设备，是空气经风管的运送最终进入房间的输送设备。经过进、回风口的作用，已经被处理过的空气最终以合理的风速，进入空调房间。它不仅有输送空气的作用，还有调节室内气流组织，降低室内空气输送时噪音的作用。阀门则是空气输送系统中的必要附件，它可以控制空调送风的风速，同时也可以使空气在风管中以一种合理的状态被输送到各个末端。

6.5.2 空调机房、风管道、阀门、风口

1. 空调机房

空调机房(或风机)是空气输配系统中的重要组成部分。空调机房的设置常常根据其内部设备的情况而定。为了满足空调系统的主要设备间既要与外部的水、电系统相连，又要与建筑内部的末端空调设备相连的要求，对于中、小型建筑，空调系统主要的设备用房可布置在底层，各层分设辅助设备用房，并设置相应的管道井和管沟，而大型的高层建筑，则需要专门设置设

备技术层，以便集中管理。

2. 风管道

风管道是空气输配系统的必要组成。通常制作风管道的材料有很多，一般可分为金属材料和非金属材料两类。常用的金属材料有普通酸洗薄钢板、镀锌薄钢板和型钢等黑色金属材料。若有特殊需要（如防腐、防火等要求时），可采用不锈钢板、铜板等材料。

通常风管都制作为矩形截面，以方便工程施工及空气的输送。但是，某些特殊情况下它会被制作成圆形。例如：厨房的排烟风管，由于厨房的烟气中含有大量的油，采用一般风管会使油有积存的死角，最后，积聚的油滴就会沿着风管壁倒流到排烟风口处，对厨房操作台进行污染。然而，圆形风管四壁光滑，它没有油滴积聚的死角，因此，厨房排烟系统的风管截面必须为圆形。

3. 常用的阀门

通风空调系统中常见的阀门有蝶阀、多叶阀、菱形阀、插板阀、防火阀和止回阀等几种，主要是用于风机的启动和系统中阻力平衡，控制和调节风流量，安全防火和防止空气倒流。

4. 风口

风口按其用途可分为送风口、回风口、排风口和进风口四种。

按风口所处位置将风口分为室内和室外两种。其中室内风口指设置在室内不同位置的各种类型的送风口、排(回)风口。其作用是合理地组织室内气流，保证房间工作区的空气状态均匀。室外风口其作用是向空调系统输送新鲜的空气，设置位置与通风系统相同。

6.6 空调消声防振及防火排烟

6.6.1 空调消声

1. 室内噪声标准

室内噪声标准是指在允许的噪声级别以内的噪声。制定噪声标准是为了满足生产、生活和工作条件的需要，并能消除噪声对人体的有害影响，同时也与技术经济条件有关系，无原则地提高噪声标准将势必导致浪费。空调工程的噪声有空气动力噪声、机械噪声及电磁噪声等。噪声源主要有通风机、各种空调设备（风机盘管、房间空调器、诱导器、柜式空调机组）、各种水泵（冷冻水泵、冷却水泵）和冷却塔等。噪声传播主要有两种方式：通风机运转产生的噪声出风道传入室内、各种设备运行时的震动和陨声通过建筑结构传入室内。因此，我国标准《民用建筑隔声设计规范》(GB 50118—2010)和各类建筑的设计规范里，都给出了噪声的允许值。

2. 消声器

根据噪声在室内的标准和各频带要求消除的声压选择消声设备，消除在室内噪声标准以外的那些噪声。消声器是采用吸声材料根据不同的消声原理设计成的管路构件。其具体分为阻性消声器、抗性消声器、共振消声器和复式消声器等。

(1)阻性消声器。阻性消声器是利用吸声材料的吸声作用消耗声能降低噪声。其主要特点是对中、高频噪声的吸声效果好，对低频噪声吸声效果差，如图 6-16 所示。

(2)抗性消声器。抗性消声器是利用风管道截面的突然变化，使噪声传播的波纹反向，从而

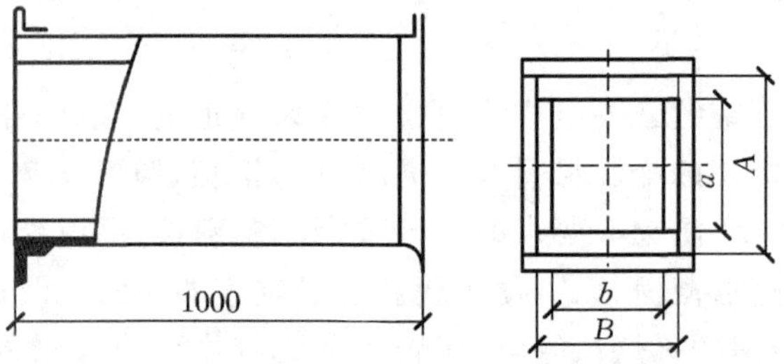

图 6－16　阻性消声器

起到消除噪声的目的。其特点是对中、低频的噪声吸声效果好，但风管道截面变化大，使其使用受到限制。

(3)共振消声器。共振消声器是利用管道中的金属小孔使噪声传播的波纹频率发生变化，在消耗噪声能量的同时降低噪声。其特点是对低频噪声的消除效果好，但它对噪声频率的选择性强，消声频率的范围不大。一旦噪声频率离开共振消声器固有频率较远时，消声效果不佳。

(4)复式消声器。复式消声器是利用阻性消声器对中、高频噪声消除效果好，抗性和共振消声器对低频噪声消除效果好而综合设计的，从低频到高频的噪声范围内都具有较好的消声效果的消声器。常用的有阻抗复式消声器、阻抗共振复式消声器等类型。

(5)其他类型的消声器。除了上述的消声器外，在空调系统中还有一些不仅仅能消除噪声，还能起到节省空间作用的比较常用的消声构件，分别是：

①消声弯头。消声弯头是在普通的风管道的弯头内壁贴吸声材料，利用吸声材料消耗噪声能量，如图 6－17 所示。

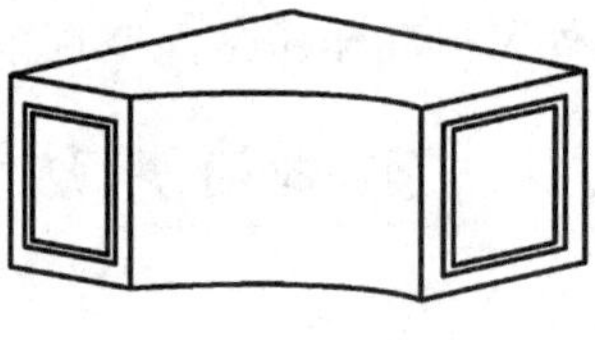

图 6－17　消声弯头

②消声静压箱。消声静压箱是在风机出风口或空气分布器前设置内壁贴吸声材料的静压箱。其不仅可以起到稳定气流的作用，还具有消除噪声的作用。

6.6.2　空调系统的防振

空调系统的噪声传播分为空气传播和固体传播。具体来说，就是除了通过空气传播噪音外，还能通过建筑物的结构和基础进行传播。例如风机或压缩机所产生的振动可以直接传给基础，并以弹性波的形式从机器基础沿房屋结构传到其他房间去，又以噪声的形式出现，称为固体声。

消弱由机器传给基础的振动，是通过消除它们之间的刚性连接来实现的。即在振源和它的基础之间安设减振构件(如弹簧减振器或橡胶、软木块等)，可使从振源传到基础的振动得到一定程度的消弱。

在空调系统中，除了对风机、水泵等产生振动的设备设置弹性防振支座外，为了防止与这些运转设备连接的管路的传声，应在风机、水泵、压缩机等设备的进出口管路上设置隔振软管，在管道的支吊架、穿墙处做好防振措施，如图 6－18 中所示的防振处理措施。

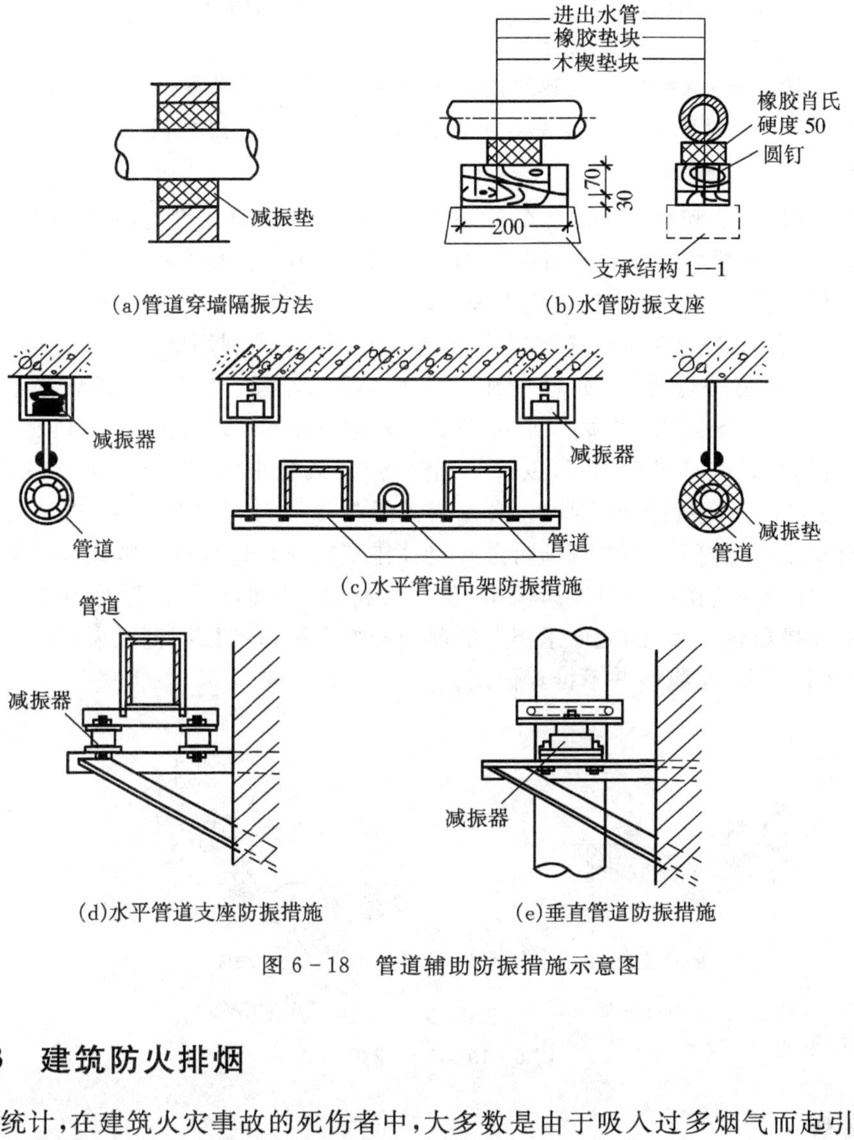

(a)管道穿墙隔振方法　(b)水管防振支座

(c)水平管道吊架防振措施

(d)水平管道支座防振措施　(e)垂直管道防振措施

图 6－18　管道辅助防振措施示意图

6.6.3　建筑防火排烟

根据统计，在建筑火灾事故的死伤者中，大多数是由于吸入过多烟气而起引窒息或中毒。了解火灾烟气的特性是控制烟气的前提。

建筑烟气是指发生火灾时物质在燃烧和热分解作用下形成的产物与剩余空气的混合物。火灾的燃烧过程可分为两个阶段：热分解和燃烧过程。它通常是一个不完全燃烧反应过程，在一定温度下，材料分解出游离碳和挥发性气体；游离碳和可燃成分与氧气剧烈化合，并放出热量(即燃烧)。在不完全燃烧下，烟气是悬浮的固体碳粒、液体碳粒和气体的混合物，其悬浮的团体碳粒和液体碳粒称为烟粒子，简称烟。

根据《建筑设计防火规范》的规定，民用建筑的下列场所或部位应设置排烟设施：

(1)设置在一、二、三且房间建筑面积大于 100 m^2 的歌舞娱乐放映游艺场所，设置在四层及以上楼层、地下或半地下的歌舞娱乐放映游艺场所；

(2)中庭；

(3)公共建筑内建筑面积大于 100 m^2 且经常有人停留的地上房间；

(4)公共建筑内建筑面积大于 100 m^2 且可燃物较多的地上房间；

(5)建筑内长度大于 20 m 的疏散走道；

(6)地下或半地下建筑(室)、地上建筑内的无窗房间，当总建筑面积大于 200 m^2 或一个房间建筑面积大于 50 m^2，且经常有人停留或可燃物较多时，应设置排烟设施。

1. 自然排烟方式

自然排烟是利用风压和热压做动力的排烟方式。这种排烟方式设施简单，投资少，日常维护工作少，操作容易，但排烟效果受室外很多因素的影响与干扰，并不稳定。因此它的作用会受到一定限制，但在符合上述条件时宜优先采用。

自然排烟有两种方式：①利用外窗或专设的排烟口排烟；②利用竖井排烟，如图 6－19 所示。利用可开启的外窗进行排烟，如果外窗不能开启或无外窗，可以专设排烟口进行自然排烟，如图 6－19(a)所示。专设的排烟口也可以是外窗的一部分，它在火灾时可以人工开启或自动开启。开启的方式也有多样，如可以绕一侧轴转动，或绕中轴转动等。图 6－19(b)是利用专设的竖井，即相当于专设一个烟囱。各层房间设排烟风口与之相连接，当某层起火有烟时，排烟风口自动或人工打开，热烟气即可通过竖井排到室外。这种排烟方式实质上是利用烟囱效应的原理。在竖井的排出口设避风风帽，还可以利用风压的作用。但是由于烟囱效应产生的热压很小，而排烟量又大，因此要求竖井的截面和排烟风口的面积都很大。但是由于此种方式占用建筑面积过大，在我国并不推荐使用。

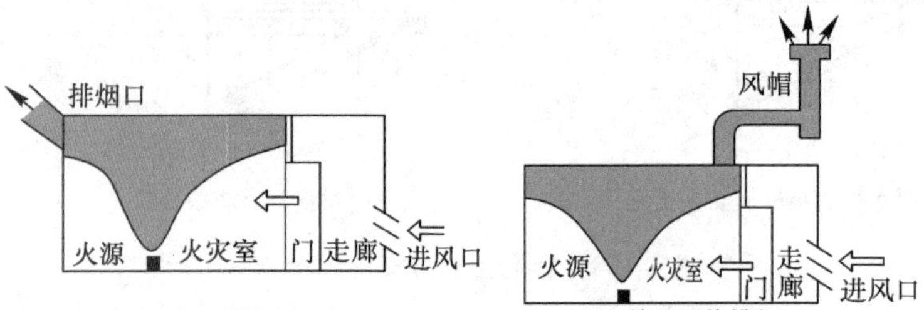

(a)窗口排烟　　(b)利用竖井排烟

图 6－19　自然排烟

2. 机械排烟方式

机械排烟是利用风机产生的气流和压力差来控制烟气流动方向的排烟方式。当火灾发生时，产生大量烟气及受热膨胀的空气，导致着火区域的压力增高。一般平均高出其他区域 10～15 Pa，短时间内可达到 35～40 Pa。机械排烟系统必须具备比烟气生成量大的排风量，才有可能使着火区产生一定负压。目前，许多国家为了确保机械排烟的效果，其排烟风量的标准大于 6 次/h。根据补风形式不同，机械排烟又可分为两种方式：机械排烟自然进风和机械排烟机械进风，图 6－20(a)、(b)分别表示了这两种形式。

机械排烟的优点是不受外界条件(如内外温差、风力、风向、建筑特点、着火区位置等)的影响；能保证有稳定的排烟量；排风断面小、节约建筑空间。当然机械排烟的设施费用高；设备需要耐高温；管理维护复杂。

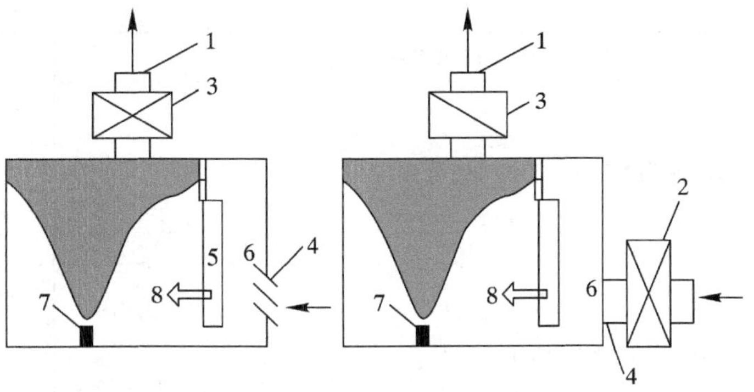

(a)机械排烟自然进风　　(b)机械排烟机械进风

图 6－20　机械排烟

1—排烟风口；2—通风机；3—排烟风机；4—送风口；5—门；6—走廊；7—火源；8—火灾室

3. 机械防烟方式

机械防烟的具体方式就是利用机械能将室外空气送至楼梯间前室或其他需要设置防烟措施的建筑空间。利用小空间内的空间正压，迫使烟气不能进入楼梯间前室等人们逃避火灾烟气时必须经过的地方。

机械加压防烟是一种有效的防烟措施，但它的造价高。一般只在一些重要建筑和重要的部位才用这种机械加压防烟措施。目前主要用于高层建筑的垂直疏散通道和避难层(间)。在高层建筑中一旦火灾发生，电源都被切断，除消防电梯外，电梯停运。因此，上述这些垂直通道只要不具备自然排烟，或即使具备自然排烟条件，但它们在建筑高度过高或重要的建筑中，都必须采用加压送风防烟。垂直通道主要指防烟楼梯间和消防电梯，以及与之相连的前室和合用前室。所谓前室是指与楼梯间或电梯入门相连的小室；合用前室指既是楼梯间又是电梯间的前室。机械加压防烟的设置部位按规范可根据以下条件设置：

(1)不具备自然排烟条件的防烟楼梯间、消防电梯间前室或合用前室；

(2)采用自然排烟措施的防烟楼梯间，而不具备自然排烟条件的前室；

(3)封闭避难层(间)。

加压防烟方式的余压对烟道楼梯间为 50 Pa，前室和合用前室、消防电梯间前室、封闭避难层(间)为 25 Pa。楼梯间宜每隔 2～3 层设一个加压送风口；前室的加压送风口应每层设置一个。

对于不同建筑设计方案的加压防烟方式有如表 6－3 所示的多种模式。

表 6－3　防烟楼梯间及消防电梯间加压送风系统方式

序号	加压送风系统方式	图示
1	仅对防烟楼梯间加压送风时(前室不加压)	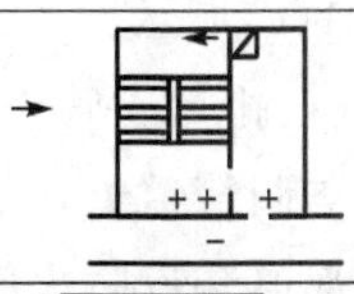
2	对防烟楼梯间及其前室分别加压	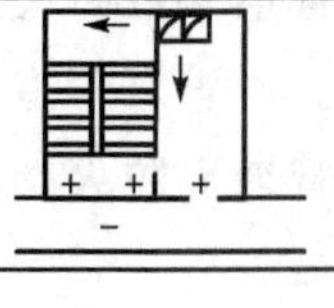

续表 6-3

序号	加压送风系统方式	图示
3	对防烟楼梯间及有消防电梯的合用前室分别加压	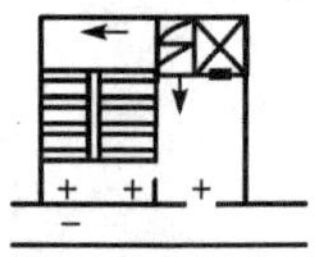
4	仅对消防电梯的前室加压	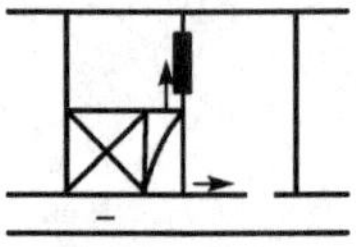
5	当防烟楼梯间具有自然排烟条件，仅对前室及合用前室加压	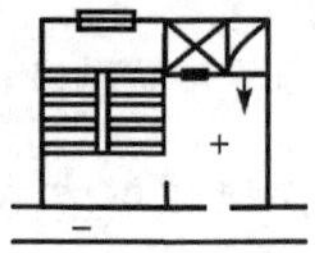

注：图中“＋＋”“＋”“－”表示各部位静压力的大小。

为阻止烟气流入被加压的房间，必须达到：①门开启时，门洞有一定向外的风速。②门关闭时，房间内有一定正压值。这也是设计加压送风系统的两条原则。加压送风是有效的防烟措施，具体规定参见《建筑设计防火规范》。

4. 空气调节系统的防火方式

空调系统防火的方式即为其送风、排风系统应采用防爆型通风设备，即用有色金属制作的风机叶片和防爆的电动机。通风空调系统管道的布置，横向应按每个防火分区设置，竖向不宜超过五层；但当送排风管道设有防止回流设施，而且各层设有自动喷水灭火系统时，其进风和排风管道可不受此限制。

所谓防回流措施是指为了防止垂直排风管道扩散火势而在排风管道上采取的防止气流倒灌的措施。排气管防止回流的构造措施有以下几种：

(1)加高各层垂直排风管的长度，使各层的排风管道穿过两层楼板，在第三层内接入总排风管道，如图 6-21(a)所示。

(2)将浴室、厕所、卫生间内的排风竖管分成大小两个管道，大管道为总管，直通屋面；而每间浴室、厕所的排风小管，分别在本层上部接入总排风管，如图 6-21(b)所示。

(3)将支管顺气流方向插入排风竖管内，且使支管到支管出口的高度不小于 600 mm，如图 6-21(c)所示。

(4)在排风支管上设置密闭性较强的止回阀。

在空调管道上，每当空调管道穿过防火分区的隔墙或变形缝时，必须在被穿越的防火分区侧给风管道装设防火阀。空调风管道还应采用防火材料制作，风管道的软接头应采用难燃材料制作。对于风管道的保温材料、消声材料和粘结材料应采用不燃材料或难燃材料制作。空调送风管道上防火阀的安装做法具体如图 6-22 所示。

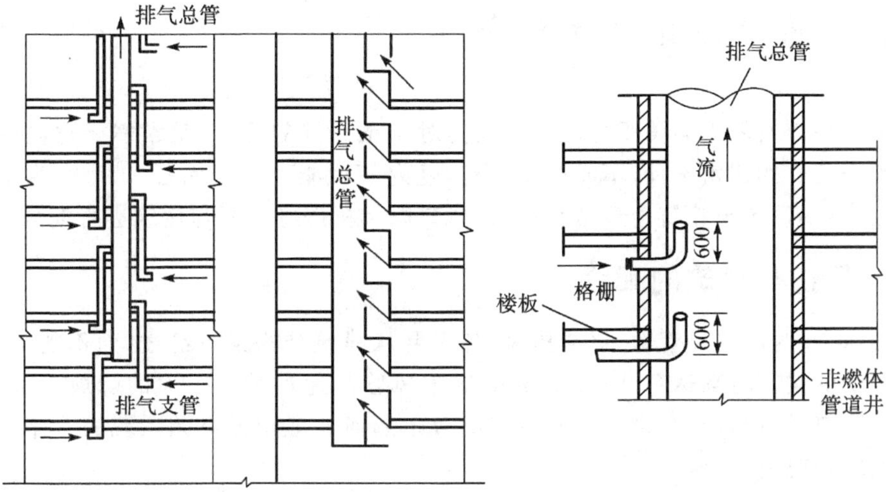

(a)　　(b)　　(c)

图 6-21　排风管道防止回流的措施

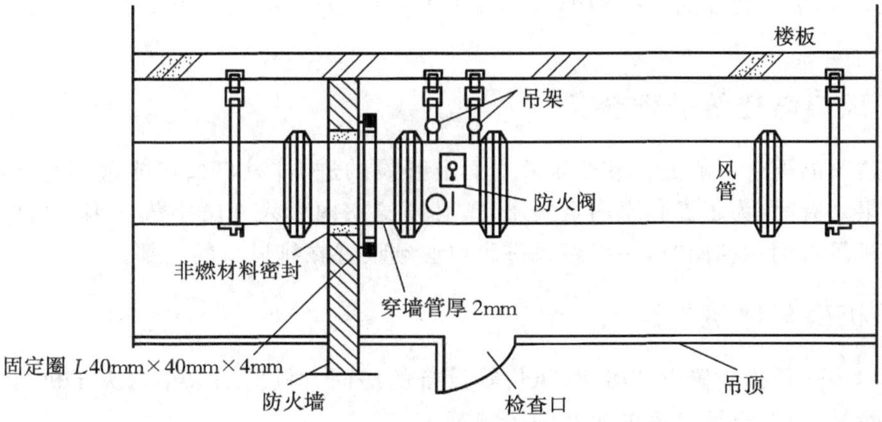

(a)防火墙处的防火阀

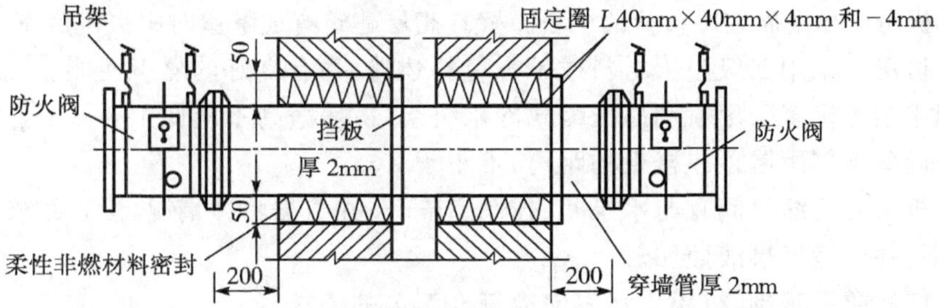

(b)变形缝处的防火阀

图 6-22　穿防火分区处的防火阀

防火阀的安装位置：

①送、回风总管穿越机房隔墙和楼板处。

②通过设备机房和火灾危险性较大或重要的房间隔墙和楼板处的风管。

③每层送、回风水平风管与直总管交接处的水平管段上。

6.7 空调系统与建筑的配合

为保证一栋建筑的立面美观并能满足人们对空调系统的要求，常常需要空调系统与建筑进行相互配合。好的建筑设计，不光造型独特，且内部功能也十分完备。因此，为了达到最终的设计目标，空调系统与建筑会经常在风道、风口以及机房等方面与建筑进行配合。

6.7.1 风道与建筑的配合

一方面，在室内布置风管送风（或排风）都需要从建筑结构梁下经过，而不能穿梁。然而，有些高层建筑的梁有时高达700～800 mm，对于风管的通过带来很大的麻烦。这时，就需要空调系统与建筑进行配合，在设计时就应仔细考虑如何合理布置空调系统的管路。一般原则是小管让大管，有压让无压。

一方面，为将新鲜的空气送入建筑物内，有时根据需要还应在建筑物内设置专门的新风井，以方便新风进入，改善室内空气品质。但是，设置井道是必须和建筑以及结构紧密配合的。新风井不能太偏，以防止输送风机功率太大会产生噪音；同时新风井也不能随意摆放，更应考虑防火问题。

6.7.2 风口与建筑的配合

风口与建筑的配合一般是指在建筑外立面上开设的进、排风口如何能做到隐蔽而不影响室内空调效果。有时，为了提高室内空气质量，必须给室内引入新鲜空气。因此，如果新风进口必须要和排风口同一朝向时，一般新风进风口必须设置在排风口的上部。

6.7.3 机房与建筑的配合

空调机房一般是指放置空调机组、风机等设备的房间。机房的大小取决于机房所放置设备的大小和数量，以及空调机房的噪音的影响等。

空调机在空调机房内布置有以下几个要求：

(1)中央机房应尽量靠近冷负荷的中心布置。高层建筑有地下室时中央机房宜设在地下室。

(2)中央机房应采用二级耐火材料或不燃材料建造，并有良好的隔声性能。

(3)空调用制冷机多采用氟利昂压缩式冷水机组，机房净高不应低于3.6 m。若采用溴化收式制冷机，设备顶部距屋顶或楼板的距离，不小于2 m。

(4)中央机房内压缩机间宜与水泵间、控制室隔开，并根据具体情况，设置维修间及厕所等尽量设置电话，并应考虑事故照明。

(5)机组应做防震基础，机组出水方向应符合工艺的要求。

(6)对于溴化锂机组还要考虑排烟的方向及预留孔洞。

(7)大型的空调机房还应做隔声处理，包括门、天棚等。

(8)空调机房应设控制室和休息间，控制室和机房之间应用玻璃隔断。

因此，空调系统的设计与布置和建筑密不可分，需要和建筑设计及布置紧密联系、密切配合才能达到预期的效果。

6.8 通风与空调工程施工图

6.8.1 通风与空调工程施工图的基本内容

通风与空调施工图一般由设计与施工说明、施工图图例、施工平面图、施工系统图以及施工详图等组成。

1. 设计与施工说明

设计与施工说明是由设计负荷计算、设计特点、施工说明等部分构成。

设计说明包括以下内容：

(1)工程性质、规模、服务对象及系统工作原理。

(2)通风空调系统的工作方式、系统划分和组成以及系统总送风、排风量和各风口的送、排风量。

(3)通风空调系统的设计参数。如室外气象参数、室内温湿度、室内含尘浓度、换气次数以及空气状态参数等。

(4)施工质量要求和特殊的施工方法。

(5)保温、油漆等的施工要求。

设计与施工说明主要是向读图者介绍施工图的设计基础、设计思路和设计特点，并且告诉读图者将此图用于施工时的具体做法。因此说设计与施工说明是一套施工图的总纲和概括。

2. 施工图图例

施工图图例往往和设计说明绘制在一个图框之中，其形象地向读图者介绍了此施工图中所绘图形的实际意义以及图中字母、符号所代表的含义。可以将施工图图例理解为一套施工图的翻译。

3. 施工平面图

施工平面图是一套施工图的主体，它具体地向读图者提供了整个系统在各层的布置、走向和具体的安装位置。其中各层施工平面图中主要包括：

(1)风管、送及回(排)风口、风量调节阀、测孔等部件和设备的平面位置的距离及各部件尺寸。

(2)送、回(排)风的空气流动方向。

(3)通风空调设备的外形轮廓、规格型号及平面坐标位置。

由于应用的空调系统不同，常常在空调系统的施工图中还会有空调水系统的平面图。

4. 施工系统图

施工系统图往往不会太多，一般只有一到两张。但是，施工系统图是整个施工图的“联系者”，是使读图者建立空间系统形象的必要展示。在通风系统中，系统图主要是指各层的排风到排风井的联系情况。而空调系统中，有新风系统的系统图，最多的就是空调水的系统图。因此，也经常将空调系统图中的冷冻水系统图称为水系统图。

5. 施工详图

详图是施工图中的局部放大图。它是施工平面图中局部的解释图。它一般以1∶20、1∶30、1∶50等比例绘图。其目的就在于将平面图中的局部放大，使读图者能够更加清楚和更有空间概念地了解整个系统的布置。施工详图中一般包括系统的标高及局部尺寸。

6.8.2 通风与空调工程施工图的识读

1. 设计与施工说明的识读

设计与施工说明应该按照设计概况、设计内容、设计依据、设计参数、系统设计、系统冷热源选择等的先后顺序依次识读，以便全面了解此系统的特点及概况。

2. 施工图图例

通风空调施工图上一般都编有图例表，把该工程所包含的通风、空调部件、设备等图形符号列出来并加以注解，为识读施工图提供方便，如表 6-4 所示。

表 6-4 施工图图例

常用水管道图例

——— CH ———	用户侧冷温供水	——— N ———	冷凝水
——— CHR ———	用户侧冷温回水	——— P ———	膨胀管
——— J ———	水源侧冷热水供水	——— B ———	补水管
——— JR ———	水源侧冷热水回水	——— R ———	软水管

常用阀门图例

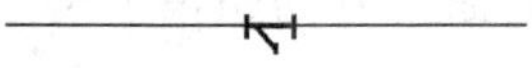	除污器		蝶阀
	止回阀		电动蝶阀
	闸阀		手动调节阀
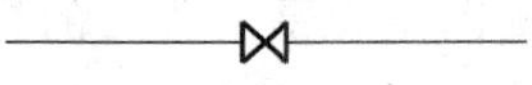	截止阀	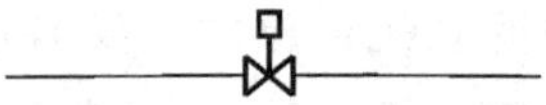	电动调节阀

常用风管道图例

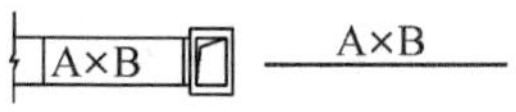	风管及法兰(宽×高)	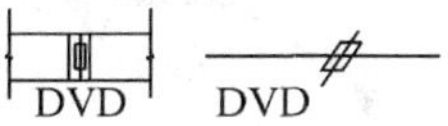	电动风阀
	风管变径管(宽×高)		70℃防火阀调节阀
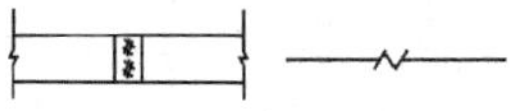	风管软接	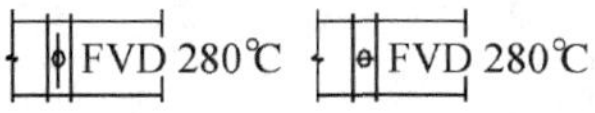	280℃防火调节阀
	带导流片的弯头	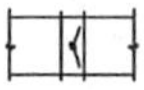	风管止回阀

常用风口图例

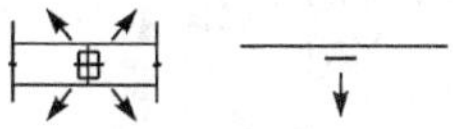	送风口	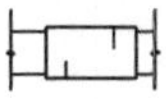	消声器
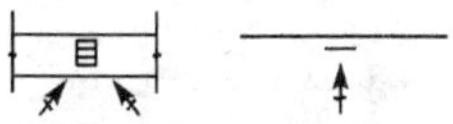	回风口		房间通风器
	排烟口	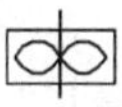	风机
	排风口	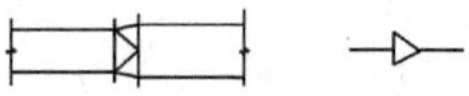	天圆地方

3. 通风与空调工程施工平面图

通风与空调工程平面图如图 6－23、图 6－24 所示。当识读平面图时,应按照机房、风管、风口的顺序依次进行。如遇到风管所担负的空调面积比较大,应按照先读左侧,再读右侧的顺序进行。否则,如遇系统较复杂,就会出现不必要的混乱。例如图 6－23 地下一层通风平面图,识读时从⑤～⑥的通风机房向通风井设有 1200×800 的通风口,这是新风口,地下一层的新风都从通风井进入。沿风管道进行识读,向左是 1800×300 的风管,在④～⑤轴线间出现分支,继续向左直至②～③轴线间风管拐弯。整个左侧风管沿途均是 800×300 侧送风风口。

识读左侧风管结束后,回到右侧风管,右侧变径为 1500×300 的风管,在“1/6”轴与⑧轴间拐弯,沿途风管的侧送风风口依然是 800×300 的单层百叶风口。但是,右侧风管与左侧风管不同之处就在于其变径为偏心变径(或者称为一侧变径)。图中左侧风管道上的风口间距为 7000 mm,而右侧风管道上的风口间距为 7500 mm。这些不同点和共同点都将是施工中应该多加注意的要点。

4. 施工系统图

通风工程施工系统图如图 6－25 所示。当识读系统图时,应按照风机、风管、风口、楼层、标高的顺序逐层识读。因为这样识读系统图,可使读图者建立完整的通风工程空间形象,为下一步的施工作好准备。

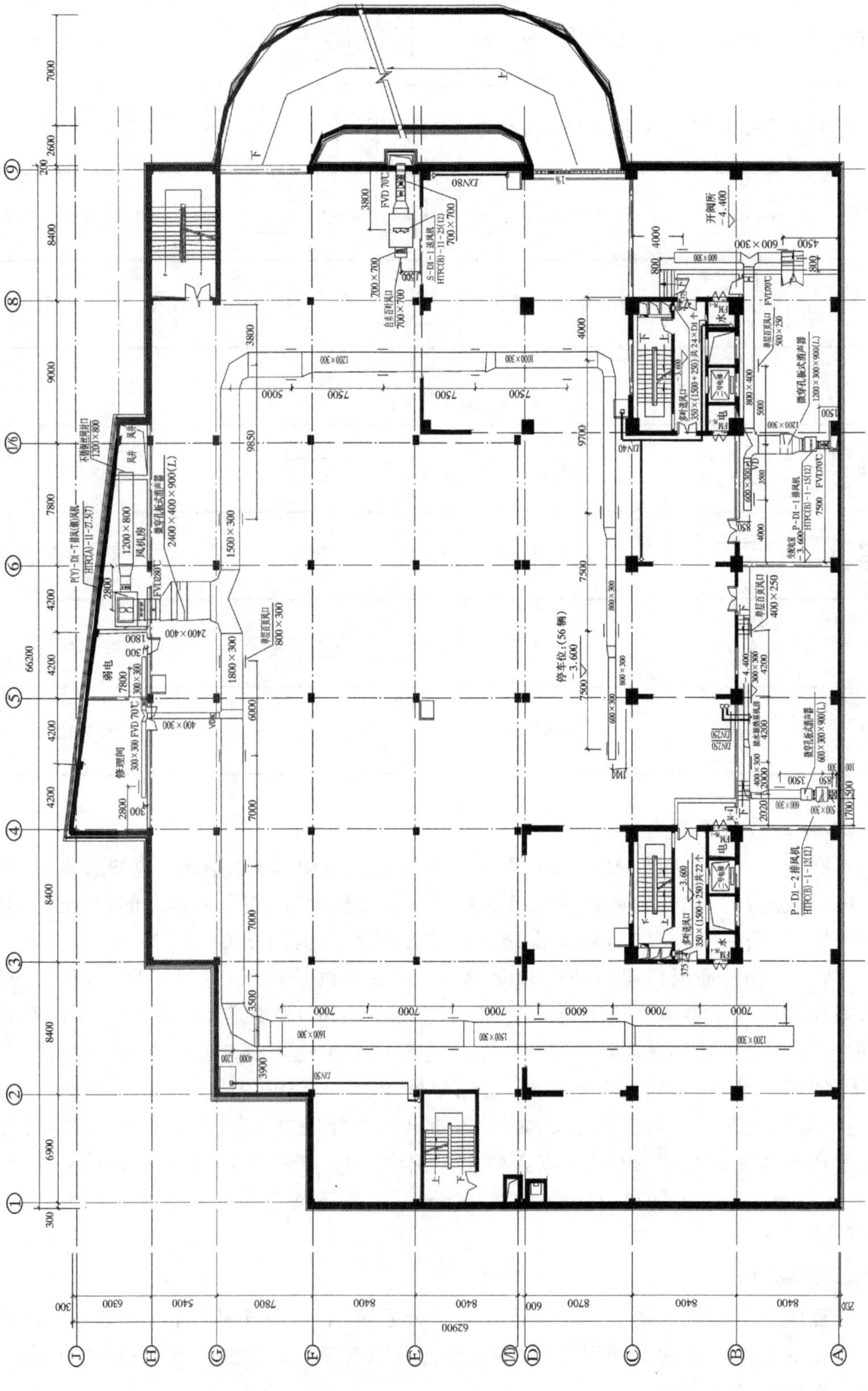

图6-23 某建筑地下一层通风平面图

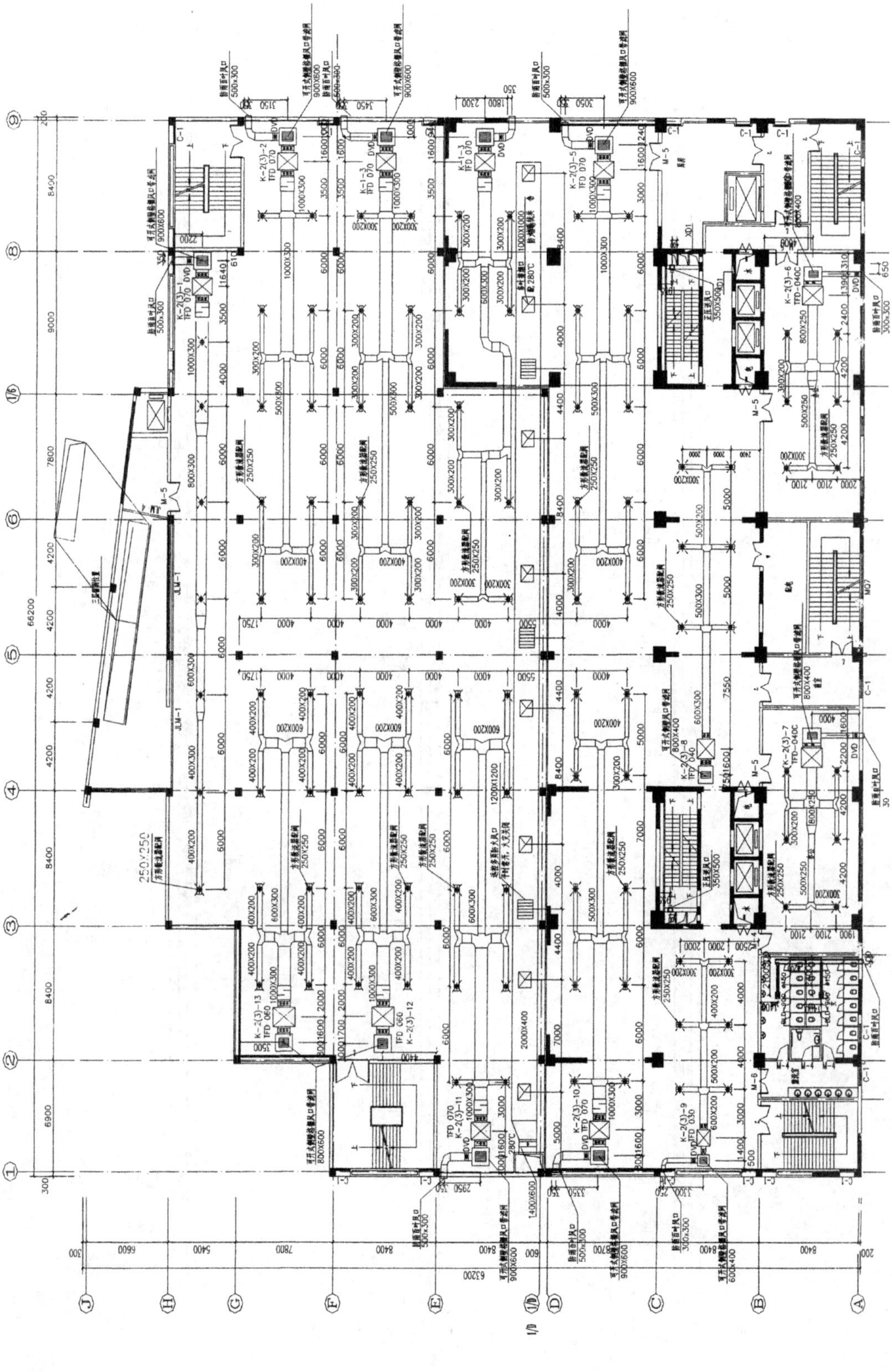

图6-24 某建筑一层通风平面图

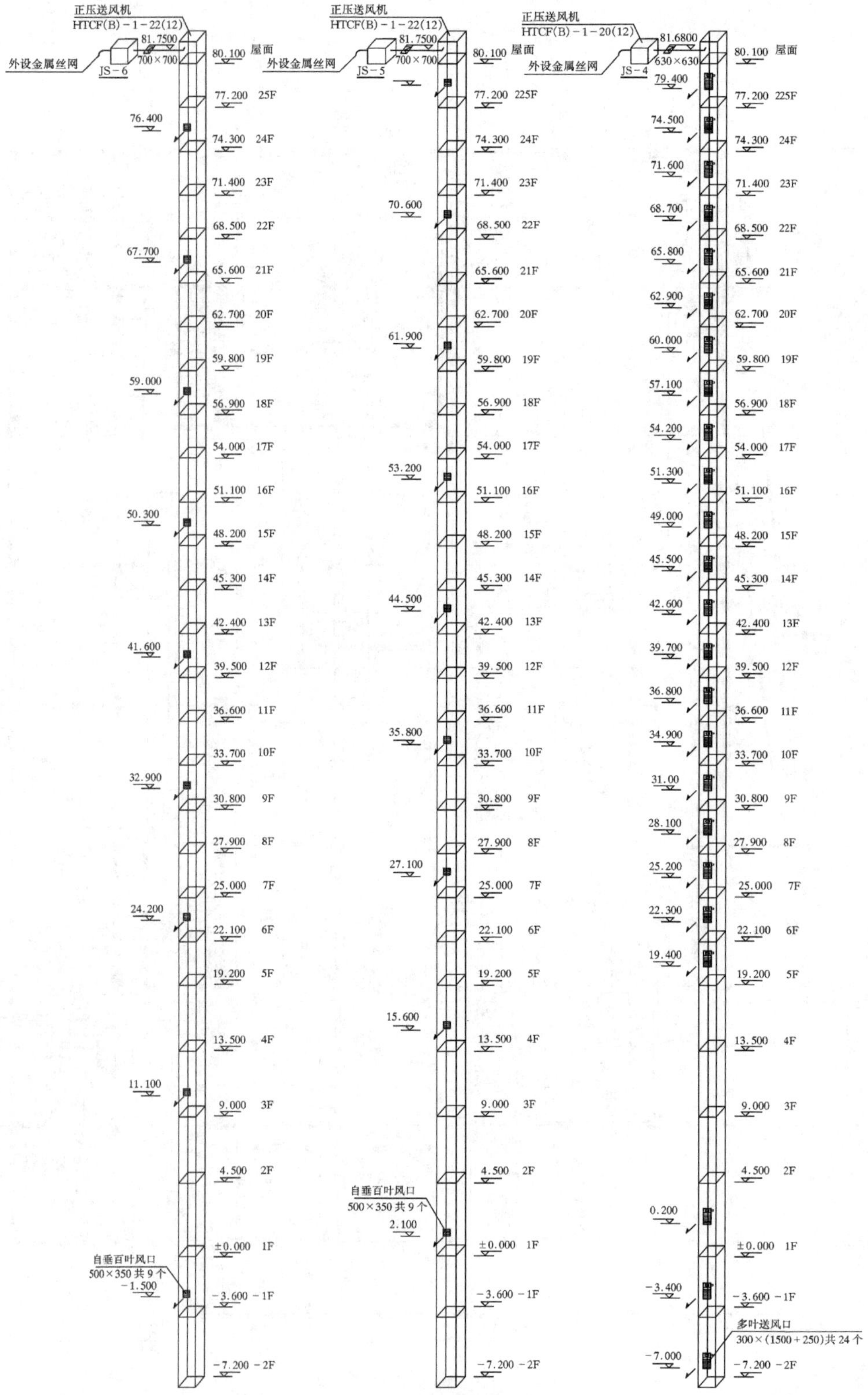
正压送风机
HTCF(B)-1-22(12)
81.7500
700×700
外设金属丝网
JS-6
正压送风机
HTCF(B)-1-22(12)
81.7500
700×700
外设金属丝网
JS-5
正压送风机
HTCF(B)-1-20(12)
81.6800
630×630
外设金属丝网
JS-4
80.100 屋面
自垂百叶风口
500×350 共 9 个
多叶送风口
300×(1500+250)共 24 个

(a)通风工程系统图

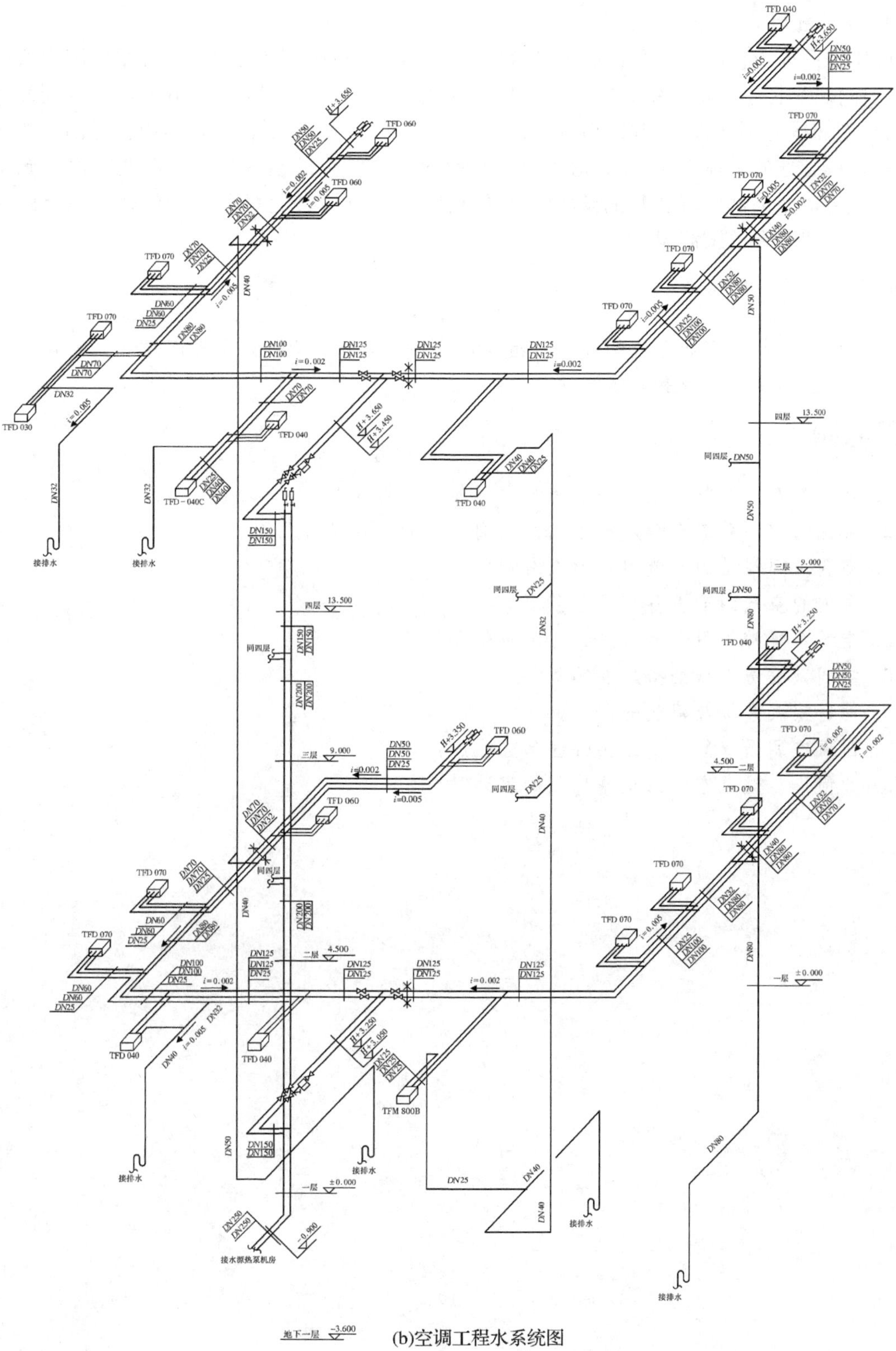

(b)空调工程水系统图

图 6－25　通风工程施工系统图

5. **施工详图**

施工详图的识读和施工平面图相结合。首先，根据平面图中的剖切线，在平面图中找出剖切的具体位置，再根据剖切线在施工详图中寻找相应的剖面图。其次，在找到相应的剖面图之后，结合剖切线的剖切方向，判断出剖面图中的管道方向，确认风管。最后，根据详图中的风管道标高及风管道的具体做法，在脑海里形成平面图中各管道的空间形象。以此来说明施工平面图中风管道在局部区域和其他设备管道或其他风管道的空间位置关系，使整个系统的空间形象展现在读图者的脑海里。

本章小结

本章主要介绍了空调系统的分类与组成，空调的消声防振及防火排烟措施。重点掌握空调系统施工图的基本内容和识读方法。

思考题

1. 什么是空气调节？空气调节系统由哪些部分组成？
2. 常见的空调系统有哪几种形式？它们各自的特点是什么？
3. 空调房间常见的气流组织形式有哪些？
4. 常见的空气调节设备有哪些？
5. 空调系统常采用哪些措施进行消声处理？
6. 空调系统防火排烟措施有哪些？
7. 简述空调系统与建筑的配合。
8. 通风空调系统的施工图由哪些部分组成？
9. 如何进行通风空调系统施工图的识读？

第7章 热源与冷源

本章学习要点

1. 供热锅炉的构造
2. 供热锅炉的附属设备
3. 制冷循环的原理
4. 热源与冷源的设备布置

7.1 热源

热源指暖通空调系统热量的来源。空调热源有天然热源和人工热源两种。天然热源主要有太阳能、地热能及废气废水中的余热。人工热源主要有独立锅炉和集中供热的热网。下面就独立锅炉进行介绍。

7.1.1 供热锅炉的构造

供热锅炉根据其所输出工作介质的不同分为蒸汽锅炉、热水锅炉和导热油锅炉。但是，锅炉的构造原理基本都是一样的，都是由锅炉本体和辅助设备两部分组成。如图7-1所示为SHL型双锅筒横置式水管锅炉的基本构造，主要有锅体、炉体、附加受热面和仪表附件四部分组成。

1. 锅体

锅体就是锅炉中承受高温并将热量传递给低温工作介质的受热体，是承受内部或外部作用压力、构成封闭系统的各种部件。锅体的基本构造包括锅壳、锅筒(汽包)、水冷壁(辐射受热面)、凝渣管、锅炉管束、蒸汽过热器、省煤器、集箱(联箱)、下降管、汽水分离装置、排污装置、汽温调节装置等。其作用是使管束内的水不断吸收烟气的热量，以产生一定压力和温度的热水或蒸汽。如图7-1所示SHL型锅炉的锅体主要包括锅筒、水冷壁、对流管束、下降管和集箱。

(1)锅筒。锅筒由筒身、封头和管接头三部分组成。筒身是由钢板卷制焊接而成的圆柱形筒体;封头是用锅炉钢冲压而成，有椭圆形和球形。上锅筒直径一般为800～1 200 mm。下锅筒直径一般小于上锅筒。

(2)水冷壁。它是炉内布置的辐射受热面，与上、下集箱或上锅筒相连，靠近炉墙布置。靠前墙的称为前水冷壁，靠后墙的称为后水冷壁，靠侧墙的称侧水冷壁。

(3)对流臂束。它是布置在对流烟道内的对流受热面，与上、下锅筒相连，也有的是与上锅筒和中集箱相连。

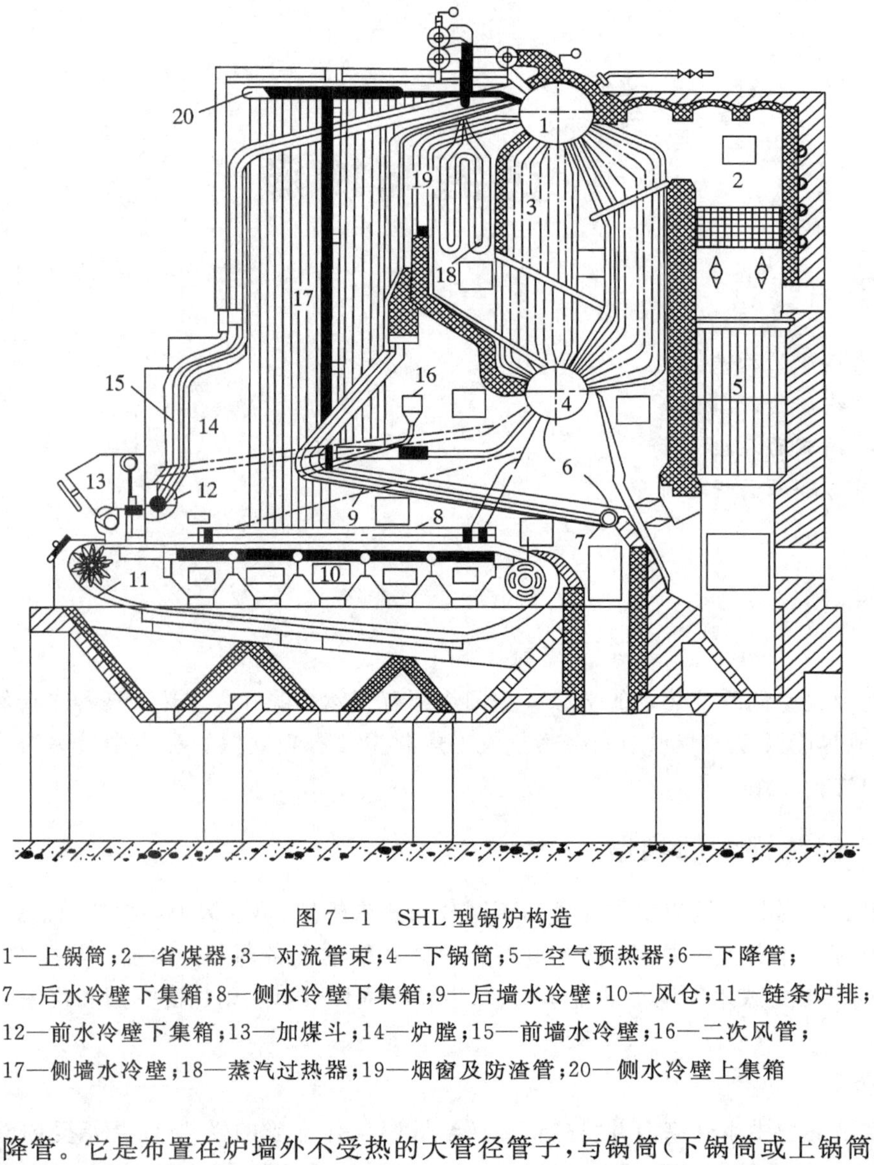

图 7-1　SHL 型锅炉构造

1—上锅筒;2—省煤器;3—对流管束;4—下锅筒;5—空气预热器;6—下降管;
7—后水冷壁下集箱;8—侧水冷壁下集箱;9—后墙水冷壁;10—风仓;11—链条炉排;
12—前水冷壁下集箱;13—加煤斗;14—炉膛;15—前墙水冷壁;16—二次风管;
17—侧墙水冷壁;18—蒸汽过热器;19—烟窗及防渣管;20—侧水冷壁上集箱

(4)下降管。它是布置在炉墙外不受热的大管径管子,与锅筒(下锅筒或上锅筒)和下集箱相连。

(5)集箱。布置在炉内下部的称下集箱,布置在炉外上部的称上集箱,置于两者之间的称中集箱,上、中、下集箱并非每炉必有,不同锅炉对其选取亦会不同。

2. 炉体

炉体就是锅炉中将燃烧的化学能转变为热能的燃烧设备,是构成燃料燃烧场所的各组成部件,包括炉膛(燃烧室)和炉前煤斗、煤闸门、炉排(炉算)、除渣板、分配送风装置等。其作用是使燃料不断地充分燃烧放出热量。如图 7-1 所示 SHL 型锅炉的炉体包括煤斗、煤闸板、炉排、炉墙、炉膛、炉拱、排渣板和风仓。

(1)煤斗:用铁板焊制而成,用来储煤,便于均匀稳定地给炉内进煤。

(2)煤闸板:用耐热铸铁板制造,用来控制煤层厚度。通过炉前手轮的转动进而带动齿轮转动，齿轮又带动齿条变为平动，从而实现煤闸板离炉排面高度的控制。

(3)炉排：主要由主链轮、从动轮、炉排片、链条等组成，有鳞片式、小链条等形式。

(4)炉墙：是用耐火材料和保温热材料或铁皮等材料组合砌筑的墙体；起封闭、隔热的作用，有轻型、重型之分。

(5)炉膛：周边用炉墙砌筑而成的燃烧空间。其空间的大小和形状因炉而异，对于火管锅炉则是以炉胆形式出现。

(6)炉拱：是在炉内前方或后方用耐火材料砌筑的短墙，其形式有多种斜面式、人字式、抛物面式等。

(7)排渣板：又称老鹰铁，布置在炉排的尾端，用铸铁板卷制而成。

(8)风仓：将炉排下的风室用隔板隔成几个小风仓，并各自装有风门，以实现链条炉由前向后需要不同风量的分段送风的目的。

3. 附加受热面

(1)蒸汽过热器。蒸汽过热器布置在炉膛出口后的对流受热面，由蛇形钢管和进出口集箱组成。有的锅炉为了保护蒸汽过热器不致因为气温过高而变形受损，常配套有减温器。减温器有两种：一种是喷射式减温器，一种是表面冷却式减温器。工业锅炉常用后者，尽管它的调温范围不如前者，但它不用专门的制备纯净的冷凝水来直接喷射，而是用一般软化水间接换热降温。

(2)省煤器。省煤器布置在尾部烟道内的对流受热面，一般由钢管或铸管及进出口集箱组成，用来预热锅炉给水，降低排烟热损失。

(3)空气预热器。工业锅炉常用的是管式空气预热器，由上、中、下管板，管子及连接风罩组成。烟气在管内流动，空气在管外横向冲刷管子流动。

4. 仪表附件

(1)安全阀。它是蒸汽锅炉的三大安全附件之一。它可以把锅炉工作压力控制在允许的压力范围之内，起动时发出的声响又可提醒司炉人员，采取必要的措施，保证锅炉的安全运行。

(2)压力表。它是蒸汽锅炉用来测量和显示锅炉汽水系统工作压力的安全附件。锅炉常用的压力表是弹簧管式压力表。

(3)水位表。它是蒸汽锅炉用来显示锅筒水位的安全附件。常用的有玻璃管式和玻璃板式的。对较大锅炉也有同时采用低置水位表的。

(4)水位警报器。它是一种当锅内水位达到最高或最低允许限度时能发出报警信号的装置，常见的有浮球式和电接点式两种。

(5)其他阀门。锅炉除了配有上述一些主要附件外，另外还常设有主汽阀、给水阀、逆止阀、排污阀等阀门。主汽阀安装在锅炉主蒸汽管的紧靠锅筒处，起开启和关断作用，借此可以将此台锅炉从同一系统中切除出来，以便此台锅炉的停炉维修或系统负荷的调整。自动给水阀是用来自动控制锅炉给水量，以满足锅炉负荷变化的需要和维持锅筒水位的正常。逆止阀是安装在锅炉给水管紧靠锅筒处和省煤器进出口集箱处，起防止锅水倒流的作用，以保护管路附件及铸铁省煤器，防止出现振动损坏现象。排污阀有连续排污阀和定期排污阀两种。连续排污阀装在上锅筒排污水出口处，用于排除锅筒中浓缩了的炉水，以保证炉水水质符合有关标准要求；定期排污阀装在下锅筒、下集箱及省煤器的进口集箱排污水出口处，用于排除下锅筒、集箱及省煤器集箱中的沉渣，以防时间长久发生堵塞管路现象。

7.1.2 锅炉房及其附属设备

供热锅炉的锅炉房一般由锅炉间、辅助间和生活间三部分组成，如图 7－2 所示。其中：

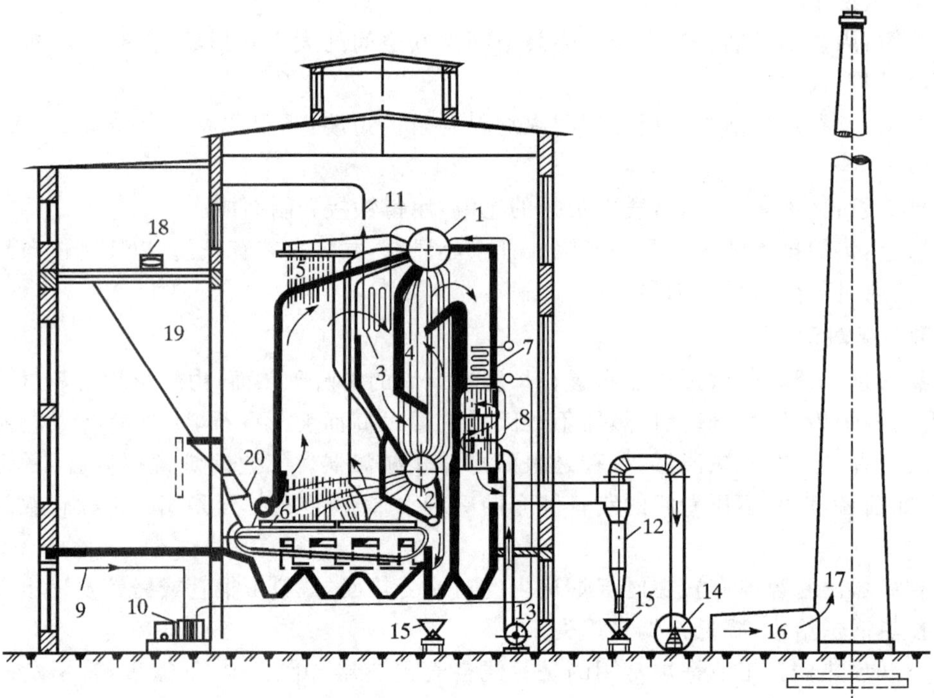

图 7－2　锅炉房构造图

1—上锅筒；2—下锅筒；3—蒸汽过热器；4—对流管束；5—水冷壁；6—链条炉排；7—省煤器；8—空气预热器；9—来自水处理间或给水间；10—给水泵；11—去分汽缸；12—除尘器；13—送风机；14—引风机；15—灰车；16—烟道；17—烟囱；18—胶带运煤机；19—煤仓；20—炉前受煤斗

①锅炉间，包括仪表控制室。

②空气调节系统辅助间，包括风机间、水处理间、水泵水箱间、除氧间、化验间、检修间、日用油箱间、材料库、调压间、贮藏间等。

③生活间，包括办公室、值班室、更衣室、倒班宿舍、浴室、厕所等。

根据锅炉房的工艺系统在系统中所起的作用不同，可分为主体系统和辅助系统两大部分。所谓主体系统即指能够产生或转换热能并传递热能的系统，亦指锅炉本体系统，主要指燃料的燃烧系统和热能的传递系统。所谓辅助系统即指帮助主体系统实现热能的产生和传递的其他系统，主要有燃料的输送和灰渣输出系统，引、送风系统，汽水系统，仪表控制及附件系统。

本小节着重讲述锅炉房辅助系统的设备情况。

1. 引、送风系统

所谓引、送风系统实际上就是锅炉房引风系统和送风系统的合称。它们的作用就是供给锅炉燃料燃烧时所需要的大量空气，并能顺利排走燃料燃烧时所产生的大量有害烟气。其中引风系统由烟道（图 7－2 中的 16）、烟道闸门、引风机（图 7－2 中的 14）、除尘器（图 7－2 中的 12）、脱硫及脱氮装置、烟囱组成；送风系统由冷风道、热风道、送风机（图 7－2 中的 13）、消声器组成。空气经送风机提高压力后，先送入空气预热器，预热后的热风经风道送到炉排下的风室中，热风穿过炉排缝隙进入燃烧层。

燃烧产生的高温烟气在引风机的抽吸作用下，以一定的流速依次流过炉膛和各部分烟道，烟气在流动过程中不断将热量传递给各个受热面，而使本身温度逐渐降低。

为了除掉烟气中携带的飞灰，以减轻对引风机的磨损和对大气环境的污染，在引风机前装设除尘器，烟气经净化后，通过引风机提高压力后，经烟囱排入大气。除尘器捕集下来的飞灰，可由灰车送走。

2. 汽水系统

汽水系统由给水系统、水处理系统、蒸汽系统、凝结水系统、排污系统、换热系统组成。其作用是不断向锅炉供给符合质量要求的水，将蒸汽或热水分别送到各个热用户。其中给水系统的设备主要由给水泵、补给水泵、加压泵、给水箱、补给水箱、给水管路及阀门附件组成。水处理系统主要由软化设备、除碱设备、除氧设备等组成，如离子交换器、各种类型的除氧器、除二氧化碳器、中间水箱、中间水泵以及再生用的盐液制备系统设备和酸液制备系统设备。其中盐液制备系统，目前常用的是稀、浓盐液池、盐液泵。而酸液制备系统常用的设备是酸储存罐、酸计量箱或酸液稀释箱、酸喷射器等。蒸汽系统主要指锅炉房内的蒸汽母管、支管、分汽缸。凝结水系统主要指凝结水箱、凝结水泵及其管路附件。排污系统主要指连续排污和定期排污管路附件及排污扩容器、排污冷却池和炉水取样冷却器。换热系统主要指循环水泵、补给水泵、定压设备、换热设备等。为了保证锅炉要求的给水质量，通常水先经过水处理设备(包括软化、除氧等)，之后经过处理的水进入水箱，再由给水泵加压后送入省煤器，提高水温后进入锅炉，水在锅内循环，受热汽化产生蒸汽，过热蒸汽从蒸汽过热器引出送至分汽缸内，由此再分送到通向各用户的管道。

对于热水锅炉房，则有热网循环水泵、换热器、热网补水定压设备、分水器、集水器、管道及附件等组成的供热水系统。

3. 燃料系统

根据燃料的不同，其设备组成也不同。

(1)燃煤锅炉。燃煤锅炉的燃料系统即运煤、除灰系统，其组成主要有煤场、各类卸煤、堆煤、运煤、存煤、碎煤、计量等运煤设备以及灰渣场、渣斗、出渣机或低压水力出灰渣系统等。在锅炉房中，煤由煤场运来，经碎煤机破碎后，用皮带运输机送入锅炉前部的煤仓(一般吨位比较小的供热燃煤锅炉是司炉人员用手推车将燃煤运送到锅炉前部的煤仓)，再经其下部的溜煤管落入炉前煤斗中，依靠自重煤落入炉排上；煤燃尽后生成的灰渣则由灰渣斗落到刮板除渣机中，由除渣机将灰渣输送到室外灰渣场(一般吨位比较小的燃煤锅炉的灰渣也是司炉人员用手推车运往室外灰渣场的)。

(2)燃油锅炉。燃油锅炉的主要设备有贮油设备及污油处理池。燃油锅炉贮油设备除钢筋混凝土贮油池外，大多采用钢制贮油罐(箱)。贮油罐(箱)有地下式、半地下式、地上式的安装形式。污油处理池接收燃油管道吹扫时排出的污油，管道放空时排出的燃油以及用蒸汽吹扫过滤器、油箱时的污油和贮油罐脱水时放出的污水(可能带有油分)，在污油处理池中沉淀脱水，再净化将燃油回收送入油罐。它是燃油系统不可缺少的构筑物。另外在燃油系统中还包括一些附件如：油泵、加热器、过滤器、燃烧器、燃油管道、阀门、仪表，若采用气动阀门，还有空气压缩机、压缩空气贮罐等。

(3)燃气锅炉。主要辅助设备有调压设备、燃气过滤器、燃气排水器、燃气计量设备等。其中调压设备又称为调压器,是燃气供应系统进行降压和稳压的设备,使燃气锅炉能安全稳定燃烧。

(4)仪表附件及控制系统。其设备或装置主要有各类测量仪表、各种显示仪表、分析仪表、调节仪表、控制装置和附件。其中测量仪表常用的有温度测量仪表、压力测量仪表、流量测量仪表、液位测量仪表;显示仪表常用的有动圈式显示仪表和数字式显示仪表;分析仪表常用的有燃料成分分析仪表、水质分析仪器、烟气成分分析仪;调节仪表常用的有电动调节仪表和气动调节仪表。自动控制设备的作用是监督锅炉设备安全经济运行,对运行的锅炉进行自动检测、程序控制、自动保护和自动调节。自动控制设备有微型计算机、温度计、压力表、水位计、流量计、负压表等仪表、烟气氧量表、自动调节阀以及控制系统等。

由于锅炉的吨位不同,供热面积不同,以上所讲述的锅炉设备并非每一个锅炉房都配备齐全,而是根据实际需要和客观条件合理配置。

7.2 冷源

冷源是空调系统冷源的来源。空调冷源有天然冷源和人工冷源两种。

天然冷源是指自然界本身存在的温度较低的介质,主要有深井水和地道风等。深井水可作为舒适性空调冷源处理空气,但如果水量不足,则不能普遍采用;地道风是指地下洞穴、人防地道内的冷空气,将这些冷空气送入使用场所可以达到通风降温的目的。利用深井水及地道风的特点是节能、造价低,但由于受到各种条件的限制,所以具有一定的使用局限性。

人工冷源是指用各种形式的制冷设备制取的处理空气的低温冷水。人工制冷的优点是不受条件的限制,可满足所需要的任何空气环境,因而被用户普遍采用。其缺点是初期投资较大、运行费较高。

7.2.1 制冷循环与制冷压缩机

1. 制冷循环的种类

根据制冷原理的不同,将制冷循环分为压缩式制冷循环和吸收式制冷循环。

压缩式制冷循环是利用“液体汽化时吸收热量”的物理特性通过制冷剂的热力循环,以消耗一定量的机械能作为补偿条件来达到制冷的目的。其原理如图 7-3 所示。通过蒸发器低压氨气进入活塞式压缩机,被压缩为高压过热蒸气,由排气管排出。由于来自制冷压缩机的氨气中带有润滑油,故高压氨气首先进入油分离器,将润滑油分离出来,再进入冷凝器。冷凝后的高压氨液储存在储液器内,再通过液管将其送至过滤器、节流阀,减压后供入蒸发器。低压氨液在蒸发器内吸热、汽化,低压氨气被制冷压缩机吸入,进行循环工作。

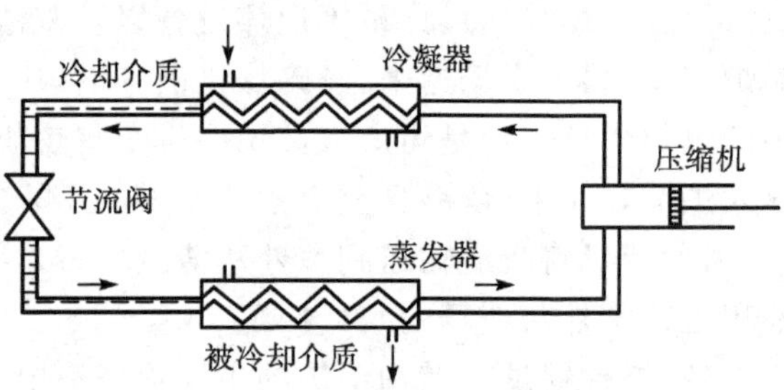

图 7-3 典型压缩式制冷循环系统原理图

吸收式制冷是液体汽化的一种,它和蒸气压缩机制冷一样,是利用液态制冷剂在低压低温下汽化以达到制冷的目的。所不同的是:

(1)蒸气压缩式制冷是靠消耗机械功使热量从低温物体向高温物体转移,而吸收式制冷则靠消耗热能来完成这种非自发的过程。

(2)蒸气压缩式制冷使用的工质一般为纯物质,而吸收式制冷使用的工质是两种沸点相差较大的物质组成的二元溶液,其中沸点低的物质为制冷剂,沸点高的物质为吸收剂,故又称制冷剂—吸收剂工质对。目前常用两种吸收式制冷机:一种是氨吸收式制冷机,它的制冷温度在−45～1℃范围内,多用于工艺生产过程的冷源;另一种是溴化锂吸收式制冷机,以溴化锂—水溶液作工质对,水为制冷剂,溴化锂为冷却剂,其制冷温度只能是0℃以上,可用于制取空气调节用冷水或工艺用冷却水。

(3)吸收式制冷机主要由四个热交换设备组成,即发生器、冷凝器、蒸发器和吸收器。它们组成两个循环环路:制冷剂循环和吸收剂循环。①制冷剂循环:高压气态制冷剂在冷凝器中向冷却水放热被凝结为液态后,经节流装置减压降温进入蒸发器。在蒸发器,该液体被汽化为低压冷剂蒸气,同时吸取被冷却介质的热量产生制冷效应。②吸收剂循环:主要由吸收器、发生器和溶液泵组成。吸收剂吸收蒸发器产生的低压气态制冷剂,以达到维持蒸发器内低压的目的。吸收剂吸收制冷剂蒸气而形成制冷剂溶液,经溶液泵升压后进入发生器,在发生器中该溶液被加热,沸腾,其中沸点低的制冷剂汽化形成高压气态制冷剂,又与吸收剂分离。然后前者去冷凝液化,后者则返回吸收器再次吸收低压气态制冷剂。蒸气吸收式制冷装置如图7-4所示。

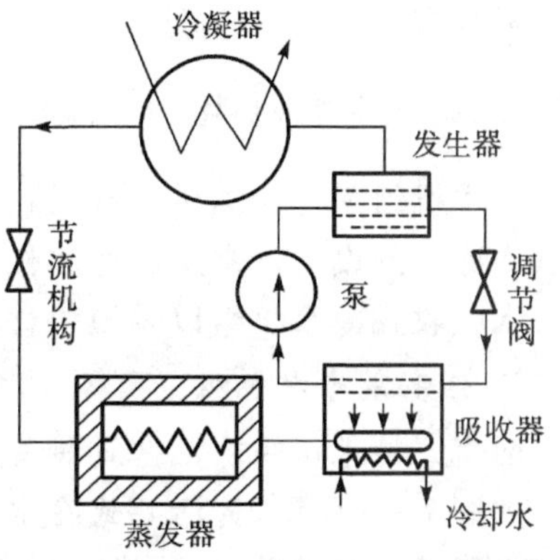

图 7-4　蒸气吸收式制冷装置示意图

吸收式制冷机的最大优点是可利用低位热源,在有废热和低位热源的场所应用较经济。此外,吸收式制冷机既可制冷,也可供热,在需要同时供冷、供热的场合可一机两用,节省了机房面积。

2. 制冷压缩机

制冷压缩机是整个制冷系统的心脏,起到压缩和输送制冷剂的作用,使制冷循环得以周而复始地进行,与节流阀一起保证制冷剂在低压下蒸发,在高压下凝结。

制冷压缩机可分为:容积式制冷压缩机和离心式制冷压缩机。

(1)容积式制冷压缩机。容积式压缩机是靠改变工作腔的容积,周期性地吸入定量的气体并压缩。常用的容积式制冷压缩机有活塞式制冷压缩机和回转式制冷压缩机。

①活塞式制冷压缩机的优、缺点。

优点:适应于较广阔的压力范围和制冷量要求;效率较高,单位冷量电耗较少,特别是偏离设计工况时,效率降低较少;对材料要求低,加工比较容易,造价低;技术上较为成熟,生产、使用上经验丰富;装置系统较为简单。

缺点:转速提高受到限制;结构复杂,易损件多,维修工作量大;排气不连续,气体压力有波动;运转时有振动。

②回转式制冷压缩机的优、缺点。

优点:结构紧凑,重量轻,易损件少,运行安全可靠,检修时间长;气体没有脉动,运行平稳,对基础要求不高;压缩机排气温度低,与油温有关,应小于100℃;对湿压缩不敏感;容积效率较高,可在高压缩比下工作;空调、低温制冷系统均可用;制冷量可在10%～100%范围内无级调节。

缺点:单位轴功率制冷量比活塞式低;油处理设备复杂;每台压缩机均有固定的容积比,当实际工作时,条件不符合给定容积比时,将导致效率下降;噪音较大,需要设置专门消音设备。

(2)离心式制冷压缩机。离心式制冷压缩机是靠离心力的作用,连续地将所吸入的气体压缩。

离心式制冷压缩机的主要优点是:制冷能力大;结构紧凑,质量轻;没有磨损部件,因而工作可靠,维护费用低;运行平稳,振动小,噪声较低;能够经济地进行无级调节;能够合理地使用能源。

离心式制冷压缩机的主要缺点是:效率低于活塞式;转速高,对材料的强度、零部件加工精度要求高,造价高;不适合小冷量场合(叶轮不可能做得太小);有喘振现象;转速降低时,制冷量下降较大。

7.2.2 冷水机组

冷水机组是把压缩机、冷凝器、蒸发器、节流阀以及电气控制设备组装在一起,为空调系统提供冷冻水的设备。常用的冷水机组有活塞式冷水机组、离心式冷水机组、螺杆式冷水机组、氨—水吸收式冷水机组以及模块化冷水机组。

1. 活塞式冷水机组

活塞式冷水机织由活塞式制冷压缩机、干式蒸发器、卧式壳管式冷凝器、热力膨胀阀等组成。如图7-5所示,为活塞式冷水机组的外形结构,整个设备用户只需做基础连接冷冻水管、冷却水管及电机电源,即可进行设备调试。

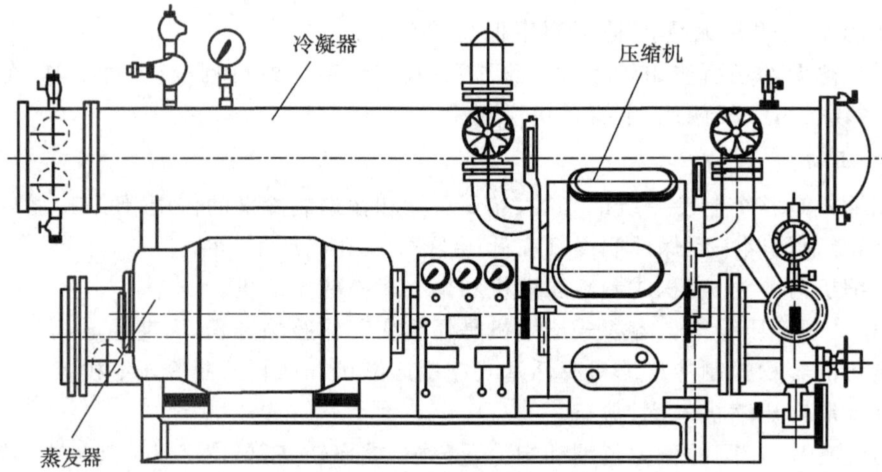

图7-5　活塞式冷水机组

2. 离心式冷水机组

离心式冷水机组由制冷压缩机、蒸发器、冷凝器以及其他辅助设备、自动保护装置等组成,其外形如图7-6所示。其按驱动方式分类有燃气轮机驱动、蒸汽轮机驱动、电驱动三种形式;按连接方式分有开式和半封闭式;按冷凝器冷凝方式分有水冷式和风冷式;按蒸发器和冷凝器结构形式分有单筒式和双筒式;按压缩机使用级数可分为单级、二级和三级;按制冷剂使用种类可分为 R11、R12、R22 型；按机组能量利用程度可分为单一制冷型、热泵型、热回收型。

由于离心式冷水机组的特点是制冷压缩机转速高、流量大，制冷单机容量大，对于需要空调负荷很大的建筑群、高层建筑等特别适用。

图 7－6　离心式冷水机外形图

3．螺杆式冷水机组

螺杆式冷水机组外形如图 7－7 所示，主要由制冷压缩机、蒸发器、冷凝器、热力膨胀阀、油分离器、自控设备等组成。由于螺杆式冷水机组运行稳定，冷量可以无级调节，易损件少，在安装时，可不装地脚螺栓，直接安放在有足够强度的地面上或楼板上，连接冷冻水管、冷却水管以及电源，除特殊情况，只要加润滑油，制冷剂抽真空就可按说明书要求现场调试。目前在空调系统中正被广泛应用。

图 7－7　螺杆式冷水机外形图

4．氨—水吸收式冷水机组

氨—水吸收式冷水机组是以氨为制冷剂，水为吸收剂，通过氨液在低压状态下蒸发吸热而进行制冷的。其工作原理、外形如图 7－8 所示，一般氨—水冷水机组是由蒸发器、冷凝器、发生器(高低压发生器)、吸收器、热交换器、屏蔽泵等组成。

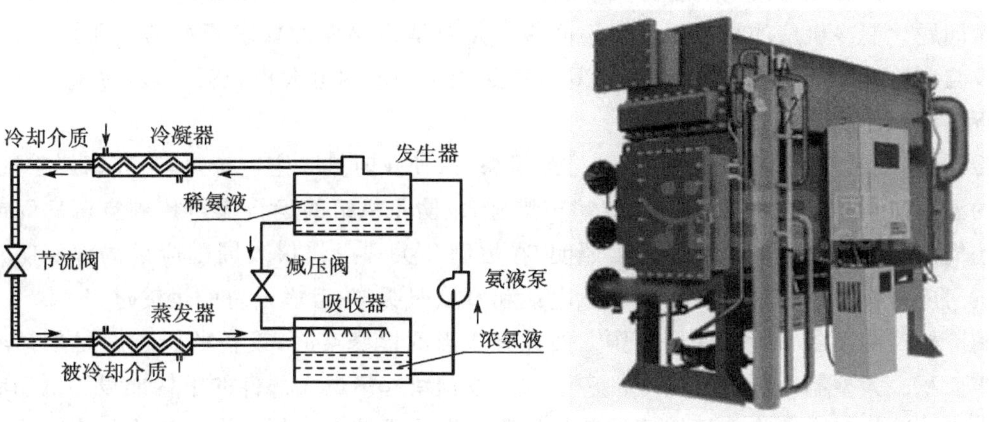

(a)氨—水吸收式冷水机工作原理力图　(b)氨—水吸收式冷水机外形图

图 7－8　氨—水吸收式冷水机组

5．模块化冷水机组

模块化冷水机组又称积木式冷水机组，采用单元组合化设计，由单元片并联组合而成，每个单元片内有两个完全独立的制冷系统，两台全封闭活塞式单速(双速)电机，两套冷凝器，两个蒸发器及控制器等，其外形如图 7－9 所示。

模块化冷水机组采用的制冷剂为 R22，水冷却式，冷却水温度范围为 28.4～40℃，提供的冷冻水温度范围为 5～8℃。模块化冷水机组的最大优点是调节性能好，传热效率高，占地面

图 7-9　模块化冷水机组外形图

积小，启动电流小、噪声低，特别对于非满负荷运行尤为适用。其缺点是蒸发器、冷凝器进出水环境无相应的启闭装置，对于大型空调建筑及区域性空调，不宜采用模块化冷水机组。

7.2.3　冷冻站的设计

设置制冷设备的房间一般称为冷冻站或制冷机房。冷冻站（或制冷机房）一般设置在建筑物的地下室，但要处理好防振、隔声和通风等问题。由于条件所限不宜设置在地下室时，例如规模较大的制冷机房，特别是氨制冷机房，需要单独建造，与主体建筑分开独立设置。

冷冻站（或制冷机房）应尽可能靠近冷负荷中心布置，如果是带有裙房的高层建筑，制冷机房最好布置在裙房建筑的地下室，并且要作好消声隔振，特别是水泵和冷冻、冷却水管支吊架的减振问题。制冷机房的相邻及上层房间应当是对消声隔振的要求不高的场所。而且，制冷机以及与制冷机配套的冷冻、冷却水泵等设备是建筑中的用电大户，其位置应尽量与低压配电间邻近，且最好设置在电梯附近。

冷冻站（或制冷机房）内应设置送、排风设备，以便及时排除室内余热，补充新鲜空气，使机房内的温度应小于 35℃。机房应采取消声措施，以防止机组的运行噪声传到空调房间或室外而影响周围的环境。机房内应设人工照明，在控制开关和操作仪表周围应设局部照明。大型制冷机房应有修理间、值班室、厕所以及电话和事故照明，并考虑设备的运输进口。

制冷机房的设备布置应保证操作方便并有适当的检修空间，设备的布置应尽量紧凑以节省建筑面积。大型制冷机组的制冷机房上部最好预留起吊最大部件的吊钩或设置电动起吊设备。由于制冷机房中的冷水机组等设备的体积和重量都较大，因此，设置制冷机房时应当考虑设备进出方便的问题。由于机电设备的使用寿命比建筑物短，预留的设备安装孔洞应当设有在更换机电设备时能打开的措施。

冷冻站（或制冷机房）、辅助设备间和水泵房采用压光水泥地面，并有冲水的上下水设施，设备易漏水的地方，应设置地漏或排水明沟。对于中、小型建筑，空调系统的主要设备用房布置在底层，各层分设辅助设备用房，并设置相应的管道井和管沟。大型的高层建筑，需要设置设备层。冷水机组的基础应高出机房地面 150～200 mm。基础周围和基础上应设排水沟与机房的集水坑或地漏相通，以便及时排除可能产生的漏水或漏油。大中型制冷机房与控制间之间应设玻璃隔断，并做好隔声处理；小型机房视具体情况而定。

活塞式制冷机、小型螺杆式制冷机，机房的净高应达到3～4.5 m。离心式制冷机、大中螺杆式制冷机，其机房净高控制在4.5～5 m，有电动起吊设备时，还应考虑起吊设备的安装和工作高度。吸收式制冷机设备最高点到梁下不小于1.5 m；设备间的净高不应小于3 m。并且，制冷机房的消防措施应当满足国家颁布的各种有关的防火规范的设计要求。

冷冻站(或制冷机房)包括与制冷机配套的冷冻、冷却水泵的制冷机房面积，一般按每1.163 MW冷负荷需要100 m^2 估算。制冷机房的面积约占总建筑面积的0.6%～0.9%，其大小随着总建筑面积的增加而减小。

机房的净高应能保证机组和连接管道的安装和吊装高度，采用冷水机组的制冷机房的最小净高不应小于3.2 m，并随建筑面积的增加而增加。为了便于操作和检修，制冷机房中冷水机组的四周应有足够的空间。蒸发器和冷凝器的一端或两端应根据机组的设计要求留出足够的拔管长度空间。主要通道和操作走道的宽度要大于1.5 m，机组的突出部位与配电盘之间的距离大于1.5 m，机组侧面突出部分之间的距离大于0.8 m。对于溴化锂吸收式制冷机组，机组顶部距屋顶或楼板的距离不得小于1.2 m。

7.3 新型冷热源技术

7.3.1 热泵工作原理

作为自然界的现象，正如水由高处流向低处那样，热量也总是从高温流向低温。但人们可以创造机器，如同把水从低处提升到高处而采用水泵那样，采用热泵可以把热量从低温抽吸到高温。热泵，就是一种利用人工技术将低温热能转换为高温热能而达到供热效果的机械装置。热泵由低温热源(如周围环境的自然空气、地下水、河水、海水、污水等)吸热能，然后转换为较高温热源释放至所需的空间(或其他区域)内。这种装置既可用作供热采暖设备，又可用作制冷降温设备，从而达到一机两用的目的。所以热泵实质上是一种热量提升装置，它本身消耗一部分能量，把环境介质中贮存的能量加以挖掘，提高温位进行利用，而整个热泵装置所消耗的功仅为供热量的三分之一或更低，这也是热泵的节能特点。

热泵与制冷的原理和系统设备组成及功能是一样的。蒸气压缩式热泵(制冷)系统主要由压缩机、蒸发器、冷凝器和节流阀组成，如图7-10所示。

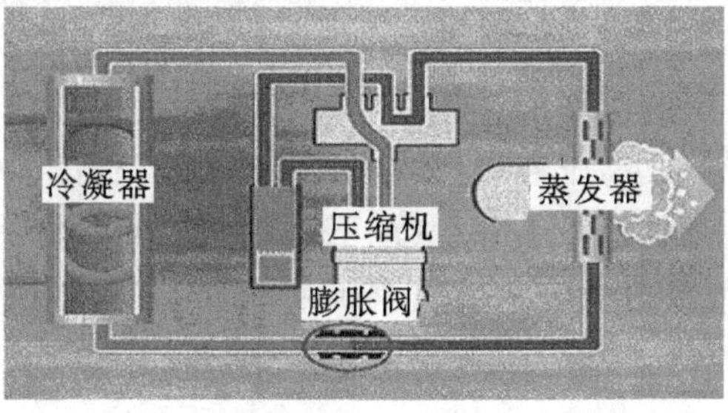

图7-10 热泵工作原理图

(1)压缩机:起着压缩和输送循环工质从低温低压处到高温高压处的作用,是热泵(制冷)系统的心脏。

(2)蒸发器:是输出冷量的设备,它的作用是使经节流阀流入的制冷剂液体蒸发,以吸收被冷却物体的热量,达到制冷的目的。

(3)冷凝器:是输出热量的设备。从蒸发器中吸收的热量连同压缩机消耗功所转化的热量在冷凝器中被冷却介质带走,达到制热的目的。

(4)膨胀阀或节流阀:对循环工质起到节流降压作用,并调节进入蒸发器的循环工质流量。

根据热力学第二定律,压缩机所消耗的功(电能)起到补偿作用,使循环工质不断地从低温环境中吸热,并向高温环境放热,周而往复地进行循环。

7.3.2 热泵分类

热泵是需要冷凝器的热量,蒸发器则从环境中取热,此时从环境取热的对象称为热源;相反制冷是需要蒸发器的冷量,冷凝器则向环境排热,此时向环境排热的对象称为冷源。蒸发器和冷凝器根据循环工质与环境换热介质的不同,主要分为空气换热和水换热两种形式。

热泵或制冷机根据与环境换热介质的不同,可分为水—水式、水—空气式、空气—水式、空气—空气式共四类。利用空气作冷热源的热泵,称之为空气源热泵。空气源热泵有着悠久的历史,而且其安装和使用都很方便,应用较广泛。但由于地区空气温度的差别,在我国典型应用范围是长江以南地区。在华北地区,冬季平均气温低于零摄氏度,空气源热泵不仅运行条件恶劣,稳定性差,而且因为存在结霜问题,效率低下。利用水作冷热源的热泵,称之为水源热泵。水是一种优良的热源,其热容量大,传热性能好,一般水源热泵的制冷供热效率或能力高于空气源热泵,但由于受水源的限制,水源热泵的应用远不及空气源热泵。

1. 水源热泵

水源热泵技术是利用地球表面浅层水源中吸收的太阳能和地热能而形成的低温低位热能资源,采用热泵原理,通过少量的高位电能输入,实现低位热能向高位热能转移的一种技术。

水源热泵机组工作的大致原理是,夏季将建筑物中的热量转移到水源中,由于水源温度低,所以可以高效地带走热量,而冬季,则从水源中提取热量。

其具体工作原理如下:

在制冷模式时,高温高压的制冷剂气体从压缩机出来进入冷凝器,制冷剂向冷却水(地下水)中放出热量,形成高温高压液体,并使冷却水水温升高。制冷剂再经过膨胀阀膨胀成低温低压液体,进入蒸发器吸收冷冻水(建筑制冷用水)中的热量,蒸发成低压蒸汽,并使冷冻水水温降低。低压制冷剂蒸汽又进入压缩机压缩成高温高压气体,如此循环在蒸发器中获得冷冻水。

在制热模式时,高温高压的制冷剂气体从压缩机出来进入冷凝器,制冷剂向供热水(建筑供暖用水)中放出热量而冷却成高压液体,并使供热水水温升高。制冷剂再经过膨胀阀膨胀成低温低压液体,进入蒸发器吸收低温热源水(地下水)中的热量,蒸发成低压蒸汽,并使低温热源水水温降低。低压制冷剂蒸汽又进入压缩机压缩成高温高压气体,如此循环在冷凝器中获得供热水。

2. 地源热泵

地源热泵则是利用水源热泵的一种形式,它利用水与地能(地下水、土壤或地表水)进行冷热交换来作为水源热泵的冷热源，冬季把地能中的热量“取”出来，供给室内采暖，此时地能为“热源”；夏季把室内热量取出来，释放到地下水、土壤或地表水中，此时地能为“冷源”。

地源热泵系统具有以下特点：

(1)使用清洁可再生能源，环保效果好；

(2)高效、节能，运行费用低；

(3)一机多用，服务面广；

(4)运行稳定可靠，寿命长；

(5)不受空气变化影响，运行费用低；

(6)系统简单，维护费用低；

(7)可实现区域控制，便于物业管理；

(8)结构紧凑，节省机房面积；

(9)设计与安装技术水平要求高；

(10)初投资较大；

(11)对于土壤源热泵，需要一定的地下埋管面积。

3. 空气源热泵

空气源热泵一般由压缩机、冷凝器、蒸发器、节流装置、过滤器、储液罐、单向阀、电磁阀、冷凝压力调节水阀、储水箱等几部分组成。空气源热泵工作原理就是利用逆卡诺原理，以极少的电能，吸收空气中大量的低温热能，通过压缩机的压缩变为高温热能，是一种节能高效的热泵技术。空气源热泵在运行中，蒸发器从空气中的环境热能中吸取热量以蒸发传热工质，工质蒸气经压缩机压缩后压力和温度上升，高温蒸气通过永久黏结在贮水箱外表面的特制环形管冷凝器冷凝成液体时，释放出的热量传递给了空气源热泵贮水箱中的水，冷凝后的传热工质通过膨胀阀返回到蒸发器，然后再被蒸发，如此循环往复。

空气源热泵是当今世界上最先进的能源利用产品之一。随着经济的快速发展与人们生活品位的提高，生活用热水已成为人们的生活必需品，然而传统的热水器(电热水器，燃油、气热水器)具有能耗大、费用高、污染严重等缺点；而节能环保型太阳能热水器的运行又受到气象条件的制约。空气源热泵的供热原理与传统的太阳能热水器截然不同，空气源热泵以空气、水、太阳能等为低温热源，空气源热泵以电能为动力从低温侧吸取热量来加热生活用水，热水通过循环系统直接送入用户作为热水供应或利用风机盘管进行小面积采暖。空气源热泵是目前学校宿舍、酒店、洗浴中心等场所的大、中、小热水集中供应系统的最佳解决方案。

空气源热泵的特点：

(1)一年四季全天候运行，不受夜晚、阴天、下雨和下雪等各种天气的影响。

(2)节能型产品：空气源热泵机组以空气为低温热源制取热量，耗电量仅为电锅炉全年的1/4；同燃煤、油、气锅炉比，可节省40%以上的能源，短期内可收回投资。

(3)环保无污染：该系统运行无任何的燃烧物及排放物，制冷剂对臭氧层零污染，具有良好的社会效益。

(4)运行安全可靠：整个系统的运行无传统锅炉(燃油或燃气或电锅炉)中可能存在的易燃、易爆、中毒、短路等危险，是一种安全可靠的中央空调系统。

(5)使用寿命长，维护费用低：该机组的使用寿命长达10年以上，运行安全可靠，安装方便。

(6)舒适方便,自动化、智能化程度高:系统采用了自动控制器,全年实现冬季制热、夏天制冷。

7.3.3 热泵发展及趋势

欧洲第一台热泵机组是在1938年间制造的。它以河水低温热源,向市政厅供热,输出的热水温度可达60℃。在冬季采用热泵作为采暖需要,在夏季也能用来制冷。1973年能源危机的推动,使热泵的发展形成了一个高潮。目前,欧洲的热泵理论与技术均已高度发达,这种"一举两得"并且环保的设备在法、德、日、美等发达国家业已广泛使用。

7.4 冷热源设备布置及实例

7.4.1 热源设备布置及实例

供热锅炉作为热源既可以直接连接散热器、地辐热管道作为建筑物冬季采暖的热源,也可以连接到空调机组,通过空调机组实现对建筑房间的冬季采暖、空调要求。本节首先介绍锅炉房的设备布置及实例。锅炉房平面布置图见图7-11。

锅炉房的布置是严格按照供热锅炉的工作系统流程进行布置和安排的。为了满足锅炉系统流程的要求,建筑要根据锅炉系统流程尽量调整建筑格局。

根据《锅炉房设计规范》(GB 50041—2008)规定,锅炉供热介质的选择,应根据供热方式、介质的需要和供热系统等因素确定,可按下列规定进行选择:

(1)供采暖通风用热的锅炉房,宜采用热水作为供热介质;

(2)供生产用汽的锅炉房,应采用蒸汽作为供热介质;

(3)同时供生产用汽及采暖通风和生活用热的锅炉房,经技术经济比较后,可选用蒸汽或热水作为工作介质。

此规范还规定,锅炉台数和容量的选择,应根据锅炉房的设计容量和全年负荷峰期锅炉机组的工况等因素确定,并保证其中最大一台锅炉检修时,其余锅炉应能满足下列要求:

(1)连续生产用热所需的最低热负荷;

(2)采暖通风和生活用热的最低热负荷。

因此,根据规范锅炉房在布置设备时,一般平面布置和结构设计都应考虑有扩建的可能性。根据锅炉的容量、类型以及燃烧和除灰渣的方式等决定采用单层或多层建筑。并且,锅炉房建筑物和构筑物的室内底层标高应高出室外地坪,防止出现积水和方便泄水。另外,如果锅炉房根据需要,必须建造地下室时,地下室的地面应有向集水坑倾斜的坡度。锅炉房的砖砌或钢筋混凝土烟囱一般放在锅炉房的后面。烟囱中心到锅炉房后墙的距离应能使烟囱地基不碰到锅炉地基。同时,还应考虑烟道的布置及有关无半露天布置的风机、除尘器等设备。烟囱高度不应低于20 m。

除此之外,锅炉房配套的油库区、燃气调压站应布置在离交通要道、民用建筑、可燃或高温车间较远的位置,同时又要考虑与锅炉房联系方便。并且,不得与甲、乙类及使用可燃液体的丙类火灾危险性建筑相连,若与其他生产厂房相连时,应用防火墙隔开。

最后,在满足工艺布置要求的前提下,锅炉房的建筑物和构筑物,宜按建筑统一模数制设计。

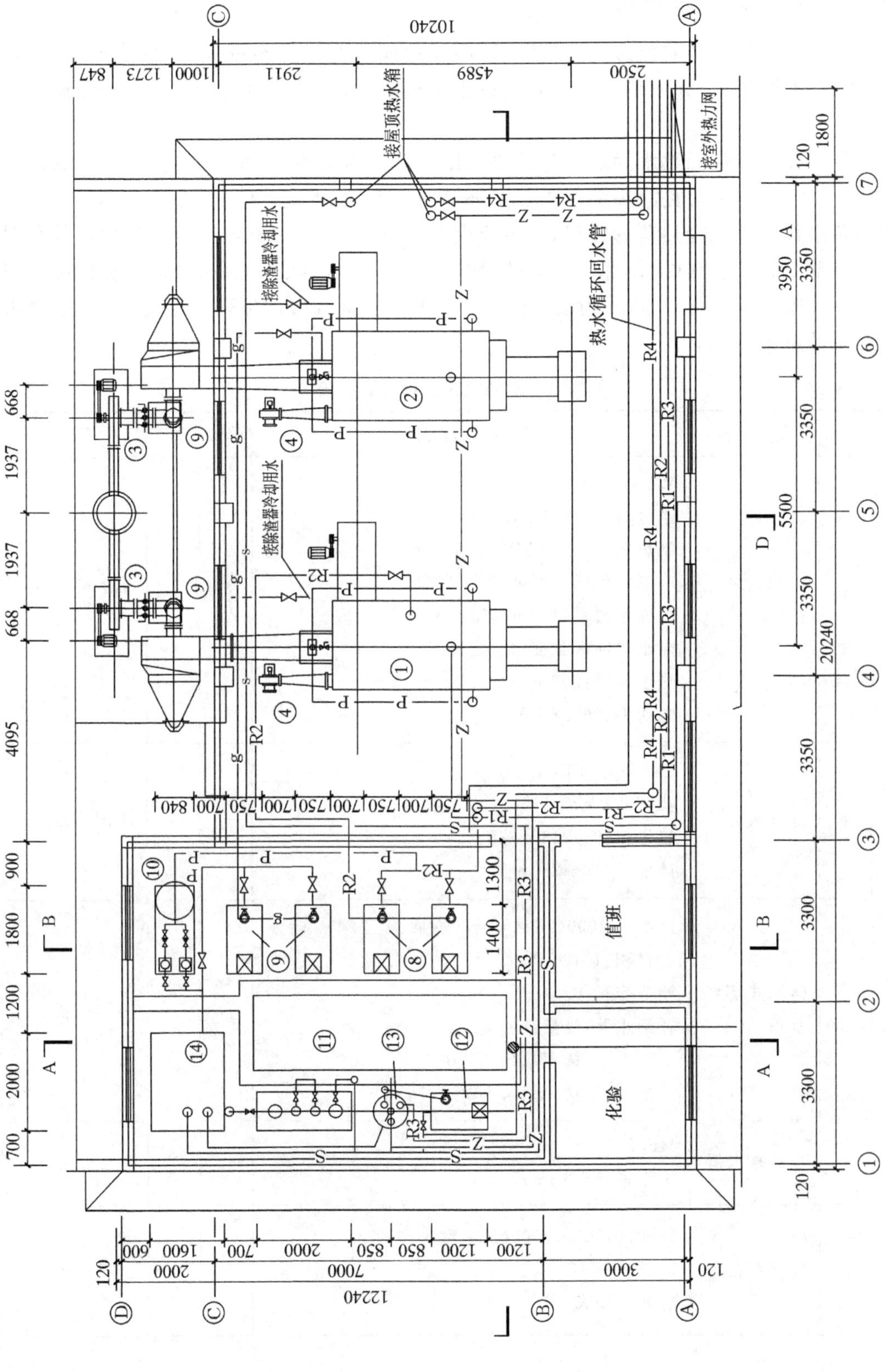

图7-11　锅炉房平面布置图

7.4.2 冷源设备的布置

空调系统的冷源设备有很多，其具体布置必须按照冷源运行系统流程进行，因此，又各不相同，这里我们就不一一介绍了。在此我们以水源热泵设备布置为例，简单介绍冷源设备布置的要求。

水源热泵就是以低温热水为热源的热泵机组。利用水源热泵作为系统的冷、热源设备可提高效率，节约能量，又可免除用锅炉供热对环境的污染，实现夏季制冷、冬季供热。

水源热泵作为系统冷热源的时候，其主要由水源热泵机组、冷冻水泵、膨胀水箱、软水器和软化水箱等部分组成。其中，每部分设备的具体布置，应根据水源热泵系统流程和机房空间而决定。水源热泵机房设备布置平面图见图 7-12，水源热泵机房设备列表见表 7-1，水源热泵机房水系统图见图 7-13。

表 7-1 水源热泵机房设备列表

序号	编号	设备名称	型号规格及性能	单位	数量	备注
1	1	水源热泵机组	WPS295.2B 型 制冷量：1096.8 kW 制热量：1192.8 kW 冷冻水供回水温度：7℃/12℃ 冷冻水流量：189 m^3/h 热水供回水温度：40℃/45℃ 热水流量：206 m^3/h 电功率：260.7 kW	台	2	地下室水源热泵机房
2	1	冷冻水泵	FLG200-315A 功率：22 kW 流量：189～243 m^3/h 扬程：24.5～28 m	台	3	两用一备
3	1	落地式膨胀水箱	HWS-1000(其中包括补给泵、定压罐) 总容积：1.42 m^3 调节容积：0.5 m^3 补给水泵：流量：L=4 m^3/h 扬程：H=32 m 功率：1.5 kW	台	2	一用一备
4	1	自动软水器	HFS5 出水量：5～6 m^3/h	台	1	
5	1	软化水箱	1800×1200×2500(长×宽×高) 国标：R108(一) 有效容积：5 m^3	台	1	

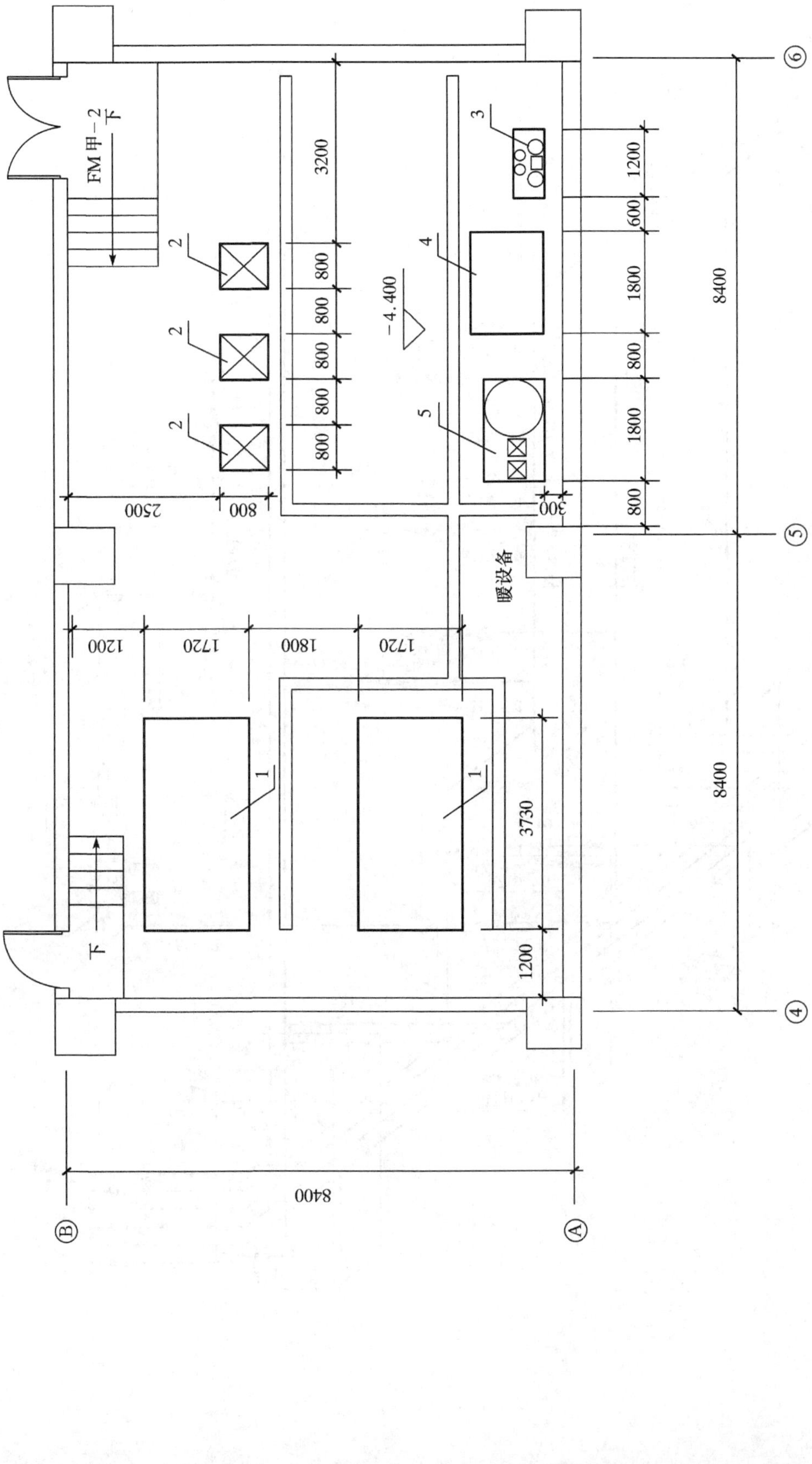

图7-12 水源热泵机房设备布置平面图

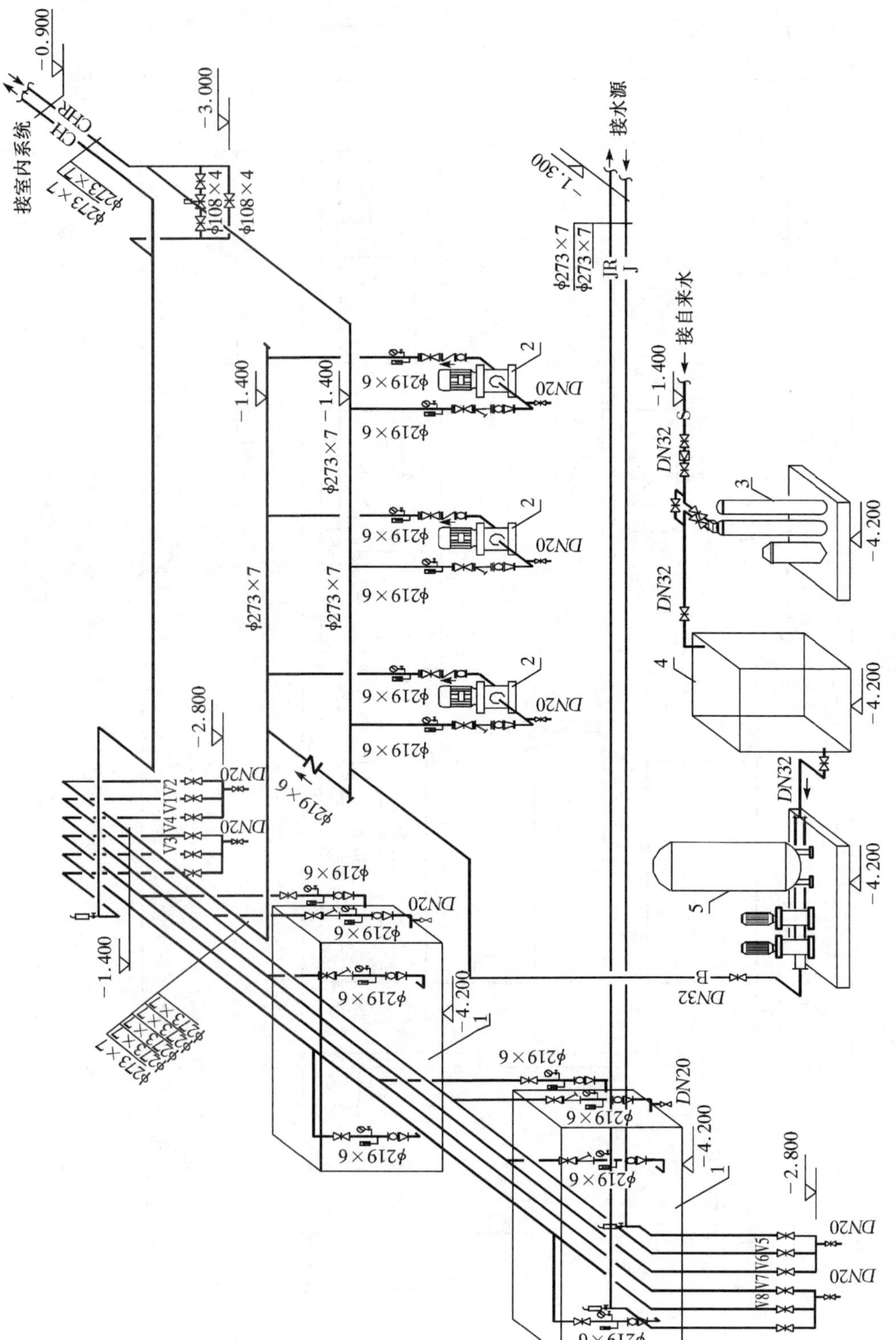

图7-13 水源热泵机房水系统图

本章小结

本章主要介绍了供热锅炉的内部构造，制冷循环的工作原理，新型冷热源技术，以及如何合理布置热源与冷源的设备。

思考题

1. 简述供热锅炉的构造。
2. 锅炉的辅助设备包括哪些？
3. 空调系统的冷水机组分为哪几类？分别是什么？
4. 简述吸收式制冷机组的工作原理。
5. 简述压缩式和吸收式制冷机组的区别。
6. 冷冻站在设计时应注意哪些问题？
7. 建筑物的冷热源布置各应注意什么？

第8章 建筑供配电系统

本章学习要点

1. 电力系统的基本知识
2. 电力负荷的分级
3. 低压配电方式
4. 电线、电缆的选择
5. 低压配电系统的短路保护设备
6. 高层建筑供配电系统

8.1 电力系统

电力是现代工业的主要动力。随着生产的社会化、现代化，社会生活的各个领域也越来越离不开电，一旦电能供应中断，就可能使整个社会的生产、生活处于瘫痪。因此，作为一个专门从事电力工程技术工作的人，要掌握电能的生产、输送、分配等知识。

8.1.1 电力系统概述

电力系统是由发电厂、电力网和用电设备组成的统一整体。电力网是电力系统的一部分，它包括变电所、配电所及各种电压等级的电力线路。

1. 发电厂

发电厂是将自然界蕴藏的诸种一次能源转换成电能（二次能源）的工厂，它的产品就是电能。根据所利用的一次能源的不同，发电厂分为火力发电厂、水力发电厂、原子能发电厂、风力发电厂、地热发电厂以及太阳能发电厂等类型。目前在我国，接入电力系统的发电厂，主要是火力发电厂和水力发电厂。原子能发电厂虽是今后发展的方向，但现在还是很少。本节以火力发电厂和水力发电厂为例，简述电能的生产过程。

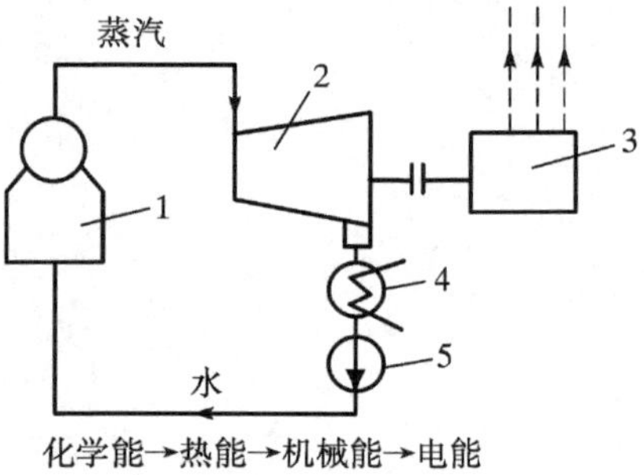

图 8-1 火电厂生产过程示意图
1—锅炉；2—汽轮机；3—发电机；4—凝汽器；5—水泵

(1)火力发电厂。火力发电厂是利用燃料（煤、石油、天然气）的化学能转换为电能的。其主要设备有锅炉、汽轮机、发电机等，如图 8-1 所示。我国的火力发电厂目前以燃煤为主。为了提高煤的燃烧效率，现代火电厂都把煤块粉碎成煤粉。煤粉在炉膛内充分燃烧，将锅炉内的水加热蒸发成高温高压的蒸汽，燃料的化学能源转换成了蒸汽的热能；蒸汽经过管道送入汽轮机，推动叶轮旋转，蒸汽的热能转换成机械能；汽轮机与发电机是联轴的，带动发电机的转子转动，由于转子上绕有线圈，并通有直流电，旋转的转子磁场切割发电机的定子线圈，在定子线圈中感应出交流电动势和交流电流，这样汽轮机的旋转机械能就转换成了电能。这就是火力发电厂的简要生产过程。

(2)水力发电厂。水力发电厂是利用水的位能转换为电能的。水力发电厂主要由水坝、水库、水轮机和发电机等组成。水库是借助拦水大坝来汇集水量，提高水位，使水库中的水相对于下游的水形成一定的落差(俗称水头)。经过引水道，将水库中的水送入水轮机，推动水轮机旋转，使水的位能转换成机械能；水轮机与发电机是联轴的，带动发电机转子转动，这部分与火力发电厂一样，转子的旋转磁场切割发电机的定子线圈，在线圈中产生感应电动热和感应电流，使水轮机的旋转机械能转换成电能。水电站的组成和生产过程如图 8-2 所示。

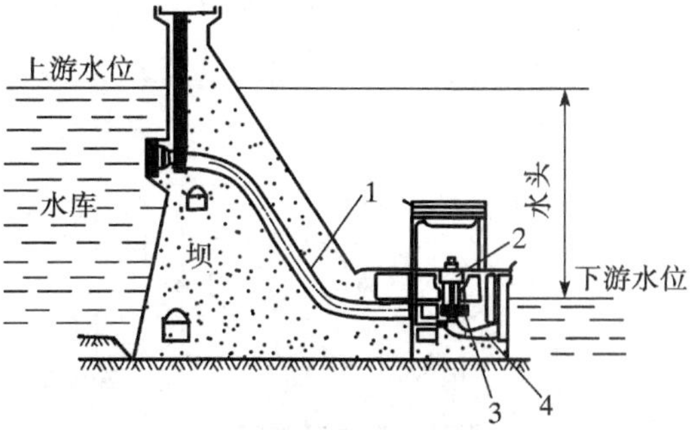

图 8-2　水电站生产过程示意图
1—引水管；2—发电机；3—水轮机；4—尾水管

2. 变电所和配电所

为了实现电能的经济输送和满足用电设备对供电质量的要求，需要对发电机输出的端电压进行多次的变换。变电所是接受电能、变换电压和分配电能的场所。根据任务的不同，变电所分为升压变电所和降压变电所两大类。升压变电所是将低电压变换为高电压，一般建立在发电厂厂区内；降压变电所是将高电压变换成适合用户需要的较低电压等级，一般建立在靠近电能用户的中心地点。

配电所是专门用来接受和分配电能，而不改变电压高低的场所。配电所多数建在建筑物的内部。

3. 电力线路

电力线路是输送电能的通道。因为火力发电厂多建于燃料产地，水力发电厂多建在水利资源丰富的地方，一般这些大型发电厂距离电能用户都比较远，所以需要用各种不同电压等级的电力线路，作为发电厂、变电所和电能用户之间的联系，使发电厂生产的电能源源不断地输送给电能用户。

通常把电压在 35 kV 及以上的高压电力线路称为送电线路；而把由发电厂生产的电能直接分配给用户，或由降压变电所分配给用户的 10 kV 及以下的电力线路称为配电线路。

4. 电能用户(又称电力负荷)

在电力系统中，一切消耗电能的用电设备均称为电能用户。用电设备按其用途可分为：动力用电设备(如电动机等)、工艺用电设备(如电解、冶炼和电焊等)、电热用电设备(如电炉、干燥箱和空调等)、照明用电设备和试验用电设备等，它们分别将电能转换为机械能、热能和光能等不同形式，以适应生产和生活的需要。

目前我国各类电能用户的用电量占总电量的百分比为：工业 72.9%，农业 13.7%，生活

7.8%，市政及商业4.4%。可见工业是电力系统中最大的电能用户。随着现代化的到来，家用电器猛增，生活用电及市政商业用电的比例将会急剧上升。

图8-3是从发电厂经变电所通过电力线路至电能用户的送电过程示意图。

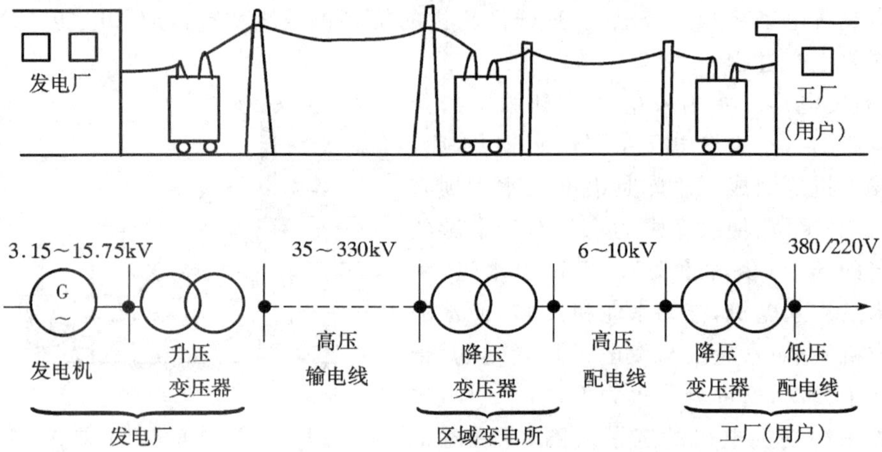

图8-3 从发电厂到用户的送电过程示意图

5. 电力系统的特点

如果各个发电厂彼此独立向用户供电，则当某个发电厂发生故障停机检修时，由该发电厂供电的地区将被迫停电。为了保证对用户供电不中断，每个发电厂都必须配备一套备用发电机组，这就相应增加了投资，而且设备的利用率不是很高。因此，有必要将各种类型的发电厂的发电机、变电所的变压器、输电线路、配电设备以及电能用户等联系起来，组成一个整体，称为电力系统，如图8-4所示。

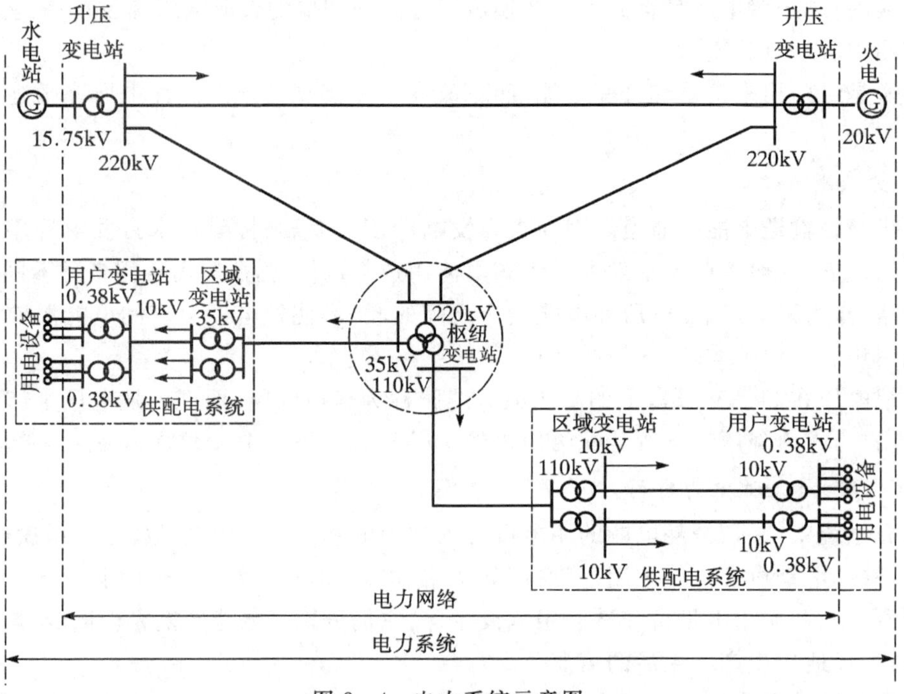

图8-4 电力系统示意图

建立电力系统有如下优越性：

(1)提高供电可靠性。不会因个别发电机故障或检修导致对用户停电，并能实现有计划地安排设备轮流检修，确保设备经常安全运行。

(2)实现经济运行。在沛水季节，尽量让水电厂多发电，以节省火电厂的燃料，降低电力系统内的发电成本，同时安排火电厂检修；合理调度各发电厂的负荷，尽可能减少近电远送，以降低线路上的电能损失；可使各发电厂承担相对稳定的负荷，减少负荷波动，有利于提高发电设备的效率和供电质量。所谓供电质量，除了供电的可靠性外，主要是指电压和频率要保持额定值，这对用户是非常重要的。

(3)提高设备利用率。因为将发电、供电设备联成一个系统，使在同系统内的设备可以互为备用，这比电厂独立供电可大大减少备用设备的容量，因而节省了大量的设备投资。

8.1.2　电力负荷等级及供电要求

按照用电设备对供电可靠性要求的不同，以及中断供电在政治上、经济上所造成的影响和损失的大小，把电力负荷可分为三级。

(1)一级负荷。凡中断供电将造成人身伤亡，或在政治上、经济上将造成重大损失的这类负荷称为一级负荷。如重要的铁路枢纽、通信枢纽、重要的国际活动公共场所、钢铁厂、重要的宾馆、医院的手术室等。

对于一级负荷，应采用两个彼此独立、互不影响的电源供电。对于一级负荷中特别重要的用户，除有两个独立电源供电外，还必须增加设备用发电机组等应急电源。

(2)二级负荷。凡中断供电将造成政治上、经济上较大损失的这类负荷称为二级负荷。如造成生产设备损坏而引起的产量大幅度下降，影响交通枢纽、通信设施正常工作，引起公共场所(如大型体育馆、影剧院等)秩序混乱等，对于工期紧迫的建筑工程项目，也可按二级负荷考虑。

对于二级负荷，应采取两条彼此独立的线路(又称双回路)供电；当条件不允许双回路供电时，则可用一条 6 kV 以上的专用高压架空线供电；但是否还需要配备备用电源，则要经过技术经济比较而定。

(3)三级负荷。凡不属于一级和二级负荷的电能用户，都属于三级负荷。如一般的机械加工工业和一般的民用建筑等。

三级负荷对供电没有特殊要求，一般都采用单回路供电，当然在可能情况下也应尽可能提高供电的可靠性。

在民用建筑中，一般都把重要的医院、大型的商场、体育馆、影剧院、重要的宾馆，以及电信、电视中心，列为一级负荷；其余的大多数民用建筑都属于三级负荷。

8.1.3　供电电能质量

1. 电压等级及适用范围

电力系统通常也称电力网，其电压等级有很多种，不同的电压等级有不同的用途。提高输电线路的电压，就可以减少输电线路上的电能损失和电压损失；由于输电线路上的电流小了，可以减小线路的导线截面积，从而节省有色金属。对于已经建成的输电线路，当输电电压提高时，输送的容量也相应提高，送电的距离也更远。但是提高输电电压，线路的绝缘水平也要求相应提高，则对绝缘材料的投资也要增加。因此，对于一定的输电容量和送电距离，应有相应的技术经济上比较合理的输送电压。

从用电方面考虑,为了保证人身安全和降低用电设备的制造成本,又应把电压降低一些为好。

根据我国规定,交流电力系统的额定电压等级有:12 V、24 V、36 V、110 V、220 V、380 V、3 kV、6 kV、10 kV、35 kV、110 kV、220 kV、330 kV、500 kV 等,目前我国最高的电压等级是 500 kV。

习惯上把 1 kV 以下的电压称为低压;把 1 kV 及以上,低于 330 kV 的电压称为高压;把 330 kV 及以上称为超高压。但要注意,所谓低压是相对于高压而言的,绝不意味对人身没有危险。一般来讲,110 V 对人身就有致命危险,潮湿的场合,24 V 也有危险。

各种电压等级有不同的适用范围。在我国电力系统中,220 kV 及以上的电压等级都用于大电力系统的主干线,输电距离达几百公里至上千公里;110 kV 电压用于中、小型电力系统的主干线,输电距离为 100 km 左右;35 kV 电压用于电力系统的二次网络或大型工厂内部供电,输电距离为 30 km 左右;6～10 kV 电厂用于送电距离为 10 km 左右的城镇和工业与民用建筑施工供电,发电机的出口电压一般也为 6～10 kV;小功率的电动机、电热等用电设备,一般采用三相电压 380 V 和单相电压 220 V 供电。几百公尺之内的照明用电,一般采用 380/220 V 三相四线制供电,电灯接在 220 V 相电压上,如图 8－5 所示。100 V 以下的电压,包括 12 V、24 V、36 V 等,主要用于安全照明,潮湿工地、建筑物内部的局部照明,以及小容量负荷的用电等。

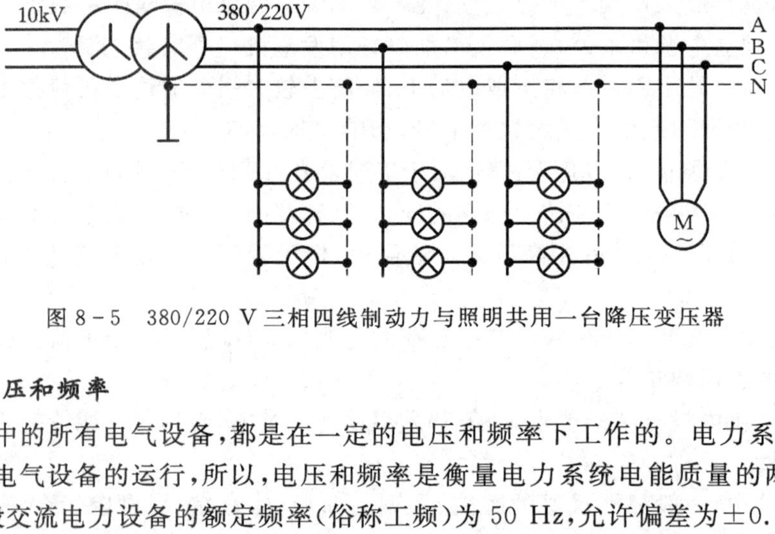

图 8－5　380/220 V 三相四线制动力与照明共用一台降压变压器

2. 额定电压和频率

电力系统中的所有电气设备,都是在一定的电压和频率下工作的。电力系统的电压和频率直接影响着电气设备的运行,所以,电压和频率是衡量电力系统电能质量的两个基本参数。我国规定:一般交流电力设备的额定频率(俗称工频)为 50 Hz,允许偏差为±0.5 Hz。频率的稳定主要取决于系统中有功功率的平衡,频率偏低,表示电力系统中发出的有功功率未能满足负荷的需要,应设法增加发电机的有功出力。电力系统的电压主要取决于系统中无功功率的平衡,无功功率不足,电压偏低,应设法提高发电机的无功出力。这里着重讨论额定电压。

所有电气设备,都是按照运行在额定电压下,能获得最佳的经济效果而设计的。因此,电气设备的额定电压应与所接电力线路的额定电压相同。如果设备在使用时的端电压(电源的供电电压)与该设备的额定电压有出入,则设备的运行性能和使用寿命都将受到影响,总的经济效果会下降。如异步电动机,当其端电压降低时,其输出转矩将下降较多,在负载(生产用电)不变的情况下,电机的转速随之下降,不仅使生产效率降低,产量减少,质量也会下降。再如电光源,当端电压下降 10%时,白炽灯的发光效率下降 30%以上,灯光变暗,不但会降低工作效率，而且严重影响人的视力和健康；而当端电压升高 10%时，发光效率将提高 1/3，但灯泡的使用寿命将缩短 2/3。

根据上述分析，用电设备的端电压变化范围是有限度的，一般只允许偏离其额定的±5%。为此，要求供电线路首端(靠电源端)的电压应高于电网额定电压的 5%，而其末端电压可低于电网额定电压的 5%。与此相应，发电机的额定端电压规定高于同级电网额定电压 5%，如电网的额定电压为 10 kV，则接在该电网上的发电机的额定电压为 10.5 kV。对于电力变压器，其副边的额定电压，即副边开路时的端电压，则应考虑两种因素而定：一是变压器本身，在额定负载时副绕组上约有 5%的内阻抗压降；二是，当变压器副边引出的供电线路较长时，应考虑线路上约有 5%的电压损失。因此规定变压器副边的额定电压高于电网额定电压的 10%。倘若副边的供电线路不太长(如低压电网，或直接供电给高压设备的高压电网)，则只需考虑变压器副绕组上 5%的阻抗压降，所以副边的额定电压只需高于电网额定电压 5%即可。如果低压电网的额定电压为 380/220 V，则配电变压器副边的额定电压为 400/230 V。

8.1.4　变配电所

1. 变配电所的类型、结构

变配电所的类型很多，工业与民用建筑设施的变电所，大多是 6～10 kV 变电所。变配电所可以分为开压变电所和降压变电所两大类。开压变电所是将发电厂生产的 6～10 kV 的电能开高至 35 kV、110 V、220 kV、500 kV 等高压，以利于远距离输电；降压变电所是将高压网送过来的电能降至 6～10 kV 以后，分配给用户变压器，再降至 380 V 或 220 V，供建筑物或建筑工地的照明或动力设备、用电器等使用。

10 kV 变电所，按其变压器及高压开关设备的安装位置，可分为室内型、半室外型、室外型以及成套变电站等。

(1)室内型变电所由高压配电室、变压器室、低压配电室和值班室组成。如图 8-6 所示，是一台变压器供电的室内型变电所的平面布置图。这类变电所的特点是：安全、可靠、受环境影响小；维护、监测、管理方便；但建筑费用高。一般适用于大中型企业和高层建筑。

(2)半室外型变电所只把低压配电设备放在室内，变压器和高压设备均放在室外，如图 8-7所示。其特点是占地面积小，造价低，变压器通风散热条件好。

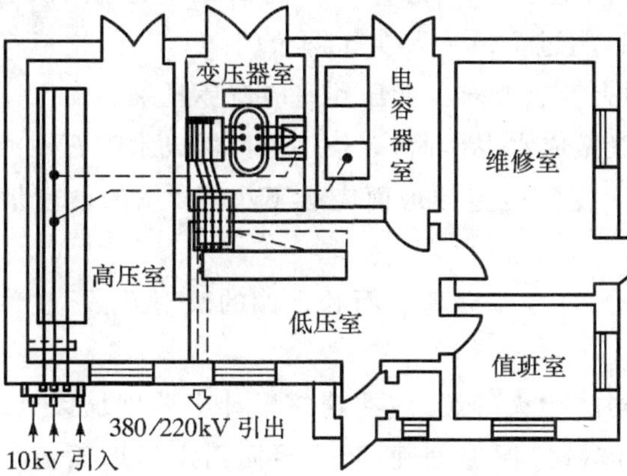

图 8-6　室内型变电所平面布置

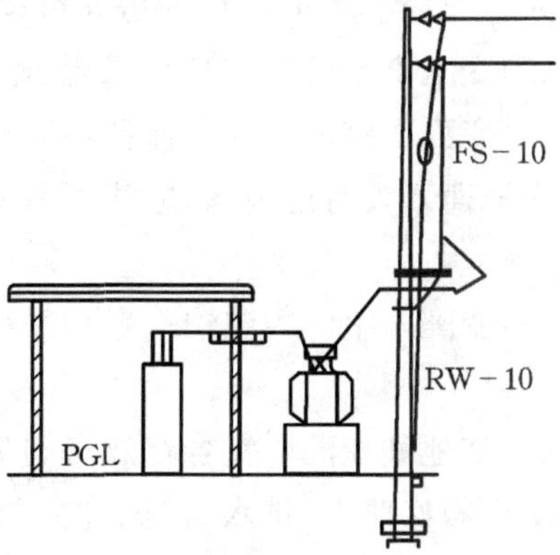

图 8-7　半室外型变电所结构图

(3)室外型变电所是将全部高、低压设备置于露天场合。其特点是占地面积少,结构简单,进出线方便,变压器易于通风散热,适用于 320 kVA 以下的变压器。建筑施工工地和城市生活区宜采用这种类型变电所。

(4)成套变电站又称组合式变电站,它由三个单独部分,即高压室、变压器室和低压室组成。高压室和低压室分别位于变压器的两侧。高压室为电缆进线,内装有负荷开关、熔断器和避雷器等;变压器室内装一台 200～630 kVA 的油浸变压器;低压室内可装若干台低压开关柜。成套变电站采用箱式整体结构,均由制造厂家成套供应。一般将高压室与变压器室制成一个箱体,低压室制成一个箱体,这样便于安装和运输,现场安装时用螺栓将这两部分连接成一个整体,安装在预先准备好的钢筋混凝土基础上。因此这种变电站安装方便,工期短,占地面积小,便于搬迁,容易深入安装到负荷中心,有利于减少电能损耗和电压损失,节约有色金属材料。由于成套变电站全部采用少油式或无油式电器,因此运行安全可靠,在国外已广泛应用,特别是在高层建筑中得到普遍应用,目前在我国也已开始推广应用。

2. 变配电所的位置选择

变配电所的位置,应根据下列诸要求综合考虑而确定:

(1)尽量靠近负荷中心,距离功率较大的负荷点一般不超过 300 m;

(2)尽量靠近高压电源线,并方便进线和出线;

(3)应尽量避开多尘和有腐蚀气体、易燃易爆物质;

(4)应尽量避开地热低洼和有剧烈震动的场所;

(5)应考虑变压器、开关柜等大型设备运输方便;

(6)尽可能与土建工程统一规划,保证安全供电和土建施工互不影响。

3. 变配电所对建筑的要求

变配电所对建筑的要求主要指变配电室对建筑的要求。变配电室作为建筑房间的重要组成部分,当然应和建筑的总体布局相协调。但它是具有专门功能的房间,又需要在建筑设计中对变配电所进行专门考虑。

(1)变配电室的门从安全考虑,门扇应向外开。满足人员出入和设备搬运要求,宽度应比设备尺寸多 0.5 m。一扇门宽于 1.5 m 时,其上应开一个宽 0.6 m、高 1.8 m 的小门供值班人员出入。长度在 7 m 以内的房间可设一个门,超过 7 m 应不少于两个门。

(2)变配电室的窗应满足采光、通风和耐火等级要求。变压器室应避免日晒。

(3)变配电室的地面应保证不起砂。一般做成水泥地面,有条件也可做成水磨石地面。许多房间地面下设有电缆沟,应注意妥善处理。变配电室的地面应有不小于 2%的坡度坡向集油坑。

(4)变配电室的内装饰一般均采用大白粉刷白,以提高墙面和顶棚的反射系数,改善视觉环境。

(5)其他如变配电室各组成房间具有不同的耐火等级,应在建筑设计中分别加以处理;要求对屋面做好防水、排水、保温和隔热措施;应做好屋檐处理,防止屋面雨水沿墙面流下。此外,还要考虑房间的通风换气等。

8.2　建筑低压配电系统

8.2.1　低压配电方式

低压配电系统是指从终端降压变电所的低压侧(或市电的低压进线装置),到民用建筑内部低压设备的电力线路,电压一般为 380/220 V。低压配电系统由配电装置(配电盘)及配电线路(干线及分支线)组成。低压配电线路的接线方式(简称配电方式)主要有以下几种:

1. 放射式

如图 8-8(a)所示的放射式接线方式:由变压器低压母线上引出若干路线路,再由这些线路分别配电给各配电箱或用电设备。这种配电方式的特点是:各路配电线路之间相互独立,任一线路上发生故障或检修,对其他线路不产生影响,任一条线路上的电动机启动引起的电压波动,对其他线路的影响也较小。因此,这种接线方式的供电可靠性和供电质量都较高。但也有缺点,主要是所用开关和线路较多,既增加了建设投资和运行费用,也给变配电所的低压出线路径带来困难。所以,这种配电方式多用于容量大的单台设备或对供电可靠性要求高的场合。

2. 树干式

如图 8-8(b)所示的树干式接线方式:从变电所低压母线上引出少数干线,再从干线上引出若干支线,由这些支线最后引至各用电设备。这种接线方式的特点是:所用的导线和开关设备少,因此建设投资和运行费用低。但供电的可靠性差,当干线发生故障时,从该干线上接出的所有支线都将停电。所以这种接线方式适用于设备容量小,负荷分布比较均匀,而且对供电可靠性无特殊要求的三级负荷。建筑施工现场,往往采用树干式配电。

3. 环形式

如图 8-8(c)所示的环形式接线方式:由一台变压器供电的低压环形接线。从这种接线中可以看出:闭环运行时,当 L_2 段线路发生故障或检修停电,可以通过 L_1、L_3 和 L_4 段线路接通电源,继续保持对 XL_2 供电;即任何一段线路发生故障停电,均可通过另一段联络线恢复供电,所以闭环运行供电的可靠性比较高。但闭环运行时保护整定值的配合相当复杂,如果配合不当,容易造成保护误动作,反而使事故范围扩大,所以在一般情况下不采用闭环而采用开环运行。

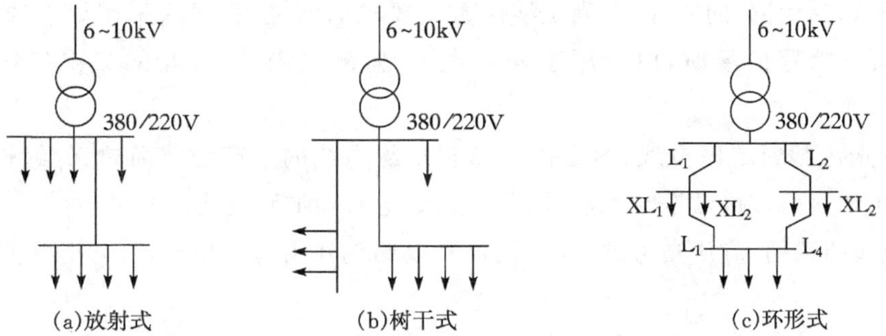

图 8-8　低压配电线路的接线方式

在实际应用中，放射式、树干式和环形式往往是混合使用的，应根据安全可靠、经济合理的原则进行优化组合。

8.2.2 低压配电系统的配电线路

低压供配电线路，系指由市电电力网引至受电端的电源引入线。低压供配电线路是供配电系统的重要组成部分，担负着将变电所 380/220 V 的低压电能输送和分配给用电设备的任务。

由于民用建筑中电力设备通常分为动力和照明两大类，所以民用建筑的供电线路也相应地分为动力（负荷）线路和照明（负荷）线路两类。

1. 动力负荷线路

在民用建筑中，动力用电设备主要有：电梯、自动扶梯、冷库、空调机房、风机、水泵，以及医用动力用电设备和厨房动力用电设备等。动力用电设备部分属于三相负荷，少部分容量较大的电热用电设备如空调机、干燥箱、电炉等，它们虽属于单相负荷，但也归类于动力用电设备。对于上述动力负荷，一般采用三相三线制供电线路，对于容量较大的单相动力负荷，应尽可能平衡地接到三相线路上。

2. 照明负荷线路

在民用建筑中，照明用电设备主要有供给工作照明、事故照明和生活照明的各种灯具，还有家用电器中的电视机、窗式空调机、电风扇、电冰箱、洗衣机，以及日用电热电器，如电饭煲、电熨斗、电热水器等，它们一般都由插座进行供电，它们虽不是照明器具，但都是由照明线路供电，所以统归为照明负荷。它们的电价也与照明电价相同。在照明线路设计和负荷计算中，除了应考虑各种照明灯具外，还必须考虑到家用电器和日用电热电器的需要和发展。照明负荷一般都是单相负荷，采用 220 V 两线制线路供电；当单相负荷计算电流超过 30 A 时，应采用 380/220 V 三相四线制线路供电。

8.2.3 电线、电缆的选择

在民用建筑电气设计和施工中，电线和电缆型号的选择应遵循如下原则：

（1）贯彻“以铝代铜”的方针，在满足线路敷设要求的前提下，尽量采用铝芯导线。只有在易燃、易爆、腐蚀严重的场所，以及用于移动设备、监测仪表、配电盘的二次接线等，才必须用铜线。

（2）尽量选用塑料绝缘电线，这是因为塑料绝缘电线的生产工艺简单、绝缘性能好、成本低。当在建筑物表面直接敷设时，应选用聚氯乙烯绝缘和护套电线。

（3）电缆线的选用，应认真考虑“以铝代铜”“以铝包代铅包”“以合成材料（如塑料）代替橡胶”等原则。

（4）注意选用新材料、新品种的电线和电缆，不选用淘汰产品及限制使用的产品。

（5）电线和电缆具体型号的选用，应根据使用环境和敷设方式而定，具体见表 8-1。

表 8－1 按环境和敷设方式选择电线和电缆

环境特征	线路敷设方法	常用电线电缆型号	导线名称
正常干燥环境	绝缘线瓷珠、瓷夹板或铝皮卡子明敷 绝缘线、裸线瓷瓶明配 绝缘线穿管明敷或暗敷 电缆明敷或放在沟中	BBLX,BLV,BLVV,BVV,BLX BBLX,BLV,LJ,LMY BBLX,BLV,BVV ZLL，ZLL_{11}，VLV，YJV，YJLV，XLV,ZLQ	BLX:橡皮绝缘铝芯线 BBLX:铝芯玻璃丝编织橡皮线 BX:橡皮绝缘铜芯线 BLV:铝芯聚氯乙烯绝缘线 BLVV:铝芯塑料护套线 BVV:铜芯塑料护套线 LJ:裸铝绞线 LMY:硬铝裸导线 ZLL:油浸绝缘纸电缆 VLV:塑料绝缘铝芯电缆 YJV:塑料绝缘铜芯电缆 YJLV:塑料绝缘(聚乙烯)铝芯电缆 XLV:橡皮绝缘电缆(铝芯) ZLQ:油浸纸绝缘电缆 BV:铜芯塑料绝缘线 XLHF:橡皮绝缘电缆 其他型号的电线和电缆可查阅有关手册,此处略
潮湿和特别潮湿的环境	绝缘线瓷瓶明配(敷高＞3.5 m) 绝缘线穿管明敷或暗敷 电缆明敷	BBLX,BLV,BVV,BLX BBLX,BLV,BVV,BLX ZLL_{11},VLV,YJV,XLV	
多尘环境(不包括火灾及爆炸危险尘埃)	绝缘线瓷珠、瓷瓶明敷 绝缘线穿钢管明敷或暗敷 电缆明敷或放在沟中	BBLX,BLV,BLVV,BVV,BLX BBLX,BLV,BVV ZLL，ZLQ，VLV，YJV，XLV,XLHF	
有腐蚀性的环境	塑料线瓷珠、瓷瓶明线 绝缘线穿塑料管明敷或暗敷 电缆明敷	BLV,BLVV,BVV,BX BBLX,BLV,BV,BVV,BLX VLV,YJV,ZLL_{11},XLV	
有火灾危险的环境	绝缘线瓷瓶明线 绝缘线穿钢管明敷或暗敷 电缆明敷或放在沟中	BBLX,BLV,BVV,BLX BBLX,BLV,BVV ZLL，ZLQ，VLV，YJV，XLV,XLHF	
有爆炸危险的环境	绝缘线穿钢管明敷或暗敷 电缆明敷	BBX,BV,BVV,BX ZL_{120},ZQ_{20},VV_{20}	

8.2.4 低压配电系统的短路保护设备

常用低压电器的分类:根据它们在电气线路中的功能可分为低压开关电器和低压保护设备;根据它们在电气线路中的用途通常可分为控制电器、主令电器、保护电器、配电电器、执行电器;根据它们的动作方式和动作原理可分为自动切换电器和非自动切换电器。

在民用建筑电气线路中,常用的低压电器主要有刀开关、熔断器、自动开关、漏电保护开关、接触器、继电器等。

1. 刀开关

刀开关又称刀闸,一般用在低压电路中,用于通、断交直流电流。

(1)低压刀开关。低压刀开关是一种结构较为简单的手动电器,它的最大特点是有一个刀

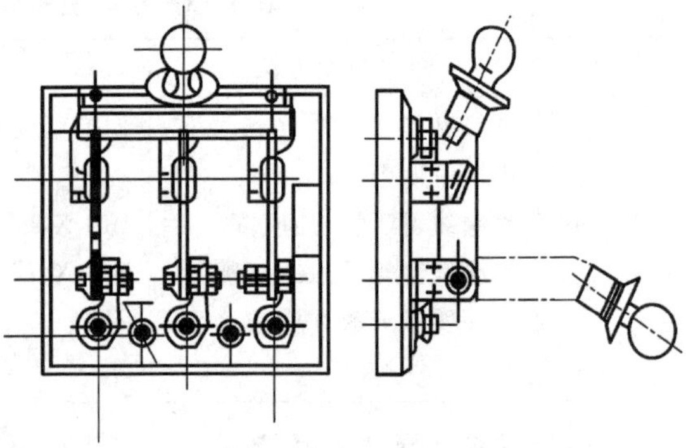
图 8-9 HD11、11B-100～400 刀开关

形动触头。它的基本组成部分是闸刀(动触头)、刀座(静触头)和底板,接通或切断电路是由人工操纵闸刀完成的。刀开关的型号是以H字母开头的,种类规格繁多,并有多种衍生产品。按其操作方式分,有单投和双投;按极数分,有单极、双极和三极;按灭弧结构分,有带灭弧罩的和不带灭弧罩的等。刀开关常用于不频繁地接通和切断交流和直流电路,装有灭弧室的可以切断负荷电流,其他的只作隔离开关使用。低压刀开关如图 8-9 所示。

刀开关除了上述型号之外,还有 HD17 系列,叫刀形隔离器,用于交流 50 Hz、额定工作电压至 380 V 或直流至 220 V,额定工作电流至 1 600 A 的场合;HD18 系列,叫空气式隔离器,适用于交流 50 或 60 Hz、电压至 1 200 V、直流至 1 500 A 的电力线路,作为空载操作、隔离电源之用等。

(2)熔断器式刀开关。熔断器式刀开关是一种将低压刀开关和低压熔断器组合在一起的开关,它具有刀开关与熔断器的双重功能。常见的 HR3 系列,把 HD 或 HS 型闸刀换成 RT 型熔断器的具有刀形触头的熔管,适用于交流频率 50 Hz、额定工作电压 380 V 或直流 440 V、额定工作电流至 1 000 A 的电路中,可以不频繁地接通和分断负荷电流,并提供线路及用电设备的过载与短路保护。HR3 系列熔断器式刀开关如图 8-10 所示。

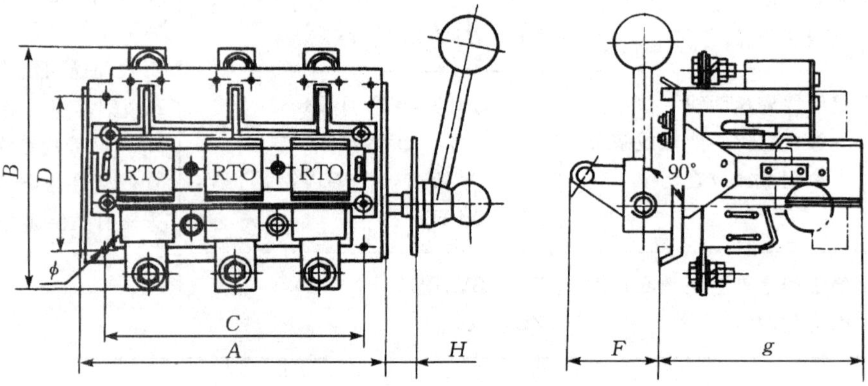

图 8-10 HR3 系列侧面操作手柄式熔断器式刀开关

(3)低压负荷开关。低压负荷开关由带灭弧罩的刀开关与熔断器串联组合而成,外装封闭的外壳。它既能有效地通断负荷电流,又能进行短路保护。具有操作方便、安全经济的特点,在可靠性要求不高、负荷不大的低压线路中应用广泛。常用的有封闭式负荷开关、开启式负荷开关两种。

①封闭式负荷开关:又称铁壳开关,此开关的闸刀和熔断器装在封闭的钢壳或铁壳内,可以防止电弧溅出;但外壳不密封,不能防水、防爆。封闭式负荷开关由刀形动触头、静触头座、熔断器、速断弹簧、操作手柄组成。速断弹簧的作用是使开关在分闸时刀形动触头很快地与静触头座分离,电弧被迅速拉长而熄灭。所以灭弧能力强,其断开速度比胶盖闸刀开关快,并具

有短路保护。适用于各种配电设备，供不频繁启动和分断符合电路之用，如用作感应电动机的不频繁启动和分断。通常用于 28 kW 以下电动机的直接启、停的控制。封闭式负荷开关常用的有 HH3 系列、HH4 系列、HH12 系列等。

②开启式负荷开关：又称胶盖闸刀，是一种简单的手动操作开关，它价格便宜、使用方便，适用于交流 50 Hz、额定电压为 220 V(单相)和 380 V(三相)的小容量线路中，作为手动不频繁通断负载电路，并提供短路保护。它由瓷质底座、静触头座、带手柄的闸刀形动触头、熔丝接头、胶盖组成。

开启式负荷开关的型号有 HK2 系列、HK4 系列、HK8 系列等。HK2 系列开启式负荷开关的结构外形见图 8－11。

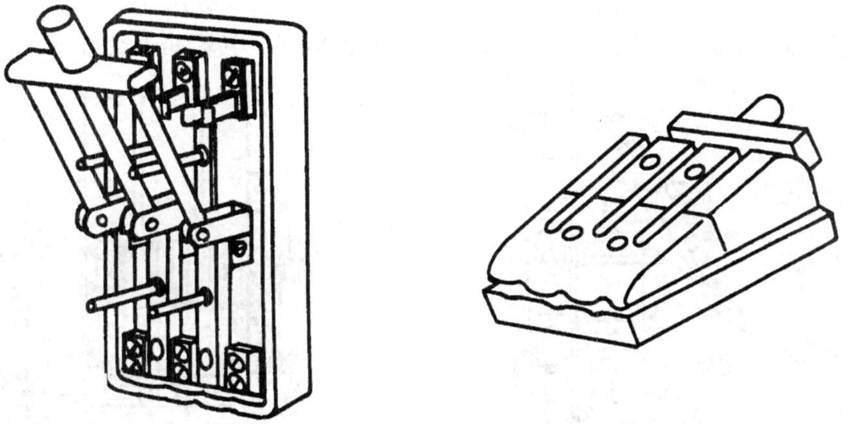

图 8－11　HK2 系列开启式负荷开关的结构

2. 低压空气断路器

低压空气断路器又称空气开关，或自动空气开关。

低压空气断路器具有良好的灭弧性能，它能带负荷通断电路，可以用于电路的不频繁操作，同时它又能提供短路、过负荷和失压保护，是低压供配电线路中重要的开关设备。

断路器主要由触头系统、灭弧系统、脱扣器和操作机构等部分组成。它的操作机构比较复杂，主触头的通断可以手动，也可以电动。

低压空气断路器按照用途可分为：配电用断路器、电机保护用断路器、直流保护用断路器、发电机励磁回路用的灭磁断路器、照明用断路器、漏电保护断路器等。

低压空气断路器按照分断短路电流的能力可分为：经济型、标准型、高分断型、限流型、超高分断型等。

配电用低压空气断路器按保护特性分为 A 类和 B 类，A 类是非选择型，B 类是选择型。所谓选择型是指断路器具有由过载长延时、短路短延时、短路瞬时保护构成的两段式或三段式保护。非选择型断路器一般只有短路瞬时保护，也有用过载长延时保护的。

配电用低压空气断路器按结构形式分为万能式和塑料外壳式。

低压空气断路器的代号含义如下：

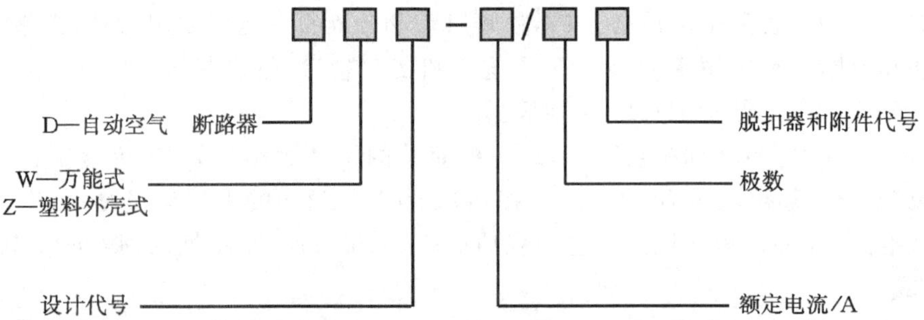

(1)万能式空气断路器。万能式空气断路器又称框架式自动空气开关,它可以带多种脱扣器和辅助触头,操动方式多样,装设地点灵活。

目前常用的型号有:AE系列(日本三菱电机公司),DW12系列、DW15系列、DW16系列、DW17(ME)系列(德国AEG公司)等。DW16系列万能式空气断路器的外形见图8-12。

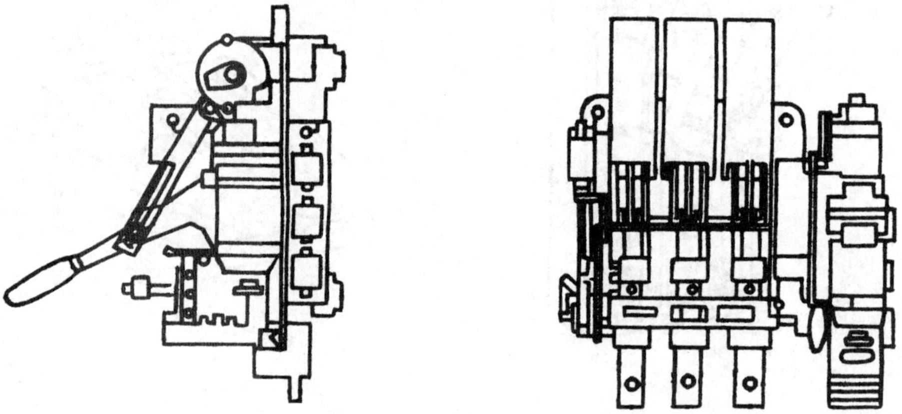

图8-12　万能式空气断路器的外形

它适用于50 Hz、额定电流100～630 A、额定工作电压380 V的配电网络中,提供失压、过载、短路保护,以及TN接地系统中单相金属性接地故障保护;也可以用作电动机的保护。在正常条件下可作为线路不频繁通断及电动机的不频繁起动之用。

DW16系列的操作方式有手动、杠杆传动和电动方式。过电流保护有过负荷长延时及短路瞬时动作脱扣器,单相接地保护有瞬时或延时动作脱扣器。DW16系列断路器触头选用特殊合金材料,灭弧罩采用耐弧塑料和栅片灭弧方式,提高了断路器的短路分断能力和抗熔焊性能。

(2)塑料外壳式断路器。塑料外壳式断路器又称装置式自动空气开关,它的全部元件都装在一个塑料外壳内,在壳盖中央露出操作手柄,供手动操作之用。在民用低压配电中用量很大。常见的有DZ13系列、DZ15系列、DZ20系列、DZ23系列、DZS3(3VE)系列、PX200C系列、TO系列、H系列、S系列、C45系列、C65系列等,其种类繁多。

PX200C系列塑料外壳式断路器为引进德国F&G公司的产品,用作工业、商业、住宅等建筑物内的电气线路、设备的通断控制和过载、短路保护。其外形如图8-13所示。

(3)漏电断路器。在断路器上加装漏电保护器件,可以作为人身触电和线路设备漏电的保护之用,并能用来保护线路与设备的过载和短路。漏电保护型的空气断路器在原有代号上再加上字母L,表示是漏电保护型的。如DZ12L-60系列漏电断路器。

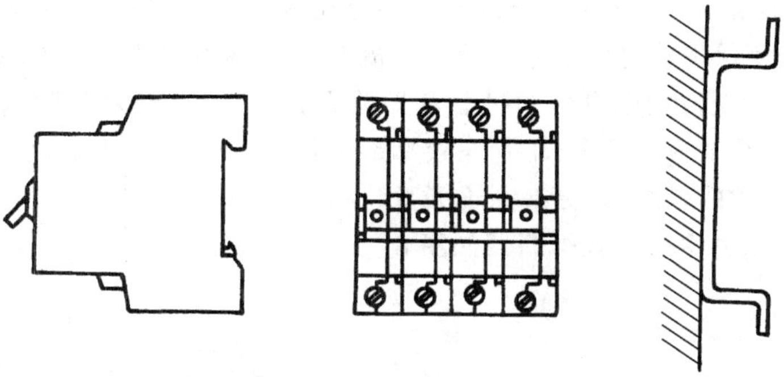

图 8-13　PX200C 系列断路器外形及安装导轨

DZ12L-60 系列漏电断路器是用在交流 50 Hz、220 V、240 V 电路中的。外形如图8-14所示。

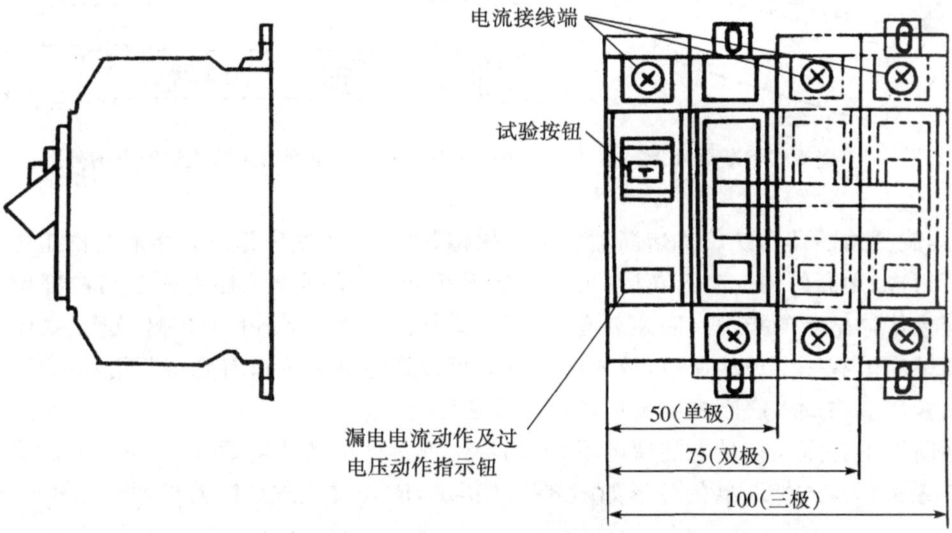

图 8-14　DZ12L-60 系列漏电断路器外形

3. 低压熔断器

低压熔断器是常用的一种简单的保护电器，主要作为短路保护，在一定的条件下也可以起过负荷保护的作用。熔断器工作时是串接于电路中的，其工作的原理是：当线路中出现故障时，通过熔体的电流大于规定值，熔体产生过量的热而被熔断，电路由此而被切断。

常见低压熔断器有瓷插式熔断器、密闭管式熔断器、螺旋式熔断器、填充料式熔断器、自复式熔断器，现分别予以介绍。

(1)瓷插式熔断器。瓷插式熔断器又称瓷插保险，是低压常见的一种熔断器。瓷质底座内装有静触头，和底座触头相连接的导线用螺丝固定在触头的螺丝孔内；瓷桥上的熔体(保险丝)用螺丝固定在触头上。瓷桥插入底座后触头相互接触，线路接通。瓷插式熔断器灭弧能力差，只适用于故障电流较小的三相 380 V 或单相 220 V 的线路末端，作为导线及电气设备的短路保护之用。常用的瓷插式熔断器外形如图 8-15 所示。

(2)密闭管式熔断器。密闭管式熔断器结构也比较简单，主要由变截面的熔片或熔丝与套在外面的耐高温密闭保护管组成。它适用于交流 50 Hz，额定电压到 380 V、660 V 或直流到 440 V的电路中，作为企业配电设备的过载和短路保护之用。变截面熔片在通过短路的大电流时，熔片狭窄部分温度很快升高，熔片在狭窄部分熔断。熔片在几个狭窄部分同时熔断后，全部下落，会造成较大的弧隙，这更有利于灭弧。

常见的 RM10 系列密闭管式熔断器如图 8－16 所示。

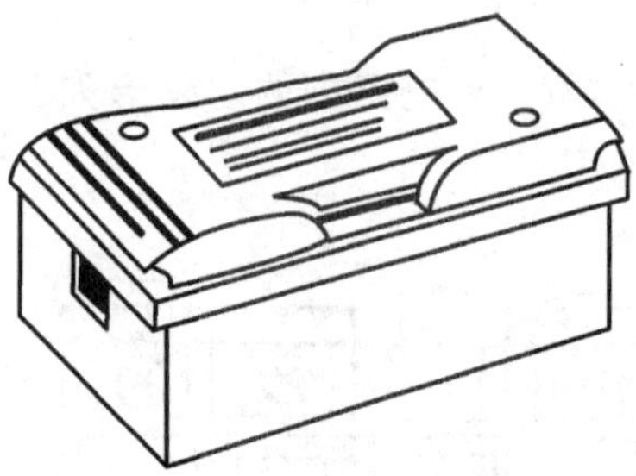

图 8－15　瓷插式熔断器外形

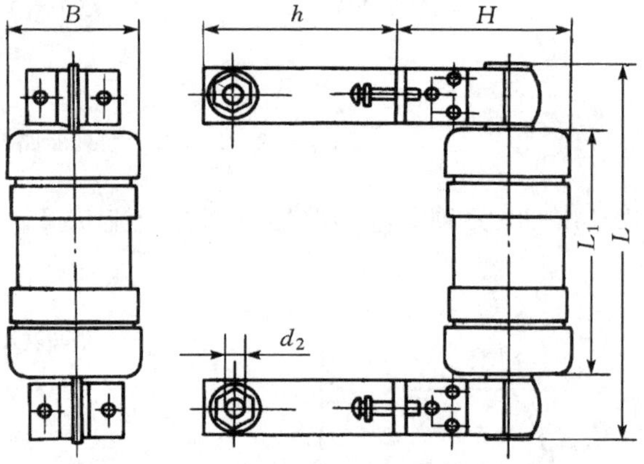

图 8－16　RM10 系列密闭管式熔断器的外形

(3)螺旋式熔断器。螺旋式熔断器由瓷质螺帽、熔断管和底座组成。熔断管由熔体和瓷质的外套管组成；熔断管内充有石英砂，可以增加灭弧能力；熔断管上还有一个与内部熔丝相连的色片作为熔体熔断的指示。底座装有上、下两个接线触头，分别和底座螺纹壳、底座触头相连。瓷质螺帽上有一个玻璃窗口，放入熔断管后可以透过玻璃窗口看到熔断指示的色片；放有熔断管的瓷质螺帽旋入底座螺纹壳后熔断器接通。

此熔断器的特点是在带电的情况下，不用特殊工具就可换掉熔管，同时不会接触到带电部分。RL7 系列螺旋式熔断器的外形如图 8－17 所示，RL1 螺旋式熔断器如图 8－18 所示。

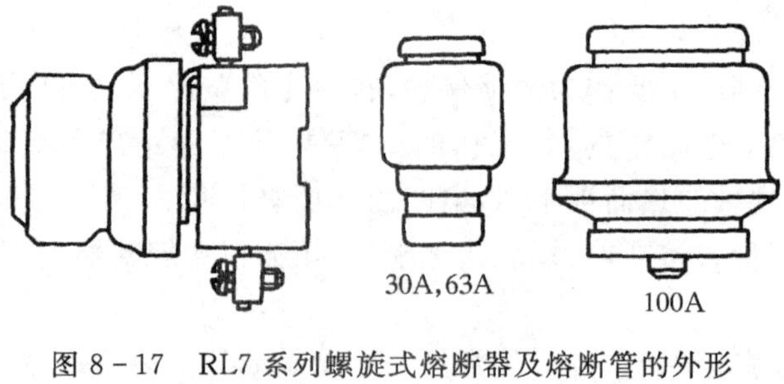

图 8－17　RL7 系列螺旋式熔断器及熔断管的外形

图 8－18　RL1 螺旋式熔断器

螺旋式熔断器有快速熔断式的，如 RLS1 系列、RLS2 系列等。它适用于作为硅整流元件、晶闸管的保护之用。

(4)填充料式熔断器。填充料式熔断器由熔断管、熔体和底座组成。熔断管是封闭的，里面充有石英砂。当熔断管内的熔体熔断产生电弧后，周围的石英砂吸收电弧的热量，而使电弧很快熄灭。所以，填充料式熔断器有较大的断流能力。常见的填充料式熔断器有：RT0 系列、RT12 系列、RT14 系列、RT15 系列、RT16 系列、RT17 系列、RT20 系列等。RT20 系列为填充料封闭管式刀形触头的熔断器，熔断管和底座的外形如图 8 - 19 所示。RT36(RT16)系列填充料式熔断器如图 8 - 20 所示。RT28(RT18)系列熔断隔离器如图 8 - 21 所示。

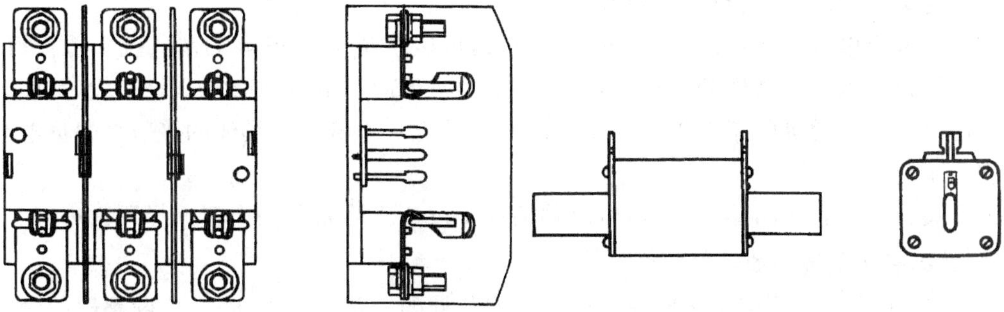

图 8 - 19 RT20 系列填充料式熔断器的三极底座和熔断管

图 8 - 20 RT36(RT16)系列填充料式熔断器

图 8 - 21 RT28(RT18)系列熔断隔离器

(5)自复式熔断器。传统的熔断器在熔体熔断后，必须更换熔体才能继续供电。这会增加熔断器的运行代价，而且给使用带来不便；更换熔体造成的停电时间也较长，将给用户带来一定的损失。自复式熔断器克服了这个缺点，它既能切断短路电流，又能在故障排除后自动恢复供电。自复式熔断器的工作原理和传统的熔断器并不相同，自复式熔断器实际上属于热敏性的非线性电阻。

自复式熔断器串联于电路当中，一般情况下电阻很小，电路正常供电；当通过故障的大电流时，自复式熔断器的电阻突然变得很大，限制故障电流至很小的数值从而保护设备的安全；在故障消除电流回落后，自复式熔断器的电阻会恢复到初始值，电路又会正常供电。如我国产的 RZ1 型自复式熔断器，采用金属钠作为熔体。在常温下金属钠的电阻很小，可以顺畅地流过工作电流；在通过故障的巨大电流时，钠迅速汽化，电阻变得很大，故障电流被限制；限制电流的任务完成后，钠蒸气冷却，又恢复到固体钠。

8.2.5 低压配电系统控制和保护设备选择方法

1. 低压刀开关的选择

选择低压刀开关要根据使用环境、功能要求选择适当的型号系列。

刀开关的额定电压、额定电流要符合安装处的电压以及通过负荷电流的要求，然后再按短路条件进行短路的动稳定、热稳定校验。

在确定额定电流时要注意，一般的普通负荷，可以按负荷的正常工作电流来选择；如果用刀开关来接通像电动机这样的负荷时，考虑到电动机的起动电流比其工作电流大，因此刀开关的额定电流要在电动机的正常工作电流基础上再乘上一个倍数。具体的倍数要根据电动机的型号规格来定。

刀开关如果带有熔断器，其熔体电流的确定要按低压熔断器的电流选择原则进行。

2. 低压空气断路器的选择

(1)空气断路器的额定电压应大于或等于安装处的线路额定电压；空气断路器的额定电流(主触头长期允许通过的电流)应大于或等于安装处线路在正常情况下的最大工作电流。

(2)断路器的开断电流(容量)要大于或等于安装处的短路电流(容量)。

(3)根据使用环境、工作要求、安装地点和供货条件选择适当的形式。

(4)脱扣器额定电流(即脱扣器长期允许通过的最大电流)的选择，也按照大于或等于安装处线路在正常情况下的最大工作电流来进行选择。

(5)选择脱扣器的动作整定电流或整定倍数，过载长延时脱扣器按躲开线路在正常情况下的最大工作电流整定；短路短延时和短路瞬时脱扣器按躲开线路在正常情况下的最大尖峰电流整定。

(6)灵敏度校验。脱扣器的动作电流整定出来后，需要校验在保护范围末端，最小运行方式下发生两相或单相短路时，脱扣器是否能可靠地跳闸。要求算出来的灵敏系数大于或等于规定值。

3. 低压熔断器的选择

低压熔断器的选择包括：熔断器的规格型号、熔断器的额定电压、熔断器的额定电流、熔体的额定电流、熔断器的分断能力等。这里面比较重要的是熔体的额定电流选择，应该注意以下几点：

(1)熔断器作为线路的保护时，熔体的额定电流应大于或等于线路的最大正常工作电流，并且要小于或等于线路的安全电流。

(2)熔断器作为用电设备的保护时，除了要求熔体的额定电流应大于或等于设备的最大正常工作电流之外，还要考虑到设备运行可能出现的短时过负荷电流与瞬时尖峰电流，熔体的额定电流选取应保证在出现上述两种电流时不会造成熔体熔断。

(3)熔断器属于保护设备，在其保护的范围内发生故障，熔断器能否可靠动作需要进行灵敏度校验。

(4)如果线路的上下级都用熔断器作为保护，需要考虑上下级熔断器熔体额定电流之间的相互配合，以满足保护的选择性要求。一般可以让上下级熔体电流的额定值相差两个等级，基本上能满足选择性要求。

8.3 高层建筑供配电系统

8.3.1 高层建筑的负荷分级

高层建筑的建筑面积一般在7000平方米以上,其用电负荷不但有照明负荷,而且还有动力负荷,因此,用电量较大。19层及以上的消防用电设备为一级负荷,18层及以下的消防用电设备为二级负荷。非消防电梯为二级负荷,其余为三级负荷。消防用电设备包括:消防泵、排烟风机、消防电梯、事故照明及疏散标志灯等。

高层建筑配电系统的特点是负荷容量大、线路较长,对电源的可靠程度要求较高,并需密切配合建筑物的消防进行设计。

8.3.2 高层建筑的供电要求

不同使用性质的高层建筑,虽然有其不同的用电要求,但在电梯、事故照明以及消防用电方面的供电原则是一致的。同类高度的建筑,应具有相同的防火和安全措施、相同的供电及照明要求。高层建筑的供电电源和配电分区、垂直干线的负荷层数及敷设、配电系统的控制和保护,除须满足建筑的功能要求和维护管理条件外,往往还取决于消防设备的设置、建筑的防火分区以及各项消防技术的要求。

一级负荷应采用两个独立电源供电。这两个独立电源可取自城市电网,它们之间可以相互联系,当发生一种故障且主保护装置失灵时,仍有一个电源不中断供电。在大型的保护完善和运行可靠的城市电网条件下,这两个独立电源端应至少是引自35 kV及以上枢纽变电站的两段母线;也可一个取自城市电网,另一个设自备电源。

二级负荷应有两个电源供电。这两个电源端宜取自城市端电网的10 kV负荷变电站的两段母线;有困难时,两个电源可引自任意两台变压器的0.4 kV低压母线。

8.3.3 高层建筑常用的供电方案

高层建筑配电方式主要有放射式、树干式与混合式三种,而大多采用混合式分区配电方式。

随着时代的发展和生活水平的提高,对高层建筑设备在性能、系统故障率、可靠性及维护管理方面,要求也更高了。如对安全管理、消防用电、防灾监视装置、事故照明等,要求可靠、耐久、节能、维护简单、节约面积等。一般情况将照明与电力划分两个配电系统,其他消防、报警、监控等宜应自成体系以提高可靠性。常用的供电基本方案如下:

对于高层建筑中容量较大、有单独控制要求的负荷,如冷冻机组等,宜由专用变压器的低压母线以放射式配线直接供电。

对于在各层中大面积均匀分布的照明和风机盘管负荷,多由专用照明变压器的低压母线,以放射式引出若干条干线沿楼的高度向上延伸形成“树干”。照明干线可按分区向所辖楼层配出水平支干线或支线,一般每条干线可辖4～6个楼层。风机盘管干线可在各楼层配出水平支线,均形成所谓“干竖支平”形配电网络。

应急照明干线与正常照明干线平行引上,也按“干竖支平”配出,但其电源端在紧急情况下可经自动切换开关与备用电源或备用发电机组相接。

空调动力、厨房动力、电动卷帘门等一般动力由专用动力变压器供电，由低压母线按不同种类负荷以放射式引出若干条干线沿楼向上延伸，成“干竖支平”形配电。

消防泵、消防电梯等消防动力负荷采用放射式供电。一般为单独从变电所不同母线段上直接引出两路电线到设备，即一用一备，采用末端自投。在紧急情况下，可经切换开关自动投入备用电源或备用发电机。

高层建筑的配电方式可有多种形式，每种配电形式都与相应的配电装置和敷设方式相联系，而各有优缺点。常用的几种配电方式如图 8-22 所示。

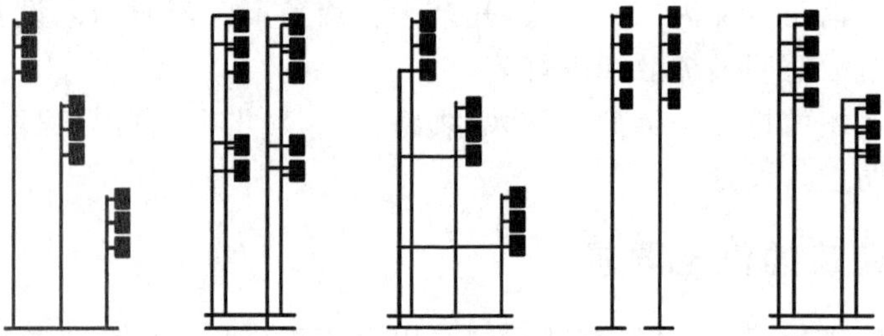

(a)单干线　(b)双干线　(c)公共备用干线　(d)母干线　(e)双母干线

图 8-22　高层建筑配电方式

图 8-22(a)为单干线方案，适用于一般高层建筑用电量较少的场合，基本上为电缆或电线穿管敷设，系统可靠性差，工程造价低。

图 8-22(b)为双干线方案，每一干线负担一半负荷，可以采用电缆或母线，事故时影响面较小，如干线按全负荷设计，可以互为备用，可提高供电可靠性。

图 8-22(c)介于(a)、(b)两方案之间，具有公共备用干线，较(b)方案节约，较(a)方案可靠。

图 8-22(d)为母干线方案，适宜于负荷量较大场合，但没有备用干线。

图 8-22(e)为双母干线，树干式配电，对各分支可加自动切换装置，可靠性高，但投资较大。

由上可知，配电方式是多种多样的，可以灵活运用，按实际情况进行选择。而不同性质的负荷，应根据用电要求设置专用线路，以免相互干扰，尤其应注意确保重要负荷对供电可靠性的要求。

本章小结

本章主要介绍了供配电系统、室内变电所的布置、变压器、高压电器、低压电器等知识。重点掌握低压电器知识。

思考题

1. 电力系统由哪几部分组成？
2. 电力负荷的等级有哪些？
3. 低压配电方式有哪些？
4. 低压配电系统的配电线路有哪些？
5. 低压配电系统的短路保护设备有哪些？如何选择？
6. 高层建筑配电方式有哪些？

第9章 建筑电气照明系统

本章学习要点

1. 电气照明的基本概念
2. 常用电光源特点和灯具种类
3. 建筑的照明种类和照度标准、灯具的选择及布置

9.1 电气照明基本知识

照明是人们生活和工作不可缺少的，良好的照明有利于人们的身心健康，保护视力，提高劳动生产率及保证安全生产。照明又能对建筑进行装饰，发挥和表现建筑环境的美感，因此，照明已成为现代建筑中重要的组成部分之一。利用电能转换为光能的电光源称电气照明。为更好地理解电气照明设计，必须掌握照明技术的一些基本知识。

9.1.1 照明的基本概念

(1)光。光是一种电磁波。不同波长的光给人的颜色感觉不同。红外线波长为 780 nm～340 μm；可见光波长为 380～780 nm；紫外线波长为 10～380 nm。

(2)光通量(F)。光通量指光源在单位时间内，向周围空间辐射的使人眼产生光感的辐射能，是表征光源特性的光度量。单位：流明(lm)。220 V、100 W 的白炽灯光通量为 1000 lm。

(3)发光强度(I)。发光强度简称为光度、光强，指光源向周围空间某一方向上、单位立体角内辐射的光通量。单位：坎德拉(cd)，是国际单位制中的基本单位。1 cd=1 lm/sr。

$$I=\frac{F}{\omega}$$

式中：F——光源在 ω 立体角内所辐射出的总光通量(lm)；

ω——光源发光范围的立体角，或称球面角；

$$\omega=\frac{S}{r^2}$$

式中：r——球的半径(cm)；

S——与 ω 立体角相对应的球表面积(cm^2)。

(4)亮度(L)。亮度是指发光体在视线方向单位投影面上的发光强度。单位：熙提(sb)，1 sb=1 cd/cm^2。

(5)照度(E)。照度是指受照物体单位面积上接受的光通量。单位：勒克斯(lx)，1 lx=1 lm/m^2。如果光通量 F 均匀地投射在面积为 S (m^2)的表面上，则该平面的照度值为：$E=$

F/S。照度与被照面的材料性质无关，与光源的光通量成正比，故照度标准是照明设计的重要依据。

9.1.2 照明的方式及种类

1. 照明的方式

(1)一般照明是指观众厅、会议厅、办公厅等的照明。一般照明按照明区域又可分为均匀照明和分区照明。

①均匀照明是指为获得相同的照度而设置的照明。

②分区照明是指需要提高房间内某些特定工作区的照明。

(2)局部照明是指局限于特定工作部位的固定或移动照明。

(3)混合照明包括一般照明与局部照明。

2. 照明的种类

建筑照明的种类按功能分为正常照明、事故照明、警卫值班照明、障碍照明、彩灯和装饰照明等。

(1)正常照明是指在自然采光不足之处或夜间，提供必要的照明，满足人们的视觉要求(属生理要求)，以保证所从事的生产生活正常进行而采用的照明系统。

(2)事故照明是当工作照明因事故而中断时，供暂时继续工作或人员疏散用的照明。

(3)警卫值班照明是指在重要的场所，如值班室、警卫室、门房等地方所设的照明。

(4)障碍照明是指在建筑物上装设的作为障碍标志用的照明。如装设在高层建筑顶端的航空障碍照明，装在水面上的航道障碍照明等。

(5)彩灯和装饰照明是指由于建筑规划和市容美化的要求，以及节日装饰或室内装饰的需要而设置的照明；还包括布置在高大建筑物轮廓线上，用来显示建筑物的艺术造型，以增添节日的欢乐气氛而设置的照明。

9.1.3 电气照明的基本要求

一个良好的光照环境是受照度、亮度、眩光、阴影、显色性、稳定性等各项因素的影响和制约的，一般电气照明的基本要求有：

1. 合理的照度和照度的均匀性

照度是决定物体明亮程度的直接指标。在一定的范围内，照度增加可使视觉能力得以提高。合适的照度有利于保护人的视力，提高劳动生产率。因此常将照度水平作为衡量照明质量最基本的技术指标之一。

除了合理的照度外，为了减轻因频繁适应照度变化较大的环境而对人眼所产生的视觉疲劳，室内照度的分布应该具有一定的均匀度，照度均匀度是指工作面上的最低照度与平均照度之比值。《建筑照明设计标准》(GB 50034—2013)对公共建筑和工业建筑常用房间或场所的一般照明均匀度进行了规定。照度的均匀性主要取决于灯具在室内空间的具体排列，以及各位置上光源照度的分配。

2. 照度的稳定性

为提高照明的稳定性，从照明供电方面考虑，可采取以下措施：

(1)照明供电线路与负荷经常变化大的电力线路应分开,必要时可采用稳压措施。

(2)灯具安装应注意避开工业气流或自然气流引起的摆动。吊挂长度超过1.5 m的灯具宜采用管吊式。

(3)被照物体处于转动状态的场合,需避免频闪效应。

3. 合适的亮度分布

要创造一个良好的光照环境,需要合理分布亮度和适当选择室内各个面反射率,亮度差异过大,会引起视觉疲劳;亮度过于均匀,又使室内光照显得呆板。相近环境的亮度应当尽可能低于被观察物的亮度,通常被观察物的亮度如果为相邻环境的3倍时,视觉清晰度较好。

4. 光源的色温与显色性

(1)色温。光源的发光颜色与温度有关,当温度不同时,光源发出光的颜色是不同的。因此光源的发光颜色常用色温这一概念来表示,所谓色温是指光源发射光的颜色与黑体(能吸收全部光辐射而不反射、不透光的理想物体)在某一温度下发射的光的颜色相同时的温度,用绝对温标K表示。

色温小于3300 K,光源的发光颜色为暖色(带红的白色),呈现稳重的气氛;色温为3300～5300 K时,光源的发光颜色为中间色(白色),呈现爽快的气氛;色温大于5300 K,光源的发光颜色为冷色(带蓝的白色),呈现冷调的气氛。

(2)显色性。光源的显色性是指光源呈现被照物体颜色的性能。评价光源显色性的方法,用显色指数Ra表示。光源的显色指数Ra越高,其显色性越好。

$Ra=80\sim100$,显色性优良;$Ra=50\sim79$,显色性一般;$Ra<50$,显色性差。

光源的色温与显色性都取决于辐射的光谱组成。不同的光源可能具有相同的色温,但其显色性却有很大差异;同样,色温有明显区别的两个光源,但其显色性可能大体相同。因此不能从某一光源的色温作出有关显色性的任何判断。

光源的颜色宜与室内表面的配色互相协调,比如,在天然光和人工光同时使用时,可选用色温在4000～4500 K之间的荧光灯和气体光源比较合适。

5. 限制眩光

眩光是由于视野中的亮度分布或亮度范围不合适,或存在极端的对比,而引起不舒适感觉或降低观察细部或目标能力的视觉现象。眩光对视力的损害极大,会使人产生晕眩,甚至造成事故。眩光可分成直接眩光和反射眩光两种。直接眩光是指在观察方向上或附近存在亮的发光体所引起的眩光。反射眩光是指在观察方向上或附近由亮的发光体的镜面反射所引起的眩光。在建筑照明设计中,应注意限制各种眩光,通常采取下列措施:

(1)限制光源的亮度,降低灯具的表面亮度。如采用磨砂玻璃、漫射玻璃或格栅。

(2)局部照明的灯具应采用不透明的反射罩,且灯具的保护角(或遮光角)大于等于30°;若灯具的安装高度低于工作者的水平视线时,保护角应限制在10°～30°。

(3)应选择合适的灯具悬挂高度。

(4)采用各种玻璃水晶灯,可以大大减小眩光,而且使整个环境显得富丽豪华。

(5)1000 W金属卤化物灯有紫外线防护措施时,悬挂高度可适当降低。灯具安装应选用合理的距高比。

9.2 建筑电气照明装置

9.2.1 电光源的分类及参数

电光源是指将电能转变为光能,以提供光通量的器具、设备。

1. 电光源的分类

电光源按发光原理分为热辐射光源和气体放电光源。

(1)热辐射光源:主要是利用电流的热效应,将具有耐高温、低挥发性的灯丝加热到白炽程度而产生部分可见光。如白炽灯、卤钨灯等。

(2)气体放电光源:主要是利用电流通过气体(或蒸气)时、激发气体(或蒸气)电离、放电而产生的可见光。金属气体放电光源如汞灯、钠灯等。惰性气体放电光源如氙灯、汞氙灯、霓虹灯等。

2. 照明电光源性能比较和选用

(1)电光源性能比较。

①光效高:高压钠灯、金属卤化物灯和荧光灯;

②显色性好:白炽灯、卤钨灯和荧光灯;

③寿命长:高压汞灯、高压钠灯;

④能瞬时起动,再起动:白炽灯、卤钨灯;

⑤受电压影响:大,高压钠灯;小,荧光灯。

(2)电光源的选用。按照明设施目的和用途选择光源;按环境要求选择光源;按投资和年运行费选择光源。

3. 电光源的主要技术参数

(1)额定电压、额定电流和额定功率。

①额定电压:电光源正常工作的电压。

②额定电流:在额定电压下工作通过的电流。

③额定功率:在额定工作状态下所消耗的有功功率。

(2)额定光通量和发光效率。发光效率是光电源在额定工作状态下每消耗 1 W 的有功功率所发出的光通量,单位是 lm/W。发光效率越高越节能。

(3)平均寿命。电光源有效寿命的平均值一般以小时表示。

(4)色表。光的颜色称为光源的色表,它可用色温表示。

光的颜色在 2000 K 时呈橙色;2500 K 左右呈浅橙色;3000 K 左右为橙白;4000 K 左右为白中略橙;4500～7500 K 时呈白色(5500～6000 K 时最为接近白色);日光的平均色温约为 6000～6500 K,蓝天的色温约在 11000～20000 K 之间。

(5)显色性。物体的颜色是物体对所照射的光源光谱有选择地吸收、反射和透射的结果。光源的显色性是电光源发出的光照射在物体上,对物体呈现的颜色的真实程度。

由于光源显色性的优劣性主要取决于它的光谱分布,民用建筑中一般要求:宴会厅、展览厅等场所需选用显色指数大于 80 的照明光源;显色指数为 60～80 的光源可用于办公室、教室、餐厅及一般商店的营业厅；显色指数在 40～60 范围内的光源只能应用在那些不需特别识别色彩的库房等建筑物内；对于室外居住小区，可采用显色指数低于 40 的光源。

(6)频闪效应。频闪效应是指光通量随交流电压作周期性变化，使人产生闪烁感觉。

9.2.2　室内常用照明电光源

1. 白炽灯

(1)白炽灯的构造和工作原理。白炽灯是由灯丝、支架、引线、玻壳和灯头部分组成，如图 9－1 所示。

白炽灯是最早出现的光源，即所谓第一代光源，它是将灯丝加热到白炽的程度，利用热辐射发出可见光，因此灯丝选用高熔点材料——钨。

(2)白炽灯的特性。白炽灯具有显色性好，结构简单，使用灵活，能瞬时点燃，无频闪现象，可调光，可在任意位置点燃，价格便宜等特点。因其极大部分辐射为红外线，故光效最低。由于灯丝的蒸发很快，所以寿命也较短。白炽灯的色温约为 2400～2900 K。

(3)白炽灯的种类。白炽灯的种类很多，有普通型、磨砂型、漫射型、反射型、装饰型、局部照明灯、水下灯泡等。

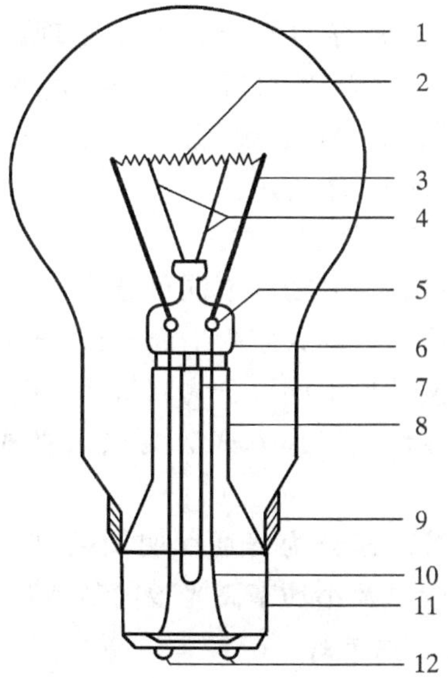

图 9－1　白炽灯的结构

1—玻璃泡壳；2—钨丝；3—引线；4—钼丝支架；5—杜美丝；6—玻璃夹封；7—排气管；8—芯柱；9—焊泥；10—引线；11—灯头；12—焊锡触点

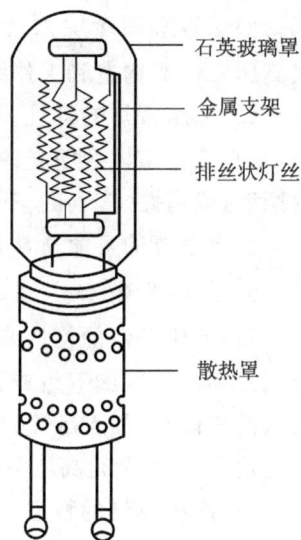

2. 卤钨灯

白炽灯在使用过程中，由于从灯丝蒸发出来的钨沉积在灯泡壁上而使玻璃壳发黑，使其透光变差从而使光效率降低并使灯丝寿命缩短，而卤钨灯则能较好地克服这一缺点。

(1)卤钨灯的构造和工作原理。卤钨灯由灯头(由陶瓷制成)、灯丝(螺旋状钨丝)和灯管(由耐高温玻璃、高硅酸玻璃内充氦、氩和氪、氙和少量卤素)组成。

白炽灯的钨丝在热辐射过程中蒸发并附着在灯泡内壁，使灯泡射出伪光通愈来愈低。为了减缓这种进程，通常在灯泡内充以惰性气体以抑制钨丝的蒸发。如果在玻壳内所充填的惰性气体另加入微量的卤素物质，利用卤钨的再生循环作用，被蒸发的钨与卤素结合成卤化钨，因灯管内壁具有很高的温度而不能附着其上，通过扩散或对流到高温的灯丝附近又被分解为卤素和钨，其中钨吸附在灯丝表面，卤素又和蒸发出来的钨反应，故可以有效防止管壁发黑。卤钨灯如图 9－2 所示。

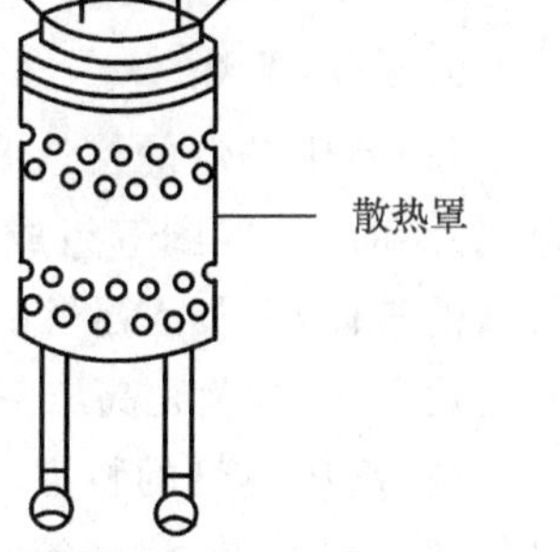

图 9－2　卤钨灯外形

灯管所充的卤素为碘或溴。溴比碘的化学性活泼，所以清洁管壁的效果更好。溴钨灯较碘钨灯的光效高，色温也有所提高。

(2)卤钨灯的特性。它与白炽灯比较,光效提高 30%,寿命增长 50%。卤钨灯具有体积小、功率大、能够瞬时点燃、可调光、无频闪效应、显色性好和光通维持性好等特点。这种灯多用于较大空间、要求高照度的场所,其色温特别适用于电视转播摄像照明。

3. 荧光灯

(1)荧光灯的构造和工作原理。荧光灯由荧光灯管、镇流器和启动器(跳泡)组成。荧光灯是所谓第二代光源,它是一种低压汞蒸气放电灯,如图 9-3 所示。

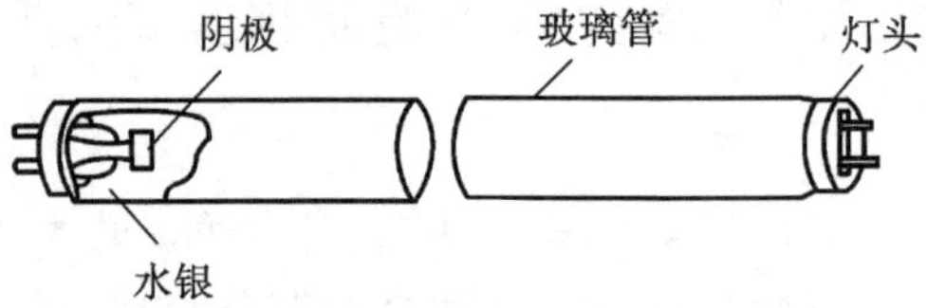

图 9-3 荧光灯的结构

(2)荧光灯的种类。

①按其荧光粉的不同可分为:日光色(6500 K),与微阴的天空光相似;白色(4500 K),与日出两小时后的太阳直射光相似;暖白色(3000 K),与白炽灯光接近。

②按外形不同可分为直管形、环形和 U 形。

③按灯丝工作方式分为热阴极式及冷阴极式。

④按用途分为普通照明及装饰用的彩色荧光灯管以及小功率高光效的节能型灯管等。

4. 高压汞灯

(1)高压汞灯的构造和工作原理。高压汞灯的主要部分是石英放电管,是由耐高温的石英玻璃制成的管子,里面封装有钨制成的主电极和辅助电极。高压汞灯在接通电源后,第一主电极与辅助电极间首先击穿产生辉光放电,使管内的汞蒸发,再使第一主电极与第二主电极击穿,发生弧光放电产生紫外线,使管壁荧光物质受激励而产生大量的可见光。外镇流式高压汞灯的构造和工作线路如图 9-4 所示。

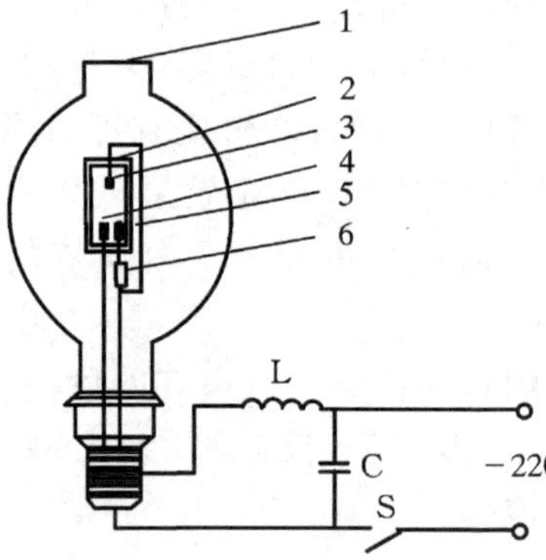

图 9-4 外镇流式高压汞灯的构造和工作线路图
1—外泡壳;2—放电管;3,4—主电极;5—辅助电极;6—灯丝;L—镇流器材;C—补偿电容器;S—开关

(2)高压汞灯的特性。高压汞灯具有光效高、耐震、耐热、寿命长等特点。但启动时间较长,不宜于作室内照明光源,也不能单独作为事故照明光源。其多用于车间、礼堂、展览馆等室内照明,或道路、广场的室外照明。

高压汞灯的寿命通常是按每启动一次点燃 5 小时计算的,如果开关频繁则寿命缩短。

5. 高压钠灯

(1)高压钠灯的构造和工作原理。高压钠灯与高压汞灯相似,由玻璃外壳、陶瓷放电管、双金属片和加热线圈等组成,并且需外接镇流器。高压钠灯是在放电发光管内充入适量的氩或氙惰性气体,并加入足够的钠,主要以高压钠蒸气放电,其辐射光波集中在人眼较灵敏的区域内,故光效高,约为荧光高压汞灯的两倍,可达 110 lm/W。其构造和工作线路如图 9-5 所示。

(2)高压钠灯的特点。高压钠灯具有光效高、紫外线辐射小、透雾性能好、光通维持性好、可任意位置点燃、耐震等特点,但显色性差,平均显色指数为 21。它广泛用于道路照明,当与其他光源混光后,可用于照度要求高的高大空间场所。

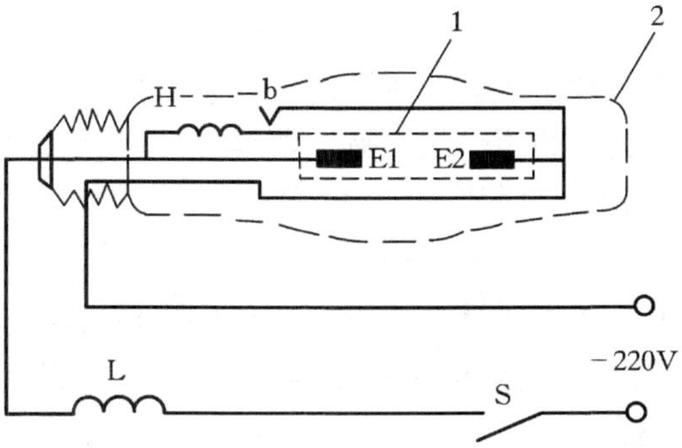

图 9－5 高压钠灯的构造和工作线路图
S—开关；L—镇流器；H—加热线圈；b—双金属片；
E1，E2—电极；1—陶瓷放电管；2—玻璃外壳

6. **金属卤化物灯**

金属卤化物灯是近年发展起来的所谓第三代光源，它与高压汞灯类似，但在放电管中除了充有汞和氩气外，还加充发光的金属卤化物（以碘化物为主），如镝灯、钠铊铟灯。金属卤化物灯发光效率高、显色性能好，但平均寿命短。

9.2.3 照明灯具

灯具是一种控制光源发出的光进行再分配的装置，它与光源共同组成照明器，但在实际应用中，灯具与照明器并无严格的界限。

1. **吊灯**

吊灯主要用于室内的一般照明，由于它处于室内空间的中心位置，所以具有很强的装饰性，室内的装饰风格影响着吊灯的选择。

2. **吸顶灯**

吸顶灯的使用功能及特性基本与吊灯相同，只是形式上有所区别。与吊灯不同的是在使用空间上，吊灯多用于较高的性质比较重要空间环境中，而吸顶灯多用于较低的空间中。

3. **投射灯**

投射灯是利用光束集中照射于某一物品、某一场地等的照明灯具，室内装饰照明常用于小型投光灯，主要用于物品的陈列及其他重点照明等。

4. **台灯、地灯**

以某种支撑物来支撑光源，从而形成统一的整体，当运用在台面上时叫台灯；运用在地面上时叫地灯。

5. **壁灯**

安装于墙壁上的灯具叫壁灯。壁灯具有一定的功能性，如在无法安装其他照明灯具的环境下，就要考虑用壁灯来进行功能性的照明。比如楼梯间内无法在顶棚安装灯具，而使用壁灯就能解决照明问题。再比如空间不规则的卫生间，也可采用壁灯进行照明。另外在高大的空

间里，吊灯无法使整个空间的每个角落都能得到足够的照明，这时选用壁灯来作为补充照明，就能解决照度不足的问题。

壁灯设计得当可以创造出理想的艺术效果。首先它可以通过自身造型产生装饰作用，同时它所产生出的光线也可以起到装饰作用。另外，它与其他照明灯具配合使用，可以丰富室内光环境，增强空间层次感，改善明暗对比。

6. 舞台灯

舞台灯是在舞台照明上广泛使用的灯种，演出时用于侧光、面光、顶光，以及其他需要布光的场合，如礼堂、会场、剧场等。舞台灯的类型很多，如：聚光灯、散光灯、回光灯、柔光灯、追光灯、PAR 灯、电脑灯、舞台幻灯等。

9.3 常用照明装置的布置与安装

9.3.1 照明灯具的布置

灯具的布置就是确定灯具在房间内的空间位置，这与它的投光方向、工作面的布置、照度的均匀性，以及限制眩光和阴影都有直接关系。灯具布置是否合理关系到照明安装容量、投资费用以及维护、检修方便与安全等。灯具的布置应根据工作面的布置情况、建筑结构形式和视觉工作特点等因素来考虑。照明灯具的布置包括确定灯具的高度布置和平面布置两部分内容，即确定灯具在空间内的具体空间位置。

1. 布置原则

(1)要保证合理的照度水平，并具有一定的均匀度；

(2)适当的亮度分布；

(3)必要的显色性和入射方向；

(4)限制眩光作用和阴影的产生；

(5)美观、协调。

2. 灯具的高度布置

确定灯具的悬吊高度应考虑如下因素：

(1)保证电气安全；

(2)限制直接眩光；

(3)便于维护管理；

(4)与建筑尺寸配合；

(5)应防止晃动；

(6)应提高照明的经济性。

3. 灯具的平面布置

灯具的平面布置应考虑以下因素：

(1)与建筑结构配合，需做到考虑功能、照顾美观、防止阴影、方便施工；

(2)与室内设备布置情况相配合，尽量靠近工作面，但不应装在大型设备的上方；

(3)应保证用电安全，即裸露导电部分应保持规定的距离；

(4)应考虑经济性。

室内一般照明通常采用均匀布置，均匀布置是否合理，主要取决于灯具的悬挂高度及距高比是否恰当。常见的几种均匀布置方案如图9-6所示。

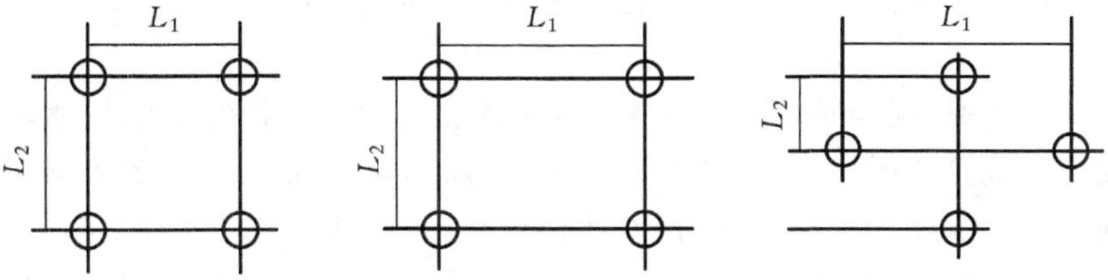

图9-6　灯具的均匀布置

9.3.2　照明灯具的安装

1. 白炽灯的安装

室内用白炽灯通常有吸顶式、壁式和悬吊式三种。

(1)白炽灯安装的主要步骤与工艺要求。

①木台的安装。先在准备安装挂线盒的地方打孔，预埋木枕或膨胀螺栓，然后在木台底面用电工刀刻两条槽，木台中间钻三个小孔，最后将两根电源线端头分别嵌入圆木的两条槽内，并从两边小孔穿出，通过中间小孔用木螺钉将圆木固定在木枕上。

②挂线盒的安装。将木台上的电源线从线盒底座孔中穿出，用木螺钉将挂线盒固定在木台上，然后将电源线剥去2 mm左右的绝缘层，分别旋紧在挂线盒接线柱上，并从挂线盒的接线柱上引出软线，软线的另一端接到灯座上，由于挂线螺钉不能承担灯具的自重，因此在挂线盒内应将软线打个线结，使线结卡在盒盖和线孔处，方法如图9-7(a)所示。

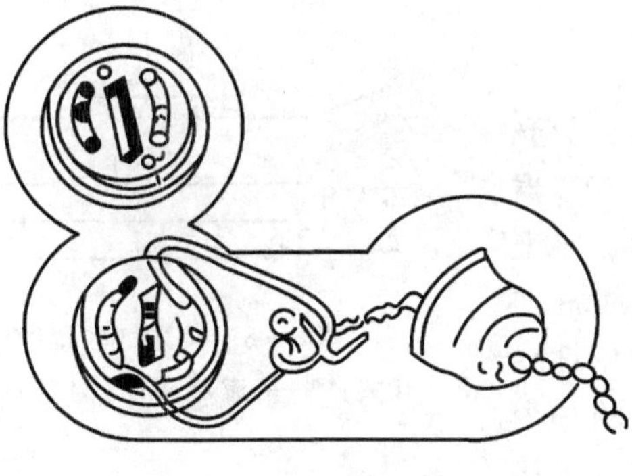

(a)挂线盒接法

(b)灯座的打结方法

图9-7　挂线盒的安装

③灯座的安装。旋下灯头盖子，将软线下端穿入灯头盖中心孔，在离线头30 mm处照上述方法打一个结，然后把两个线头分别接在灯头的接线柱上并旋上灯头盖子。如果是螺口灯头，相线应接在与中心铜片相连的接线柱上，否则易发生触电事故，如图9-7(b)所示。

④开关的安装。开关不能安装在零线上，必须安装在灯具电源侧的相线上，确保开关断开

时灯具不带电。开关的安装分明、暗两种方式。明开关安装时，应先敷设线路，然后在装开关处打好木枕，固定木台，并在木台上装好开关底座，然后接线。

暗开关安装时，先将开关盒按施工图要求位置预埋在墙内，开关盒外口应与墙的粉刷层在同一平面上。然后在预埋的暗管内穿线，再根据开关板的结构接线，最后将开关板用木螺钉固定在开关盒上。

安装扳动式开关时，无论是明装或暗装，都应装成扳柄向上扳时电路接通，扳柄向下扳时电路断开。安装拉线开关时，应使拉线自然下垂，方向与拉向保持一致，否则容易磨断拉线。

⑤插座的安装。插座的种类很多，按安装位置分，有明插座和暗插座；按电源相数分，有单相插座和三相插座；按插孔数分，有两孔插座和三孔插座。目前新型的多用组合插座或接线板更是品种繁多，将两眼与三眼、插座与开关、开关与安全保护等合理地组合在一起，既安全又美观，在家庭和宾馆中得到了广泛应用。

普通的单相两孔插座、三孔插座的安装时，插线孔必须按一定顺序排列。单相两孔插座，在两孔垂直排列时，相线在上孔，中性线(零线)在下孔；水平排列时，相线在右孔，中性线在左孔。对于单相三孔插座，保护接地(保护接零)线在上孔，相线在右孔，中性线在左孔。电源电压不同的邻近插座，安装完毕后，都要有明显的标志，以便使用时识别。

(2)白炽灯安装使用注意的事项。

①相线和零线应严格区分，将零线直接接到灯座上，相线经过开关再接到灯头上。对螺口灯座，相线必须接在螺口灯座中心的接线端上，零线接在螺口的接线端上，千万不能接错，否则就容易发生触电事故。

②用双股棉织绝缘软线时，有花色的一根导线接相线，没有花色的导线接零线。

③导线与接线螺钉连接时，先将导线的绝缘层剥去合适的长度，再将导线拧紧以免松动，最后环成圆扣。圆扣的方向应与螺钉拧紧的方向一致，否则旋紧螺钉时，圆扣就会松开。

④当灯具需接地(或零)时，应采用单独的接地导线(如黄绿双色)接到电网的零干线上，以确保安全。

2. 荧光灯的安装

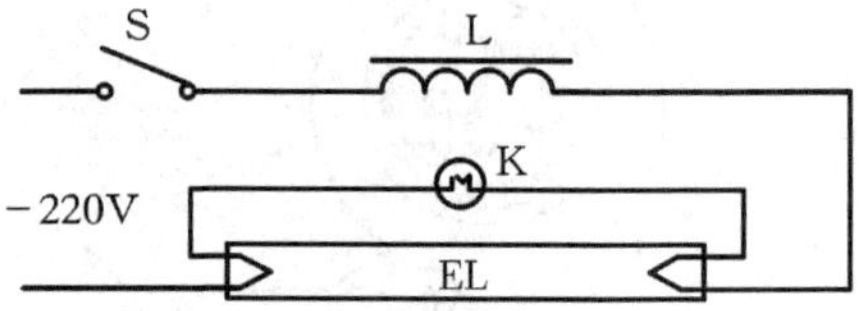

图 9－8　荧光灯的接线图
S—开关；L—镇流器；EL—灯管；K—启辉器

(1)荧光灯安装的主要步骤与工艺要求。荧光灯由灯管、灯架、镇流器、启辉器(启动器)及电容器等组成，接线如图 9－8 所示。接线时，启辉器座上的两个接线桩分别与两个灯座中的一个接线桩连接。一个灯座中余下的一个接线桩与电源的中性线连接，另一个灯座中余下的接线桩与镇流器的一个线头相连，而镇流器的另一个线头与开关的一个接线桩连接，而开关另一个接线桩与电源的相线连接。镇流器与灯管串联，用于控制灯管电流。启辉器本质是带有时间延迟性的断路器。电容器并联于氖泡两端，由于镇流器是一个电感性负载，而荧光灯的功率因数很低，不利于节约用电。为提高荧光灯的功率因数，可在荧光灯的电源两端并联一只电容器。

电路接好后，合上开关，应看到启辉器有辉光闪烁，灯管在 3 s 内正常发光。如果发现灯管不发光，说明电路或灯管有故障，应进行简单的故障分析，其步骤如下：

①先旋转灯管，使其四个点接触良好；

②旋转启辉器,使其两个点接触良好;

③如果仍不能点燃灯管,更换启辉器或灯管;

④如果仍不能点燃灯管,需检查线路。

(2)荧光灯安装注意事项。

①镇流器、启辉器和荧光灯管的规格应互相配套,不同功率的规格不能互相混用,否则会缩短灯管寿命,也会造成启动困难。当选用附加线圈的镇流器时,接线应正确,不能搞错,以免损坏灯管。

②使用荧光灯管必须按规定接线,否则将烧坏灯管或使灯管不亮。

③接线时应使相线通过开关,经镇流器到灯管。

9.4 照明节能

照明节能是电气设计中节能的重点,在建筑照明设计标准中提出将照明功率密度作为照明节能的评价标准,并规定办公、商店、旅馆、医院、住宅以及工业建筑的照明以功率密度作为强制性的规定,设计时必须执行。设计时可从光源、灯具、光源配件、灯具安装的布置和控制等方面按节能要求作出选择或提出限制性要求。

9.4.1 照明灯源的选用

1. 细管径直管荧光灯的选用

细管径直管荧光灯的选用应注意以下几点:

(1)细管径直管荧光灯使用于楼层不高的房间(楼高 4.5 m 以下),如办公楼、商店、教室、会议室、图书馆、公共场所及仪器仪表、电子的生产车间。

(2)直管荧光灯选用细管径型(≤26 mm),有条件时选用直管稀土三基色细管荧光灯,以达到光效高、寿命长、显色性好的要求。

(3)在照度相同的条件下可采用紧凑型荧光灯取代白炽灯,以节约电能。下列场所可采用白炽灯,但应尽量减少白炽灯的使用量:

①要求瞬时启动和连续调光的场所或使用其他光源技术不经济时;

②对防止电磁波干扰要求严格的场所;

③开关灯频繁的场所;

④照度要求不高且照明时间较短的场所;

⑤对装饰有特殊要求的场所。

按照建筑照明设计标准规定,选用细管径直管荧光灯,指的是灯管径为 16 mm、26 mm 的 T5 及 T8 灯管,而不是传统的 38 mm 的 T12 灯管,因为 T8、T5 比 T12 光效高而且节能,特别是降低了荧光粉的用量,延长了寿命,符合环保要求。

2. 金属卤化物灯的选用

金属卤化物灯的选用应注意以下几点:

(1)一般室内空间高度高于 5 m 且对显色性有一定要求时,宜采用金属卤化物灯。

(2)体育馆的比赛场地,因对照明质量与照度水平及光效有较高的要求,宜采用金属卤化物灯,商场的营业厅也可用小功率的金属卤化物灯。

(3)陶瓷金属卤化物灯比石英金属卤化物灯的显色性更好、寿命更长、光效更高。陶瓷金属卤化物灯适用于商业场所的重点照明，具体使用应根据工作位置的水平和垂直空间选择合适的灯具类型。

金属卤化物灯与高压汞灯类似，区别在于玻璃壳上没有荧光粉涂层，放电管中除有汞和氩气之外，还加了某些金属卤化物。当放电管工作时，管壁温度很高(700～1000℃)，管内金属卤化物被气化，并向电弧中心扩散，在接近电弧中心高温(约 6000 K)处被分解为金属和卤素原子。金属卤化物灯尺寸小，功率大，发光效率高(70～100 lm/W)，光色好，它可以制成白色、日光色或蓝、绿、红彩色灯，但寿命比高压汞灯低。

3. 高压钠灯的选用

高压钠灯的选用应注意以下几点：

(1)高度较高的工业厂房应按照生产使用的要求，采用高压钠灯或金属卤化物灯，也可采用大功率细管径荧光灯。

(2)高压钠灯的发光特性与灯内的钠蒸气压有关。标准高压钠灯光效高，显色性较差，适用于对显色性无要求的场所。

(3)有调光要求时，高压钠灯也可进行调光，光输出可以调至正常值的一半，系统的功率减少到正常值的 65%。

高压钠灯在发光管内除了充有适量的汞和惰性气体氩气或氙气以外，还加入过量的钠，工作时钠的激发电位比汞低得多，故放电管以钠的放电发光为主，发光效率较高。随着钠蒸气压力增高，共振谱线加宽，光色也得到改善，呈全白色。低压钠灯以黄色为主，显色性很差，但透雾性较好，发光效率可高达 30～150 lm/W，而高压钠灯的光谱较为连续，显色性稍好些。

4. 发光二极管 LED 的选用

发光二极管 LED 的选用应注意以下几点：

(1)用于景观照明：在城市休闲空间如路径、楼梯、园艺、滨水地带进行照明。LED 作为光源可用于花卉或矮小灌木照明以及建筑物景观照明等与城市街道、广场有机结合，也能方便进行调节。

(2)标识与指示性照明：需要进行空间限定和引道的场所，如紧急出口的指示照明、用于埋地或嵌入垂直墙的指示灯、购货中心内楼层的引导灯、影剧院观众厅内的地面引导灯或座椅侧面的指示灯。

(3)为室内装修作辅助照明：由于光源没有热量、紫外线和红外线辐射，对展品或商品不会产生损害，在餐饮建筑中及其他彩色装饰墙面应用得很多。

(4)照明领域采用 LED 作为光源在很大程度上是因为 LED 本身节能，能使整个照明工程达到节约能源的目的。它是一种新型的节能光源，与传统光源相比有许多优点：

①效率高。由于 LED 的光谱几乎全部集中于可见光频段，效率可达 80%～90%。

②光线质量高。由于光谱中几乎没有紫外线和红外线，故没有热量也没有辐射，LED 属于典型的“绿色照明光源”。

③光色纯。它与白炽灯全频光谱不同，典型的 LED 光谱狭窄，发出的光线很纯。

④能耗低。单体 LED 的功率一般在 0.05～1 W，通过集群方式可以满足不同要求，很少造成浪费。

⑤寿命长。理论上，光通量衰减到 70%的标称寿命为 10 万小时。

⑥可靠耐用。LED 没有钨丝等容易损坏的部件，非正常报废的很少，维护费用低。

⑦应用灵活。LED 体积小，可平面封装，易开发成轻落短小的产品，也可做成点、线、面等各种形式的产品。

⑧绿色环保。荧光灯含有汞，而 LED 的废弃物可回收，没有污染。

因为上述优点，LED 在照明领域的应用越来越多。

(5)LED 的电气特性：将 LED 应用于照明领域，还必须考虑到 LED 的电气特性。从它的工作原理和电参数可知，该器件具有如下电气特性：

①LED 是直流器件，必须由直流电源供电，LED 工作时，其管压降低(10 V 以下)。

②LED 是非线性的负阻器件，必须用具有线性特性的正阻器限制并稳定它的工作电流，否则将会影响其性能和使用寿命，而且 LED 对温度非常敏感，当温度升高时，其性能、寿命将会降低。

③LED 的功率较低，作为灯具光源，必须首先将交流电降低并变成稳定的直流电，再由适当的器件组成控制电路向 LED 提供稳定的直流工作电流。这套转换电路叫做驱动电路(驱动电路的主要功能是将交流电压转变为直流电压，同时完成与 LED 的电压和电流的匹配)。

④LED 驱动电路的稳定性。LED 作为光源应用在照明领域中，往往是由几十只甚至几百只发光二极管通过并联、串联组合成一个照明系统。因此在设计 LED 灯具时，驱动电路的选择至关重要，驱动电路不稳定会引起 LED 的电流过强或过弱的现象，电流过强会引起 LED 的衰减；电流过弱会影响 LED 的发光强度。所以，只有采用恒流驱动电路才能保证 LED 灯具的可靠性和长寿命。

9.4.2 节能灯具的选择

灯具效率的高低以及灯具配光的合理配置，对提高照明能效同样有不可忽视的作用。但是，提高灯具效率和光的利用系数，涉及的问题比较复杂，它和控制眩光、火的防护(防水、防尘、防灯等)及装饰美观要求等有很大不同，必须合理协调才能兼顾各方面的要求。通过提高照明系统的效率达到照明节能的目的，不仅要合理选用高效光源，还要选用高效灯具。灯具的选用应符合下列规定：

(1)灯具高挂时宜采用敞开式结构，而低吊的灯具可用封闭式结构。

(2)除装饰需要外，应优先选用直射光通比例高、控光性能合理的高效灯具。灯具的结构和材质应易于维护、清洁和更换光源。

(3)除建筑装饰灯具外，室内用灯具效率不宜低于 0.7，装有遮光格栅的不低于 0.6。室外用灯具效率不宜低于 0.5，室外投光灯灯具效率不宜低于 0.6。

(4)有吊顶的办公室将照明灯具与空调风口结合设置，以保证最佳的光通量输出。

(5)对于气体放电光源，电器附件的耗电量也同样不可轻视。按估算一般占照明系统总耗电量的 10%～20%。气体放电灯的附件主要是指所用的电子镇流器和电感镇流器相互比较耗电的情况。

高性能电子镇流器的优点如下：

①功率因数高，大于或等于 0.95，只有 3%左右的无功损耗，无功节电达 45%以上；谐波含量低，使输出电流波形畸变小，对电网无污染，还可减少供电设备容量。

②发光效率高。电子镇流器是高频激励，使荧光灯的发光效率一般在 70 lm/W。

③启动快速可靠。它是用高频高压气体产生辉光放电,即使在－25℃的低温、120 V的低电压下也能点燃灯管,且可一次快速可靠地启动。

④无噪声、无频闪、体积小、重量轻。

⑤节能效果显著。电子镇流器工作频率为25～50 kHz,灯管在高频下发光效率比工频高10%,因此提高了灯管的亮度。它的自身功率损耗仅为2～4 W左右,寿命约在1万小时,造价每只为50～60元。

电感镇流器有两类:一类为传统电感镇流器,另一类为节能型电感镇流器。传统电感镇流器自身功率的损耗约占灯功率的20%,节能型电感镇流器自身功率的损耗约占灯功率的12%。荧光灯用节能型电感镇流器按工作原理可分为带启动器的预热式和不带启动器的快速启动式及瞬时启动式。

9.4.3 照明控制系统的经济性

(1)照明控制系统的实用性。照明控制系统应根据需要确定控制功能,选择切实可行的要求以实现节能和节省设备投资。这些功能包括:

①控制器能根据需要调控不同类型的光源,而且有良好的性能;

②能满足现场操作控制各种控制界面的需要;

③有与其他设备进行互联的各种输入/输出接口;

④方便直接或直观地调试/监测软件。

(2)系统的经济性。照明控制系统的经济性体现在系统的初始投资、系统运行后节省电能以及降低维护运行费用等方面。

①由于照明控制的性能特点改善了照明灯的运行工作条件,从而延长了灯的使用寿命,减少了换灯的数量,降低了维护费用。

②通过对照明的工作状况做到科学管理和控制,才有可能将节能变成现实。

9.4.4 有关电气设备节能的选择

(1)选用低损耗变压器。目前,我国的10～35 kV中小型变压器产品选用优质的硅钢片,45°全斜接缝,粘带和钢带绑扎,新材料和新工艺的绕组,大大降低了变压器的空载和负载损耗,并有体积小、重量轻等优点的应该首先采用。过去几年,由于增加变压器的容量就要增加“电费补贴”,因此将变压器的负载设计在80%以上,无形中加大了变压器的热能损耗。为了保证变压器的经济运行,变压器负荷率一般为其容量的65%～70%。

(2)高压开关柜用弹簧操作机构。随着真空断路器和六氟化硫断路器的普遍应用及弹簧操作机构质量的提高,这两种断路器配备的弹簧机构均得到了广泛应用,节省了很多的电能。CT12弹簧操作机构储能电动机功率只有450 W,当电压为110 V时,合闸线圈电流小于9.5 A;220 V时合闸线圈电流小于5 A,分励脱扣器电流分别小于2.5 A和1.2 A。由此看来,弹簧操作机构的节能效果显而易见。

9.4.5 交流电动机的节电

建筑物内的电梯、水泵、风机等都以交流电动机为拖动设备。应采用高效节能的电动机,如Y系列及其由Y系列发展起来的其他系列,其电动机具有体积小、重量轻、噪声低、启动性能好和绝缘水平高等优点。如选用YX系列高效电动机其效率比Y系列又提高3%。

当电动机的负载率选择恰当时,可使其在高效率下运行。负载率在70%~85%之间运行时可获得较高效率。根据负荷变化的情况选择交流电动机的调速方式,是降损节能的有效措施,因此建筑物内水泵、风机、电梯等电动机可配置变频调速控制器。

9.4.6 配电线路的合理配置

民用高层建筑物中设备多,照明灯具数量大,因此对配电线路的要求是很严格的。导线和电缆环境要求,首先要考虑采用什么敷设方式,考虑供电的可靠性和安全性,应全部采用铜导体,这也是符合节能要求的。为了减少线损,还应对大容量的回路采用适当放大电线和电缆的截面,尽可能缩短配电线路的长度。

最后值得注意的是三相平衡,三相线路之间的负荷需要保持平衡。无论是动力还是照明,在三相上所接负荷应尽量保持大小相等或相差很小,逐级线路都应遵循这一原则,避免因负荷不平衡而造成电能的额外损失。

9.5 建筑电气施工图

9.5.1 建筑电气施工图的基本知识

建筑电气施工图包括系统图、平面图(剖面图)、电路图和接线图等四种。

系统图用来表示各种系统的基本组成、相互关系及其主要特征,供了解设备或装置的总体情况。

平面图(剖面图)用来详细、具体地标注各种电气成套装置、设备、组件和元件的实际位置,电气线路的具体走向,电气设备的型号、安装方式,线路敷设方式等。它是系统图实际位置的具体体现,是施工安装的主要依据。

电路图用来表示电路、设备或成套装置的组成、连接关系和原理作用,为调整、安装和维修提供依据。电路图有一次电路(也叫"主电路")和二次电路(也叫"控制电路")之分。主电路用来表示电源供配电以及电动机主电路情况,控制电路包括控制、保护、测量和信号等线路,电路图包括各种弱电系统的原理电路。

接线图,也叫"安装线路图",用来表示电路元件、电气设备的实际接线方式、实际(相对)安装位置等。

在通常情况下,系统图与平面图相对应,电路图和接线图相对应。

所有电气施工图上的图形符号、文字符号以及制图方式,均按有关国家标准执行。

9.5.2 建筑电气施工图的识读

建筑电气施工图是土建施工图中的一个组成部分。它与土建施工图一样,要正确、齐全、简明地把电气设计内容表达出来,为建筑电气施工服务。

1. 电气施工图的分类

电气施工图按其性质分为变电所工程图、外线工程图、动力工程图、防雷接地工程图和照明工程图等。

2. 建筑电气设备图表述的内容

建筑电气设备图由文字说明和图样两大部分组成。文字说明指“电施”目录、设计说明、主要设备和材料表、工程概预算。图样主要有系统图、各层平面图和详图。

目录指对各图样依次编号，并注明各图样名称。从目录上可得知电气施工图的张数，每张图的名称，可以区分新绘制图样、标准图图样、重复使用图样等。

设计说明是对概况、工程设计范围、工程类别、防火防雷防爆负荷的级别、电源概况、导线、照明器、电机功率、开关、插座选型、电气保安措施和施工质量等予以概要说明。

主要设备及材料表中列出了如变压器、开关、照明器、配电箱（盘）、导线的型号和数量。

工程概预算确定了该工程的造价。

电气系统图是建筑电气设备图中的重要图样，它也可称为原理图或流程图，不像管道施工图中的轴测图是按比例画出轴测图，但它详细标出了电源、变压器、导线、开关柜（箱）、各支路编号名称、用电设备名称及功率等。通过系统图识读，可以了解电气设备、导线的布局和走向。

电气平面图是根据建筑平面对用电设备、导线、开关、插座的详细布置。通过对平面图的识读，可知用电设备、导线、开关、插座的详细位置，还可按建筑图的比例量出导线的长度。

详图有标准图和采用放大比例结合现场情况绘制的详细图样，供施工人员重复使用或用于对某些构件的制作加工。

识读建筑电气施工图，应按照目录→设计说明→主要设备材料表→系统图→平面图有顺序地识读，重点弄清系统图并与平面图互相对应看。看不明白的地方，再看详图、设计说明、主要设备材料表等。

3. 建筑电气施工图识读举例

本节以某六层住宅楼为例说明电气施工图的识读步骤和方法。

（1）本住宅楼为砖混结构，地上六层，地下一层，全楼共有五个单元，每单元各层三户，每户有阳台一个。伸缩缝设置在 16 轴与 17 轴之间。

设计内容主要有电气照明设计。由于五个单元在各层均为同样的结构与布置，所以电气施工图只绘出一个单元的标准层平面图，但一层的楼梯间与标准层的不一样，故另绘出一层楼梯间单元的电气平面图。

（2）图样目录，如表 9－1 所示。

表 9－1　图样目录（设计实例 1）

图别	图号	图样名称
建施	1	标准层建筑平面图（略）
建施	2	Ⅰ－Ⅰ剖面图
电施	3	配电系统图
电施	4	标准层单元电气平面图
电施	5	一层楼梯间单元电气平面图
电施	6	地下室单元电气平面布置图
	选用图	选自《建筑电气安装工程图集》

(3)设计说明。

①电源电压为 380/220 V 三相五线制供电，各单元额定工作电压为 220 V，进户线设在 B 轴处，进户线标高为 2.750 m。

②进户线采用 BLX 型铝芯橡皮绝缘线，保护线的截面比电源线截面小 1 级。进户线架空引下，然后沿墙钢管引入户内。户内线全部采用 BLV 型铝芯塑料绝缘线。进户线、干线穿钢管暗敷，户内分支线穿硬塑料管暗敷。

③配电箱底边离地高度 1.5 m，插座离地高度 1.8 m，拉线开关离地高度 2.0 m，板把开关离地高度 1.4 m，其余电气设备的安装高度见施工图。

④本工程采用 TN-S 系统保护，进户处保护线设置重复接地装置。

⑤本住宅楼建在住宅小区，三相负荷平衡由整个小区统一考虑。

(4)施工图样：Ⅰ-Ⅰ剖面图(图号 2)如图 9-9 所示，配电系统图(图号 3)如图 9-10 所

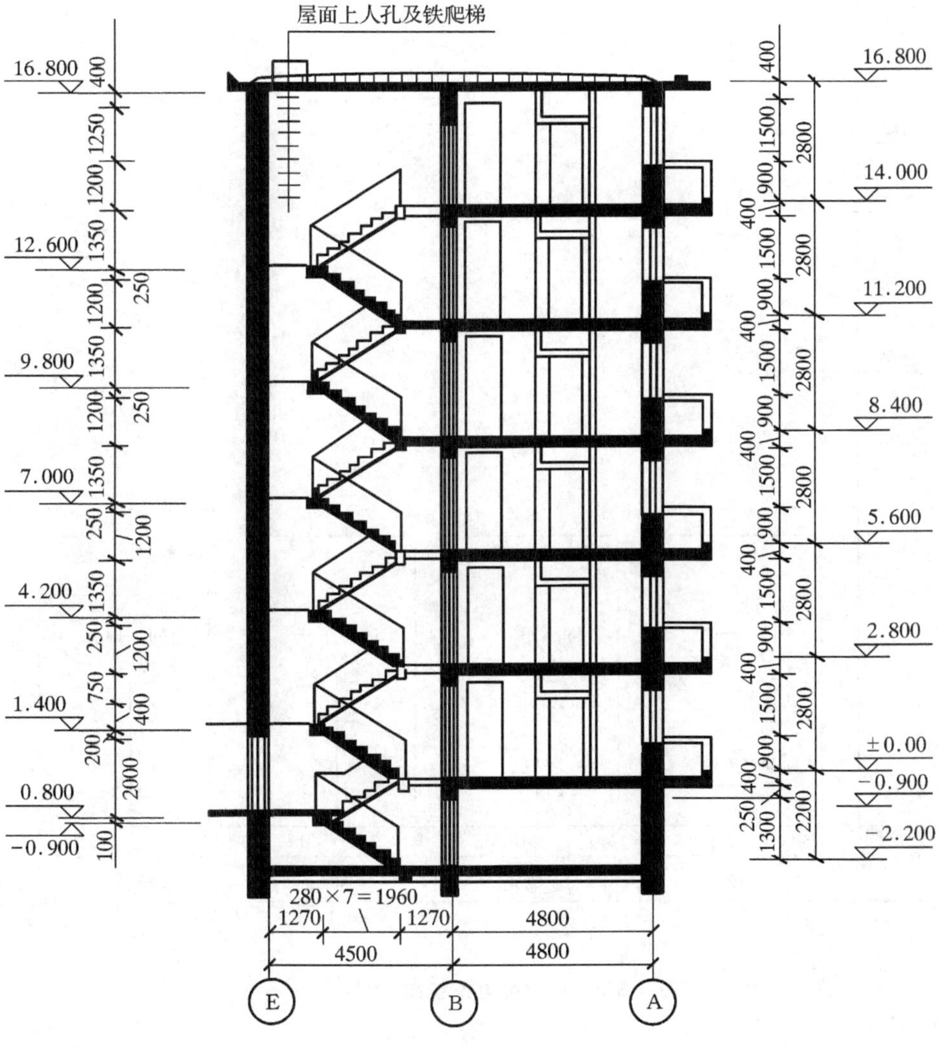

图 9-9 Ⅰ-Ⅰ剖面图(图号 2)

示，标准层单元电气平面图(图号 4)如图 9-11 所示，一层楼梯间单元电气平面图(图号 5)如图9-12所示，地下室单元电气平面布置图(图号 6)如图 9-13 所示。

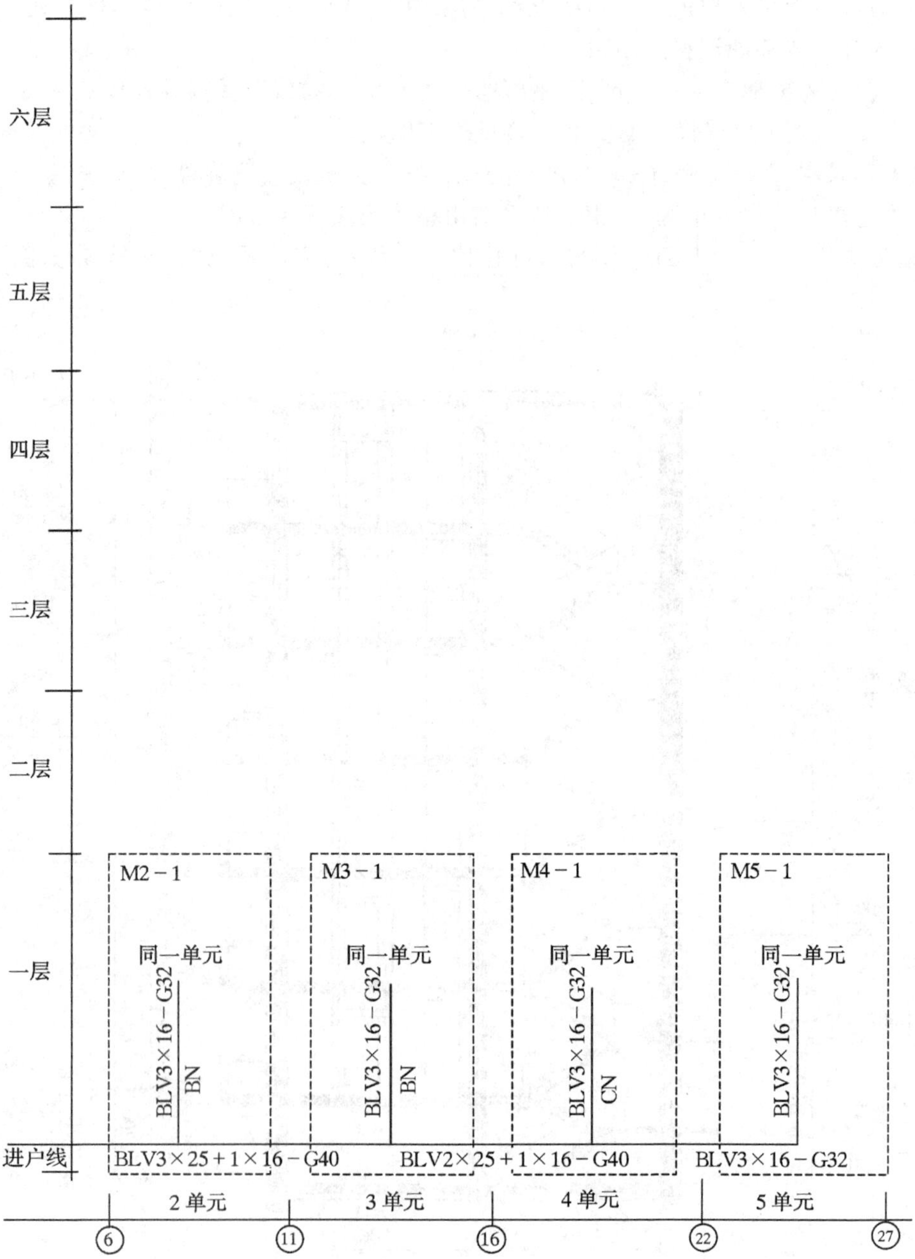

图 9-10 配电系统图(图号 3)

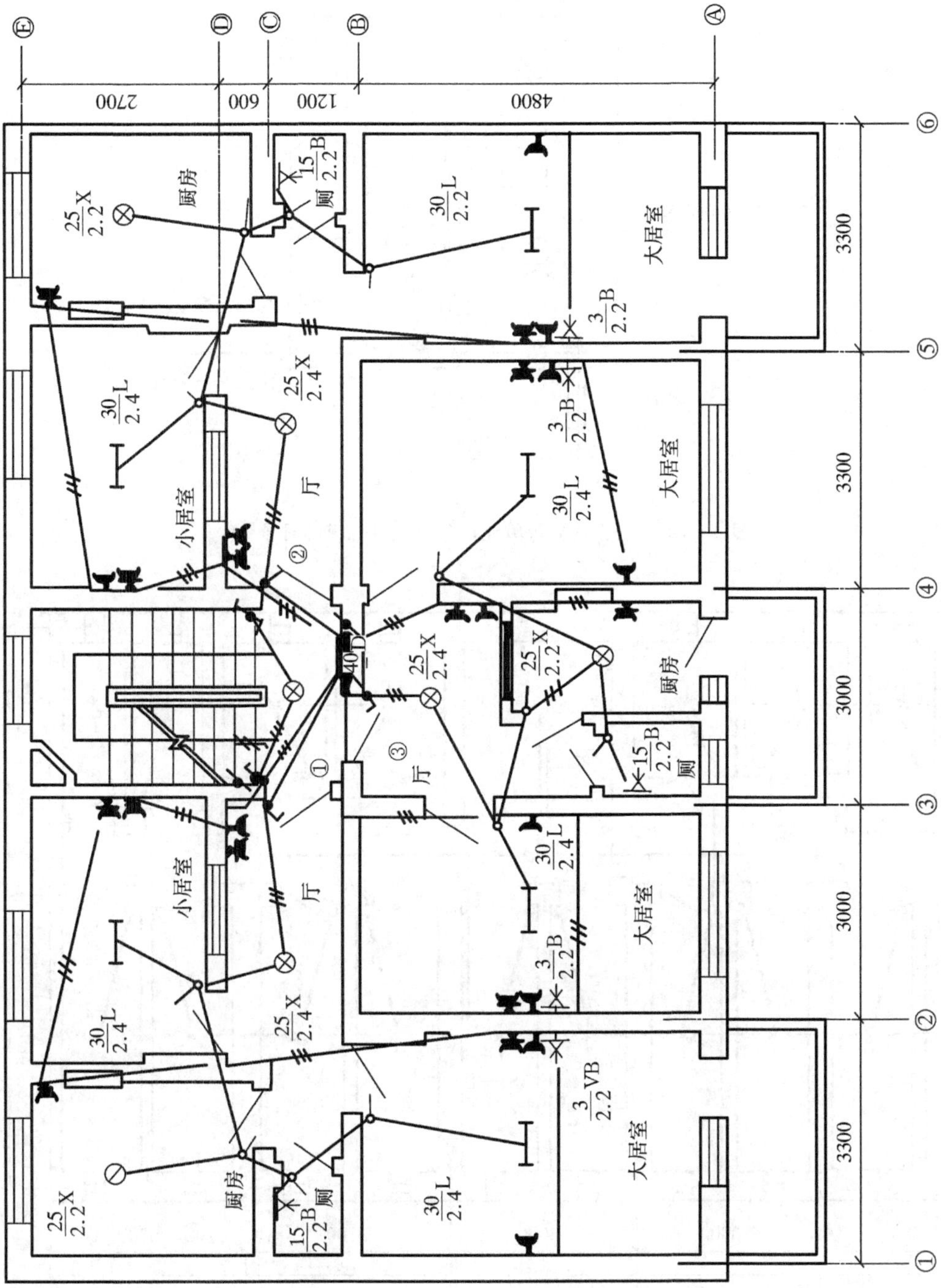

图9-11 标准层单元电气平面图(图号4)

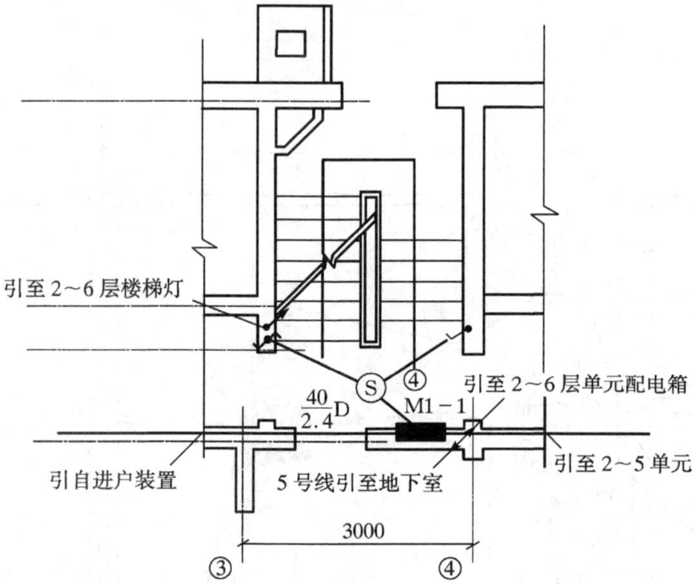

图 9－12　一层楼梯间单元电气布置平面图(图号 5)

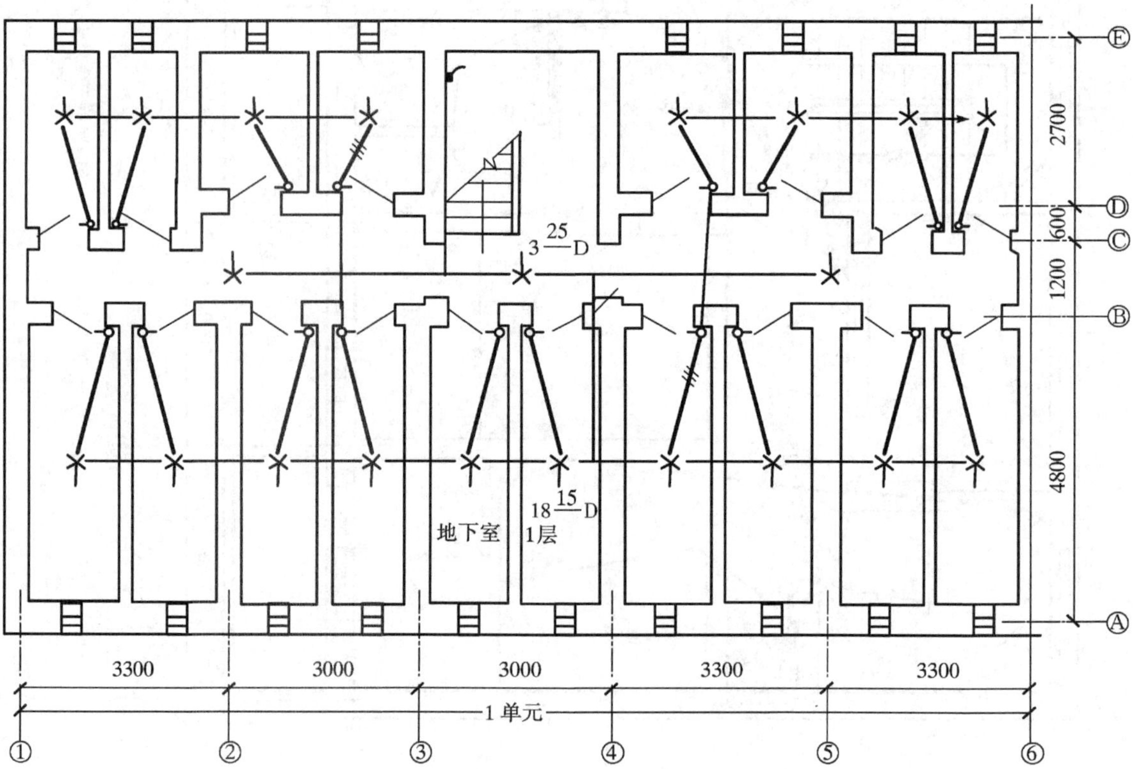

图 9－13　地下室单元电气平面布置图(图号 6)

(5)设计计算书(略)。

(6)主要设备及材料。主要设备及材料如表9-2所示。

表9-2 主要设备和材料表(设计实例1)

编号	设备、材料名称	型号	规格	单位	数量	备注
1	嵌入式配电箱	JXR4006	按“图册”	个	5	
2	嵌入式配电箱	JXR4003	196方案,规格按系统图	个	25	
3	荧光灯	YG2-1	30W	支	180	
4	自镇流冷光灯		3W	支	90	
5	座灯头		250V-5A	个	120	
6	吊灯头		250V-5A	个	180	
7	单相两孔插座	安全型	250V-6A	个	390	
8	单相三孔插座	安全型	250V-6A	个	390	
9	拉线开关		250V-6A	个	378	
10	暗装单极开关		250V-6A	个	90	
11	暗装双控开关		250V-6A	个	30	
12	铝芯导线	BLV	2.5,4,6,10,16,25	m	详见图样	
13	铝芯导线	BLX	16,25	m		
14	镀锌钢管		20,25,32,40,50	m		
15	硬塑料管		15,20	m		

识读该建筑电气施工图的具体方法如下:

(1)工程概况:共5个单元,各单元每层3户,每户均有厅、厨、厕和居室。各室均有照明器和插座。

(2)图样目录:目录中图号3、4、5、6均为电气施工图,还有选用图,对选用图有关部分应细读。

(3)设计说明:掌握用电电压、进户线型、户内线型及导线敷设方式、用电器具各类及高度。

(4)主要设备和材料表:掌握有关配电箱、灯头、插座、开关、导线的型号、规格和数量。

(5)系统图和平面图,首先看系统图,依电源→开关箱→电表箱→导线→用电设备详读。

进户线BLX3×35+1×25+1×25-G50至干线BLV3×25+1×16-G40至BLV3×16-G32,总开关为DZ10-X10/030。

各单元进线BLV3×16-G32,单元总表DD28-40A,开关HK_1-60/2-40A,楼内竖向线由BLV3×16-G32变BLV3×10-G25再变BLV3×6-G20最后为BLV3×40-G20。

户内每户一电表DD28-3A,熔断器RCIA-3/50ZL18,照明线BLV2×2.5-VG15,插座线BLV3×2.5-VG15,楼梯地下室走总电表,楼梯灯导线BLV2×2.5-VG15,地下室导线BLV3×2.5-VG15。

经过系统图详读后,可以了解本住宅楼的电气施工图全貌。

在设计图样时,除一层的楼梯间与标准层不一样外,还有地下室也与标准层不一样,故有一层、地下室、标准层电气平面图。看电气平面图，应先看进户线。从一层楼梯间单元电气布置平面图(图号 5)可知，引自进户装置线至 2～5 单元和至 M1－1 配电箱，楼梯灯单引线，然后由 M1－1 配电箱内各户电表引至各户内的各室，由总配电箱内总电流表、总开关引入干线接各层的分配电箱 M1－2、M1－3、M1－4、M1－5、M1－6，各层各户接线均同一层，根据图例细看照明器、插座、开关，在标准层平面图上各户有荧光灯、白炽灯、节能灯、开关、插座以及它们的布线。最后看地下室单元电气平面图(图号 6)，读者根据平面图和用电器具的安装高度就可以逐一计算出各种型号导线的用量，同时也可算出用电器具的数量。

总之，电气施工图识读方法简单来说应是：

(1)首先看目录，校对图样张数，按工程性质不同，分类阅读。

(2)阅读施工说明和图例。从施工说明中可以了解工程的概况、设计意图、施工要求和图中所使用的专用图例，有助于看懂图。

(3)阅读系统图，从中可知电气线路的接线方式、回路个数、配电箱的型号及箱内的控制电器的型号、规格等。配合电气平面图看，对电气施工图就会有总的了解。

(4)阅读电气平面图，从电源进线开始到用电设备，对照标注及说明中提供的数据认真识读。如平面图中的配电支路导线的敷设方式、根数、截面规格、灯具型号、灯具位置、数量等。在平面图上暗敷线路走向无一定规律，总是沿最短的距离到达灯具。明敷线路一般沿墙走，横平竖直，比较规矩。

(5)阅读大样图(施工详图)，要注意灯具、电器的安装，线路敷设及防雷与接地的标准图集。

本章小结

本章主要介绍了灯具及照明线路、室内照明配电线路、室内电气设施的安装、配电箱的安装等知识。重点掌握室内电气设施的安装知识及电气施工图的识读方法和技巧。

思考题

1. 光的度量有哪些主要参数？它们的物理意义及单位是什么？
2. 常用照明电光源有哪些？它们的特点是什么？
3. 照明灯具的布置原则有哪些？
4. 简述白炽灯的安装步骤。
5. 照明节能的措施有哪些？
6. 建筑电气设备图包括哪些内容？
7. 简述建筑电气设备图识读的方法。

第 10 章 建筑防雷与安全用电

本章学习要点

1. 雷电的基本知识
2. 防雷接地装置的组成
3. 防雷接地装置的材料及施工工艺
4. 防雷接地施工图识读
5. 低压配电系统的接地形式
6. 接地与接零保护
7. 等电位联结

10.1 雷电的基本知识

10.1.1 雷电的形成及种类

1. 雷电的形成

雷电的形成过程可分为气流上升、电荷分离和放电三个阶段。在雷雨季节，地面上的水分受热变成蒸汽并且上升，在空气中与冷空气相遇之后凝成小水滴，形成积云。云中水滴受强烈气流吹袭，分裂为一些小水滴和大水滴，小水滴带负电荷，大水滴带正电荷。小水滴容易被气流带走，形成带负电的云；较大水滴形成带正电的雨。由于静电感应，大地表面与云层之间、云层与云层之间会感应出异性电荷，当电场强度达到一定值时，即发生雷云与大地或雷云与雷云之间的放电，这就是一般所说的雷击。典型的雷击发展过程如图 10－1 所示。

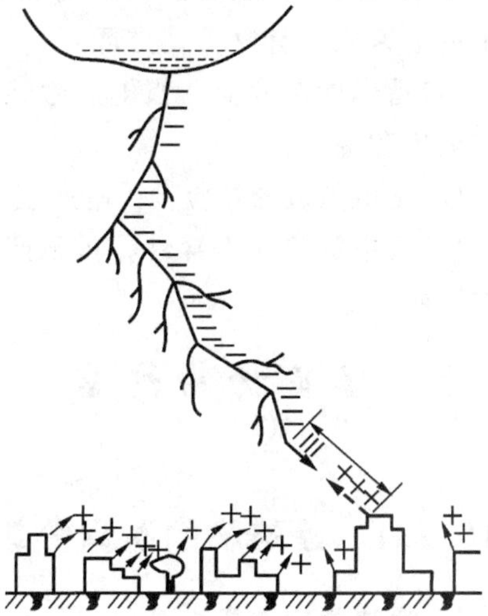

图 10－1　雷云对地放电示意图

据测试，对地放电的雷云大多带负电荷。随着雷云中负电荷的积累，其电场强度逐渐增加，当达到25～30 kV/cm 时，使附近的空气绝缘破坏，便产生雷云放电。

2. 雷电的种类

(1)直击雷。当天空中的雷云飘近地面时，就在附近地面特别是凸出的树木或建筑物上感应出异性电荷。电场强度达到一定值时，雷云就会通过这些物体对大地直接放电，发生雷击。这种直接击在建筑物或其他物体上的雷电叫直击雷。直击雷使被击物体产生很高的电位，引起过电压和过电流，不仅会击毙人畜、烧毁或劈倒树木、破坏建筑物，而且还会引起火灾和爆炸。

(2)感应雷。当建筑上空有雷云时，在建筑物上便会感应出相反电荷。在雷云放电后，云与大地电场消失了，但聚集在屋顶上的电荷不能立即释放，此时屋顶对地面便有相当高的感应电压，造成屋内电线、金属管道和大型金属设备放电，引起建筑物内的易爆危险品爆炸或易燃物品燃烧。这里的感应电荷主要是由于雷电流的强大电场和磁场变化产生的静电感应和电磁感应造成的，所以称为感应雷或感应过电压。

(3)球形雷。球形雷的形成研究还没有完整的理论，通常认为它是一个温度极高的特别明亮的眩目发光球体，直径为 10～20 cm 或更大。球形雷通常在电闪后发生，以每秒几米的速度在空气中漂行，它能从烟囱、门、窗或孔洞进入建筑物内部造成破坏。

10.1.2 雷电的特点及其危害

1. 雷电的特点

雷电流是一种冲击波，雷电流幅值 I_m 的变化范围很大，一般为数十至数千安培。雷电流幅值一般在第一次闪击时出现，也称主放电。典型的雷电流波形如图 10-2 所示。雷电流一般在 1～4 μs 内增长到幅值 I_m，雷电流在幅值以前的一段波形称为波头；从幅值起到雷电流衰减至 $I_m/2$ 的一段波形称为波尾。雷电流是一个幅值很大、陡度很高的电流，具有很强的冲击性，其破坏性极大。

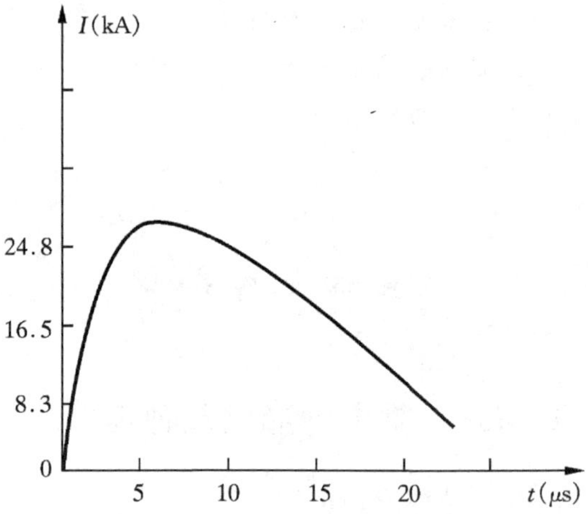

图 10-2　雷电流波形图

2. 雷电的危害

雷电的形成伴随着巨大的电流和极高的电压，在它的放电过程中会产生极大的破坏力。雷电的危害主要有以下几方面：

(1)雷电的热效应。雷电产生强大的热能使金属熔化，烧断输电导线，摧毁用电设备，甚至引起火灾和爆炸。

(2)雷电的机械效应。雷电产生强大的电动力可以击毁电杆，破坏建筑物，人畜亦不能幸免。

(3)雷电的绝缘击穿性。雷电产生的高电压会引起绝缘材料被烧坏，断路器跳闸，导致供电线路停电。

10.2 建筑物的防雷

10.2.1 建筑物的防雷分级

1. 建筑物防雷等级划分

按《建筑物防雷设计规范》(GB 50057—2010)的规定，将建筑物防雷等级分为三类。

(1)第一类防雷建筑物。

①凡制造、使用或贮存火炸药及其制品的危险建筑物,因电火花而引起爆炸、爆轰,会造成巨大破坏和人身伤亡者。

②具有 0 区或 20 区爆炸危险场所的建筑物。

③具有 1 区或 21 区爆炸危险场所的建筑物,因电火花而引起爆炸,会造成巨大破坏和人身伤亡者。

(2)第二类防雷建筑物。

①国家级重点文物保护的建筑物。

②国家级的会堂、办公建筑物、大型展览和博览建筑物、大型火车站和飞机场、国宾馆、国家级档案馆、大型城市的重要给水泵房等特别重要的建筑物。

③国家级计算中心、国际通信枢纽等对国民经济有重要意义的建筑物。

④国家特级和甲级大型体育馆。

⑤制造、使用或贮存火炸药及其制品的危险建筑物,且电火花不易引起爆炸或不致造成巨大破坏和人身伤亡者。

⑥具有 1 区或 21 区爆炸危险场所的建筑物,且电火花不易引起爆炸或不致造成巨大破坏和人身伤亡者。

⑦具有 2 区或 22 区爆炸危险场所的建筑物。

⑧有爆炸危险的露天钢质封闭气罐。

⑨预计雷击次数大于 0.05 次/a 的部、省级办公建筑物和其他重要或人员密集的公共建筑物以及火灾危险场所。

⑩预计雷击次数大于 0.25 次/a 的住宅、办公楼等一般性民用建筑物或一般性工业建筑物。

(3)第三类防雷建筑物。

①省级重点文物保护的建筑物及省级档案馆。

②预计雷击次数大于或等于 0.01 次/a,且小于或等于 0.05 次/a 的部、省级办公建筑物和其他重要或人员密集的公共建筑物,以及火灾危险场所。

③预计雷击次数大于或等于 0.05 次/a,且小于或等于 0.25 次/a 的住宅、办公楼等一般性民用建筑物或一般性工业建筑物。

④在平均雷暴日大于 15 d/a 的地区,高度在 15 m 及以上的烟囱、水塔等孤立的高耸建筑物;在平均雷暴日小于或等于 15 d/a 的地区,高度在 20 m 及以上的烟囱、水塔等孤立的高耸建筑物。

2. 建筑物易受雷击部位

建筑物的性质、结构以及建筑物所处位置等都对落雷有着很大影响。特别是建筑物屋顶坡度与雷击部位关系较大。建筑物易受雷击部位,如图 10-3 所示。

(1)平屋顶或坡度不大于 1/10 的屋顶:檐角、女儿墙、屋檐。

(2)坡度大于 1/10 且小于 1/2 的屋顶:屋角、屋脊、檐角、屋檐。

(3)坡度不小于 1/2 的屋顶:屋角、屋脊、檐角。

知道了建筑物易受雷击的部位,设计时就应采取措施对这些部位进行重点保护。

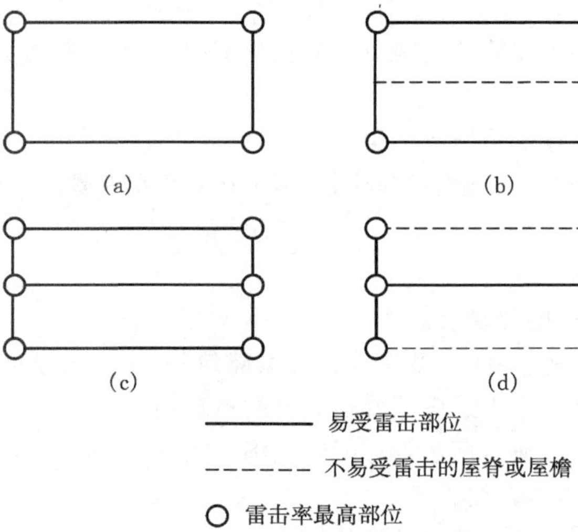

图 10－3　建筑物易受雷击的部位

10.2.2　防雷措施

由于雷电有不同的危害形式，所以相应采取不同的防雷措施来保护建筑物。

1. 防直击雷的措施

防直击雷采取的措施是引导雷云对防雷装置放电，使雷电流迅速流入大地，从而保护建(构)筑物免受雷击。防直击雷的装置有接闪杆、接闪带、接闪网、接闪线等。在建筑物屋顶易受雷击部位，应装设接闪杆、接闪带、接闪网进行直击雷防护。一般优先考虑采用接闪杆。当建筑上不允许装设高出屋顶的接闪杆，同时屋顶面积不大时，可采用接闪带。若屋顶面积较大时，可采用接闪网。

(1)第一类防雷建筑物的防雷措施主要有：装设独立接闪杆或架空接闪线或网，网格尺寸不应大于 5 m×5 m 或 6 m×4 m。引下线不应少于 2 根，并应沿建筑物四周和内庭院四周均匀对称布置，其间距沿周长计算不应大于 12 m，每根引下线的冲击电阻不应大于 10 Ω。当建筑物高于 30 m 时，应采取防侧击雷的措施，即从 30 m 起每隔不大于 6 m 沿建筑物四周设水平接闪带并与引下线相连，同时 30 m 及以上外墙上的栏杆、门窗等较大的金属物应与防雷装置连接。

(2)第二类防雷建筑物的防雷措施主要有：宜采用装设在建筑物上的接闪网、接闪带或接闪杆或由其混合组成的接闪器，并应在整个屋面组成不大于 10 m×10 m 或 12 m×8 m 的网格。接闪器之间应互相连接。专设引下线不应少于 2 根，并应沿建筑物四周和内庭院四周均匀对称布置，其间距沿周长计算不应大于 18 m。当建筑物的跨度较大，无法在跨距中间设引下线，应在跨距两端设引下线并减小其他引下线的间距，专设引下线的平均间距不应大于 18 m。钢筋或圆钢仅为 1 根时，其直径不应小于 10 mm，每根引下线的冲击电阻不应大于 10 Ω。当建筑物高于 45 m 时，应采取防侧击雷和等电位保护措施。

(3)第三类防雷建筑物的防雷措施主要有：宜采用装在建筑物上的接闪网、接闪带或接闪杆或由其混合组成的接闪器，并应在整个屋面组成不大于 20 m×20 m 或 24 m×16 m 的网格。专设引下线不应少于2根，并应沿建筑物和内庭院四周均匀或对称布置，其间距沿周长计算不应大于25 m。当建筑物的跨度较大，无法在跨距中间设引下线时，应在跨距两端设引下线并减小其他引下线的间距，专设引下线的平均间距不应大于25 m。

2. 防雷电感应的措施

防止由于雷电感应在建筑物上聚集电荷的方法是在建筑物上设置收集并泄放电荷的装置(如接闪带、网)。防止建筑物内金属物上雷电感应的方法是将金属设备、管道等金属物，通过接地装置与大地作可靠的连接，以便将雷电感应电荷迅即引入大地，避免雷害。

3. 防雷电波侵入的措施

防止雷电波沿供电线路侵入建筑物，行之有效的方法是安装避雷器将雷电波引入大地，以免危及电气设备。但对于有易燃易爆危险的建筑物，当避雷器放电时线路上仍有较高的残压要进入建筑物，还是不安全。对这种建筑物可采用地下电缆供电方式，这就从根本上避免了过电压雷电波侵入的可能性，但这种供电方式费用较大。对于部分建筑物可以采用一段金属铠装电缆进线的保护方式，这种方式不能完全避免雷电波的侵入，但通过一段电缆后可以将雷电波的过电压限制到安全范围之内。

4. 防止雷电反击的措施

所谓反击，就是当防雷装置接受雷击时，在接闪器、引下线和接地体上都产生很高的电位，如果防雷装置与建筑物内外的电气设备、电线或其他金属管线之间的绝缘距离不够，它们之间就会发生放电，这种现象称为反击。反击也会造成电气设备绝缘破坏，金属管道烧穿，甚至引起火灾和爆炸。

防止反击的措施有两种：一种是将建筑物的金属物体(含钢筋)与防雷装置的接闪器、引下线分隔开，并且保持一定的距离。另一种是，当防雷装置不易与建筑物内的钢筋、金属管道分隔开时，则将建筑物内的金属管道系统，在其主干管道处与靠近的防雷装置相连接，有条件时，宜将建筑物每层的钢筋与所有的防雷引下线连接。

10.2.3 防雷装置

建筑物的防雷主要采用接闪器系统，一般由接闪器、引下线和接地装置三部分组成，如图10-4所示。其作用原理是：将雷电引向自身并安全导入地中，从而使被保护的建筑物免遭雷击。

1. 接闪器

接闪器是专门用来接受雷击的金属导体。通常有接闪杆、接闪带、接闪网以及兼作接闪的金属屋面和金属构件(如金属烟囱、风管等)等。所有接闪器都必须经过接地引下线与接地装置相连接。

(1)接闪杆。接闪杆是安装在建筑物突出部位或独立装设的针形导体。它能对雷电场产生一个附加电场(这是由于雷云对接闪杆产生静电感应引起的)，使雷电场畸变，因而将雷云的放电通路吸引到接闪杆本身，由它及与它相连的引下线和接地体将雷电流安全导入地中，从而保护了附近的建筑物和设备免受雷击。接闪杆的形状如图10-5所示。接闪杆通常采用镀锌圆钢或焊接钢管制成。接闪杆的直径：当针长1 m以下时，圆钢直径不得小于12 mm，钢管直径不得小于20 mm；当针长为1～2 m时，圆钢直径不得小于16 mm，钢管直径不得小于25 mm；烟囱顶上的避雷针，圆钢直径不得小于20 mm。当接闪杆较长时，针体则由针尖和不

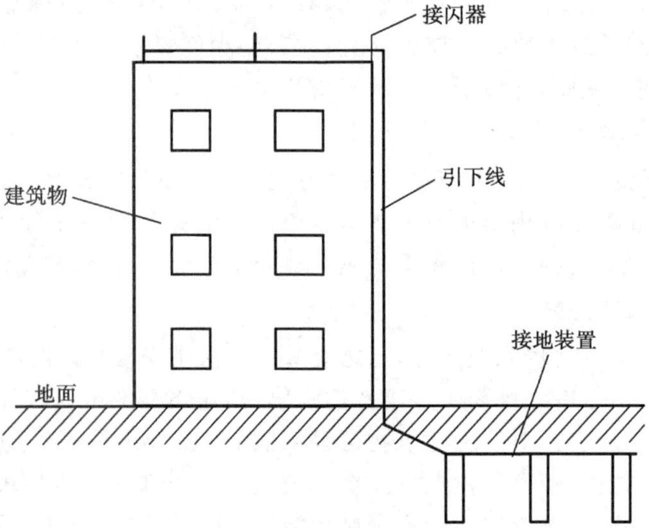

图 10－4　接闪器防雷系统的组成

同直径的管段组成。针体的顶端均应加工成尖形，并用镀锌或途漆等方法防止其锈蚀。它可以安装在电杆(支柱)、构架或建筑物上，下端经引下线与接地装置焊接。

图 10－5　各种形状的接闪杆

(2)接闪带和接闪网。接闪带就是用小截面圆钢或扁钢装于建筑物易遭雷击的部位，如屋脊、屋檐、屋角、女儿墙和山墙等。接闪网相当于纵横交错的接闪带叠加在一起，形成多个网孔，它既是接闪器，又是防感应雷的装置。

用作接闪带和接闪网的圆钢直径不应小于 8 mm，扁钢截面积不应小于 48 mm^2，其厚度不得小于 4 mm；装设在烟囱顶端的避雷环，其圆钢直径不应小于 12 mm，扁钢截面积不得小于 100 mm^2，其厚度不得小于 4 mm。

接闪网也可以做成笼式接闪网，就是把整个建筑物的梁、柱、板、基础等主要结构钢筋连成一体。

(3)接闪线。接闪线一般采用截面不小于 35 mm^2 的镀锌钢绞线，架设在架空线路之上，以保护架空线路免受直接雷击。

(4)金属屋面。除一类防雷建筑物外，金属屋面的建筑物宜利用其屋面作为接闪器，但应符合有关规范的要求。

2. 引下线

引下线是连接接闪器和接地装置的金属导体，即将接闪器承受的雷电流顺利引到接地装置。其有明装和暗装两种，一般采用圆钢或扁钢，优先采用圆钢。

(1)引下线的选择。明装引下线一般采用圆钢时，直径不应小于 8 mm；采用扁钢时，其截面不应小于 48 mm^2，厚度不应小于 4 mm。烟囱上安装的引下线，圆钢直径不应小于 12 mm，扁钢截面不应小于 100 mm^2，厚度不应小于 4 mm。

建筑物的金属构件、金属烟囱、烟囱的金属爬梯、混凝土柱内的钢筋、钢柱等都可以作为引下线，但其所有部件之间均应连成电气通路。在易受机械损坏和人身接触的地方，地面上 1.7 m至地而下 0.3 m 的一段引下线应采取暗敷或用镀锌角钢、改性塑料管等保护措施。

暗装引下线利用钢筋混凝土中的钢筋作引下线时，最少应利用四根柱子，每柱中至少用到两根主筋。

(2)断接卡子。为便于运行、维护和检测接地电阻需设置断接卡子。采用多根专设引下线时，宜在各引下线上于距地面 0.3 m 至 1.8 m 之间设置断接卡子，断接卡子应有保护措施。

当利用混凝土内钢筋、钢柱等自然引下线并同时采用基础接地体时，可不设置断接卡子，但利用钢筋作引下线时应在室内外的适当地点设若干连接板，该连接板可供测量、接人工接地体和做等电位联结用。当仅利用钢筋做引下线并采用埋于土壤中的人工接地体时，应在每引下线上距地面不低于 0.3 m 处设接地体连接板，采用埋于土壤中的人工接地体时应设断接卡子，其上端应与连接板焊接，连接板处应有明显标志。

3. 接地装置

接地装置是接地体(又称接地极)和接地线的总合，它把引下线引下的雷电流迅速流散到大地土壤中。

(1)接地体。埋入到土壤中或混凝土基础中作散流用的金属导体叫接地体，按其敷设方式可分为垂直接地体和水平接地体。

垂直接地体可采用边长或直径 50 mm 的角钢或钢管，长度宜为 2.5 m，每间隔 5 m 埋一根，顶端埋深为 0.7 m，用水平接地线将其连成一体。角钢厚度不应小于 4 mm，钢管壁厚不应小于 3.5 mm。圆钢直径不应小于 10 mm。

水平接地体可采用 25 mm×4 mm～40 mm×4 mm 的扁钢做成，埋深一般为 0.5～0.8 m。埋接地体时，应将周围填土夯实，不得回填砖石灰渣之类杂土。通常接地体均应采用镀锌钢材，土壤有腐蚀性时，应适当加大接地体和连接线截面，并加厚镀锌层。

(2)接地线。接地线是从引下线断接卡子或换线处至接地体的连接导体，也是接地体与接地体之间的连接导体。接地线一般为镀锌扁钢或镀锌圆钢，其截面应与水平接地体相同。

接地干线是指室内接地母线，接地干线一般为 12 mm×4 mm 镀锌扁钢或直径 6 mm 镀锌圆钢。接地线跨越变形缝时应设补偿装置(裸铜软绞线 50 mm^2 做成 U 形或做扁钢 U 形套焊接)。多个电气设备均与接地干线相连时，不允许串接。

接地支线是指室内各电气设备接地线，多采用多股绝缘铜导线，与接地干线连接时用并沟线夹。

与变压器中性点连接的接地线，户外一般采用多股铜绞线，户内多采用多股绝缘铜导线。

(3)基础接地体。在高层建筑中，常利用柱子和基础内的钢筋作为引下线和接地体。将设在建筑物钢筋混凝土桩基和基础内的钢筋作为接地体常称为基础接地体。基础接地体可分为以下两类：

①自然基础接地体：利用钢筋混凝土基础中的钢筋或混凝土基础中的结构钢筋作为接地体。

②人工基础接地体：把人工接地体敷设在没有钢筋的混凝土基础内。有时候，在混凝土基础内虽有钢筋，但由于不能满足利用钢筋作为自然基础接地体的要求（如由于钢筋直径太小或钢筋总截面积太小），也需在这种钢筋混凝土基础内加设人工接地体，这时所加入的人工接地体也称为人工基础接地体。

利用基础接地时，要把各段地梁的钢筋连成一个环路，并将地梁内的主筋与基础主筋连接起来，综合组成一个完整的人工基础接地系统，其接地装置应满足冲击接地电阻要求。

在高层建筑中，推荐利用柱子、基础内的钢筋作为引下线和接地装置。其主要优点是：接地电阻低；电位分布均匀，均压效果好；施工方便，可省去大量土方挖掘工程量；节约钢材；维护工程量少。其连接示意图如图 10－6 所示。

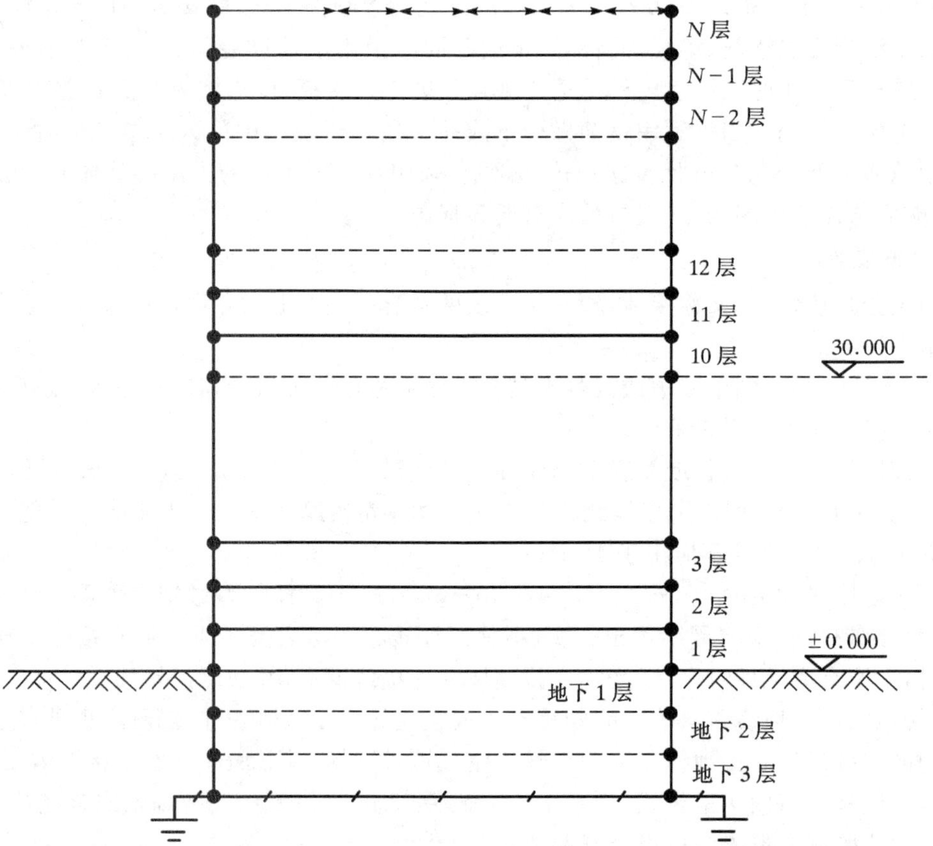

图 10－6　高层建筑物接闪带、均压环、自然接地体与避雷引下线连接示意图

(4)接地装置检验与涂色。接地装置安装完毕后，必须按施工规范检验合格后方能正式运行，检验除了要求整个接地网的连接完整牢固外，还应按照规定进行涂色，标志记号应鲜明齐全。明敷接地线表面应涂以 15～100 mm 宽度相等的黄绿相间条纹，在接地线引向建筑物入口处和在检修用临时接地点处，均应刷白色底漆后标以黑色接地符号。

(5)接地电阻测量。接地装置除进行必要的外观检验外，还应测量其接地电阻，目前使用最多的是接地电阻测量仪(如图 10-7 所示)。接地电阻的数值应符合规范要求，一般为 30 Ω、20 Ω、10 Ω，特殊情况要求在 4 Ω 以下，具体数据应按设计确定，如不符合要求则应采取措施直至满足要求为止。

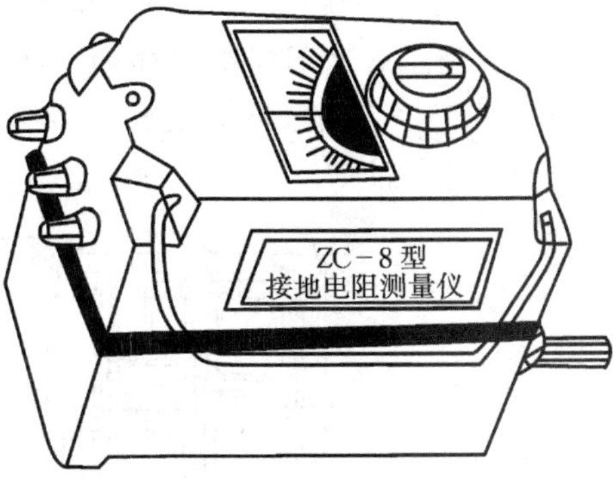

图 10-7　接地电阻测量仪外形

10.2.4　建筑防雷平面图

建筑物防雷接地工程图一般包括防雷工程图和接地工程图两部分。图 10-8 为某住宅建筑防雷平面图和立面图，图 10-9 为该住宅建筑的接地平面图，图纸附施工说明。

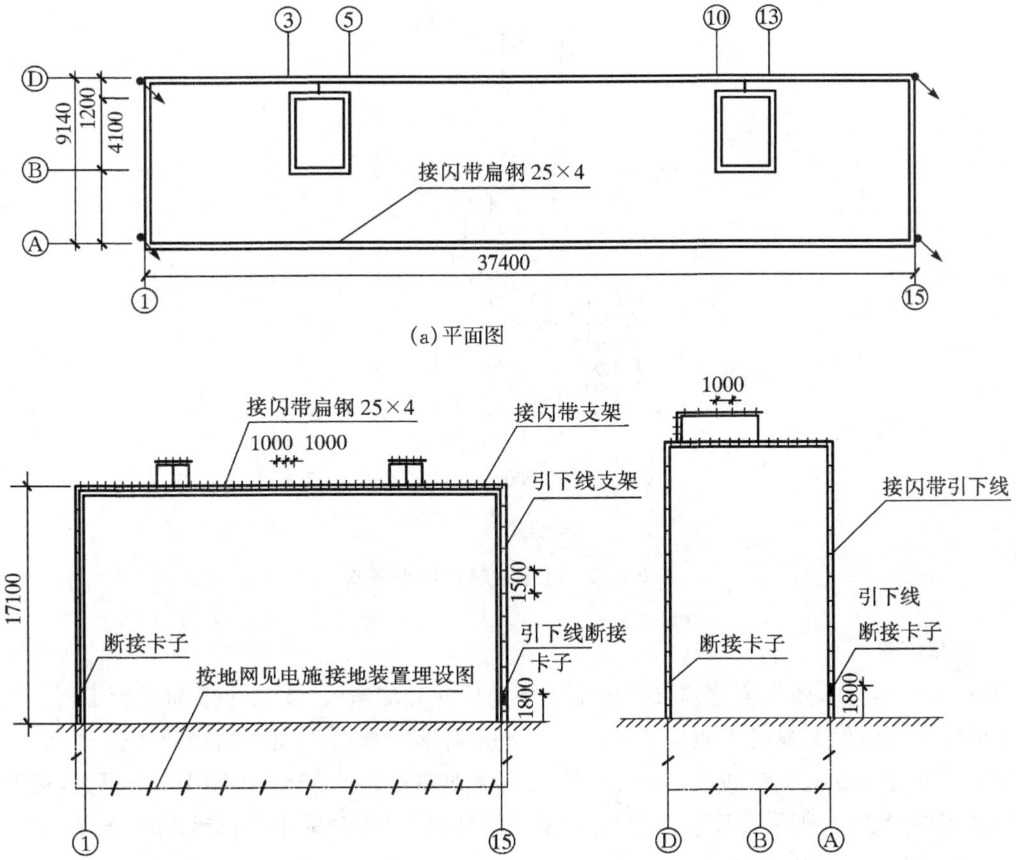

图 10-8　住宅建筑防雷平面图、立面图

施工说明：

(1)接闪带、引下线均采用一25mm×4mm 扁钢，镀锌或作防腐处理。

(2)引下线在地面上 1.7 m 至地面下 0.3 m 一段，用直径 50 硬塑料管保护。

(3)本工程采用－25 mm×4 mm扁钢作水平接地体、围建筑物一周埋设，其接地电阻不大于10 Ω。施工后达不到要求时，可增设接地极。

(4)施工采用国家标准图集《建筑物防雷设施安装》(15D501)，并应与土建施工密切配合。

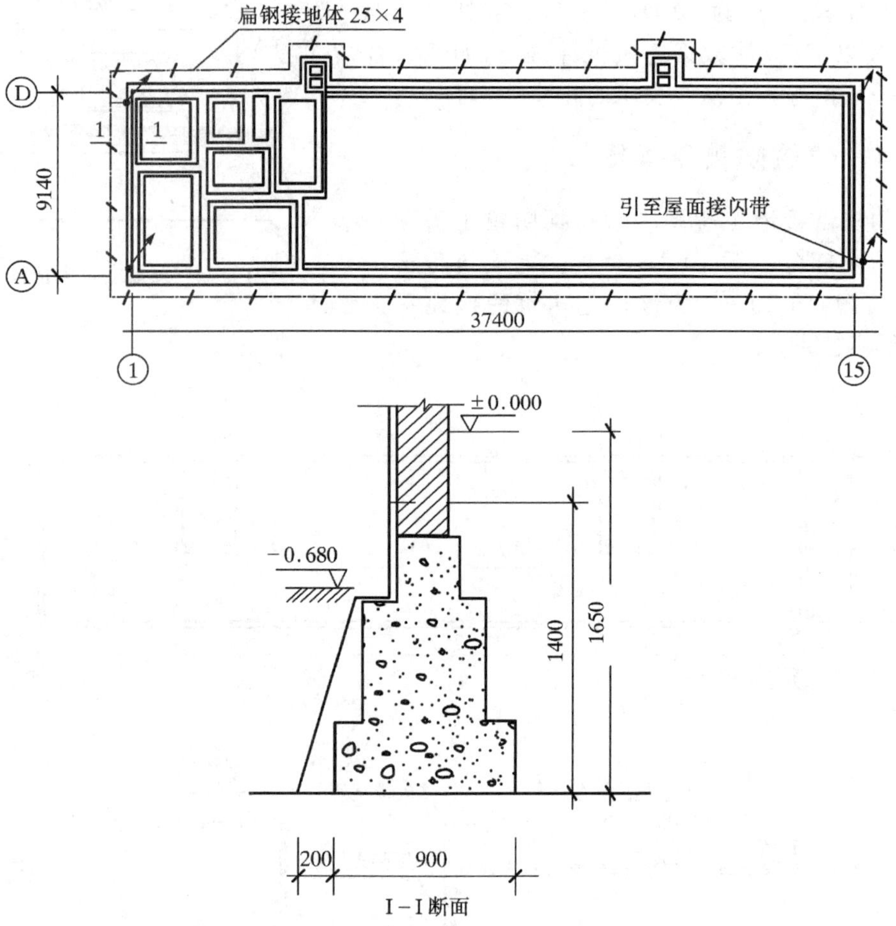

图10－9　住宅建筑接地平面图

1. 工程概况

由图10－8可知，该住宅建筑接闪带沿屋面四周女儿墙敷设，支持卡子间距为1 m。在西面和东面墙上分别敷设2根引下线(－25 mm×4 mm扁钢)，与埋于地下的接地体连接，引下线在距地面1.8 m处设置引下线断接卡子。固定引下线支架间距1.5 m。由图10－9可知，接地体沿建筑物基础四周埋设，埋设深度为0.97 m，(室外地坪以下)距基础中心距离为0.65 m。

2. 接闪带及引下线的敷设

首先在女儿墙上埋设支架，间距1 m，转角处为0.5 m，然后将接闪带与扁钢支架焊为一体。

3. 接地装置安装

该住宅建筑接地体为水平接地体，一定要注意配合土建施工，在土建基础工程完工后，未进行回填土之前，将扁钢接地体敷设好。并在与引下线连接处，引出一根扁钢，做好与引下线连接的准备工作。扁钢连接应焊接牢固，形成一个环形闭合的电气通路，摇测接地电阻达到设计要求后，再进行回填土。

10.3 安全用电

10.3.1 触电、急救与防护

1. 触电

自 1879 年法国里昂一家剧院发生第一起触电死亡事故以来，人们对电击和安全电流的研究已有一百多年的历史。虽然在日常生活工作中，人们采取了一系列安全检查措施，但也只能减少事故的发生，人们会因一时的疏忽大意，或客观上电气绝缘性能的降低导致漏电，以及架空线路发生断线等意外情况，仍然会造成触电事故。因此，有必要对触电的方式、防止触电的措施及触电后现场紧急救护有大体的认识与了解。

(1)电流对人体的伤害及影响因素。当人体触及带电体时，电流通过人体，使部分或整个身体遭到电的刺激和伤害，引起电伤和电击。电伤是指人体的外部受到电的损伤，如电弧灼伤、电烙印等。当人体处于高压设备附近，而距离小于或等于放电距离时，在人与带电的高压设备之间就会发生电弧放电，人体在高达 3000℃，甚至更高的电弧温度和电流的热、化学效应作用下，将会引起严重的甚至可以死亡的电弧灼伤。电击则指人体的内部器官受到伤害，如电流作用于人体的神经中枢，使心脏和呼吸系统机能的正常工作受到破坏，发生抽搐和痉挛，失去知觉等现象，也可能使呼吸器官和血液循环器官的活动停止或大大减弱，而形成所谓假死。此时，若不及时采用人工呼吸和其他医疗方法救护，人将不能复活。人触电时的受害程度与作用于人体的电压、作用于人体的电阻、通过人体的电流值、电流的频率、电流通过的时间、电流在人体中流通的途径以及人的体质情况等因素有关，而电流值则是危害人体的直接因素。

(2)安全电流与安全电压。

①安全电流。为了确保人身安全，一般以人触电后人体未产生有害的生理效应作为安全的基准。因此，通过人体一般无有害生理效应的电流值，即称为安全电流。安全电流又可分为容许安全电流和持续安全电流。当人体触电时，通过人体的电流值不大于摆脱电流的电流值称为容许安全电流，50～60 Hz 交流规定 10 mA(矿业等类的作业则规定 6 mA)，直流规定 50 mA为容许安全电流；当人体发生触电，通过人体的电流大于摆脱电流且与相应的持续通电时间对应的电流值称为持续安全电流。

交流持续安全电流值与持续通电时间的关系为：$I_{ac}=10+10/t$($0.03\ \text{s}\leqslant t\leqslant 10\ \text{s}$，$t$ 为持续通电时间)。

②安全电压。在各种不同环境条件下，人体接触到一定电压的带电体后，其各部分不发生任何损害，该电压称为安全电压。安全电压是以人体允许通过的电流与人体电阻的乘积来表示的。通常，低于 40 V 的对地电压可视为安全电压。国际电工委员会规定接触电压的限定值为 50 V，并规定在 25 V 以下时，不需考虑防止电击的安全措施。我国规定的安全电压等级有：42 V、36 V、24 V、12 V、6 V 额定值五个等级，目前采用安全电压以 36 V 和 12 V 较多。发电厂生产场所及变电站等处使用的行灯一般为 36 V，在比较危险的地方或工作地点狭窄、周围有大面积接地体、环境湿热的场所，如电缆沟、煤斗油箱等地，所用行灯的电压不准超过 12 V。需要指出的是，不能认为这些电压就是绝对安全的，如果人体在汗湿、皮肤破裂等情况

下长时间触及电源，也可能发生电击伤害。

(3)人体触电方式。人体触电的基本方式有单相触电、两相触电、跨步电压触电、接触电压触电。此外，还有人体接近高压电和雷击触电等。

①单相触电。单相触电是指人体站在地面或其他接地体上，人体的某部位触及一相带电体所引起的触电。它的危险程度与电压的高低、电网的中性点是否接地、每相对地电容量的大小有关，是较常见的一种触电事故。在日常工作和生活中(三相四线制)，低压用电设备的开关、插销和灯头以及电熨斗、洗衣机等家用电器，如果其绝缘损坏，带电部分裸露而使外壳、外皮带电，当人体碰触这些设备时，就会发生单相触电情况。如果此时人体站在绝缘板上或穿绝缘鞋，人体与大地间的电阻就会很大，通过人体的电流将很小，这时就不会发生触电危险。

②两相触电。两相触电是指人体有两处同时接触带电的任何两相电源时的触电。发生两相触电时，电流由一根导线通过人体流至另一根导线，作用于人体上的电压等于线电压，若线电压为 380 V，则流过人体的电流高达 268 mA，这样大的电流只要经过 0.186 s 就可能致触电者死亡。故两相触电比单相触电更危险。

③跨步电压触电。当电气设备发生接地故障或当线路发生一根导线断线故障，并且导线落在地面时，故障电流就会从接地体或导线落地点流入大地，并以半球形向大地流散，距电流入地点越近，电位越高，距电流入地点越远，电位越低，入地点 20 m 以外处，地面电位近似零。如果此时有人进入这个区域，其两脚之间的电位差就是跨步电压。由跨步电压引起触电，称为跨步电压触电。人体承受跨步电压时，电流一般是沿着人的下身，即从脚到胯部到脚流过，与大地形成通路，电流很少通过人的心脏重要器官，看起来似乎危害不大，但是，跨步电压较高时，人就会因脚抽筋而倒在地上，这不但会使作用于身体上的电压增加，还有可能改变电流通过人体的路径而经过人体的重要器官，因而大大增加了触电的危险性。

④接触电压触电。在正常情况下，电气设备的金属外壳是不带电的，由于绝缘损坏、设备漏电，使设备的金属外壳带电。接触电压是指人触及漏电设备的外壳，加于人手与脚之间的电位差(脚距漏电设备 0.8 m，手触及设备处距地面垂直距离 1.8 m)，由接触电压引起的触电叫接触电压触电。若设备的外壳不接地，在此接触电压下的触电情况与单相情况相同；若设备外壳接地，则接触电压为设备外壳对地电位与人站立点的对地电位之差。

2. 急救

触电事故往往是在一瞬间发生的，情况危急，不得有半点迟疑，时间就是生命。人体触电后，有的虽然心跳、呼吸停止了，但可能属于濒死或临床死亡。如果抢救正确且及时，一般还是可能救活的。触电者的生命能否获救，其关键在于能否迅速脱离电源和进行正确的紧急救护。

(1)脱离电源。当人发生触电后，首先要使触电者脱离电源，这是对触电者进行急救的关键。但在触电者未脱离电源前急救人员不准用手直接拉触电者，以防急救人员触电。为了使触电者脱离电源，急救人员应根据现场条件果断地采取适当的方法和措施。脱离电源的方法和措施一般有以下几种：

①低压触电脱离电源。

a. 在低压触电附近有电源开关或插头，应立即将开关拉开或插头拔脱，以切断电源。

b. 如电源开关离触电地点较远，可用绝缘工具将电线切断，但必须切断电源侧电线，并应防止被切断的电线误触他人。

c. 当带电低压导线落在触电者身上，可使用绝缘物体将导线移开，使触电者脱离电源。但不允许用任何金属棒或潮湿的物体去移动导线，以防急救者触电。

d. 若触电者的衣服是干燥的，急救者可用随身干燥衣服、干围巾等将自己的手严格包裹，然后用包裹的手拉触电者干燥衣服，或用急救者的干燥衣物结在一起，拖拉触电者，使触电者脱离电源。

e. 若触电者离地距离较大，应防止切断电源后触电者从高处摔下造成外伤。

②高压触电脱离电源。当发生高压触电，应迅速切断电源开关。如无法切断电源开关，应使用适合该电压等级的绝缘工具，使触电者脱离电源。急救者在抢救时，应对该电压等级保持一定的安全距离，以保证急救者的人身安全。

③架空线路触电脱离电源。当有人在架空线路上触电时，应迅速拉开关，或用电话告知当地供电部门停电。如不能立即切断电源，可采用抛掷短路的方法使电源侧开关跳闸。在抛掷短路线时，应防止电弧灼伤或断线危及人身安全。杆上触电者脱离电源后，用绳索将触电者送至地面。

(2)现场急救处理。当触电者脱离电源后，急救者应根据触电者的不同生理反应进行现场急救处理。对于触电者，可按以下三种情况分别处理：

①对触电后神志清醒者，要有专人照顾、观察，情况稳定后，方可正常活动；对轻度昏迷或呼吸微弱者，可针刺或掐人中、十宣、涌泉等穴位，并送医院救治。

②对触电后无呼吸但心脏有跳动者，应立即采用口对口人工呼吸；对有呼吸但心脏停止跳动者，则应立刻运用胸外心脏挤压法进行抢救。

③如触电者心跳和呼吸都已停止，则须同时采取人工呼吸和俯卧压背法、仰卧压胸法、心脏挤压法等措施交替进行抢救。

(3)应急施救的方法。

①口对口(鼻)人工呼吸法。人工呼吸是行之有效的现场急救方法。施行人工呼吸时，首先要解开被救者的领口和胸部衣服。如果口腔内有烂泥、血块、痰液等，应立即取出；如果舌头后缩而阻碍呼吸，应拉出并用绷带固定于口腔外面，以保证呼吸道畅通。做人工呼吸时用力不要过猛，以防把肋骨压断。速度应保持每分钟15～19次，不要过快或过慢。

②俯卧压背法。被救者俯卧，头偏向一侧，一臂弯曲垫于头下。救护者两腿分开，跪跨于被救者大腿两侧，两臂伸直，两手掌心放在被救者背部。拇指靠近脊柱，四指向外紧贴肋骨，以身体重量压迫病人背部，然后身体向后，两手放松，使被救者胸部自然扩张，空气进入肺部。按照上述方法重复操作，每分钟16～20次。

③仰卧压胸法。被救者仰卧，背后放上一个枕垫，使胸部突出，两手伸直，头侧向一边。救护者两腿分开，跪跨在病人大腿上部两侧，面对被救者头部，两手掌心压放在被救者的胸部，大拇指向上，四指伸开，自然压迫被救者胸部，肺中的空气被压出。然后把手放松，被救者胸部依其弹性自然扩张，空气进入肺内。这样反复进行，每分钟16～20次。

④胸外心脏挤压法。触电者心跳停止时，必须立即用胸外心脏挤压法进行抢救。

3. 防护

用电要注意安全，特别要重视防护工作，常见的防护措施有：

(1)不要私自乱拉、乱接电线。

(2)不要攀登电线杆、输电铁塔和变压器台架，不要翻越电力设施的保护围墙或围栏。

(3)不要在电力线路下面钓鱼。

(4)所有的开关、刀闸、保险盒都必须有盖。

(5)更换保险丝、拆修或移动电器时,必须切断电源,不要冒险带电操作。

(6)发现电器设备冒烟或闻到异味时,要迅速切断电源进行检查。

(7)电视机的室外天线一定要安装得牢固可靠,要比附近的接闪杆低,同时注意远离电力线路。

(8)不要在架空电线和配电变压器附近放风筝、打鸟,也不可向电线、变压器扔东西。

10.3.2 安全用电常用的防护方法

当电气设备的外壳因绝缘损坏而带电时,并无带电象征,人们不会对触电危险有什么预感,这时往往容易发生触电事故。但是只要掌握了电的规律并采取相应措施,很多触电事故还是可以避免的,安全用电常用的防护方法有:

(1)保护接地。保护接地是为了防止电气设备绝缘损坏时人体遭受触电危险,而在电气设备的金属外壳或构架等与接地体之间所作的良好的连接。保护接地适用于中性点不接地的低电网中。采用保护接地,仅能减轻触电的危险程度,但不能完全保证人身安全。

(2)保护接零。为防止人身因电气设备绝缘损坏而遭受触电,将电气设备的金属外壳与电网的零线(变压器中性点)相连接,称为保护接零。保护接零适用于三相四线制中性点直接接地的低压电力系统中。对于采用保护接零系统要求:

①零线上不能装熔断器和断路器,以防止零线回路断开时,零线出现相电压而引起触电事故。

②在同一低压电网中,不允许将一部分电气设备采用保护接地,而另一部分电气设备采用保护接零。

③在接三眼插座时,不准将插座上接电源零线的孔同接地线的孔串接。正确的接法是接电源零线的孔同接地的孔分别用导线接到零线上。

④除中性点必须良好接地外,还必须将零线重复接地。

(3)工作接地。将电力系统中某一点直接或经特殊设备与大地作金属连接,称为工作接地。工作接地可降低人体的接触电压、迅速切断电源、降低电气设备和输电线路的绝缘水平、满足电气设备运行中的特殊需要。

(4)漏电保护器。它的作用就是防止电气设备和线路等漏电引起人身触电事故,也可用来防止由于设备漏电引起的火灾事故以及用来监视或切除一相接地故障,并且当设备漏电、外壳呈现危险的对地电压时自动切断电源。

10.3.3 低压配电系统的接地形式

在三相电力系统中,作为供电电源的发电机和变压器的中性点有三种运行方式:一种是中性点不接地,一种是中性点经阻抗接地,还有一种是中性点直接接地。前两种合称为小接地电流系统,后一种称为大接地电流系统。1 kV 以下的低压配电系统一般采用中性点接地系统。

低压配电系统的接地形式用两个拉丁文字母表示。其代号形式的意义为:

(1)第一个字母表示电源与地的关系。

T:表示电源有一点直接接地。

I:表示电源端所有带电部分不接地或有一点通过阻抗接地。

(2)第二个字母表示电气装置的外露可导电部分与地的关系。

N:表示电气装置的外露可导电部分与电源端有直接电气连接。

T:表示电气装置的外露可导电部分直接接地,此接地点在电气上独立于电源端的接地点。

所以,低压配电系统接地的形式根据电源端与地的关系、电气装置的外露可导电部分与地的关系分为TN、TT、IT系统,其中TN系统又分为TN-S、TN-C、TN-C-S系统。

1. TN系统

TN电力系统电源侧有一点直接接地,负荷侧电气设施的外露可导电部分用保护线与该点连接。

按中性线与保护线的组合情况,TN系统有以下三种形式:

(1)TN-S系统,如图10-10所示,整个系统的中性线和保护线是分开的。

(2)TN-C系统,如图10-11所示,整个系统的中性线和保护线是合一的。

(3)TN-C-S系统,如图10-12所示,系统中有一部分中性线和保护线是合一的。

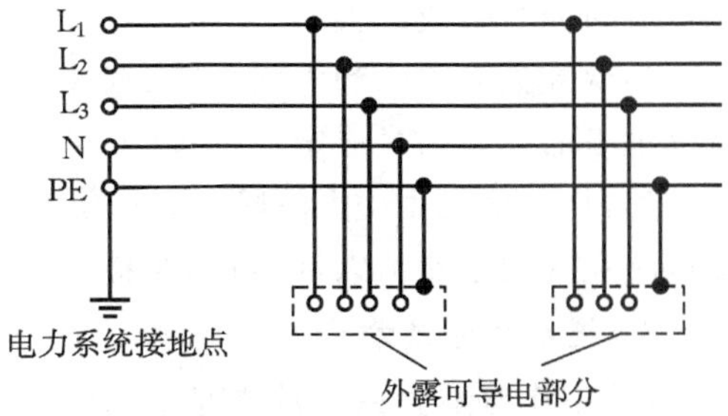

图10-10　TN-S系统

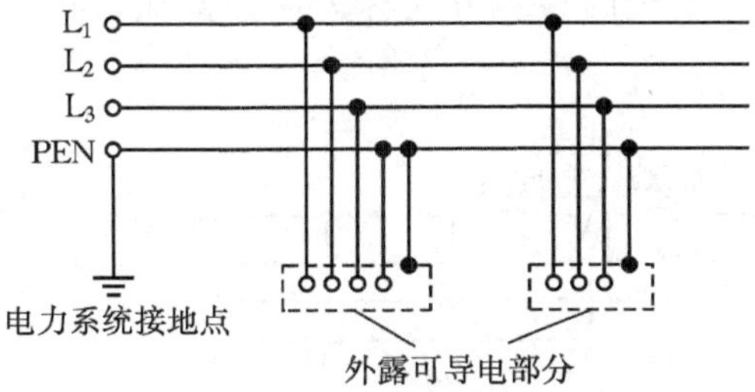

图10-11　TN-C系统

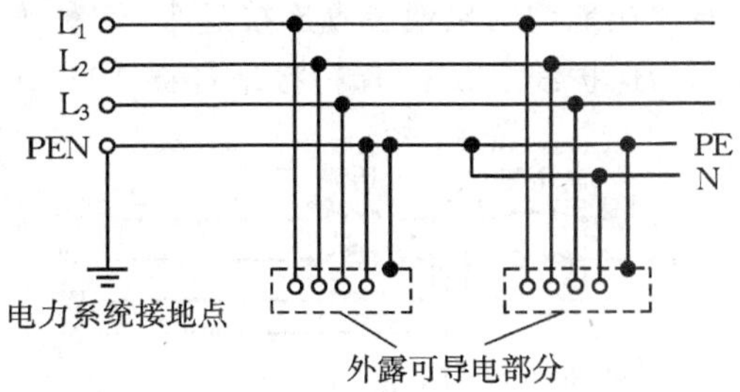

图10-12　TN-C-S系统

2. TT系统

TT系统电源侧有一个直接接地点,负荷侧电气设施的外露可导电部分接至电气上与电力系统的接地点无关的接地极,如图10-13所示。

3. IT系统

IT系统的电源侧与大地间不直接连接,而负荷侧电气设施的外露可导电部分则是接地的,如图10-14所示。

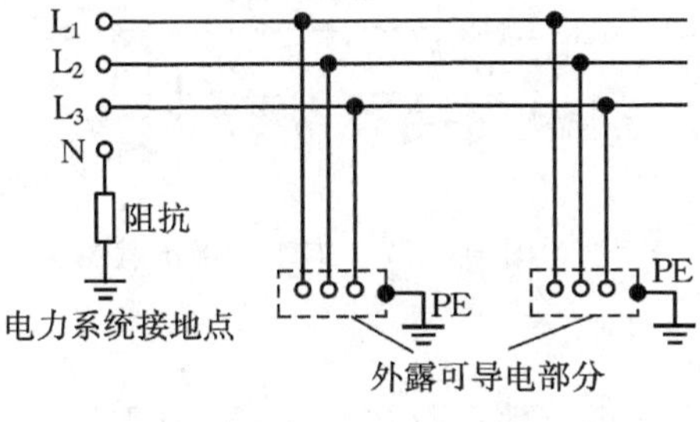

图10-13　TT系统

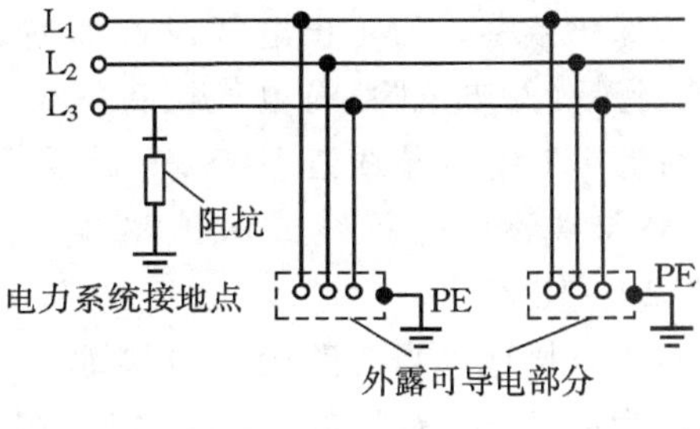

图10-14　IT系统

10.3.4 保护接地与保护接零

1. 故障接地的危害和保护措施

当电气设备发生碰壳短路或电网相线断线触及地面时，故障电流就从电器设备外壳经接地体或电网相线触地点向大地流散，使附近的地表面上和土壤中各点出现不同的电压。如人体接近触地点的区域或触及与触地点相连的可导电物体时，接地电流和流散电阻产生的流散电场会对人身造成危害。

为保证人身安全和电气系统、电气设备的正常工作需要，采取保护措施很有必要。一般将电气设备的外壳通过一定的装置(人工接地体或自然接地体)与大地直接连接。采取保护接地措施后，如相线发生碰壳故障时，该线路的保护装置则视为单相短路故障，并及时将线路切断，使短路点接地电压消失，以确保人身安全。

2. 接地的连接方式

(1)工作接地。在正常情况下，为保证电气设备的可靠运行并提供部分电气设备和装置所需要的相电压，将电力系统中的变压器低压侧中性点通过接地装置与大地直接相连，该方式称为工作接地。工作接地如图 10－15 所示。

(2)保护接地。为了防止电气设备由于绝缘损坏而造成的触电事故，将电气设备的金属外壳通过接地线与接地装置连接起来，这种为保护人身安全的接地方式称为保护接地。其连接线称为保护线(PE)。保护接地如图 10－16 所示。

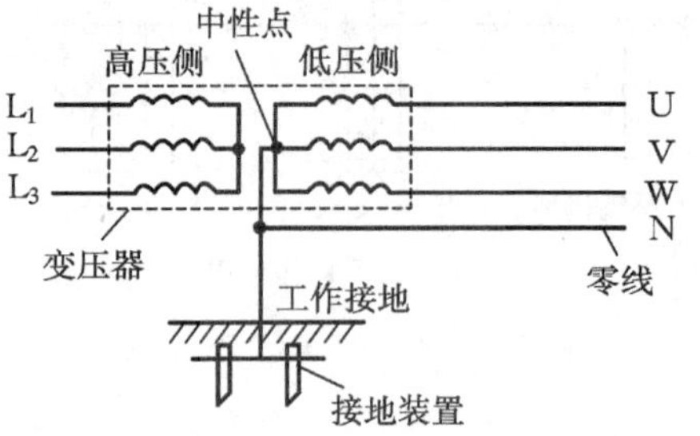

图 10－15 工作接地示意图

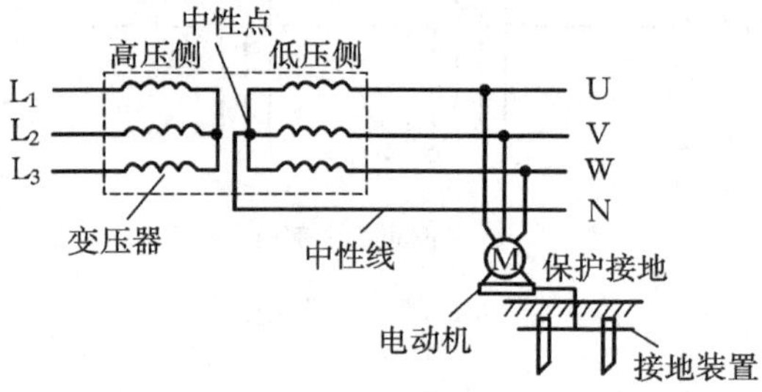

图 10－16 保护接地示意图

(3)工作接零。当单相用电设备为获取单相电压而接零线，称为工作接零。其连接线称中性线(N)，与保护线共用的称为 PEN 线。工作接零如图 10－17 所示。

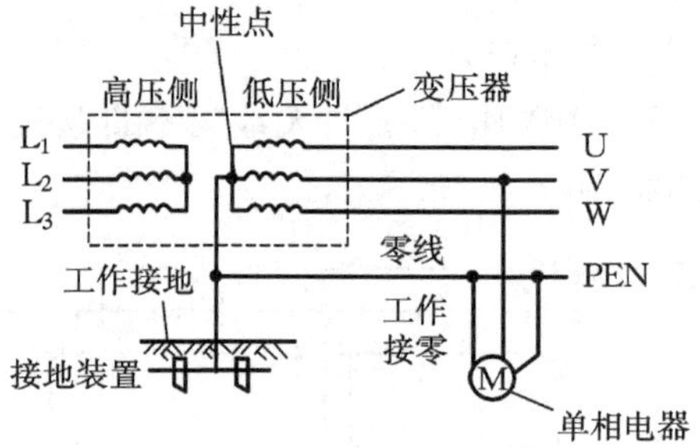

图 10－17 工作接零示意图

(4)保护接零。为防止电气设备因绝缘损坏而使人身遭受触电危险，将电气设备的金属外壳与电源的中性线用导线连接起来，称为保护接零。其连接线称为保护线或保护零线。保护接零如图 10－18 所示。

(5)重复接地。当线路较长或接地电阻要求较高时，为尽可能降低零线的接地电阻，除变压器低压侧中性点直接接地外，将零线上一处或多处再进行接地，则称为重复接地。重复接地如图 10－19 所示。

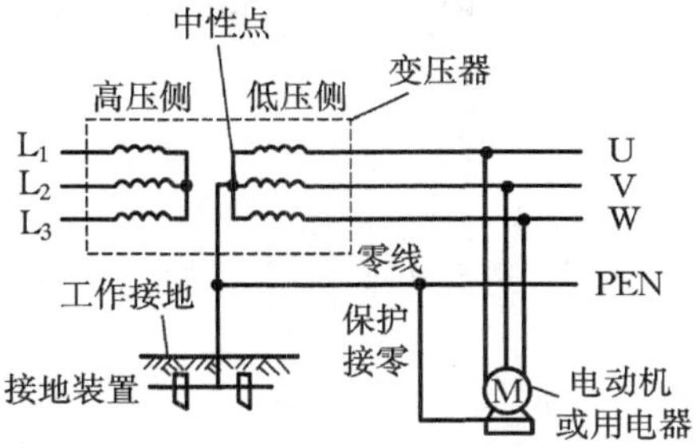

图 10－18　保护接零示意图

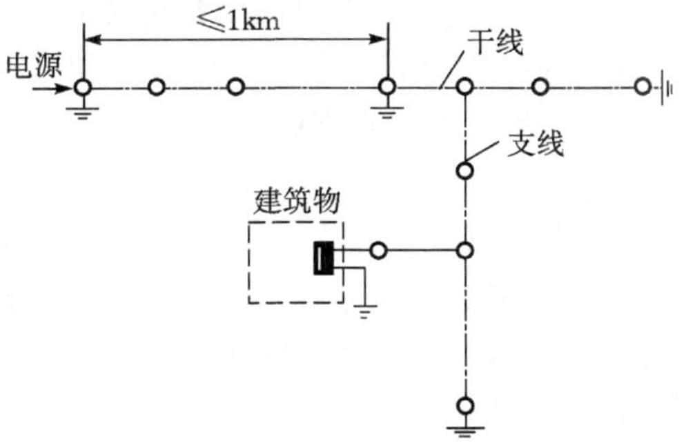

图 10－19　重复接地示意图

（6）防雷接地。防雷接地的作用是将雷电流迅速安全地引入大地，避免建筑物及其内部电器设备遭受雷电侵害。防雷接地如图 10－20 所示。

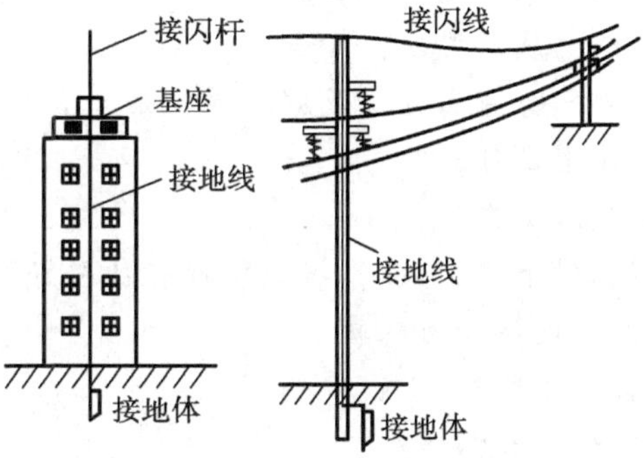

图 10－20　防雷接地示意图

（7）屏蔽接地。由于干扰电场的作用会在金属屏蔽层感应电荷，而将金属屏蔽层接地，使感应电荷导入大地，该方式称屏蔽接地，如专用电子测量设备的屏蔽接地等。

（8）专用电子设备的接地。如医疗设备、电子计算机等的接地，即为专用电气设备的接地。电子计算机的接地主要有：直流接地（即计算机逻辑电路、运算单元、CPU 等单元的直流接地，也称逻辑接地）和安全接地。一般电子设备的接地有：信号接地、安全接地、功率接地（即电子设备中所有继电器、电动机、电源装置、指示灯等的接地）等。

（9）接地模块。接地模块是近年来推广应用的一种接地方式。接地模块顶面埋深不小于 0.6 m，接地模块间距不应小于模块长度的 3～5 倍。接地模块埋设基坑，一般为模块外形尺寸的 1.2～1.4 倍，且在开挖深度内详细记录地层情况。接地模块应垂直或水平就位，不应倾斜设置，保持与原土层接触良好。接地模块应集中引线，用干线把接地模块并联焊接成一个环路，干线的材质与接地模块焊接点的材质应相同，钢制的采用热浸镀锌扁钢，引出线不少于2 处。

（10）建筑物等电位联结。建筑物等电位联结作为一种安全措施多用于高层建筑和综合建筑中。《建筑电气工程施工质量验收规范》（GB 50303—2015）中要求：建筑物等电位联结干线应与接地装置有不少于 2 处直接连接的接地干线或总等电位箱引出，等电位联结干线或局部等电位箱间的连接线形成环行网路，环行网路应就近与等电位联结干线或局部等电位箱连接。支线间不应串联连接。等电位联结是将建筑物内的金属构架、金属装置、电气设备不带电的金属外壳和电气系统的保护导体等与接地装置做可靠的电气联结。常用的有总等电位联结(MEB)、局部等电位联结(LEB)。

本章小结

本章主要介绍了建筑防雷装置、接地和接零、接地装置、安全用电常识等知识。要求重点掌握配电系统、线路敷设、防雷接地知识。

思考题

1. 什么叫雷击？雷电有哪些危害？
2. 建筑物的防雷等级有哪几类？应有哪些防雷措施？
3. 防直击雷的防雷装置由哪几部分组成？各部分的作用分别是什么？
4. 简述安装接闪杆的施工方法及施工要求。
5. 简述接闪带的施工方法及施工要求。
6. 防雷引下线有哪几种方式？施工方法及施工要求是什么？
7. 什么叫接地装置？其作用是什么？
8. 简述接地装置的组成及施工方法。
9. 利用建筑物柱内主筋作引下线、基础作接地装置有什么好处？施工时有哪些要求？
10. 触电的危害有哪些？触电后如何急救？
11. 安全用电的防护措施有哪些？
12. 低压配电系统的接地形式有哪些？
13. 什么是接地与接零？有什么区别？
14. 什么是等电位联结？等电位联结有何作用？

第 11 章 建筑弱电系统

本章学习要点

1. 建筑弱电系统的概念、功能及特点
2. 建筑弱电系统对建筑智能化的重要性
3. 建筑弱电系统各子系统的结构、功能及原理
4. 建筑弱电系统各子系统的常用设备
5. 基本通信技术及在建筑弱电系统中的应用

建筑电气工程可分为强电工程和弱电工程。强电一般是供给建筑物内的动力设备、照明设备及其他设备所使用的电能，是建筑物的一种能量来源。弱电则一般指传输和交换信息的电信号，建筑弱电系统是实现建筑物内部及与外部的信息交换与传递的功能系统。

弱电的处理对象是信号和信息，即负责信号和信息的传送与控制。弱电系统的特点是电压低、电流小、功率小、频率高，主要解决的问题是信号和信息的传送效果，即提高信号与信息传输的可靠性、保真度和速率等。随着科学技术的发展，人们生活结构的不断改善，对建筑智能化的要求越来越高，弱电系统作为智能建筑的关键技术，使用日益广泛，在建筑电气技术领域中的地位得到迅速提升。

建筑弱电工程是一个复杂的系统工程，建筑弱电系统是多种技术的集成，是多门学科的综合。随着电子技术、计算机技术、光纤通信和各种探测、控制技术的发展，建筑的智能化标准逐年提高，功能需求不断增加，随着社会信息化步伐的加快，将会有更多的弱电系统在建筑领域中得到应用，建筑弱电系统技术也将不断发展完善。

11.1 火灾自动报警与消防联动控制系统

11.1.1 火灾自动报警与消防联动控制系统概述

火灾自动报警与消防联动控制系统是建筑弱电系统的一个重要子系统。现代建筑楼层高，楼群密集，一旦发生火灾，火势蔓延起来后不易控制，且建筑竖直通道多，易引导火焰上窜，特别是高层建筑，消防部门灭火难度大。所以，应对的最好办法就是及早发现，疏散人员，及早灭火，火灾自动报警与消防联动控制系统正是为这一目的而设计的。由于关乎建筑内人员的生命财产安全，建筑中火灾报警与消防联动控制系统的重要性十分突出，对于系统的安全可靠性、技术的先进性及网络结构、系统联网等方面都有很高的要求。

火灾自动报警与消防联动控制系统主要由火灾探测器、火灾报警控制器及联动系统组成，

根据具体建筑的要求，可有不同的配置设施。

火灾自动报警与消防联动控制系统的工作原理：火灾探测器随时监控建筑内状况，当某地发生火灾时，该处火灾探测器发送信号到报警控制器，再由报警控制器发送到消防控制中心，控制中心确认火灾信息后联系消防部门，同时采取开启自动灭火装置，播放紧急广播疏散人群，打开应急引导灯等一系列联动措施。

11.1.2 火灾自动报警系统的组成

火灾自动报警系统由触发器件、火灾报警装置、火灾警报装置、火灾控制装置以及电源等部分组成，如图 11-1 所示。一般火灾自动报警系统与自动灭火系统、室内消火栓系统、防烟排烟系统、通风空调系统、防火门、防火卷帘门、电梯追降以及应急照明与安全疏散指示标志等相关系统具有联动控制功能，通过自动或者手动方式发出指令，控制外围联动装置的启停并接受其反馈信号。

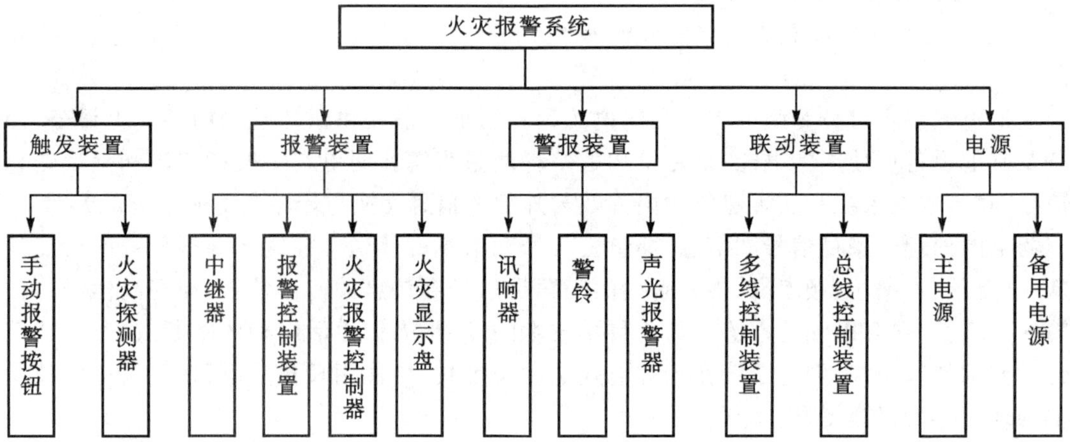

图 11-1 火灾自动报警系统组成示意图

(1)触发器件。它是在火灾自动报警系统中，自动或手动产生火灾报警信号的器件，主要包括火灾探测器和手动报警按钮。联动系统中的压力开关、水力警铃等也可作为触发器件。

(2)火灾报警装置。用以接收、显示和传递火灾报警信号，并能发出控制信号和具有其他辅助功能的控制设备称为火灾报警装置，它是系统的核心组成部分。其基本功能可以实现主、备电自动转换；备用电源充电功能；电源工作状态指示功能；为探测器回路供电功能；控制器或系统故障声光报警功能；火灾声光报警功能；火灾报警记忆功能；时钟单元功能；火灾报警优先报故障功能；声报警音响消音及再次声响报警功能。

(3)火灾警报装置。在火灾发生时，火灾警报装置用以发出区别于环境声、光的火灾报警信号。它主要有声光报警器、警铃、讯响器等。

(4)消防联动装置。在火灾自动报警系统中，在接收到火灾报警装置的控制命令后，消防联动装置能自动或手动启动相关消防设备并显示其工作状态。它包括：火灾报警联动一体机、水灭火控制柜、气体灭火系统控制器、防排烟及通风空调系统控制装置、防火门防火卷帘控制装置、消防广播、消防通信、火灾照明与疏散指示控制装置等。

(5)电源。火灾自动报警系统属于消防用电设备，其主电源采用消防电源，备用电源一般采用蓄电池组。系统电源除为火灾报警控制器供电外，还为与系统相关的消防控制设备等供电。

11.1.3 火灾自动报警系统的应用形式

随着科学技术的不断发展，火灾自动报警技术的发展从传统的区域报警系统、集中报警系统、控制中心报警系统发展为智能化系统，这种系统可组合成任何形式的火灾自动报警网络结构。

1. 区域报警系统(见图 11－2)

区域报警系统由区域火灾报警控制器和火灾探测器等组成，或由火灾报警控制器和火灾探测器等组成，属于功能简单的火灾自动报警系统。

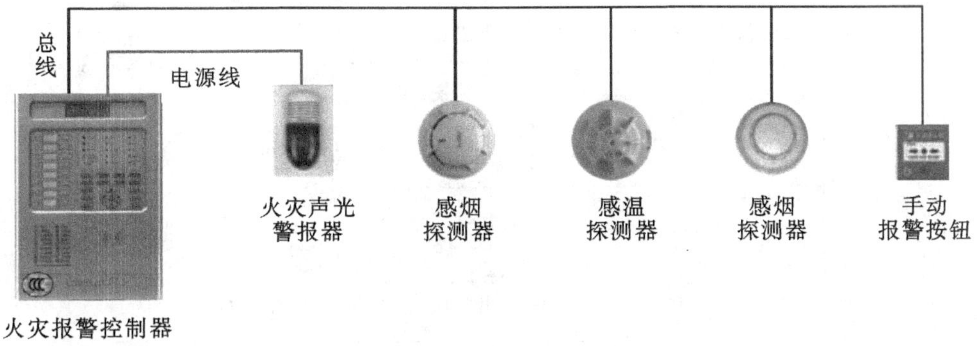

图 11－2 区域报警系统

2. 集中报警系统(见图 11－3)

集中报警系统是由集中火灾报警控制器、区域火灾报警控制器和火灾探测器等组成，或由火灾报警控制器、区域显示器和火灾探测器等组成的功能较复杂的火灾自动报警系统。

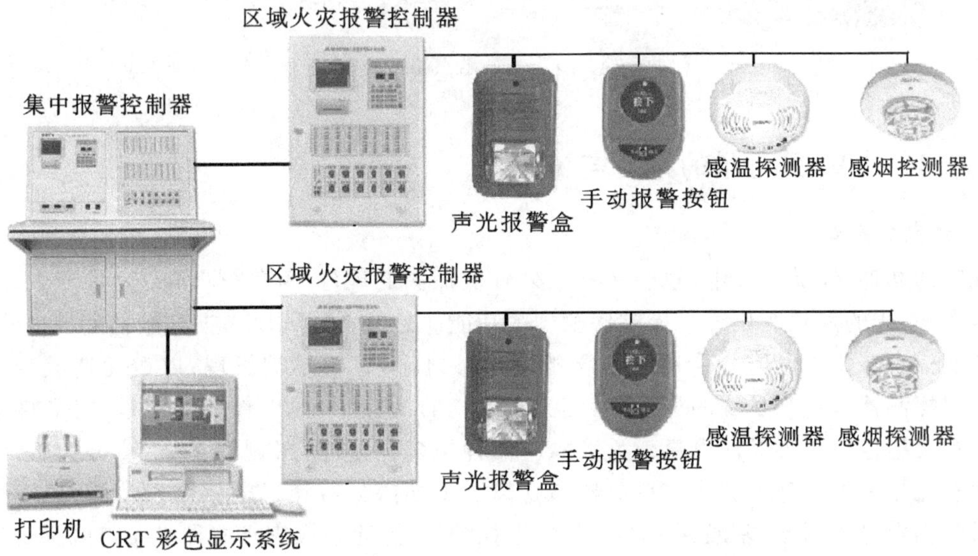

图 11－3 集中报警系统

3. 控制中心报警系统(见图 11－4)

控制中心报警系统是指由消防控制室的消防设备、集中和区域火灾报警控制器及火灾探测器等组成,或由消防控制室的消防控制设备、火灾报警控制器、区域显示器和火灾探测器等组成的功能复杂的火灾自动报警系统。

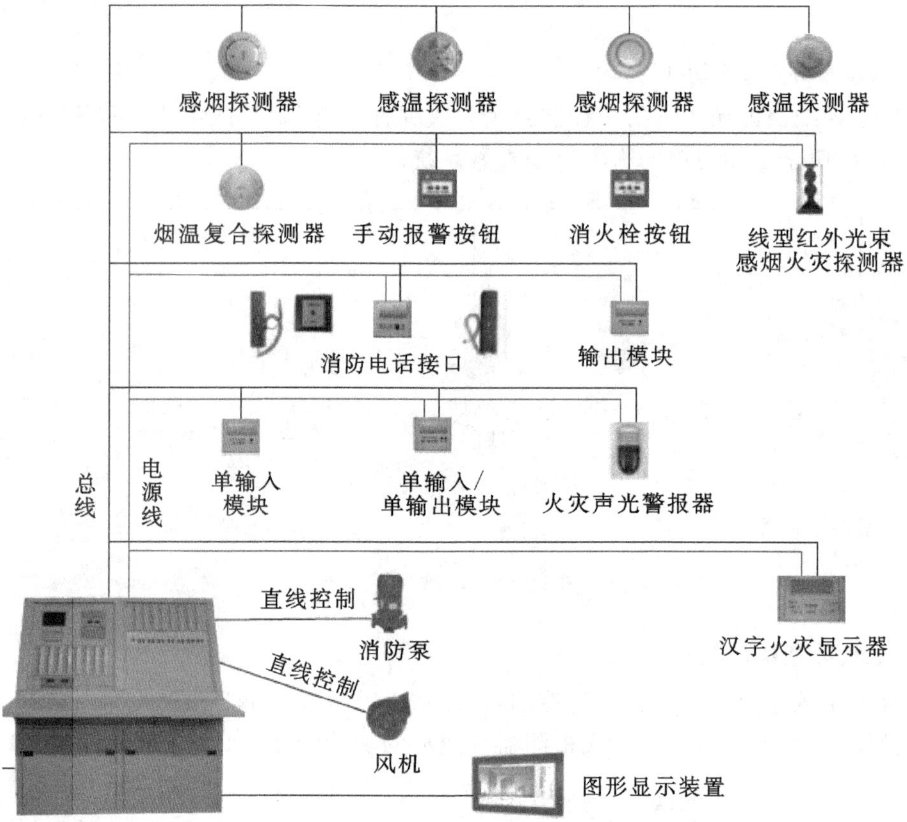

图 11－4　控制中心报警系统

11.1.4　火灾探测器的选择与布置

1. 火灾探测器

火灾的初期,伴随其发生,总会有一系列可被探测的现象,例如:烟雾的大量产生,温度的不正常增高,光的强烈变化等。火灾探测器的功能便是搜集区域里火灾开始初期的这些信息,并将这些信息转化为电信号传递给报警控制设备,使火患及早被发现,以避免造成较大的损失。火灾探测器是整个系统的最前端,相当于系统的“眼睛”,其工作的稳定性、可靠性以及灵敏度等重要指标一定要保证可靠。火灾探测器种类多样,根据探测的参数,可分为感烟型、感温型和感光型三类。感烟型火灾探测器包括离子感烟探测器和光电感烟探测器;感温型火灾探测器包括定温探测器、差温探测器和差定温探测器;感光型火灾探测器包括红外火焰探测器和紫外火焰探测器。

(1)感烟型火灾探测器。

①离子感烟探测器。火灾发生时极易产生烟气,烟气进入电离室中会吸附正负离子,使电流减小,等效电阻增加,由此产生易于检测的电信号,这便是离子感烟探测器工作的原理。

离子感烟探测器灵敏度高、稳定性好、误报率低、寿命长、结构紧凑、价格低廉,因此应用广泛,是最基本的火灾探测器。

②光电感烟探测器。光电感烟探测器是通过探测火灾发生时的烟雾粒子对光线产生的遮挡、散射或吸收来发出信号。光电感烟探测器又可分为遮光型和散射型,其中散射型光电感烟探测器应用相对广泛。

(2)感温型火灾探测器。

①定温探测器。火灾的发生伴随着温度升高,当温度升高到某一限定值,定温探测器便发出报警信号。定温探测器中包括温度敏感元件,目前广泛使用的是双金属片,其由两种热膨胀系数不同的金属片构成,当温度升高,两片金属发生不同形变,双金属片因此弯曲并推动触头,发出报警信号。

定温探测器监测温度的某一“阀值”,受环境温度的影响较大,应用有一定局限。

②差温探测器。火灾常伴随着温度的迅速上升,差温探测器通过监测温度的变化速率来判定火警,根据工作原理可分为机械式和电子式。

③差定温探测器。差定温探测器可以说是定温探测器和差温探测器的结合。当外界温度上升迅速时其能发出报警,当温度上升缓慢,但达到某一定值时其也能发出报警,因此其比前两种感温探测器可靠性更高。

(3)感光型火灾探测器。

①红外火焰探测器。红外火焰探测器通过响应火焰辐射的红外光来探测火警。火灾时,火焰光线输入红外滤光片滤去非红外光线,红外光敏管接收光信号转化为电信号,并输出。红外线波长较长,烟气粒子不易对其吸收和衰弱,因此红外火焰探测器特别适用于易于产生大量烟雾的火场,其响应速度快、误报少、抗干扰能力强、工作可靠。

②紫外火焰探测器。紫外火焰探测器利用紫外光敏管,响应速度快,灵敏度高,适用于易燃物火灾报警。

紫外光主要由高温火焰发出,温度低的火焰产生紫外光少,且紫外光波长短,易受烟雾影响,因此其特别适用于有机化合物燃烧的场合(例如:油井、输油站、机库、可燃气罐等)和火灾初期不产生烟雾的场合(例如:生产储存酒精、石油等场所)。

2. 探测器的选择原则

(1)火灾形成规律与探测器选用关系。

①从火灾的燃烧特点来看,火灾引发分为两种,即爆燃型火灾和阴燃型火灾,其中爆燃型火灾宜选择感光探测器或者可燃气体探测器,阴燃型火灾应选择感烟探测器。

②从火灾发展阶段来看,火灾初期阶段,第一道监测线——感烟探测器动作发出火灾报警,随着火灾进入发展阶段,感温探测器动作,发出控制相应设备启停命令。

(2)根据火灾的特点选择火灾探测器。

①火灾初期有阴燃阶段,产生大量的烟和少量热,很小或没有火焰辐射,应选用感烟探测器。

②火灾发展迅速,产生大量的热、烟和火焰辐射,可选用感烟探测器、感温控测器、感光探

测器或其组合。

③火灾发展迅速、有强烈的火焰辐射和少量烟和热，应选用感光探测器。

④火灾形成特点不可预料，可进行模拟试验，根据试验结果选择探测器。

⑤对使用、生产或聚集可燃气体或可燃液体蒸气的场所，应选择可燃气体探测器。

(3)根据安装场所环境特征选择探测器，见表 11－1。

表 11－1　适宜或不适宜选用火灾探测器的场所

<table>
<tr><th colspan="2">类型</th><th>适宜选用的场所</th><th>不适宜选用的场所</th></tr>
<tr><td rowspan="2">感烟探测器</td><td>离子式</td><td rowspan="2">饭店、旅馆、教学楼、办公楼的厅堂、卧室、办公室等；
电子计算机房、通信机房、电影或电视放映室等；
楼梯、走道、电梯机房等；
书库、档案库等；
有电气火灾危险的场所</td><td>相对湿度经常大于 95%；
气流速度大于 5 m/s；
有大量粉尘、水雾滞留；
可能产生腐蚀性气体；
在正常情况下有烟滞留；
产生醇类、醚类、酮类等有机物质</td></tr>
<tr><td>光电式</td><td>可能产生黑烟；有大量粉尘、水雾滞留；
可能产生蒸气和油雾；
在正常情况下有烟滞留</td></tr>
<tr><td colspan="2">感温探测器</td><td>相对湿度经常大于 95%；
无烟火灾；
有大量粉尘；
在正常情况下有烟和蒸气滞留；
厨房、锅炉房、发电机房、烘干车间等；
吸烟室等；
其他不宜安装感烟探测器的厅堂和公共场所</td><td>可能产生阴燃火或发生火灾不及时报警将造成重大损失的场所；
温度在 0℃以下的场所；
温度变化较大的场所</td></tr>
<tr><td colspan="2">火焰探测器</td><td>火灾时有强烈的火焰辐射；
液体燃烧火灾等无阴燃阶段的火灾；
需要对火焰作出快速反应</td><td>可能发生无烟火灾；
在火焰出现前有浓烟扩散；
探测器的镜头易被污染；
探测器的"视线"易被遮挡；
探测器易受阳光或其他光源直接或间接照射；
在正常情况下有明火作业以及 X 射线、弧光等影响</td></tr>
<tr><td colspan="2">可燃气体探测器</td><td>使用管道煤气或天燃气的场所；
煤气站和煤气表房以及存储液化石油气罐的场所；
其他散发可燃气体和可燃蒸气的场所；
有可能产生一氧化碳气体的场所，宜选择一氧化碳气体探测器</td><td>除适宜选用场所之外的所有场所</td></tr>
</table>

续表 11-1

类型	适宜选用的场所	不适宜选用的场所
缆式线型定温探测器	电缆隧道、电缆竖井、电缆夹层、电缆桥架等； 配电装置、开关设备、变压器等； 各种皮带输送装置； 控制室、计算机室的闷顶内、地板下及重要设施隐蔽处等； 其他环境恶劣不适合点型探测器安装的危险场所	除适宜选用场所之外的所有场所

3. 火灾探测器数量的确定

(1)报警区域和探测区域的划分。

①报警区域(alarm zone)：将火灾自动报警系统的警戒范围按防火分区或楼层划分的单元。

②探测区域(detection zone)：将报警区域按探测火灾的部位划分的单元。

(2)探测器数量的确定。

在实际工程中房间功能以及探测区域大小不一，房间高度与坡度也不同，为此应按照规范确定探测器的数量。一个探测区域内所需设置的探测器数量，不应小于下式的计算值：

$$N = \frac{S}{K \cdot A}$$

式中：N——探测器数量(只)，N 应取整数；

S——该探测区域面积(m^2)；

A——探测器的保护面积(m^2)；

K——修正系数，特级保护对象宜取 0.7～0.8，一级保护对象宜取 0.8～0.9，二级保护对象宜取 0.9～1.0。

一般感烟探测器、感温探测器的保护面积及保护半径取值可参见表 11-2。

表 11-2　感烟、感温探测器的保护面积和保护半径

火灾探测器的种类	地面面积 S(m^2)	房间高度 h(m)	探测器的保护面积 A 和保护半径 R					
			房顶坡度 θ					
			$\theta \leqslant 15°$		$15° < \theta \leqslant 30°$		$\theta > 30°$	
			A(m)	R(m)	A(m)	R(m)	A(m)	R(m)
感烟探测器	$S \leqslant 80$	$h \leqslant 12$	80	6.7	80	7.2	80	8.0
	$S > 80$	$6 < h \leqslant 12$	80	6.7	100	8.0	120	9.9
		$h \leqslant 8$	60	5.8	80	7.2	100	9.0
感温探测器	$S \leqslant 30$	$h \leqslant 8$	30	4.4	30	4.9	30	5.5
	$S > 30$	$h \leqslant 8$	20	3.6	30	4.9	40	6.3

4. 探测器的布置

感烟探测器、感温探测器的安装间距，应根据探测器的保护面积 A 和保护半径 R 确定，并不应超过图 11－5 中探测器安装间距的极限曲线 D_1—D_{11}（含 D_9'）所规定的范围。

(1)安装间距的确定。

探测器周围 0.5 m 范围内，不应有遮挡物；探测器至墙壁、梁边的水平距离，不应小于0.5 m。

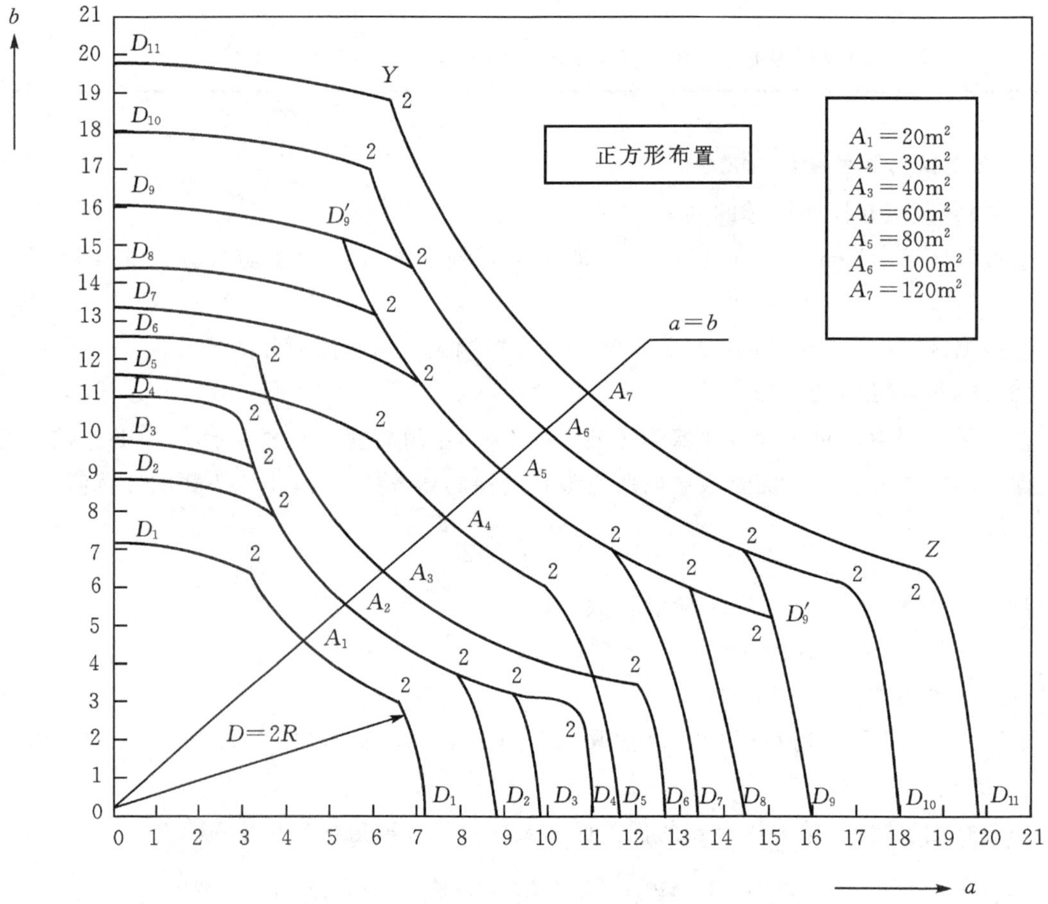

图 11－5　探测器安装间距的极限曲线

A—探测器的保护面积(m^2)；a,b—探测器的安装间距(m)；

D_1—D_{11}(含 D_9'—在不同保护面积 A 和保护半径 R 下确定探测器安装间距 a,b 的极限曲线；

Y,Z—极限曲线的端点(在 Y 和 Z 两点间的曲线范围内，保护面积可得到充分利用)

【例 11－1】　一个地面面积为 $30\times40=1200\ m^2$ 的车间，其屋顶坡度小于 15°，房间高度为 7 m，使用离子感烟探测器保护，求需要多少只探测器？

解：

(1)根据表 11－2，当地面面积 $S>80\ m^2$ 的房间高度为 6～12 m，屋顶坡度 $\theta\leqslant15$℃时，感

烟探测器的保护面积为 $S=80\ m^2$，保护半径为 $R=6.7\ m$，选 $K=1.0$，因此，该车间应安装探测器数量：$N=15$ 只。

(2)根据探测器的保护面积和保护半径查图 11-5，极限曲线为 D_7($D=2R=13.4\ m$)，由极限曲线 D_7 的曲线段 YZ 上选取探测器的安装间距 a 和 b 的数值。根据现场实际，选 $a=8\ m$，$b=10\ m$，其布置方式见图 11-6。

(3)经过现场布置后，检测控测器到最远点的距离为 $R=\sqrt{4^2+5^2}=6.4\ m<6.7\ m$，满足保护半径的要求。

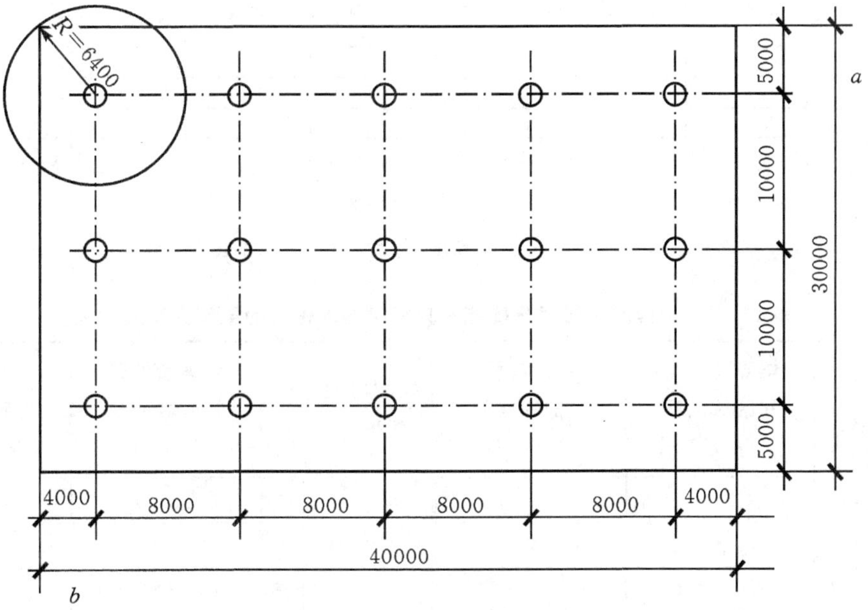

图 11-6　布点情况

(2)梁对探测器的影响。

由于梁对烟的蔓延会产生阻碍，因而使探测器的保护面积受到梁的影响。在有梁的顶棚上设置感烟探测器、感温探测器时，应符合下列规定：

①当梁突出顶棚的高度小于 200 mm 时，可不计梁对探测器保护面积的影响。

②当梁突出顶棚的高度为 200～600 mm 时，应按图 11-7 和表 11-3 确定梁对探测器保护面积的影响和一只探测器能够保护的梁间区域的个数。

③当梁突出顶棚的高超过 600 mm 时，被梁隔断的每个梁间区域至少应设置一只探测器。

④当被梁隔断的区域面积超过一只探测器的保护面积时，被隔断的区域应按上述公式计算探测器的设置数量。

⑤当梁间净距小于 1 m 时，可不计梁对探测器保护面积的影响。

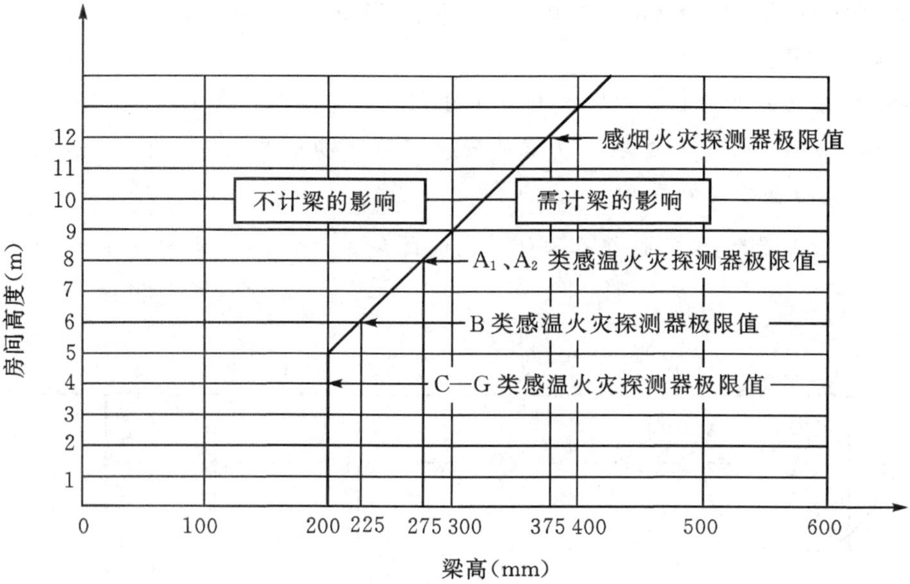

图 11-7 不同房间高度下梁高对探测器的影响

表 11-3 按梁间区域面积确定一只探测器能保护的梁间区域的个数

探测器的保护面积 $A(m^2)$		梁隔断的梁间区域面积 $Q(m^2)$	一只探测器保护的梁间区域个数	探测器的保护面积 $A(m^2)$		梁隔断的梁间区域面积 $Q(m^2)$	一只探测器保护的梁间区域个数
感温探测器	20	$Q>12$	1	感烟探测器	60	$Q>36$	1
		$8<Q\leqslant12$	2			$24<Q\leqslant36$	2
		$6<Q\leqslant8$	3			$18<Q\leqslant24$	3
		$4<Q\leqslant6$	4			$12<Q\leqslant18$	4
		$Q\leqslant4$	5			$Q\leqslant12$	5
	30	$Q>18$	1		80	$Q>48$	1
		$12<Q\leqslant18$	2			$32<Q\leqslant48$	2
		$9<Q\leqslant12$	3			$24<Q\leqslant32$	3
		$6<Q\leqslant9$	4			$16<Q\leqslant24$	4
		$Q\leqslant6$	5			$Q\leqslant16$	5

(3)特殊情况。

①在宽度小于 3 m 的内走道顶棚上设置探测器时，宜居中布置。感温探测器的安装间距不应超过 10 m；感烟探测器的安装间距不应超过 15 m；探测器至端墙的距离，不应大于探测器安装间距的一半。

②房间被书架、设备或隔断等分隔，其顶部至顶棚或梁的距离小于房间净高的 5%时，每个被隔开的部分至少应安装一只探测器。

③探测器至空调送风口边的水平距离不应小于 1.5 m,并宜接近回风口安装,探测器至多孔送风顶棚孔口的水平距离不应小于 0.5 m。

④探测器宜水平安装。当倾斜安装时,倾斜角不应大于 45°。

⑤在电梯井、升降机井设置探测器时,其位置宜在井道上方的机房顶棚上。

11.1.5 火灾报警控制器

火灾自动报警系统环环相扣,探测器探测火警并将信号传递给报警控制器,报警控制器报警并启动联动消防设施。火灾报警控制器是系统的中心环节,相当于“大脑”的功能。

1. 火灾报警控制器的功能

火灾报警报警控制器具有以下基本功能:

(1)火灾报警。火灾探测器发现火警,及时将信号传递给报警控制器,经判断确认火灾,则立即发出火灾光、声报警信号。声报警信号多采用警铃,光报警信号多采用红色信号灯。

(2)联动控制。火灾报警控制器确认火灾后,在报警的同时,启动联动控制系统,尽量控制火势,减小损失。例如:启动喷淋水泵,开启事故照明灯及紧急疏散灯,开启紧急广播,启动防烟阀门,切断一般电源,启动通风系统,等等。

(3)自动检测。每隔一段时间,火灾报警控制器对系统内的重要元件进行一次自动检测,保障正常运行。对于诸如线路短路、电压不足等故障,能够及时报警。

(4)不间断电源。监控电路,当主电源失效,火灾报警控制器能够对系统部件提供稳定替代电源,确保火灾发生时稳定工作。

(5)记忆功能。一旦发生火警或故障报警,控制器能够记录火灾或事故发生的时间、地址等信息,以备事后查询。即使火灾或故障信号消失,记忆信息也不消失,只有人工复位,记忆才消失。

(6)火警优先。当故障与火灾同时发生,或故障先于火灾发生,控制器能够辨别故障报警与火灾报警,并优先进行火灾报警。

(7)智能网络。火灾报警控制器既能够独立进行火灾监控,也能够与建筑安保控制中心联网,共享信息,实现统一联动控制。

2. 火灾报警控制器的分类

火灾报警控制器按照用途可分为三类:区域报警控制器、集中报警控制器和通用报警控制器。通用报警控制器既可作为区域报警控制器,又可作为集中报警控制器。

11.1.6 火灾自动报警系统对消防设施的联动控制

消防设施与火灾探测与报警控制设施联动起来,能及时地扑灭火源或阻止火势迅速扩散,减少损失。消防设施联动控制系统根据建筑具体要求不同而设置有异,有自动灭火系统、减灾防护系统与疏散救护系统三种。

1. 自动灭火系统联动控制

(1)消火栓灭火系统当发生火灾时,控制电路接到消火栓泵启动指令发出消防水泵启动的主令信号后,消防水泵电动机启动,向室内管网提供消防用水,压力传感器用以监视管网水压,并将监测水压信号送至消防控制电路,形成反馈的闭环控制。

(2)自动喷水灭火系统在无火灾时，管网压力水由高位水箱提供，使管网内充满不流动的压力水，处于准工作状态。当发生火灾时，火灾现场温度快速上升，闭式喷头中玻璃球炸裂，喷头打开喷水灭火。管网压力下降，湿式报警阀自动开启，准备输送喷淋泵的消防供水。管网中设置的水流指示器感应到水流动时，发出电信号，同时压力开关检测到降低了的水压，并将水压信号送入湿式报警控制箱，启动喷淋泵，消防控制室同时接到信号，当水压超过一定值时，停止喷淋泵。

2. 减灾防护系统联动控制

(1)排烟、正压送风系统。排烟、正压送风系统主要由排烟风机、送风机、排烟阀门、送风阀门等组成。排烟阀门设在排烟口处，平时关闭，火灾时自动或手动开启排烟。高层建筑某一层发生火灾时，应开启着火层及上一层的排烟阀，并连锁启动排烟阀所在层的排烟风机。

(2)防火门、防火卷帘系统。防火门、防火卷帘属于水平方向防火防烟的分隔设施。防火门平时开启，遭遇火情，可通过自动控制系统关闭或手动关闭，隔绝烟气扩散、延缓热气流传播和阻止火势蔓延，为人员撤离提供时间。对于设置在疏散通道上的防火卷帘在联动设计上采取两次控制下落方式，即在卷帘两侧设专用的感烟及感温两种探测器，当感烟探测器动作控制放火卷帘下降到距地面 1.8 m 处停止，用以防止烟雾扩散至另一防火分区；第二次当感温探测器动作控制其下降到底，以防止火灾蔓延。对于设置在防火分区用于做防火分隔的防火卷帘，采取一步降到底的控制模式。

(3)非消防电源切断控制。火灾确认后，控制中心应按照防火分区和疏散顺序切断非消防电源，可以在各用电设备的配电箱处切断或在配电室将各处回路集中切断。

3. 疏散与救护系统联动控制

(1)应急照明和疏散标志系统。火灾发生时，常规电力系统将被切断，在封闭的楼层中没有照明，将造成人员的恐慌，难以寻找疏散通道，可能引起大的伤亡，所以，必须设置应急照明和疏散标志照明。应急照明必须保证人员的正常观察能力，不应低于正常照明的 10%，而在消防控制室、消防水泵房、配电室等发生火灾时需要工作的地方，要保证正常照明的照度。疏散标志照明火灾时引导人们撤离现场，一般设在疏散通道、公共出口，如楼梯、防烟电梯及前室、消防电梯及前室、疏散走道等处。

(2)紧急广播、警铃系统。紧急广播和警铃系统在火灾发生时通知火情及相关事宜，指挥疏散及灭火。一般的火灾报警与自动灭火系统中都设有紧急广播系统。目前紧急广播系统有两种方式：一种是独立设置的紧急广播系统，有专用的扩音机和扬声器；另一种是合用的广播系统，平时播放日常节目，一旦出现紧急事故，便转为紧急状态，加大音量播送紧急信息，亦可使用话筒广播。

(3)消防电梯。一般电梯不防火、不防烟，在火灾时断电无法使用。消防电梯采用防火材料，阻燃线缆，配有防火电话以及消防人员操作的控制器，在火灾发生时能有效疏散人员。

现在的智能电梯许多都有应对紧急状况的方案，可以就近择层停靠，降至首层再断电，配有紧急电源等。

(4)紧急通信系统。紧急通信系统必须保证在火灾发生时能够正常工作，一般设置在消火栓及区域显示屏附近，建筑物的主要场所应设紧急通话插孔。紧急通信采用集中式对讲电话，主机设在消防中心。紧急电话要求不间断电源，配有蓄电池；布线不与其他线路同管线束线；消防控制室或集中报警控制室应装设 119 专用火警电话用户线。建筑物内消防泵房、通风机房、主要配电室、电梯机房、消防电梯轿厢内、区域报警控制器及卤代烃等管网灭火系统应急操作装置处，以及消防控制板、保卫办公用房、消防栓及区域显示屏等处应装设火警专用电话分机或插孔。

11.2 安全防范系统

11.2.1 安全防范系统概述

安全防范系统是智能建筑弱电的一个重要子系统。根据建筑物的使用功能、建筑标准以及安全防范管理的需要，集成现代电子技术、传感技术、计算机技术、通信网络技术、自动控制技术等，以维护社会公共安全为目的，履行防入侵、防破坏、防盗、安全巡查等职能。

安全防范系统从逻辑上或者从对应的执行主体上，可简单划分为人防、物防和技防，而且特别强调人防、物防和技防的有机结合。人防指执行安全防范任务的具有相应素质人员和/或人员群体的一种有组织的防范行为(包括人、组织和管理等)。物防指用于安全防范目的、能延迟风险事件发生的各种实体防护手段(包括建(构)筑物、屏障、器具、设备、系统等)。技防指利用各种电子信息设备组成系统和/或网络以提高探测、延迟、反应能力和防护功能的安全防范手段。如图 11－8 所示为人防、物防、技防三者之间的关系。

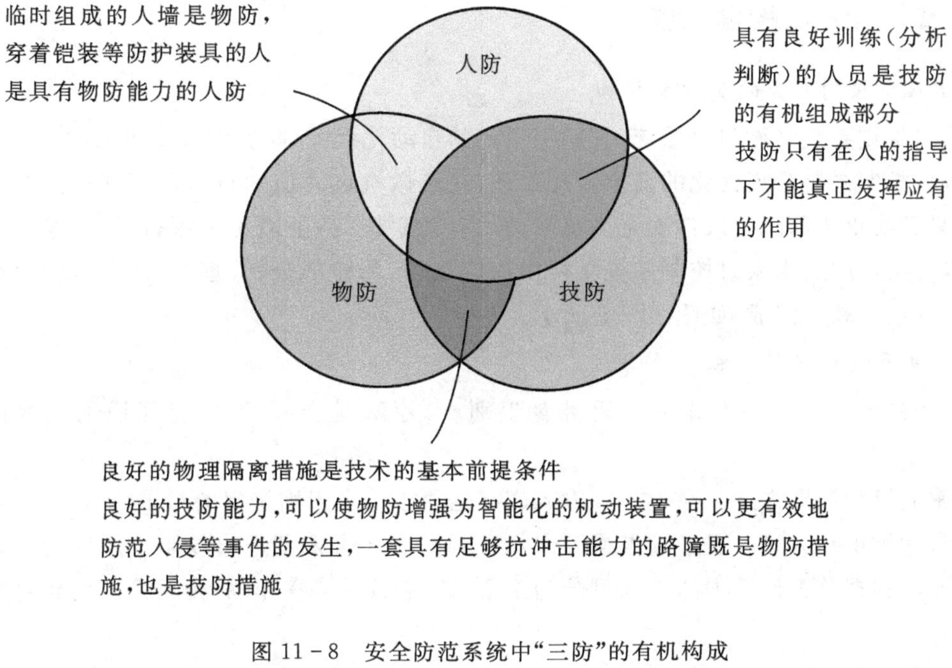

临时组成的人墙是物防，
穿着铠装等防护装具的人
是具有物防能力的人防
人防
具有良好训练(分析
判断)的人员是技防
的有机组成部分
技防只有在人的指导
下才能真正发挥应有
的作用
物防
技防
良好的物理隔离措施是技术的基本前提条件
良好的技防能力，可以使物防增强为智能化的机动装置，可以更有效地
防范入侵等事件的发生，一套具有足够抗冲击能力的路障既是物防措
施，也是技防措施

图 11－8　安全防范系统中“三防”的有机构成

现代科技发展，建筑智能化越来越高，对安全防范提出了一些基本要求：

(1)防范。防范是减少损失的最好方法，安全防范系统的存在是对罪犯的极大威慑，在罪犯进入建筑或犯罪行为发生前，就能察觉可疑状况，并采取行动。

(2)报警。当犯罪行为发生时,安全防范系统能够发出报警信号,通知安防部门,阻止犯罪行为继续施行。

(3)监视记录。安防系统能够监视建筑内状况,并储存记录相关影音资料。

现代建筑智能化安全防范系统主要由出入口控制系统、闭路监控系统、入侵报警系统、楼宇对讲系统、电子巡更系统、停车场管理系统等组成。

(1)出入口控制系统。控制建筑各类出入口,不同授权级别人员的进出行为进行实时管理监控,对非法侵入具有报警功能。

(2)闭路监控系统。对重要区域进行实时有效的视频监控,传输、显示和记录图像信息。

(3)入侵报警系统。利用分布于建筑重要位置的探测器实时探测非法的入侵破坏等犯罪行为,并实时发出报警。

(4)楼宇对讲系统。用于建筑内用户与门口处人员的音频或视频对话,并可授权门外人员进入。

(5)电子巡更系统。监督并记录安保人员的巡视工作,监控安保区域并有报警功能。

(6)停车场管理系统。具有管理停车场的车辆出入、停车计费、指示引导、视频监控、防盗报警等功能。

安全防范系统包含的各子系统不是单独存在运行,而是组成一个有机整体,通过信息网络连接,相互协调配合完成建筑的安防职能。

11.2.2　出入口控制系统

1. 出入口控制系统的功能及结构

出入口控制系统又称门禁系统,它具有很高的自动化程度,能实现人员出入的自动控制。

出入口控制系统是现代化的安全管理系统,它集微机自动识别技术和现代安全管理措施为一体,是解决重要部门出入口安全防范管理的有效手段,特别适用于银行、图书馆、军械库、机要室等重要部门。出入口控制系统主要由识读部分、传输部分、管理/控制部分和执行部分以及相应的系统软件组成,如图 11-9 所示。

2. 门禁系统的识别技术

目前门禁系统的识别方式有密码键盘识别、卡片识别技术、生物特征识别技术技术三大类。

(1)密码键盘识别方式。通过检验输入密码是否正确来识别进出的权限。

(2)卡片类识别方式。通过读卡或读卡加密码的方式来识别进出权限。用于门禁系统的卡有很多种,根据其工作原理的不同可分为磁卡、ID 卡、IC 卡等,识别装置为与之相对应的读卡器。

(3)生物识别技术。在生物识别门禁系统中,利用人们生物特征的分析辨别来进行身份验证,这目前是较为先进和安全的方法。较为典型的生物特征包括指纹特征、掌纹特征、面部特征、视网膜特征、虹膜特征、手掌静脉特征等。

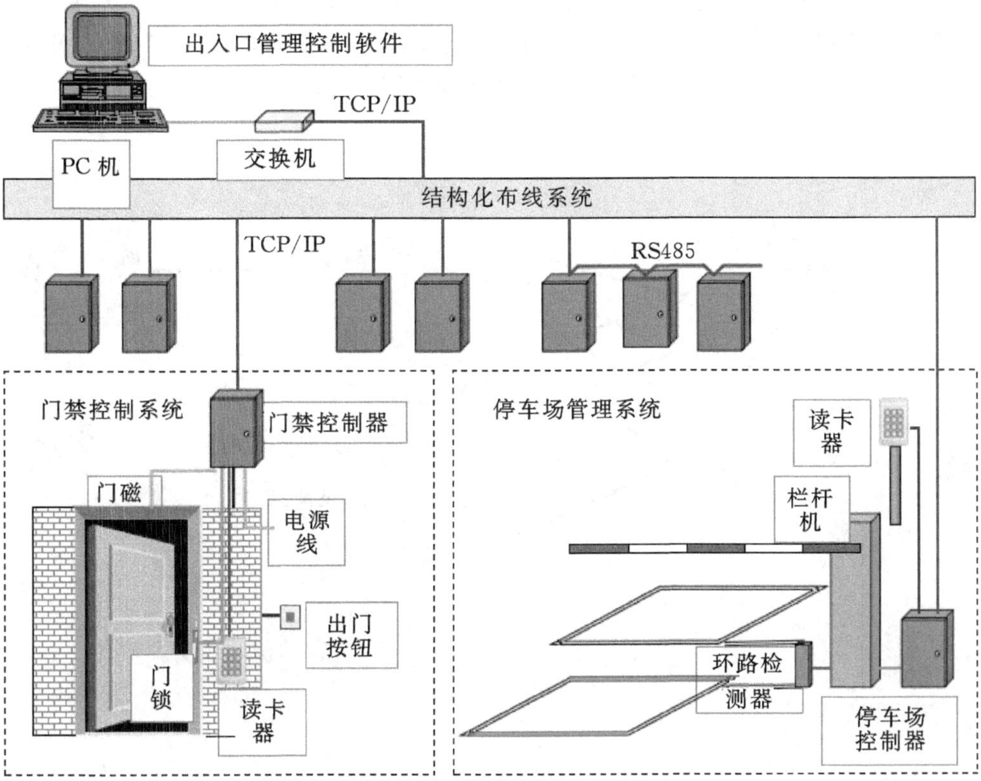

图 11-9 出入口系统图

11.2.3 视频监控系统

1. 系统功能及发展历史

视频监控系统是一种先进的、防范能力很强的安全防范综合系统。它是利用视频技术探测、监视设防区域，实时显示、记录现场图像，检索和显示历史图像的电子系统或网络系统。随着计算机、网络以及图像处理、传输技术的飞速发展，视频监控系统的发展主要经过了以下三个阶段：

(1)传统闭路监控系统(CCTV)。摄像机通过专用同轴缆输出视频信号，同轴缆连接到专用模拟视频设备，通过画面分割器、切换器、卡带式录像机等设备将图像在监视器上显示出来，并且其录像也采用录像带的方式进行存储，其缺点是模拟信号随着视频缆线传输长度而衰减，并且录像质量不高。传统闭路监控系统结构图如图 11-10 所示。

(2)模拟视频监控系统。模拟监控系统是以视频矩阵、分割器、录像机为核心，辅以其他传感器的模拟系列。主要的设备是视频采集卡、模拟矩阵、硬盘录相机、管理软件等。其优点是在一定距离范围内图像质量保持得很好，其缺点是仍然需要通过同轴电缆输出视频信号。模拟视频监控系统结构图如图 11-11 所示。

(3)网络视频监控系统。网络视频监控系统主要利用视频编解码技术、嵌入式技术实现视频监控，主要由硬盘录像机、摄像机、监视器等设备组成，具有监视(监听)、控制、录像、回放、对讲等功能。其优点为：①可通过网络组建低成本跨区域监控系统；②一机多路，使用大容量硬盘可长期存储；③数字信号长期保存信号不失真，采用智能检索；④检索与录像可同时进行；⑤环录像方式，节约人力。网络视频监控系统结构图如图 11－12 所示。

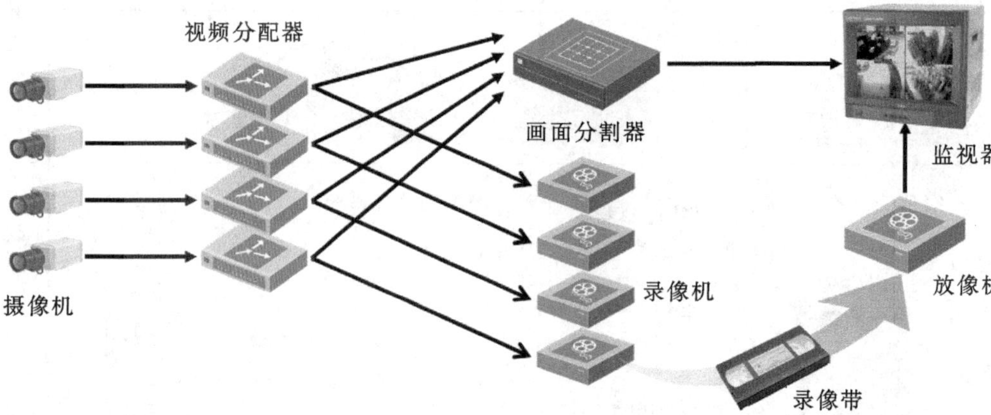

图 11－10　闭路监控系统结构图

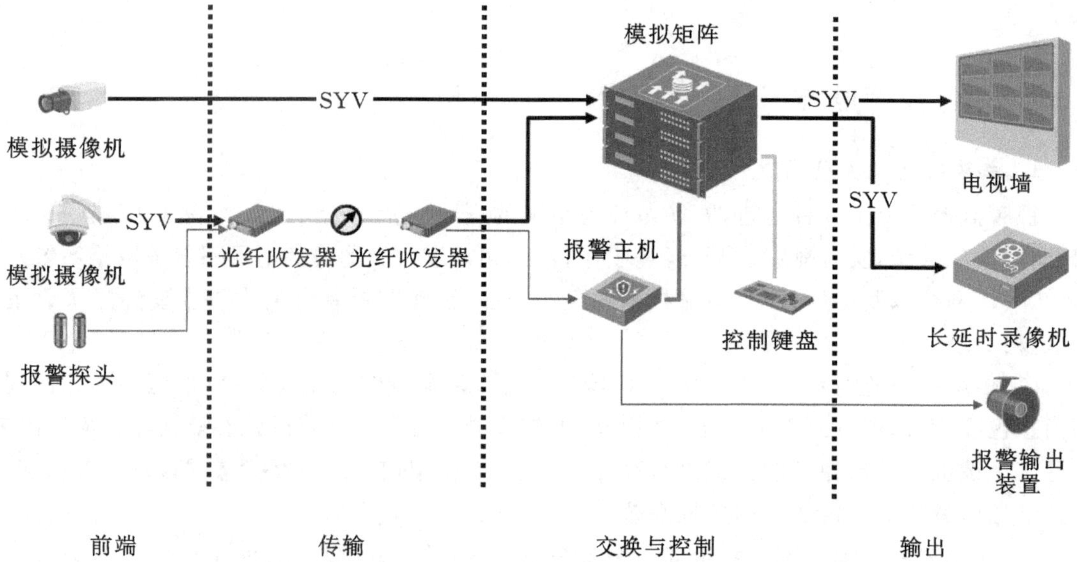

图 11－11　模拟监控系统结构图

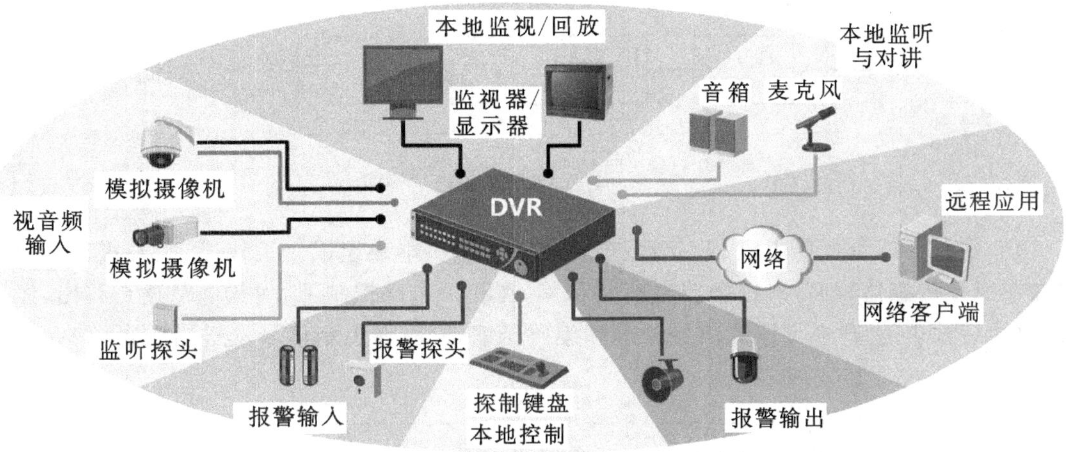

图 11－12 网络视频监控系统结构图

2. 系统组成

视频监控系统主要由前端(摄像)、传输、终端(显示与记录)和控制四个部分组成。如图 11－13 所示。

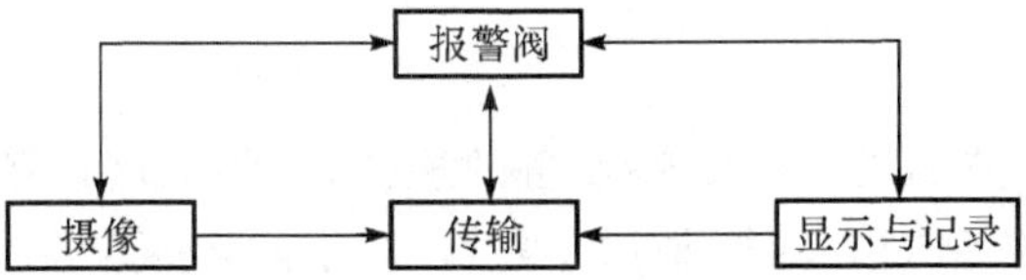

图 11－13 视频监控系统结构图

3. 摄像机

(1)模拟摄像机。模拟摄像机主要由镜头、影像传感器(CCD/CMOS)、ISP(image signal processor)及相关电路组成。其工作原理为:被摄物体经镜头成像在影像传感器表面,形成微弱电荷并积累,在相关电路控制下,积累电荷逐点移出,经过滤波、放大后输入 DSP 进行图像信号处理,最后形成视频信号(CVBS)输出,如图 11－14 所示。

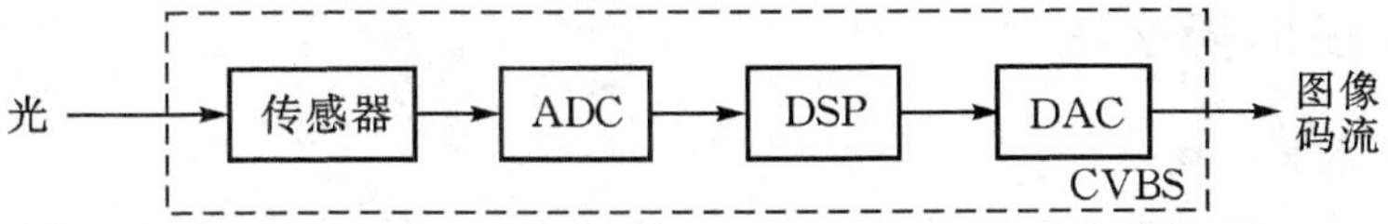

图 11－14 模拟摄像机结构图

(2)网络摄像机。网络摄像机主要由镜头、影像传感器、ISP、DSP 及相关电路组成。工作原理:被摄物体经镜头成像在影像传感器表面,形成微弱电荷并积累,在相关电路控制下,积累电荷逐点移出,经过滤波、放大后输入 DSP 进行图像信号处理和编码压缩,最后形成数字信号输出,如图 11－15 所示。

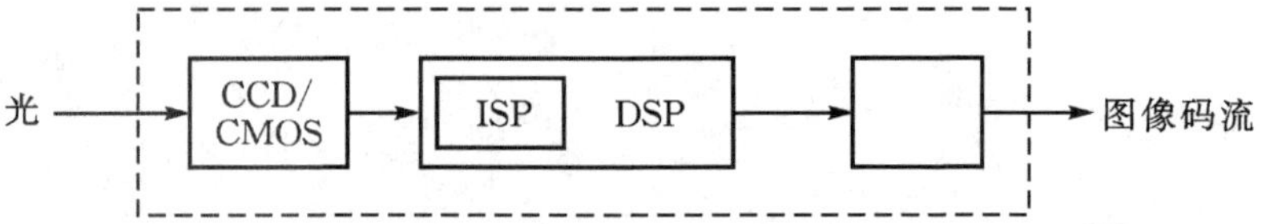

图 11-15　网络摄像机结构图

(3)球机。球机主要由机芯、云台、球机主板及相关电路组成。工作原理：被摄物体经镜头成像在影像传感器表面，形成微弱电荷并积累，在相关电路控制下，积累电荷逐点移出，经过滤波、放大后输入 DSP 进行图像信号处理和编码压缩，同时将控制信号发送给云台，最后形成数字信号输出，如图 11-16 所示。

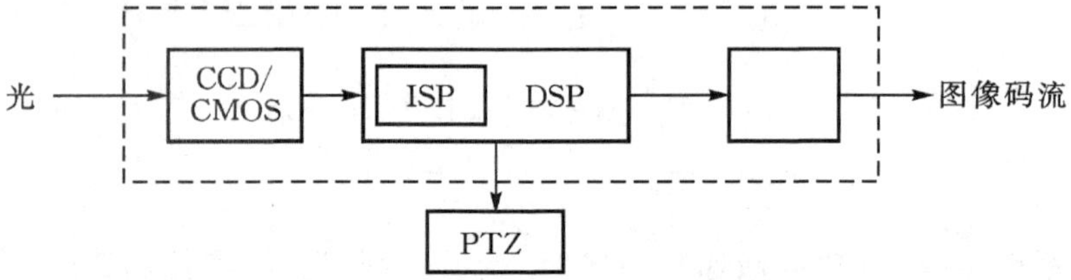

图 11-16　球机系统结构图

4. 信号传输

信号传输设备实现了前端设备与终端设备的连接，它将前端设备收集的视频、音频信息传送至终端设备，并把监视控制中心的控制指令发送至前端设备。监控系统的传输设施应具有失真小、稳定、抗干扰的特点。根据监控系统规模、信号传输距离、信息容量、造价等的要求，可选取不同的传输方式。传输方式可分为有线传输和无线传输两种，有线方式更稳定，抗干扰强。

5. 终端设备

终端设备安装于系统的监控中心，显示装置完成摄像机拍摄画面的显示，供监控人员观察，记录装置完成录像的保存，以便日后调出查看。显示与记录的设备主要有视频矩阵、监视器、DVR 数字录像机等。

11.2.4　入侵报警系统

1. 入侵报警系统概述

入侵报警系统采用物理或电子技术方法，监控特定区域，当发生未授权侵入行为时能够发出报警信号，是现代智能建筑中预防抢劫、盗窃等意外事件的有效设施。许多场所，如银行、博物馆、珠宝店、机要室、军械库、重要资料室等，需要一天 24 小时的监控，单纯依靠人力难以实现，特别是监控范围很大时，处处设岗安排值班人员不现实。入侵报警系统则可以实现大范围的不间断监控，节约人力，目前已发展比较成熟，具有可靠性。

2. 系统结构

入侵报警系统结构如图 11-17 所示，通常由探测器、区域控制器和报警控制中心三个主要部分组成。探测器是系统的核心部件，负责探测非法入侵等行为并发送报警信息。区域控制器将控制区域的信号传递给报警控制中心。控制中心负责管理整个报警系统,监视、验证并记录各个区域送来的信息。

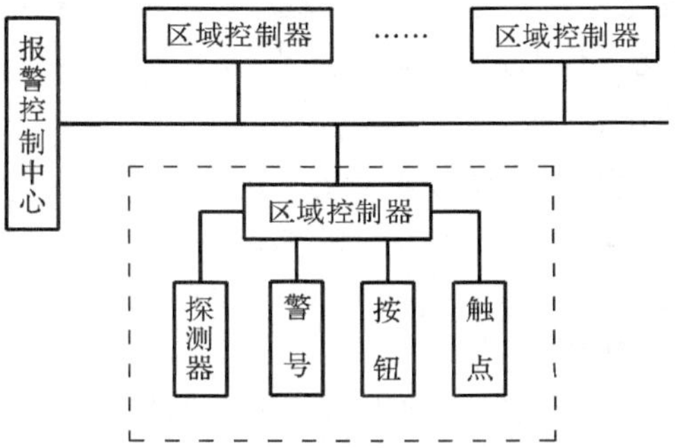

图 11－17　入侵报警系统结构图

3. 入侵报警探测器

入侵探测器用于探测非法的入侵行为,实现对点、线、面、空间的监控。检测器应具有防拆、防破坏、抗干扰、适应环境性强等特点。

11.2.5　楼宇对讲系统

楼宇对讲系统是智能建筑弱电系统的一个重要部分,用户可通过楼宇对讲系统实现足不出户就能与门口处人员通话,并决定是否授权进入或进行其他控制操作。现代化的对讲系统除了能够通话,还有可视功能,供用户观察门口处画面。楼宇对讲系统主要由主机(门口机)、分机(室内机)、不间断电源和电控锁组成,如图 11－18 所示。

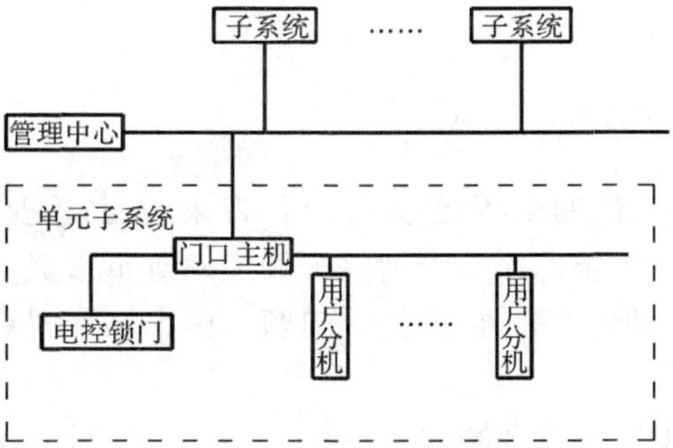

图 11－18　楼宇对讲系统结构图

门口主机包括摄像机、话筒、扬声器、数位按钮、数位显示等设备,可与建筑里多用户相连。分机包括显示设备、控制键等,与主机相连。客人来访时,按动门口呼叫按钮,与建筑内用户对话,摄像机会捕捉门口处画面传给用户。建筑内用户通过分机与客人对话并观看画面,决定门的开启或拒绝进入。一旦出现分机听筒未挂号的情况,一定时间后主机会切断该机电源,避免影响其他用户的正常使用。

一些楼宇内的可视对讲系统与闭路电视系统联网,摄像机的视频信号可通过闭路电视线路网接入用户家里,通过电视机来观看门口情况。

11.2.6 电子巡更系统

巡更是一种防范犯罪发生的有效手段。电子巡更系统，是利用计算机为保安人员设定巡视的路线和时间，并监督巡视工作的进行，记录巡视结果。

巡更系统主要有以下作用：

(1)监督保安人员是否尽职工作，按时巡逻；

(2)预防监控区意外事故发生；

(3)确保保安人员人身安全；

(4)能够与电视监控系统联用；

(5)预防犯罪的发生，为积极预防、主动出击争取时间等。

电子巡更系统可分为以下两类：

(1)在线式巡更系统。在线式巡更系统，又称实时巡更系统，主要由管理计算机、读卡机和感应卡等组成。管理计算机设置在监控中心，负责监控巡更状态、记录发生事件、事件报警、记录信息等；读卡机设置在保安人员巡更路线上的各标识点处，和管理计算机联网；感应卡由巡更人员携带，每当巡逻到一处读卡机处，就将感应卡靠近读卡机进行感应，输入相关信息。巡更人员每到一处，就通过读卡器上报巡视信息，由管理计算机处理。

在线式巡更系统需要安装多处读卡机，连网、供电、防护成本较大，维护困难。其优点是保安人员只需携带卡片，轻巧方便，且巡更信息可由读卡机直接上传给管理计算机。

(2)离线式巡更系统。离线式巡更系统主要由管理计算机、巡更器(手持信息采集器)、信息钮组成。其工作原理和在线式巡更系统相比，相当于由寻根人员手持读卡机(巡更器)，而将感应卡(信息钮)分布于各标志点，巡更完成后，保安人员将寻根器和管理计算机相连，上传信息。离线式巡更系统只需在各标态点安装信息钮，无需网络连接，因此维护简单，成本低，但其信息在巡更后上传，没有实时性。

11.2.7 停车场管理系统

近年来，汽车逐渐进入人们的生活，给人的出行带来便捷，但是城市里大量的汽车如何停放日益成为一个严重问题。传统的人工管理停车场面对如此多的汽车，效率低下的弊端十分明显，不善的管理很可能出现汽车被盗、受损等问题。停车场管理系统是有效管理停车场的自动系统，现在已经广泛应用。

停车场管理系统具有以下功能及特点：

(1)实时监控：实时视频监控通道现场情况、停车场剩余车位、分区车位、设备状态、车位状态及各类进出刷卡记录、系统报警事件、通道报警事件、地感事件、控闸事件等全方位的停车场综合管理信息，可对所有车位进行图形化管理，电子地图实时反映各种事件。

(2)图像对比：具有车辆进出抓拍图像对比功能、驾驶人员进出抓拍图像对比功能、抓拍图像与库中样照对比功能。

(3)认证方式：可选用纸票认证、卡片认证、卡片和车牌同时匹配认证、卡片或车牌自动选择匹配认证通过后车辆放行。

(4)防跟车：防止前一合法车刷卡通行后，下一辆车不刷卡尾随进入。

(5)场内车辆应急管理：系统支持方向疏导、应急封锁、超时报警、手持 POS 机收费管理等功能,轻松应对各种突发事件。

(6)车场与视频监控联动管理:系统支持对停车场各管理单元点(管理中心、岗亭、出入口、场区各角落)的 CCTV 监控管理及与关联的设备事件联动。

(7)财务方案管理:系统支持财权分离管理以及进出凭证的库存管理;支持与收费钱箱的联动;支持当班收费与 CCTV 的联动;支持标准税务发票的打印;支持换班对账管理;支持非系统开闸及遗失管理;支持进出事件与资金交易数据关联。

(8)特殊车辆的管理:系统支持公车派车管理、访客车辆的管理、协作单位车辆管理及特殊车辆的管理,满足不同应用场合对车辆管理的特殊需求。

(9)流量管理:支持大容量发卡方案、支持通道口的规划和定义、支持车位有效引导和分流,避免拥堵,提高车辆通行效率。

(10)通道管制:可管制指定用户类型的车辆在指定的时间段内禁止从该通道通行。

(11)停车规划:可由管理员设定车位分配和统计原则,管理车辆有序停放,可结合车位引导实现车辆的指引;可实现特殊车辆的灯光路径指引。

(12)区域规划:可由管理员设定停车场内不同区域的划分及相互逻辑关系,实现对区域限流及信息发布的功能。

(13)单通道管理:通过红绿信号灯控制,实现进出同一通道的车辆通行控制。

(14)收费管理:具有按期、计时、计次、按时、按次、时段、分时、一次性收费、不收费等多种计费标准,具备出口收费模式、中央收费模式、自助缴费管理模式及组合;支持现金支付、银行卡支付、代金券支付、会员积分支付等方式。

(15)分权分级管理:支持数据库、设备、人员、数据按照行政分级的模式进行管理部署,可以轻松应对集中管理及分布管理的要求,充分满足大型化、网络化及资源配置的管理。

(16)经营管理:支持与周边商铺进行停车场资源的共享,从而实现车主、商铺与停车场经营者共赢的商业模式,支持折扣管理的业务流程、支持多种支付方式可定义、支持多车场及多收费标准应用模式、支持按商户的统计分析功能。

(17)决策分析:支持自定义查询方案及自定义报表方案,支持模型化图表分析功能、支持 B/S 的数据共享和数据漫游,使管理和决策随时、随地,更具有针对性。

(18)系统联动:具备丰富的自定义接口,可方便地实现火警、防盗警等信号接入及响应。

(19)不停车收费功能:通过中、远距离 RFID 技术,实现无需停车进出通行,也可以实现在线收费。

11.3 电话与计算机网络通信系统

11.3.1 电话与计算机网络通信系统概述

信息化建设是构建现代社会的关键部分。经济全球化发展迅速,信息的交流在人们的生活中占据着越来越重要的地位,人们运用各种通信手段传送语音、文字、图像等信息,为生活生产和娱乐提供便捷。通信系统是建筑弱电系统“智能化”的基础,在建筑弱电技术中占有主导地位。

建筑信息网络系统从技术应用来讲，分为电话通信网和计算机网络两大类。

1. **电话通信网**

电话通信网分为公用通信网和专用通信网。公用通信网即通常所说的电信网，是向全社会开放的通信网，主要由国家电信部门管理。专用通信网是某些行业、部门自建或向电信部门租用专线只供本行业、部门内部使用的通信网，如军事、铁道、电力、教育、科研等部门。建筑内电话网是公用电信网的延伸。公用电信网是全球最大的通信网络，其发展早于计算机网络，普及率很高，通过电话我们可以联系到世界上绝大多数地区。

早期的电话通信仅传送音频信息，而现在人们的通信需求不仅局限于语音，随着科技的发展，电话网络已从原来的单纯传播语音信息发展到可传播文字、图像等可视信息，提供数据传输、视频通信、电子邮件、多媒体通信等服务。

2. **计算机网络**

建筑内计算机网络系统能够实现设备间的数据通信，也可实现用户的多媒体通信，是建筑弱电系统智能化的关键所在。建筑弱电各子系统的自动化管理运行及集成化，都需要以计算机网络作为平台。

一个智能化建筑内有多个局域网，每个局域网都负责一类通信服务，按照功能可分为两类，一类是以监测和控制为主要任务的网络系统，如安防网络、消防网络、涉密办公网等；另一类是用于信息交流及管理的公用信息网。前者负责建筑内设备的控制、检测，传输信息量不大，其工作环境往往恶劣，受干扰严重，一旦出现差错或受到破坏，就可能影响建筑内计算机网络系统的日常运行，甚至造成事故，因此其工作的可靠性和实时性要求很高。后者服务于用户信息交流，规模更大，对信息的传输速率要求较高。

11.3.2 建筑内电话通信网络

程控用户交换机(private automatic branch exchange，PABX)是构建智能化建筑内电话网的主流技术，为用户提供语音服务是其基本功能，也支持多种通信业务。建筑内电话网连接至电信网干网，同一建筑内用户间可分机对分机实现免费通信。PABX 既适用于模拟电话机，也适用计算机、终端、传感器、数字电话机等数字设备，可以保障建筑内部网络和外部网络的语音、数据、图像的传输。

程控用户交换机的作用是完成用户与用户之间语音和数据的交换。程控用户交换机是一部由计算机软件控制的数字通信交换机，它是集计算机技术、电子技术和数字通信技术为一体的高度模块化的全分散控制系统。根据不同的需要，通过模块化设计，即可在建筑中实现语音、数据、图像、多媒体业务及其他通信业务的综合通信。以 PABX 为核心组成的语音为主兼有数据通信功能的建筑内通信网，可以连接各类办公设备。

程控用户交换机主要包括以下几部分：控制设备、交换网络、外围接口单元、信号设备、其他附属设备等。

11.3.3 建筑内计算机网络

计算机网络信息技术飞速发展，已经渗透到社会生活的各个领域，为人们的工作和生活提供了极大的方便，并推动人们生活质量不断提高。计算机网络为建筑的信息化、智能化提供了基本保障，在现代建筑系统中起着至关重要的作用。计算机网络的主要功能是：资源共享、数据传输、协调负载、多种服务等。

建筑内的计算机网络使用的是局域网技术，其传输速率已达 10 Gbps。现代化建筑内的计算机网络是高速的 IP 网络，可通过局域网网关或路由器等设备实现与互联网和各种广域网的互联。

11.4 有线电视(CATV)系统

11.4.1 有线电视系统概述

广播电视信号是无线电超短波，信号只能在视距范围内传播。由于受到大气衰减、地形阻挡、发射塔高、辐射功率等条件的限制，无线电视信号的传播距离和图像质量都难以满足现在用户对电视系统的要求。有线电视系统通过宽带同轴电缆传输视频信号，具有信号稳定、容量大、质量高等优点。随着科技的迅速发展，有线电视系统的功能不断拓展，传播信号由模拟信号发展为数字信号，系统由单向传输发展到双向传输，光缆应用于干线网络等。信号双向传输技术使有线电视系统成为交互式信息网络，能够实现视频点播、视频会议、远程教育、连接互联网等丰富的功能。有线电视作为一种多媒体信息传播系统已经广泛用于大众娱乐、技术交流、教育、公共服务、工业管理等方面。

11.4.2 有线电视系统结构

有线电视系统结构如图 11－19 所示，有线电视系统基本由信号接收端、前端设备、干线传输网络、用户分配网络组成。

信号接收端对于不同的信号源，采用不同的接收设备。如：对于 VHF、UHF 电视信号和调频信号采用八木天线，对于微波信号和卫星信号采用抛物面天线等。信号接收端的功能是接收信号源发出的电视节目信号，并传输给前端设备。

前端设备主要有信号处理器、频道放大器、滤波器、调制器、解调器、混合器等，自办节目制作设备也可归于前端设备。前端设备的主要功能是将接收端传来的信号进行处理、放大、滤去杂波等，再把信号传入干线网络。

干线传输网络主要有传输线缆(同轴电缆或光缆)、信号放大器、桥接器等，其功能是电视信号的远距离传播，保证信号质量。

用户分配网络主要有放大器、分配器等，用户分配网络的功能是将电视信号分配到用户电视终端。

11.4.3 有线电视系统的主要设备

1. 接收天线

接收天线是一种向空间辐射电磁波能量或从空间接收电磁波能量的装置。接收天线按结构形式可分为：八木天线、抛物面天线、环形天线和对数周期天线等。其中八木天线应用最多，卫星电视接收则多用抛物面天线。按照接收频段，天线可分为：甚高频(VHF)天线、特高频(UHF)天线和超高频(SHF)天线等。

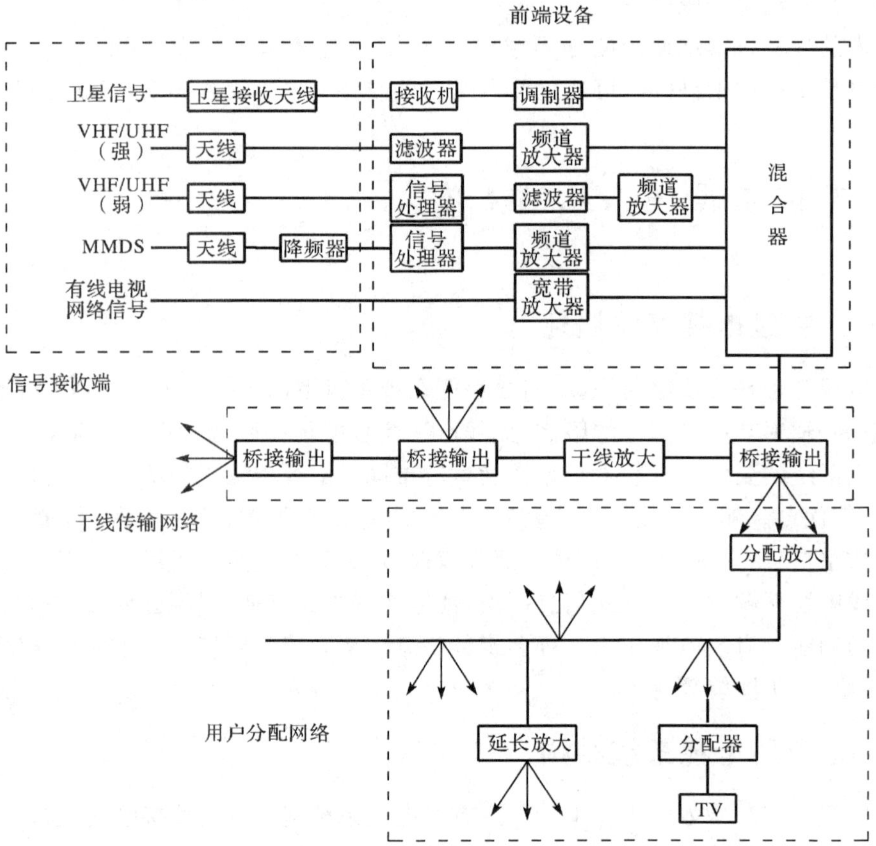

图 11－19　有线电视系统结构图

2. 信号处理器

信号处理器实质就是频道转换器及变频器，它能对电视信号频道进行转换。其结构中包括射频-中频变频器（下变频器）、图像中放、伴音中放、中频-射频变频器（上变频器）、射频放大等电路。信号经过两次变频，具有十分明显的隔离效果。

3. 信号放大器

信号放大器的分类如下：

（1）信号放大器按安装位置可分为前端放大器和线路放大器。前端放大器包括天线放大器、前置放大器、频道放大器等；线路放大器包括干线放大器、分配放大器、分支放大器、线路延长放大器等。

（2）信号放大器按工作频率范围可分为单频道放大器、宽频道放大器和多波段放大器。单频道放大器只放大某一频段的信号；宽频道放大器有 UHF、VHF 和全频段之分；多波段放大器放大几个需要频段的信号。

4. 调制器

信号接收端传送来的信号，需要用调制器将它们调制成某频道的射频信号，再进入干线传输。调制通常分为两类：射频调制和中频调制。

5. 电缆调制解调器

电缆调制解调器(cable modem)是一种将数据终端设备连接到有线电视的双向传输网,使用户能进行数据通信的设备。它的主要功能是将数字信号调制到射频以及将射频信号中的数字信息调解出来。

6. 混合器

混合器的功能是将多个输入端的电视频道信号混合成一路,用一根线缆传输,达到多路复用的目的。混合器可分为滤波器式混合器和宽带传输线变压器式混合器。

7. 分配器

分配器是一种分配电视信号、保持线路匹配的装置,能将一路输入信号功率平均分配成几路输出。

8. 光缆设备

光缆越来越多地取代电缆,特别是在干线网络建设中应用广泛。光缆设备主要有光发射机、光接收机、光放大器等。

11.5 建筑弱电的综合布线系统

11.5.1 建筑弱电的综合布线系统概述

建筑弱电的综合布线系统是现代建筑弱电系统的基础设施,是一门先进的通信传输应用技术,相当于整个系统的神经网络。

综合布线系统(generic cabling system,GCS)又称为结构化布线系统,是建筑物或建筑群内部之间的一种传输网络。它能使建筑物或建筑群内部的电话、电视、计算机、办公自动化设备、通信网络设备、各种测控设备以及信息家电等彼此相联,并能接入外部公共通信网络。

11.5.2 综合布线系统结构及组成

1. 系统结构

综合布线系统如图 11 - 20 所示,综合布线系统是开放式星型拓扑结构,能够支持多媒体服务,一般由以下六个部分组成:

(1)建筑群子系统。建筑群子系统是建筑群配线架与各建筑配线架之间的主干布线系统,由连接各建筑物之间的缆线和配线设备共同组成。建筑群子系统包括建筑群配线架(CD)、建筑群干线电缆、建筑群干线光缆等。

(2)管理区子系统。管理区子系统是在每幢大楼的适当地点设置电信设备和计算机网络设备,以及建筑物配线设备,进行网络管理的场所。其系统主要由建筑物配线架(BD)、建筑物干线电缆、建筑物干线光缆等组成。

(3)设备间子系统。设备间子系统一般设在弱电井中,主要由楼层配线架(FD)、线缆和连接器构成,是连接干线子系统和水平子系统的纽带,同时又可为同一层组网提供条件。

(4)(垂直)干线子系统。干线子系统由建筑的干线电缆、光缆组成,延伸到各楼层交接间的配线设备,提供建筑总配线架与各楼层配线架的连接。

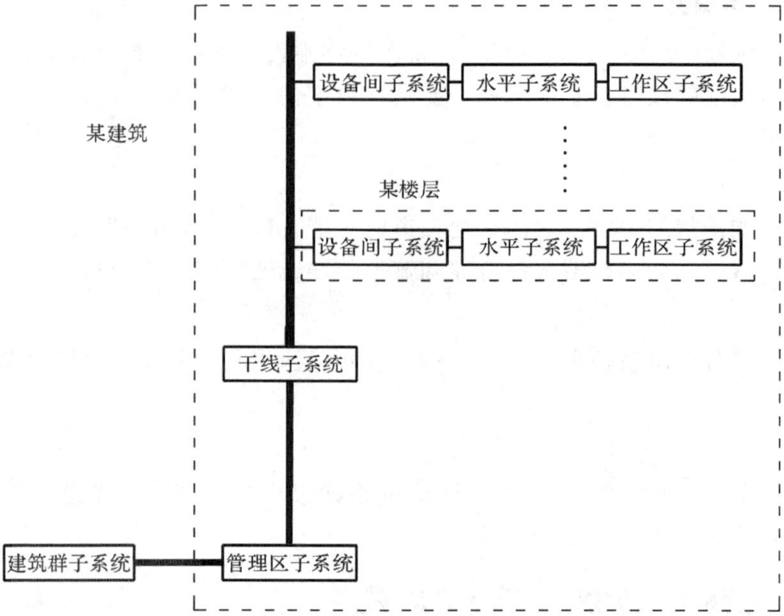

图 11－20　综合布线系统结构图

(5)水平(配线)子系统。水平配线子系统主要由各楼层的水平电缆、光缆转接点(TP)组成,是各楼层配线设备(FD)延续到与它相连接的信息插座的部分。水平子系统主要采用 4 对 8 芯双绞线,需要时也可采用光纤。

(6)工作区子系统。工作区子系统由信息插座(TO)等组成,是终端设备和信息插座的连接设备系统。

2. 硬件组成

综合布线系统的组成部件主要包括:传输介质、线路管理硬件、连接器、信息插座、传输电子设备、适配器、电气保护设备和支持硬件等。

(1)传输介质。综合布线系统常用的有线传输介质有非屏蔽双绞线(UTP)、屏蔽双绞线(STP)、同轴电缆和光缆。

(2)配线设备。综合布线系统配线设备的主要功能是用来端接和连接缆线。通过配线设备可以安排或重排系统线路,使通信线路能够延伸到建筑物内部的各处。通常根据传输介质的不同,将配线设备分为电缆配线设备和光缆配线设备,还可根据配线设备端接缆线的不同,分为建筑群配线设备、建筑配线设备和楼层配线设备。

(3)传输介质连接设备。传输介质连接设备主要是综合布线系统和终端设备的连接部件。

本章小结

本章主要介绍了有线电视系统、电话与计算机网络通信系统、火灾报警系统和消防联动系统、安全防范系统、建筑弱电的综合布线系统等知识。要求重点掌握有线电视系统、火灾报警系统和消防联动系统知识。

思考题

1. 简要介绍建筑弱电和强电的区别。

2. 列举建筑弱电系统的主要子系统并简述其功能。

3. 列举几种火灾探测器并介绍其工作原理。

4. 已知某计算机机房房间高度为 8 m,地面面积为 15 m×20 m,房顶坡度为 14°,属于二级保护对象。试确定探测器种类;确定探测器的数量;布置探测器。

5. 智能建筑对安全防范有什么要求?

6. 列举几种入侵报警探测器并介绍其工作原理。

7. 列举综合布线各子系统并介绍其功能。

第12章 建筑智能化系统

本章学习要点

1. 智能建筑的概念
2. 综合布线系统的概念和特点
3. 综合布线系统的组成及适用场合
4. BA、CA、OA的特点、组成
5. “互联网+”时代下的智能建筑

12.1 智能建筑概述

智能建筑(intelligent building,IB)是在人们对办公条件和居住环境提出更高要求的呼声下应运而生的,是以计算机和网络为核心的信息技术在建筑行业中应用的体现。它完美地体现了建筑艺术与信息技术的结合,将建筑物中用于综合布线、楼宇自控、计算机系统的各种分离的设备及其功能信息,有机地组合成一个互相关联、统一协调的整体,各种硬件与软件资源被优化组合成一个能满足用户需要的完整体系,并朝着高速度、高集成度、高性价比的方向发展。

12.1.1 智能建筑的含义

随着科学技术的发展,人类的办公条件和居住环境逐步得到改善。建筑业发展到今天,出现了智能建筑,它集中体现了以人为本的现代建筑思想以及系统工程学的成果,它是土木工程技术与现代通信技术、计算机技术、控制技术的成功结合。

当今科学技术正处于高速发展阶段,智能建筑也在不断的进行更新,智能建筑的含义和内容也在不断变化,目前国内对其尚无统一定义。但是我国国家标准《智能建筑设计标准》(GB 50314—2015)中,明确了智能建筑是“以建筑物为平台,基于对各类智能化的信息的综合应用,集构架、系统、应用、管理及优化组合为一体,感知、传输、记忆、推理、判断和决策的综合智慧能力,形成以人、建筑、环境互为协调的整合体,为人们提供安全、高效、便利及可持续发展功能环境的建筑”。它以国家标准明确了智能建筑的内容及定义,同时也符合智能建筑本身动态发展的特性。

智能建筑技术是一门融合多学科,且具有系统集成特点的学科,虽然发展历史较短,但涉及范围广,进展速度快,因此它是一个动态的、相对的概念,随着高新技术的发展而不断发生变化。

12.1.2 智能建筑的组成

智能建筑按不同的划分标准有不同的组成:按系统分层可分为几个子系统;按功能划分,

可分为硬件和软件两部分；按位置划分，可分为机房设备、终端设备、中间设备及传输介质。下面主要介绍按系统分层的智能建筑的组成。图 12－1 为智能建筑系统的组成图。

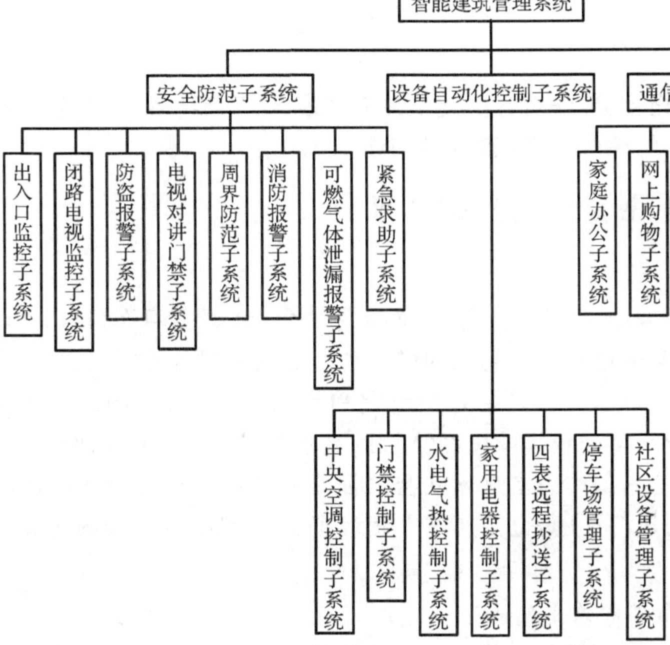

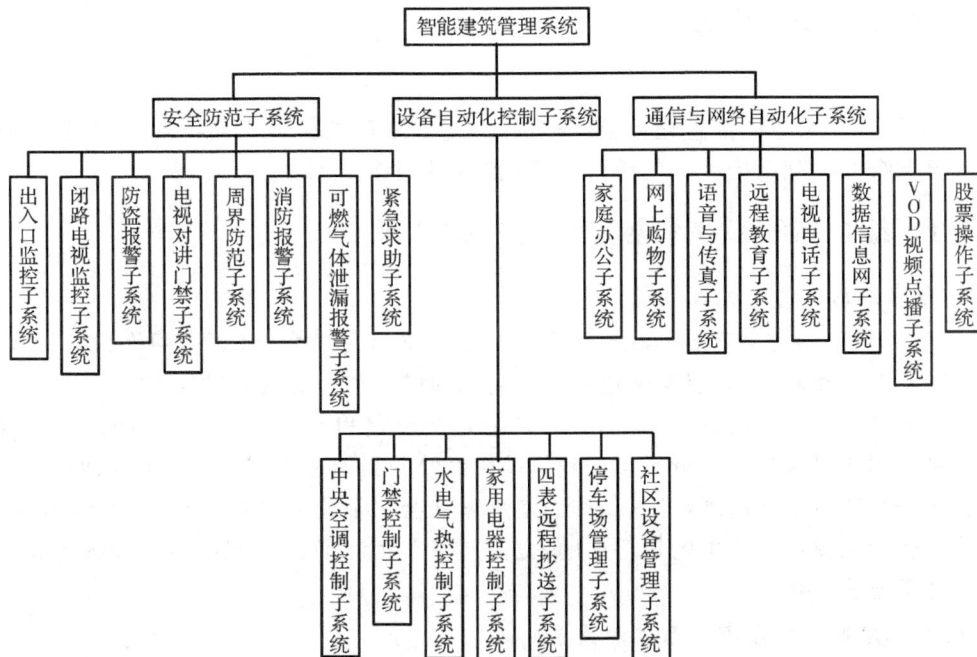

图 12－1　智能建筑系统的组成图

由图 12－1 可知：智能建筑管理系统由安全防范子系统、设备自动化控制子系统和通信与网络自动化子系统组成。其中安全防范子系统包括防盗报警子系统、电视对讲门禁子系统、闭路电视监控子系统、周界防范子系统、消防报警子系统、可燃气体泄露报警子系统、紧急求助子系统、出入口监控子系统等；设备自动化控制子系统由中央空调控制子系统、门禁控制子系统、水电气热控制子系统、家用电器自动控制子系统、四表（水表、电表、煤气表和热量表）远程抄送子系统、停车场管理子系统、社区设备管理子系统等；通信与网络自动化子系统包括家庭办公子系统、网上购物子系统、语音与传真（电子邮件）服务子系统、远程教育子系统、数据信息网子系统、股票操作子系统、VOD 视频点播子系统、电视电话子系统等。

从表面看，智能建筑管理系统的组成部分似乎有着平等的地位，但是从全局看，各组成部分的地位是不同的，各组成部分的重要性等级由高到低如图 12－2 所示。

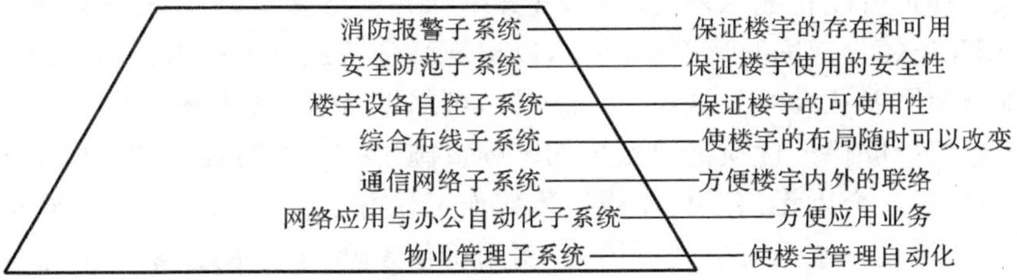

图 12－2　智能建筑系统组成部分的重要性等级

由图 12－2 可知：消防报警子系统的重要性等级最高，对大楼可否使用有着最高的否决权；其次是安全防范子系统，它决定了 BAS 是整个大楼的基础，是大楼能否投入使用的先决条件。

12.2 综合布线系统

人类已进入 21 世纪的信息化社会，随着智能化房屋建筑将会不断涌现，作为智能化房屋建筑的关键部分和基础设施之一的综合布线系统是一个重要课题。

12.2.1 综合布线系统和智能化建筑的关系

1. 综合布线系统的发展概况

20 世纪 80 年代以来，随着科学技术的不断发展，尤其是通信、计算机网络、控制和图形显示技术的相互融合和发展，高层房屋建筑服务功能的增加和客观要求的提高，传统的专业布线系统已经不能满足人们的需要。为此，发达国家开始研究和推出综合布线系统，80 年代后期综合布线系统逐步引入我国。近几年来我国国民经济持续高速发展，城市中各种新型高层建筑和现代化公共建筑不断涌现，尤其是作为信息化社会象征之一的智能化建筑中的综合布线系统已成为现代化建筑工程中的热门话题，也是建筑工程和通信工程中设计和施工相互结合的一项十分重要的内容。

2. 智能化建筑与综合布线系统的关系

由于智能化建筑是以建筑为平台，兼备建筑、通信、计算机网络和自动控制等多种高新科技的最优组合，所以智能化建筑工程项目的内容极为广泛。作为智能化建筑中的神经系统，综合布线系统是智能化建筑的关键部分和基础设施之一，因此，不应将智能化建筑和综合布线系统相互等同，否则容易错误理解。综合布线系统在建筑内和其他设施一样，都是附属于建筑物的基础设施，为智能化建筑的主人或用户服务。虽然综合布线系统和房屋建筑彼此结合形成不可分离的整体，但要看到它们是不同类型和工程性质的建设项目。它们从规划、设计直到施工及使用的全过程中，其关系是极为密切的。具体表现有以下几点：

(1)综合布线系统是衡量智能化建筑智能化程度的重要标志。在衡量智能化建筑的智能化程度时，不应完全看建筑物的体积是否高大巍峨和造型是否新型壮观，也不应看装修是否宏伟华丽和设备是否配备齐全，而应该看综合布线系统配线能力，如设备配置是否成套，技术功能是否完善，网络分布是否合理，工程质量是否优良，这些都是决定智能化建筑的智能化程度高低的重要因素，因为智能化建筑能否为用户更好地服务，综合布线系统具有决定性的作用。

(2)综合布线系统使智能化建筑充分发挥智能化效能，它是智能化建筑中必备的基础设施。综合布线系统把智能化建筑内的通信、计算机和各种设备及设施，在一定的条件下纳入综合布线系统，相互连接形成完整配套的整体，以实现高度智能化的要求。由于综合布线系统能适应各种设施当前需要和今后发展，具有兼容性、可靠性、使用灵活性和管理科学性等特点，所以它是智能化建筑能够保证优质高效服务的基础设施之一。在智能化建筑中如没有综合布线系统，各种设施和设备会因无信息传输媒质连接而无法相互联系、正常运行，智能化也难以实现，这时智能化建筑是一幢只有空壳躯体的、实用价值不高的土木建筑，也就不能称为智能化建筑。在建筑物中只有配备了综合布线系统时，才有实现智能化的可能性，这是智能化建筑工程中的关键内容。

(3)综合布线系统能适应今后智能化建筑和各种科学技术的发展需要。众所周知，房屋建筑的使用寿命较长，大都在几十年以上，甚至近百年。因此，目前在规划和设计新的建筑时，应考虑如何适应今后发展的需要。由于综合布线系统具有很高的适应性和灵活性，能在今后相当长的时期内满足客观发展需要，为此，在新建的高层或重要的智能化建筑中，应根据建筑物的使用性质和今后发展等各种因素，积极采用综合布线系统。对于近期不拟设置综合布线系统的建筑，应在工程中考虑今后设置综合布线系统的可能性，在主要部位、通道或路由等关键地方，适当预留房间(或空间)、洞孔和线槽，以便今后安装综合布线系统时，避免打洞穿孔或拆卸地板及吊顶等装置，有利于扩建和改建。

总之，综合布线系统分布于智能化建筑中，必然会有相互融合的需要，同时又可能彼此发生矛盾问题。因此，在综合布线系统的规划、设计、施工和使用等各个环节，都应与负责建筑工程等有关单位密切联系、配合协调，采取妥善合理的方式来处理，以满足各方面的要求。

12.2.2　综合布线系统的定义、特点及其范围

1. 综合布线系统的定义

综合布线系统(premises distribution system, PDS)，又称为结构化综合布线系统(structured cabing system,SCS)，一般综合布线系统(generic cabing system,GCS)。

目前所说的建筑物与建筑群综合布线系统，简称综合布线系统。它是指一幢建筑物内(或综合性建筑物)或建筑群体中的信息传输媒质系统。它是将相同或相似的缆线(如对绞线、同轴电缆或光缆)、连接硬件组合在一套标准的且通用的、按一定秩序和内部关系而集成的一个整体。因此，目前它是以 CA 为主的综合布线系统。随着科学技术的发展，综合布线系统会逐步提高和完善，形成能真正充分满足智能化建筑的需求。

2. 综合布线系统的特点

综合布线系统是目前国内外推广使用的比较先进的综合布线方式，它具有以下特点：

(1)综合性、兼容性好。传统的专业布线方式需要使用不同的电缆、电线、接续设备和其他器材，技术性能差别极大，难以互相通用，且彼此不能兼容。综合布线系统综合所有系统和互相兼容的特点，采用光缆或高质量的布线部件和连接硬件，能满足不同生产厂家终端设备传输信号的需要。

(2)灵活性、适应性强。采用传统的专业布线系统时，如需改变终端设备的位置和数量，则必须敷设新的缆线和安装新的设备，且在施工中有可能发生传送信号中断或质量下降，而且也会增加工程投资和施工时间，因此，传统的专业布线系统的灵活性和适应性差。在综合布线系统中任何信息点都能连接不同类型的终端设备，当设备数量和位置发生变化时，只需采用简单的插接工序，实用方便，其灵活性和适应性都强，且节省工程投资。

(3)便于今后扩建和维护管理。综合布线系统的网络结构一般采用星型结构，各条线路自成独立系统，在改建或扩建时互相不会影响。综合布线系统的所有布线部件采用积木式的标准件和模块化设计。因此，部件容易更换，便于排除障碍，且采用集中管理方式，有利于分析、检查、测试和维修，还能节约维护费用和提高工作效率。

(4)技术经济合理。综合布线系统各个部分都采用高质量材料和标准化部件，并采取标准施工和严格检测，保证系统技术性能优良可靠，满足目前和今后通信需要，且在维护管理中减少维修工作，节省管理费用。采用综合布线系统虽然初次投资较多，但从总体上看是符合技术

先进、经济合理的要求的。

3. 综合布线系统的范围

综合布线系统的范围应根据建筑工程项目的范围来定，一般有两种范围，即单幢建筑和建筑群体。单幢建筑中的综合布线系统范围，一般指在整幢建筑内部敷设的管槽系统、电缆竖井、专用房间(如设备间等)和通信缆线及连接硬件等。建筑群体因建筑幢数不一、规模不同，有时可能扩大成为街坊式的范围(如高等学校校园式)，其范围难以统一划分，但不论其规模如何，综合布线系统的工程范围除上述每幢建筑内的通信线路和其他辅助设施外，还需包括各幢建筑物之间相互连接的通信管道和线路，这时，综合布线系统较为庞大而且复杂。

我国通信行业标准《大楼通信综合布线系统》(YD/T 926—2009)的适用范围规定是跨越距离不超过2000 m。如布线区域超出上述范围时可参照使用。上述范围是从基建工程管理的要求考虑的，与今后的业务管理和维护职责等的划分范围有可能不同。因此，综合布线系统的具体范围应根据网络结构、设备布置和维护办法等因素来划分其范围。

12.2.3 综合布线系统的组成和适用场合

1. 综合布线系统的组成

目前，各国生产的综合布线系统的产品较多，国际标准则将其划分为建筑群主干布线子系统、建筑物主干布线子系统和水平布线子系统三部分，并规定工作区布线为非永久性部分。

综合布线系统的结构组成如图 12-3 所示。

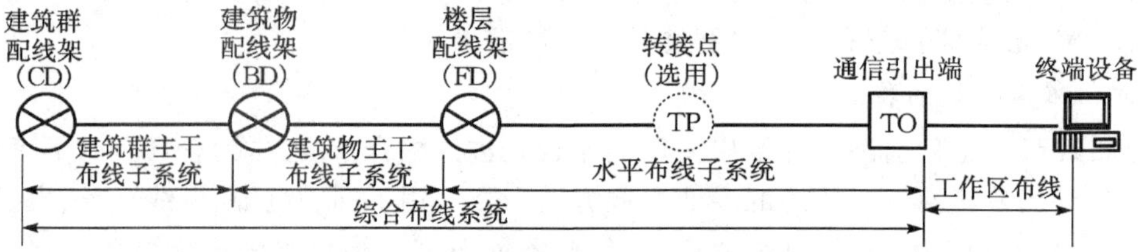

图 12-3 综合布线系统结构图

2. 综合布线系统的适用场合

由于现代化的智能建筑和建筑群体的不断涌现，综合布线系统的适用场合和服务对象逐渐增多，目前主要有以下几类：

(1)商业贸易类型：如商务贸易中心、金融机构(如银行和保险公司等)、高级宾馆饭店、股票证券市场和高级商场大厦等高层建筑。

(2)综合办公类型：如政府机关、群众团体、公司总部等办公大厦，办公、贸易和商业兼有的综合业务楼和租赁大厦等。

(3)交通运输类型：如航空港、火车站、长途汽车客运枢纽站、江海港区(包括客货运站)、城市公共交通指挥中心、出租车调度中心、邮政枢纽楼、电信枢纽楼等公共服务建筑。

(4)新闻机构类型：如广播电台、电视台、新闻通讯社、书刊出版社及报社业务楼等。

(5)其他重要建筑类型：如医院、急救中心、气象中心、科研机构、高等院校和工业企业的高科技业务楼等。

此外，在军事基地和重要部门（如安全部门等）的建筑以及高级住宅小区等也需要采用综合布线系统。在 21 世纪，随着科学技术的发展和人类生活水平的提高，综合布线系统的应用范围和服务对象会逐步扩大和增加。

12.3　楼宇自动控制系统

随着我国建筑业的蓬勃发展，为了带给人们更方便舒适的生活环境，建筑智能化市场也迅速发展，而智能建筑的控制核心——楼宇自动控制系统的市场需求也随之增大，并且也吸引国内外楼宇自动化系统厂商不断地提升计算机控制管理的软件水平，强调人性化的使用接口，有条不紊地使建筑物机电与消防、安防、停车管理、门禁等各种系统结合，营造了更舒适的工作环境，不但能节省能源，也节省了维护管理的工作量和运行费用。楼宇自动控制系统包括：建筑设备自动化系统（building automation system，BAS）、通信自动化系统（communication automation system，CAS）、办公自动化系统（office automation system，OAS）。下面就这三个系统作主要介绍。

12.3.1　建筑设备自动化系统

建筑设备自动化是智能建筑必不可少的基本组成部分，已得到广泛应用，并且受到充分重视。由于它既能提供安全可靠和舒适宜人的生活与工作环境，又能提高系统运行的经济性，故在高档非智能建筑中得到了普遍应用。

1. BAS 系统的构成

建筑设备自动化又称为楼宇自动化。广义的建筑设备定义，包含消防自动化与保安自动化。其任务是提供给客户安全、健康、舒适、温馨的生活与高效的工作环境，并能保证系统运行的经济性和管理的智能化。因此，监控范围涉及面较广，主要包括暖通空调系统、给水排水系统、电力系统、照明系统、电梯系统等。其中暖通系统监控的设备有冷源系统、空调机组、送排风系统等。给水排水系统监控的设备主要有高位水箱、低位水箱、蓄水池、污水池、水泵，饮水设备、热水供应设备、生活水处理设备、污水处理设备等。BAS 可实现电力系统的继电保护与备用电源的自动投入，监视开关和变压器的状态，检测系统的电流、电压、有功功率与无功功率、电能等参数，实现全面能量管理等功能。对于电梯系统，BAS 可以监测电梯楼层的状况、电气参数，通过电梯群组的优化传送，控制平均设备使用率，并节约能源。

2. BAS 的硬件架构

BAS 网络结构一般由管理、控制、现场设备三个网络层组成。管理网络层完成系统集中监控和各种系统的集成，控制网络层完成建筑设备的自动控制，现场设备网络层完成末端设备控制和现场仪表设备的信息采集和处理。

（1）管理网络层（中央管理工作站）。管理网络层主要由服务器、工作站和通信接口等设备组成。当今通常基于 TCP/IP 通信协议，采用符合 IEEE802.3 的以太网，可以提供非常高的通信速度管理网络层可与互联网联网，提供互联网用户通信接口技术，用户可通过 Web 浏览器查看 BAS 各种数据并进行远程操作。

（2）控制网络层（分站）。控制网络层由通信总线和控制器组成。BAS 通过通信网络系统将不同数目的现场控制器，与中央管理计算机连接起来，共同完成各种采集、控制、显示、操作和管理功能。控制网络层可包括并行工作的多条通信总线，每条通信总线可通过网络通信接口与管理网络层连接。控制器(分站)采用直接数字控制器(DDC)、可编程逻辑控制器(PLC)或兼有DDC、PLC特性的混合型控制器HC。其中DDC控制器在BAS中应用广泛，它是一种特殊的计算机，通常由微处理器、网络通信模块、输入输出模块、储存器、电源等部分组成。

(3)现场设备网络层。现场设备网络层主要由执行器(电动调节阀、电动蝶阀、电磁阀、电动风门等)和传感器(温度、湿度、压力、水位、压差、流量、照度、电量、一氧化碳、二氧化碳等检测仪表)等现场设备组成，用来完成末端设备的控制和现场仪表设备的信息采集和处理。

3. BAS的软件平台

BAS的三个网络层均有不同的软件，分别是管理网络层的客户机和服务器软件、控制网络层的控制器软件、现场网络层的微控制器软件。管理网络层配置服务器软件、客户机软件、用户工具软件、工程应用软件以及其他可选择的软件。控制网络层软件主要指由用户自由编程的通用控制器的软件。现场网络层控制器软件无需用户自行编程。BAS监测平台可以通过良好的用户界面和人机界面，相当方便地实现BAS的网络、数据库、控制器的配置，以及系统监测与管理。

4. 新技术展望

智能建筑是信息时代的产物，也是信息时代的集中反映，高新技术将在智能建筑中得到很好的应用。未来智能建筑的BA系统，至少会在如下领域得到质的飞跃：

(1)计算机及其通信新技术；

(2)能量的传输新技术；

(3)智能人工环境技术。

舒适、高效与健康是智能建筑追求的综合性目标。目前，BA系统主要解决了温度、湿度这些环境控制要求。未来，将进一步解决噪声、色彩、气味、卫生、气流与空气成分等参数控制，以更高水准实现上述综合目标。为此，最新的多媒体等高新技术将受到重视并得到广泛应用，如虚拟真像技术使戴有视屏和多种传感器的操作员产生由虚假真像技术造成的幻觉，使之如身临现场、栩栩如生地观察并操作各种设备。高新技术的应用，确保了在智能建筑中人们可以在安全、键康、舒适、温馨的环境中生活和工作。

12.3.2 通信自动化系统

1. 计算机网络与智能通信

(1)智能大厦中的计算机网络结构。计算机网络系统是智能大厦的重要基础设施之一。3A或5A功能是通过大厦内变配电与照明、保安、电话、卫星通信与有线电视、局域网、广域网、给排水、空调、电梯、办公自动化与信息管理等众多的子系统集成。一般地讲，一座智能大厦的计算机网络主要由三部分组成：

①主干网BACKBONE。主干网负责计算机中心主机或服务器与楼内各局域网及其他办公设备连网。

②楼内的局域网LANS。根据需求在楼层内设置几个局域网。通常楼宇自动化系统由独立的局域网构成。

③与外界的通信连网。可以由高速主干网、中心主机或服务器借助X.25分组网、DDN

数字数据网或者PABX程控交换网来实现。

(2)局域网(LAN)。局域网是在小区域范围内,对各种数据通信设备提供互联通信数据的通信网络。在此环境下可提供给用户信息与资源共享、分布式数据处理、网络协同计算、管理信息系统和办公自动化、计算机辅助设计与制造等各种应用系统。各种互联的数据通信设备可以包括:计算机、终端、外围设备、传感器(如温度、湿度、压力、流量、安全报警传感器等)、电话、电视收发器、传真等以及各种具有兼容接口的设备。

(3)光纤分布数据接口(FDDI)。光纤分布数据接口按照美国国家标准化协会的X3T9.5特别工作组制定的100 Mbps光纤环行局域网的标准执行。它是一种物理层和数据链路层标准,规定了光纤介质、光发送器和接收器、信号传送速率和编码、介质访问控制协议、帧格式、分布式管理协议和可使用的拓扑结构等规范。

(4)公用数据网(PDN)。公用数据网,如同公用电话网和电报网一样作为国家公用通信基础向用户提供公共的数据通信服务。一般它都由国家统一建设、管理和运行。

(5)异步传输模式(ATM)。异步传输模式是CCITT在1990年1月日内瓦会议上确定的宽带ISDN(BISDN)的传输与交换技术。它融合了分组交换与电路交换技术的优点。其本质是一种快速分组传输。它将数据、图像、语音等信息分解成数据块,并在各数据块的面装上信头(地址、控制等信息),构成信元,以信元多路复用方式发送。发送时,只要获得空信元即可插入数据发送出去。因为需要排队等待空信元到来以发送信息,所以这也是一种以信元为单位的存储交换方式。由于数据插入位置无周期性,因而称之为异步传输模式。

(6)交换式局域网。交换式局域网是基于“networking center”的一个全新的拓扑结构概念。在这种结构中,总线型的拓扑结构要发展到层次化星型拓扑。在星型的中心点放置一个交换开关,可以通过配置多个端口,使不同的通信站点对接,各自进行通信活动。这样,由原来共享型的局域网变成了交换式局域网。它为用户站点提供了独占式的点对点的连接。共享型网络是把报文播到每个站点,而交换式网络则是在节点之间沿指定路径转发报文的。由此可知,交换式网络是一个并行系统,可同时支持多对不同源——目的端口的站点之间的通信,而不发生冲突。

(7)网络互联设备和集线器。把众多的异型计算机网络互联起来形成一个规模更大、资源和信息更为丰富的计算机网络系统,这是计算机技术、网络和通信技术及其应用发展的结果。

网络互联是通过网络互联设备把具有不同协议体系结构的网络互联起来,这是一项系统集成的技术。网络互联所提供的功能可分成两类:基本的和扩展的。基本功能指的是网络互联必备的功能,它包括不同网络之间的寻址和路由选择、流量控制等;扩充功能是指各种互联的网络提供不同的服务级别时所需要的功能,包括协议转换、分组的分段、组合、重新排序和差错控制等。对于客户来说,信息在不同网络上传输就是透明的,不同互联设备的上述各种差异对用户来说应是隐蔽的,某个网上的用户访问互联网络环境中的其他网上共享资源时如同在本网上工作一样,并不需要知道对方网络的技术细节。

(8)网络管理。网络管理的目的在于提供一种对计算机网络进行规划、设计、操作运行、管理、监视、分析、控制、评估和扩展等手段,从而以合理的代价,组织和利用系统资源,提供正常、安全、可靠、有效、充分、用户友好的服务。

Internet网络管理是紧紧伴随着Internet的发展而发展的,Internet日益增长的复杂性使网络管理的范围和负担也会越来越大。网络管理系统发展的目标必将是智能型网络管理系统。网络管理系统更多地分担网络管理员的工作，并且网络管理系统的响应速度更快，排除网络故障的时间更少，网络管理的理论更完善。

随着计算机网络的广泛深入应用，网络的规模越来越大，网络的功能越来越强，网络管理变得越来越复杂，使计算机网络的管理和运行成为计算机网络领域中的关键技术之一。

2. 多媒体技术

在现代社会中电视已成为日常生活的一个组成部分。它以具有真实感的画面、悦耳的音乐和生动的解说，成为最有影响力的信息传播媒介。人们对电视是“喜闻乐见”的，但它的缺点是观众只能被动地看，也就是没有交互能力，而交互性正是计算机的优点。如果把电视技术所具有的声、图并茂的信息传播能力与计算机的交互性相结合，相互取长补短将会产生全新的信息交流方式，这就是多媒体技术。多媒体技术用计算机把各种电子媒体集成和控制起来，并在这些媒体形式之间建立逻辑连接，以协同表示更丰富和复杂的信息。多媒体技术使计算机能以人类习惯的方式与人类交流信息，它将赋予计算机以新的含义，同时也就将赋予电视技术以新的含义。因为正是计算机处理对象的性质改变了计算机的作用和地位。

信息交流离不开通信，通信是信息时代的命脉。因此，多媒体技术与通信结合产生的分布式多媒体技术是技术发展的必然趋势，具有更深远的意义。它使一些已经对人类生活产生影响，但相对独立发展的技术融为一体，从而向人类提供全新信息服务。其中包括：多媒体电子邮件、数字电子报纸、桌上视频会议系统、计算机支持的协同工作。协同工作的范围包括：编辑、设计、指挥等。此外，还有远程学习和远程医疗服务等。

多媒体技术给计算机技术带来了革命性的变化。它使计算机不但可以应用于实验室、办公室，而且还进入了千家万户。一台多媒体计算机可以集计算机、电话、传真、音响、电视、录像等各种家电功能于一体，成为通信、娱乐、教育中心，这时计算机就成为人们生活中的不可缺少的一部分。多媒体技术的发展还促使一些对人类工作和生活有重大影响的产业或行业，例如，计算机(计算机网络)、通信(电话、传真)、电视(电影)、出版等之间打破了传统界限，它们之间的相互结合，从而出现了一些全新的信息产业。这将对人类的工作、生活和娱乐方式带来深远的影响。多媒体技术，以及在多媒体技术基础上发展的各种信息服务和技术已经或必将成为人们生活和工作中必不可少的部分。所以它也将成为智能建筑信息系统中的关键部分，目前Internet的应用正在逐步普及，网上提供的服务也在不断地丰富。我国也在积极推进交互式多媒体系统的研发，并已开始通过对现有的有线或电话系统进行改造，或建立新的宽带网络来建立试验系统。电视会议系统目前在我国主要用于省市一级政府部门以及大公司内部，同时正在从大单位向中、小单位逐步扩展。

多媒体技术与计算机网络和通信技术的结合是技术发展的趋势，当信息网络服务向社会更大范围扩展时，没有多媒体技术提供良好的人—机界面就难以普及，所以多媒体技术的应用是国家高速信息网中重要的、不可缺少的重要内容。

3. 卫星通信与有线电视

卫星通信是指利用人造地球卫星作中续站转发或反射无线电信号，在两个或多个地球站之间进行通信。1979年世界无线电行政会议(WARC)规定宇宙无线电通信有三种方式：

(1)宇宙站与地球站之间的通信；

(2)宇宙站之间的通信；

(3)通过宇宙站转发或反射而进行的地球站相互之间的通信。

目前绝大部分通信卫星是地球同步卫星，这种卫星的轨道是圆形式，而且轨道平面与地球赤道平面重合，卫星离地球表面的高度约为36000 km，卫星的飞行方向与地球的自转方向相同，这时卫星绕地球一周的时间和地球自转时间相同，那么从地球表面任一点看卫星，卫星都是静止的。这种相对地面静止的卫星叫做静止卫星或同步卫星，而利用这种卫星来转发通信信号的系统就叫静止卫星通信系统。

随着广播电视事业和科学技术的发展，各地新建的电视台越来越多，特别是卫星电视的发展，使系统能获得节目源的渠道增多。另一方面系统的规模也越来越大，不仅用户终端数多，而且信号覆盖面越来越广，故信号传输的距离也越来越远。将若干个有线电视系统相互联网，进行信息交换的技术已成熟，今后发展的方向是考虑全市性和地区性的联网。为了区别于早期的共用天线电视系统，我们称这种系统为有线电视系统，简称为CATV系统，而将原先的共同天线电视系统称为MATV系统(master antenna television)。

有线电视系统是由信号源接收部分、前端部分、干线传输部分和分配网组成，系统的供电、防雷等均分散在上述各部分内。

有线电视系统在正式设计前必须要明确下列几点：①系统的频道容量和频率范围。其中应包括接收电视频道的数量，是否接收调频广播，是否接收卫星电视节目，如要接收，则要明确接收哪几个星体，每个星体看多少套节目，是否有自办节目等。②系统输出端口的总数及大致分布情况，系统覆盖的范围。③分配区域是单体楼还是楼群，是居民楼还是办公楼，是高层楼还是低层楼。④了解各电视台在系统处的场强分布情况和系统所处的经、纬度。⑤系统的安装是明装还是暗装。若是暗装要了解每幢建筑物的总平面、各种管道布设图，以便合理安排系统电缆的走向。

有线电视随着电子技术的不断发展和人民生活水平的不断提高，除在系统内能收看的节目越来越多、传输距离越来越远、覆盖范围越来越广外，而且还在向双向传输功能发展，把图像、语言、数字通信、计算机技术综合成一个整体。用户可以利用有线电视系统进行家庭购物、电子付款、求医活动，若有线电视系统和计算机中心联网，则可实现计算机通信。总之，今后的有线电视的应用范围已不限于新闻报导、文艺娱乐等单向收视，而是向信息交换性多功能网络迅速发展。

12.3.3 办公自动化系统

办公自动化是指办公人员利用现代科学技术的最新成果，借助先进的办公设备，实现办公活动科学化、自动化。其目的是最大限度地提高办公效率和改进办公质量，改善办公环境和条件，辅助决策，减少或避免各种差错和弊端，缩短办公处理周期，并用科学的管理方法，借助于各种先进技术，提高管理和决策的科学化水平，从而实现办公业务自动化。

办公自动化除了涉及许多科学和技术，还涉及人的因素，即许多管理方面的问题，因此就不可避免地与管理信息系统(MIS)和决策支持系统(DSS)之间存在着既密切联系，又保持基本独立的关系。

一般来说，管理信息系统具有以下功能：

(1)能及时、全面地提供数据和信息，使管理者和决策者能作出正确、迅速的反应；

(2)分级、分层次向各职能部门提供其所需要信息；

(3)统一信息格式，简化了各种统计、分析工作，使得各部门获得规范的报表和数据；

(4)降低各职能部门的劳动强度,减少出错概率;

(5)使信息得到共享,减少重复劳动。

决策支持系统是指利用计算机对数据进行分析,利用决策模型来帮助决策人员选择方案的计算机系统。决策支持系统具有以下功能:

(1)收集并存储、整理系统对决策有影响的信息;

(2)帮助建立决策模型、修改模型和提供多种方案评价之后进行优选;

(3)对与决策有关的方法和模型能够进行使用和维护;

(4)模型、方法能够方便地被生成;

(5)灵活运用模型和方法来分析、加工数据;

(6)人机界面友好,可进行方便的人机对话,一般都有图形输出功能和数据传输功能。

在现代办公自动化系统中,计算机代替了笔和纸,办公人员能迅速录入,方便地修改,并打印出式样美观的文件;对于需要大量统计报表的部门,计算机中的电子报表可以减轻计算与统计的工作量,大大提高了速度和准确度,使统计报表规范化;运用网络及数据库技术,可使各职能部门的数据进行关联,互相共享,便于快速联机查询,显著提高了业务处理及分析的效率;办公自动化系统能够将各类分析数据和预测数据送发各业务部门,业务部门据此分析问题,把微观和宏观结合起来,改变了传统的定性决策方法。

12.4 “互联网+”时代下的智能建筑

信息技术的飞速发展使楼宇自动化系统发生了本质的变化,楼宇自动化系统与IT系统、能源消耗系统、空气检测系统、税务系统、物业管理系统等跨界业务体系相结合。“互联网+”就是在这种背景下被引出的一个新概念。智能建筑在“互联网+”时代的牵引下,将会实现新的技术、服务、管理和商业模式。

借助互联网络,采用互联网思维,引入先进的物联网及移动互联网技术和手段(3DGIS技术、BIM技术、节能技术、智能物联集成技术、云计算和大数据技术的智慧云服务平台)作为整体规划设计和整体打造的全过程的支撑和运营平台。充分利用采集到的数据,实现智慧安保管理、智慧物业服务、环境智慧控制、智慧商业等,并通过微信、APP等产品将建筑的服务送达建筑内的人群,引导“智能建筑”向“智慧建筑”的提升。

12.4.1 互联网+BIM大数据

“互联网+”与BIM的结合,通过对不同的建筑、不同的楼层以及不同功能的建筑内建筑进行可视化建模,可以构建基于BIM的大数据和可视化城市综合体运维管理平台,对建筑数据、运营数据、服务数据进行建模和分析,并且用于优化运营、提高服务、精细管理、预测分析和预案制定等。

1. 可视化管理

采用“互联网+”管理平台的可视化管理功能,对建筑综合体进行在线管理,整合既有建立的BIM模型库、建筑集成子系统及设备管理数据库,通过将BIM模型、设备管理系统与智能化子系统、移动终端等结合起来应用,为整个项目的运营服务人员提供一个基于BIM数字三维模型、统一界面标准的管理及监控交互界面,实现包括设备运行管理、能源管理、安保管理、运营管理等综合性全面运维管理功能。

2. 能源与环境监测

根据建筑业态设定节能和能效目标，结合 BIM 数据量化 KPI 指标，监测项目全年总能耗、全年总能耗费用、能耗比、单位面积能耗、节能目标及冷战能效比。通过平台的数据分析功能，实现各项目能耗、能效数据横向比较，以 BIM 数据的应用对各区域及项目运行能耗与能效的精细管理。

3. 互联网＋综合集成

“互联网＋”管理平台把停车场管理、ITS、楼宇自控系统、火灾消防与报警系统、安全防范系统、通信办公系统、机房环境监测系统等综合集成为 IBMS，与 3DGIS、BIM、物业管理系统集成为统一的可视化管理平台，实现智能感知、互联网互通、协同共享、综合运用理念，为建筑综合体创造安全、环保、节能、舒适、高效的工作和休闲环境。

12.4.2　互联网＋办公建筑

“互联网＋办公”是将互联网技术应用于现代办公建筑中，通过办公服务平台的搭建，企业和投资者可以获取包括空间、资金、技术、人才等投资要素和财税、法律、知识产权、政策咨询、行政审批代理等投资服务。互联网＋智能建筑基于 BIM 模型、电子化的部件、设备、设施与管理数据，实现在线办公室申请租用、办公空间设计、物业报修、进度监督、服务评价等；云服务中心可以为不同的入住企业提供个性化的服务；云 OA 办公系统可以实现随时随地的办公接入；创科中心能实现产业资本、社会资本和金融资本的有效对接。

12.4.3　互联网＋商业建筑

互联网＋商业建筑，以互联网新技术整合商业、旅游、历史、文化资源，推动商家加强线上线下融合发展，提升商业竞争力。基于客流统计系统、wifi 定位系统、会员数据分析系统将客户流动情况以及消费情况等进行分析，从而实现各种模式的精准营销。未来商业圈是借助微信公众平台以及移动互联网等强大技术手段，融合智能 wifi 体系、室内导航系统、微信 POS 系统、智能停车系统等多种智能化解决方案帮助商业广场实现 O2O 商圈、商圈导航、微店管理、会员管理、信息发布、资源整合等功能。

本章小结

本章主要介绍了智能建筑、综合布线系统和楼宇自动控制系统。要求重点掌握综合布线系统的组成及适用场合；了解 BA、CA、OA 的特点、组成，以及互联网＋时代下的智能建筑。

思考题

1. 智能建筑是如何分类的？
2. 智能建筑的组成包括哪些部分？
3. 智能化建筑与综合布线系统的关系是什么？
4. 综合布线系统如何定义？有什么特点？
5. 简述综合布线系统的组成。
6. 楼宇自动控制系统包括哪几个部分？

7. 简述建筑设备自动化系统的构成。
8. 简述通信自动化系统的构成。计算机网络与智能通信包括哪些内容?
9. 简述办公自动化系统的概念及特点、模式。

参考文献

[1] 韦节廷. 建筑设备工程[M]. 武汉:武汉理工大学出版社,2006.

[2] 龚延风. 建筑设备[M]. 天津:天津科学技术出版社,2001.

[3] 崔莉. 建筑设备[M]. 北京:机械工业出版社,2001.

[4] 王增长. 建筑给水排水工程[M]. 北京:中国建筑工业出版社,1998.

[5] 刘传聚. 建筑设备[M]. 上海:同济大学出版社,2001.

[6] 吴根树. 建筑设备工程[M]. 北京:机械工业出版社,2008.

[7] 张东放. 建筑设备工程[M]. 北京:机械工业出版社,2008.

[8] 马铁椿. 建筑设备[M]. 北京:高等教育出版社,2007.

[9] 张华俊. 制冷原理与性能[M]. 武汉:华中科技大学出版社,2010.

[10] 姜湘山. 怎样看懂建筑设备图[M]. 北京:机械工业出版社,2005.

[11] 全国勘察设计注册工程师公用设备专业管理委员会秘书处. 全国勘察设计注册公用设备工程师给水排水专业考试复习教材[M]. 北京:中国建筑工业出版社,2003.

[12] 汤万龙,刘玲. 建筑设备安装识图与施工工艺[M]. 北京:中国建筑工业出版社,2004.

[13] 文桂平. 建筑设备安装与识图[M]. 北京:机械工业出版社,2010.

[14] 胡国文,胡乃定. 民用建筑电气技术与设计[M]. 北京:清华大学出版社,2001.

[15] 章云,许锦标. 建筑智能化系统[M]. 北京:清华大学出版社,2007.

[16] 曲丽萍,王修岩. 楼宇自动化系统[M]. 北京:中国电力出版社,2004.

[17] 沈晔. 楼宇自动化技术与工程[M]. 北京:机械工业出版社,2005.

[18] 黎连业,王超成,苏畅. 智能建筑弱电工程设计与实施[M]. 北京:中国电力出版社,2006.

[19] 董惠. 智能建筑[M]. 武汉:华中科技大学出版社,2008.

[20] 韩宁,陆宏琦. 建筑弱电工程及施工[M]. 北京:中国电力出版社,2003.

[21] 刘健. 智能建筑弱电系统[M]. 重庆:重庆大学出版社,2002.

[22] 汤万龙. 建筑设备安装识图与施工工艺[M]. 3 版. 北京:中国建筑工业出版社,2015.

[23] 王增长. 建筑给水排水工程[M]. 6 版. 北京:中国建筑工业出版社,2010.

[24] 郑敏丽. 建筑设备[M]. 北京:冶金工业出版社,2012.

高职高专“十三五”建筑及工程管理类专业系列规划教材

> 建筑设计类

(1)建筑物理
(2)建筑初步
(3)建筑模型制作
(4)建筑设计概论
(5)建筑设计原理
(6)中外建筑史
(7)建筑结构设计
(8)室内设计基础
(9)手绘效果图表现技法
(10)建筑装饰制图
(11)建筑装饰材料
(12)建筑装饰构造
(13)建筑装饰工程项目管理
(14)建筑装饰施工组织与管理
(15)建筑装饰工程招投标与组织管理
(16)建筑装饰施工技术
(17)建筑装饰工程概预算
(18)居住建筑设计
(19)公共建筑设计
(20)工业建筑设计
(21)商业建筑设计
(22)城市规划原理
(23)建筑装饰装修工程施工
(24)建筑装饰综合实训

> 土建施工类

(1)建筑工程制图与识图
(2)建筑识图与构造
(3)建筑材料
(4)建筑工程测量
(5)建筑力学
(6)建筑 CAD
(7)工程经济
(8)钢筋混凝土
(9)房屋建筑学
(10)土力学与地基基础
(11)建筑结构
(12)建筑施工技术
(13)钢结构
(14)砌体结构
(15)建筑施工组织与管理
(16)高层建筑施工
(17)建筑抗震设计
(18)工程材料试验
(19)无机胶凝材料项目化教程
(20)文明施工与环境保护
(21)地基与基础工程施工
(22)混凝土结构工程施工
(23)砌体工程施工
(24)钢结构工程施工
(25)屋面与防水工程施工
(26)现代木结构工程施工与管理
(27)建筑工程质量控制
(28)建筑工程英语
(29)建筑工程识图实训
(30)建筑工程技术综合实训
(31)工程材料

> 建筑设备类

(1)建筑设备
(2)建筑设备安装基本技能
(3)电工基础
(4)电子技术基础
(5)流体力学
(6)热工学基础
(7)自动控制原理
(8)单片机原理及其应用

(9)PLC应用技术
(10)建筑弱电技术
(11)建筑电气控制技术
(12)建筑电气施工技术
(13)建筑供电与照明系统
(14)建筑给排水工程
(15)楼宇智能基础
(16)楼宇智能化技术
(17)中央空调设计与施工

> **工程管理类**

(1)建设工程概论
(2)建筑工程项目管理
(3)建设法规
(4)建设工程招投标与合同管理
(5)建设工程监理概论
(6)建设工程合同管理
(7)建筑工程经济与管理
(8)建筑企业管理
(9)建筑企业会计
(10)建筑工程资料管理
(11)建筑工程资料管理实训
(12)建筑工程质量与安全管理
(13)工程管理专业英语

> **房地产类**

(1)房地产开发与经营
(2)房地产估价
(3)房地产经济学
(4)房地产市场调查
(5)房地产市场营销策划
(6)房地产经纪
(7)房地产测绘
(8)房地产基本制度与政策
(9)房地产金融
(10)房地产开发企业会计
(11)房地产投资分析
(12)房地产项目管理
(13)房地产项目策划
(14)物业管理

> **工程造价类**

(1)工程造价管理
(2)建筑工程概预算
(3)建筑工程计量与计价
(4)平法识图与钢筋算量
(5)工程计量与计价实训
(6)工程造价控制
(7)建筑设备安装计量与计价
(8)建筑装饰计量与计价
(9)建筑水电安装计量与计价
(10)工程造价案例分析与实务
(11)工程造价实用软件
(12)工程造价综合实训
(13)工程造价专业英语

欢迎各位老师联系投稿！

联系人：祝翠华
手机：13572026447　办公电话：029－82668526
电子邮件：zhu_cuihua@163.com　37209887@qq.com
QQ：37209887(加为好友时请注明“教材编写”等字样)
土建类教学出版交流群QQ：290477505(加入时请注明“学校＋姓名＋方向”等)

图书在版编目(CIP)数据

建筑设备/王锡琴主编. —2版. —西安：西安交通大学出版社，2016.8(2023.2重印)
ISBN 978-7-5605-8914-5

Ⅰ.①建… Ⅱ.①王… Ⅲ.①房屋建筑设备 Ⅳ.①TU8

中国版本图书馆CIP数据核字(2016)第195823号

书　　名 建筑设备(第二版)
主　　编 王锡琴
责任编辑 史菲菲

出版发行 西安交通大学出版社
(西安市兴庆南路1号　邮政编码710048)
网　　址 http://www.xjtupress.com
电　　话 (029)82668357　82667874(市场营销中心)
(029)82668315(总编办)
传　　真 (029)82668280
印　　刷 西安日报社印务中心

开　　本 787mm×1092mm　1/16　**印张** 18.375　**字数** 445千字
版次印次 2011年6月第1版　2016年8月第2版　2023年2月第3次印刷(累计第7次印刷)
书　　号 ISBN 978-7-5605-8914-5
定　　价 39.80元

如发现印装质量问题，请与本社市场营销中心联系。
订购热线：(029)82665248　(029)82667874
投稿热线：(029)82668133
读者信箱：xj_rwjg@126.com

版权所有　侵权必究